高效毁伤系统丛书·智能弹药理论与应用

现代引信地磁探测理论与应用

Geomagnetic Detection Theory and Application of Modern Fuze

丁立波 张合 著

内容简介

本书面向引信技术领域，从地磁场理论、地磁信息采集与处理、地磁信息应用三个方面阐述地磁探测的相关原理与技术。主要包括地磁探测概论、地磁场及其数学描述、铁磁材料与地磁畸变、引信地磁环境模拟技术、引信磁场测量技术，以及地磁探测在弹体姿态测量中的应用、地磁探测在引信炸点控制中的应用等内容。本书内容基于南京理工大学智能引信国防科技创新团队在地磁探测领域所开展的理论研究成果与型号研制经验，可作为引信相关行业科研与工程技术人员参考用书，也可作高等院校兵器科学与技术学科本科生和研究生的教材与参考用书。

图书在版编目（CIP）数据

现代引信地磁探测理论与应用 / 丁立波，张合著
. --北京：北京理工大学出版社，2021.6
（高效毁伤系统丛书. 智能弹药理论与应用）
ISBN 978-7-5682-9951-0

Ⅰ. ①现…　Ⅱ. ①丁…　②张…　Ⅲ. ①武器引信–研究　Ⅳ. ①TJ43

中国版本图书馆 CIP 数据核字（2021）第 125601 号

出　　版 / 北京理工大学出版社有限责任公司
社　　址 / 北京市海淀区中关村南大街 5 号
邮　　编 / 100081
电　　话 /（010）68914775（总编室）
（010）82562903（教材售后服务热线）
（010）68944723（其他图书服务热线）
网　　址 / http://www.bitpress.com.cn
经　　销 / 全国各地新华书店
印　　刷 / 北京捷迅佳彩印刷有限公司
开　　本 / 710 毫米×1000 毫米　1/16
印　　张 / 18.75
字　　数 / 326 千字
版　　次 / 2021 年 6 月第 1 版　2021 年 6 月第 1 次印刷
定　　价 / 89.00 元

责任编辑 / 王玲玲
文案编辑 / 王玲玲
责任校对 / 刘亚男
责任印制 / 李志强

《国之重器出版工程》编辑委员会

专家委员会委员（按姓氏笔画排列）：

于　全　中国工程院院士
王　越　中国科学院院士、中国工程院院士
王小谟　中国工程院院士
王少萍　“长江学者奖励计划”特聘教授
王建民　清华大学软件学院院长
王哲荣　中国工程院院士
尤肖虎　“长江学者奖励计划”特聘教授
邓玉林　国际宇航科学院院士
邓宗全　中国工程院院士
甘晓华　中国工程院院士
叶培建　人民科学家、中国科学院院士
朱英富　中国工程院院士
朵英贤　中国工程院院士
邬贺铨　中国工程院院士
刘大响　中国工程院院士
刘辛军　“长江学者奖励计划”特聘教授
刘怡昕　中国工程院院士
刘韵洁　中国工程院院士
孙逢春　中国工程院院士
苏东林　中国工程院院士
苏彦庆　“长江学者奖励计划”特聘教授
苏哲子　中国工程院院士
李寿平　国际宇航科学院院士

李伯虎　中国工程院院士

李应红　中国科学院院士

李春明　中国兵器工业集团首席专家

李莹辉　国际宇航科学院院士

李得天　国际宇航科学院院士

李新亚　国家制造强国建设战略咨询委员会委员、中国机械工业联合会副会长

杨绍卿　中国工程院院士

杨德森　中国工程院院士

吴伟仁　中国工程院院士

宋爱国　国家杰出青年科学基金获得者

张　彦　电气电子工程师学会会士、英国工程技术学会会士

张宏科　北京交通大学下一代互联网互联设备国家工程实验室主任

陆　军　中国工程院院士

陆建勋　中国工程院院士

陆燕荪　国家制造强国建设战略咨询委员会委员、原机械工业部副部长

陈　谋　国家杰出青年科学基金获得者

陈一坚　中国工程院院士

陈懋章　中国工程院院士

金东寒　中国工程院院士

周立伟　中国工程院院士

郑纬民 中国工程院院士

郑建华 中国科学院院士

屈贤明 国家制造强国建设战略咨询委员会委员、工业和信息化部智能制造专家咨询委员会副主任

项昌乐 中国工程院院士

赵沁平 中国工程院院士

郝　跃 中国科学院院士

柳百成 中国工程院院士

段海滨 “长江学者奖励计划”特聘教授

侯增广 国家杰出青年科学基金获得者

闻雪友 中国工程院院士

姜会林 中国工程院院士

徐德民 中国工程院院士

唐长红 中国工程院院士

黄　维 中国科学院院士

黄卫东 “长江学者奖励计划”特聘教授

黄先祥 中国工程院院士

康　锐 “长江学者奖励计划”特聘教授

董景辰 工业和信息化部智能制造专家咨询委员会委员

焦宗夏 “长江学者奖励计划”特聘教授

谭春林 航天系统开发总师

《高效毁伤系统丛书·智能弹药理论与应用》
编写委员会

丛书序

智能弹药被称为“有大脑的武器”，其以弹体为运载平台，采用精确制导系统精准毁伤目标，在武器装备进入信息发展时代的过程中发挥着最隐秘、最重要的作用，具有模块结构、远程作战、智能控制、精确打击、高效毁伤等突出特点，是武器装备现代化的直接体现。

智能弹药中的探测与目标方位识别、武器系统信息交联、多功能含能材料等内容作为武器终端毁伤的共性核心技术，起着引领尖端武器研发、推动装备升级换代的关键作用。近年来，我国逐步加快传统弹药向智能化、信息化、精确制导、高能毁伤等低成本智能化弹药领域的转型升级，从事武器装备和弹药战斗部研发的高等院校、科研院所迫切需要一系列兼具科学性、先进性，全面阐述智能弹药领域核心技术和最新前沿动态的学术著作。基于智能弹药技术前沿理论总结和发展、国防科研队伍与高层次高素质人才培养、高质量图书引领出版等方面的需求，《高效毁伤系统丛书·智能弹药理论与应用》应运而生。

北京理工大学出版社联合北京理工大学、南京理工大学和陆军工程大学等单位一线的科研和工程领域专家及其团队，依托爆炸科学与技术国家重点实验室、智能弹药国防重点学科实验室、机电动态控制国家级重点实验室、近程高速目标探测技术国防重点实验室以及高维信息智能感知与系统教育部重点实验室等多家单位，策划出版了本套反映我国智能弹药技术综合发展水平的高端学术著作。本套丛书以智能弹药的探测、毁伤、效能评估为主线，涵盖智能弹药目标近程智能探测技术、智能毁伤战斗部技术和智能弹药试验与效能评估等内容，凝聚了我国在这一前沿国防科技领域取得的原创性、引领性和颠覆性研究成果，这些成果拥有高度自主知识产权，具有国际领先水平，充分践行了国家创新驱动发展战略。

经出版社与我国智能弹药研究领域领军科学家、教授学者们的多次研讨，《高效毁伤系统丛书·智能弹药理论与应用》最终确定为12册，具体分册名称如下：《智能弹药系统工程与相关技术》《灵巧引信设计基础理论与应用》《引信与武器系统信息交联理论与技术》《现代引信系统分析理论与方法》《现代引信地磁探测理论与应用》《新型破甲战斗部技术》《含能破片战斗部理论与应用》《智能弹药动力装置设计》《智能弹药动力装置实验系统设计与测试技术》《常规弹药智能化改造》《破片毁伤效应与防护技术》《毁伤效能精确评估技术》。

《高效毁伤系统丛书·智能弹药理论与应用》的内容依托多个国家重大专项，汇聚我国在弹药工程领域取得的卓越成果，入选“国家出版基金”项目、“‘十三五’国家重点出版物出版规划”项目和工业和信息化部“国之重器出版工程”项目。这套丛书承载着众多兵器科学技术工作者孜孜探索的累累硕果，相信本套丛书的出版，必定可以帮助读者更加系统、全面地了解我国智能弹药的发展现状和研究前沿，为推动我国国防和军队现代化、武器装备现代化做出贡献。

《高效毁伤系统丛书·智能弹药理论与应用》
编写委员会

前 言

现代引信作为武器系统中弹药毁伤的关键子系统，不仅需要获取目标信息、环境信息，还要与武器系统平台、网络中心平台进行信息交联，在目标攻击的最佳时机输出最佳起爆控制信号，使武器系统对规定的目标造成最大程度的毁伤和破坏。

地磁探测是一种以地磁场为测量对象和参考基准的近程探测体制，具有探测器结构简单、工作可靠、隐蔽性好、抗冲击能力强等优点，是现代引信有效获取环境和目标信息的重要手段。

本书立足于引信技术领域，对地磁场理论基础、地磁场测量和模拟技术及工程应用实例进行详细的阐述。全书共分 7 章。第 1 章是概论，介绍了地磁探测的目的与意义，概述了地磁探测技术的发展现状，以及地磁探测在军事领域尤其是现代引信的目标探测与识别中的应用。

第 2、3 章是理论基础部分。介绍[illegible][illegible]场的数学描述方法及国际地磁参考场、世界磁场模型和中国地磁参考场三种地[illegible][illegible]模型。阐述了利用地磁场模型，根据地理位置和时间信息进行地磁场矢量查询的原理和算法，为引信提供地磁参考信息的数据来源。从物质的磁性与磁化特性入手，分析地磁畸变现象的产生机理，给出了地磁畸变的建模和分析方法，阐述利用地磁畸[illegible]进行目标探测、屏蔽干扰及畸变补偿的基本原理，为磁探测技术在现代引信上的应用[illegible]论基础。

第 4、5 章是技术方法部分。结合现代引信科研与生产对地磁环境激励的需求，详细阐述了空间磁场产生技术、交变磁场模拟方法、空间磁场的动态控制方法，并对空间磁场测量系统进行了介绍。基于现代引信对地磁信息的需求，从地磁测量传感器选择、地磁信号调理电路设计、地磁信号采集与处理、测量误差补偿等方面详细介绍地磁场标量测量、矢量测量及场量测量所涉及的硬件与软件技术。

第 6、7 章是应用实例部分。介绍了以地磁场矢量为参考基准，根据弹体坐标下的地磁分量信息解算姿态角的原理与方法，详细阐述了直线弹道滚转角测量、卫星定位辅助的姿态测量和陀螺辅助的姿态测量应用系统的硬件组成与软件处理流程。结合地磁探测技术在引信炸点控制中的应用，介绍了引信计地磁计转数电路的组成，阐述了地磁信号处理中的抗干扰和地磁测量盲区补偿技术，给出了引信地磁探测电路的静态和动态测试方法。

本书内容是南京理工大学智能引信国防科技创新团队多年研究成果和实践经验的总结。本书由张合教授策划并主笔第 1～3 章，第 4～7 章由丁立波副教授主笔，全书由丁立波统稿。感谢课题组研究生对本书内容的贡献，他们是陈勇巍博士、刘建敬博士、龙礼博士、高峰博士、李朝晖博士、胡彬硕士、陈丽硕士，感谢王琛博士、张舒然博士、王一卓硕士、张祎硕士在书稿编辑方面所做的工作，感谢任雪佳、方乾、谭紫曦硕士在书稿校对方面的工作。

因时间和作者水平有限，书中不妥之处在所难免，敬请读者批评指正。

作　者

目 录

第1章

地磁探测概论

1.1 地磁探测的目的与意义

人类很早就发现了天然磁石，我国古代利用天然磁石发明了世界上最早的指南器具司南，后来又通过人工磁化方法制造了指向更为精确的指南针。但是人类对指南器具能够指示地球南北方向原因的认识却经历了相当长的过程，经过长期、大量的研究，才认识到地球本身就是一个巨大的磁体，产生的磁场称为地磁场。

地球磁场是一个随经纬度不同而变化，但在局部区域近似恒定的天然弱磁场。地磁探测技术主要是指基于噪声特性的磁异信号检测技术，主要是根据铁磁性金属的存在引起地磁场的局部变化现象，利用磁传感器采集处理变化的磁异信号实现对铁磁性目标的检测、识别、跟踪与定位等。以地磁场为背景的磁异信号检测技术具有抗干扰能力强、能够识别目标铁磁特性、无源被动探测、隐秘性好等优点，因此，世界各国非常重视地磁探测技术在军事领域的研究及应用。

地磁探测技术以地磁模型或者地磁图为应用基准，具有结构简单、工作可靠、成本低廉、隐蔽性好、抗冲击能力强、能实现自主定姿定位等优点，此外，还可与其他制导系统结合使用，提高了测量精度，增加了系统灵活性，适用于复杂工作环境下的应用。磁场测量或者探测是以磁学量为中间量进行测量的，其突出特点是非接触，因此其检测信号几乎不受被检测物体的影响，故具有抗干扰能力强、隐蔽性能好等优点。

地磁探测技术对地面装甲目标的识别与修正弹药的姿态控制有着重大的应用价值。比如针对含有铁磁性物质的地面装甲目标对地磁场产生的磁场畸变特征的地磁信息探测。根据目标周围磁场畸变特征，探测到铁磁性金属目标的存在以及其相对于弹丸的具体方位，实现对地面装甲目标的精确探测与毁伤，提高引信对目标探测的可靠性。将地磁传感器安装在弹体头部，实时监测地磁场矢量的变化，可以探测到铁磁性金属目标的存在。根据畸变信号特征，结合目标类型、攻击方向等先验信息，可以识别出载体飞行轨迹与目标的相对位置关系，从而弹丸可以结合自身位置、姿态、速度等信息，选择最佳的起爆方式对目标进行有效毁伤；除此之外，还可以利用地磁探测技术测量弹丸地磁场的各个信号分量，通过计算可以获得弹丸的实时空间姿态，作为组合导航系统的导航信息，可以提高系统的整体导航精度及导航性能等。通过以上所举示例来看，地磁探测技术对研究人员在科研方面的工作有着重大意义。

地磁场定姿具有无辐射、全天时、全天候、全地域等一系列优良特征。但由于过去磁探测器件的精度和尺寸得不到满足，一直未被制导方案采用。现代磁探测技术的发展和高精度磁阻传感器的广泛使用，为设计和使用低成本弹道修正系统提供了技术手段和关键器件。另外，高速信号处理芯片和可编程逻辑器件具有功能强大、运算速度快、性能可靠等优点，在国防和工业领域得到了广泛的使用。利用它们作为磁探测系统中信息处理和动作控制的部件，也可满足低成本弹道修正系统的需求。随着国外利用地磁探测进行制导的武器的出现，地磁探测定姿技术逐渐引起许多武器装备科研工作者的关注。目前有多个国家正在开展把地磁探测技术作为一种新制导方式的研究，它同其他技术的复合将成为一种新的制导方法。

随着 21 世纪新形势下战场环境的变化，对各种火炮作战效率要求的不断提高，实现火力精确打击已经成为现在炮兵的重要任务。常规弹药往往无法对目标的具体方位精确探测，从而命中率较低，不能适应复杂的作战环境。而智能弹药不同于以往的常规弹药，精确制导弹药安装了新型传感器与电子信息处理设备，利用地磁探测以及图像识别等技术手段，获取自身的位置和目标方位的准确信息，通过中央信息处理单元控制弹道飞行轨迹，实现对目标的精确毁伤。精确制导弹药由于其命中精度高、毁伤效力强，已经成为各国的研究热点，而地磁探测作为一种新型探测方式，在军事领域中的研究与应用越来越广泛。

| 1.2 地磁探测技术的发展 |

1.2.1 国外地磁探测技术的发展现状

国外最早对地磁探测展开了相应的研究工作，部分反坦克导弹型号已应用激光与地磁复合探测技术，如图 1.1 所示。英国索恩埃电子公司研制的激光多普勒与磁相结合的双模探测系统已应用于改进型陶–2B（BGM–71F）反坦克导弹，其通过掠地飞行在一定的高度上实施对顶攻击。美国掠夺者（PREDATOR）近程反坦克导弹采用激光/地磁复合探测体制，实现对战场铁磁性目标的攻顶毁伤。瑞典博福斯公司 1990 年左右研制的第三代攻顶式反坦克导弹 MBT LAW 应用了激光/地磁复合近炸双模探测技术，弹目交会过程中通过近炸方式实现对目标的精确打击。

(a)

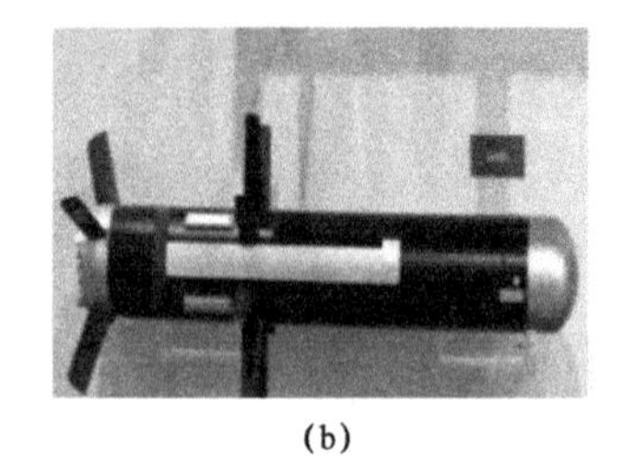
(b)

图 1.1 国外典型激光/地磁复合探测导弹
(a)“掠夺者”反坦克导弹；(b) 比尔（BILL）反坦克导弹

美国海军 ONR 成功研制了针对水下隐蔽性目标探测与识别的磁异信号导航系统。美国海岸系统局针对目标磁探测技术展开深入的研究，基于水雷引起的磁信号异常设计了一套目标探测、定位、识别与跟踪的磁异信号检测方法。加拿大海军对各水雷型号进行电磁模型构建，并成功研发了相应的磁探测与定位装置。美国昆腾科技公司研制了基于磁通门传感技术的战场远程控制及监视装置，进行了基于 AMR 磁阻传感器的相关装置研究工作。

俄罗斯的 SS–19 远程导弹采用地磁制导系统，可在大气层内沿地磁等高线飞行，具有极高的隐蔽性与机动性，增加了敌方拦截难度，主要用于应对美国的新型反弹道导弹系列。

美国阿连特技术系统公司设计出一套测量弹体在本地坐标系中滚转姿态

的装置。该装置通过测量弹体外的地磁场信号来确定与之相关的滚转姿态基准或者未经修正的滚转角。滚转姿态基准随后就可以根据地磁场与本地固定坐标系之间的夹角来进行调整，以确定该装置在本地固定坐标系中的滚转姿态或对滚转角进行修正。

国外在地磁探测技术的理论研究上也取得了丰富的成果，Sheinker A 等人提出了一种基于固定 AR 白化滤波器与正交函数 OBF 相结合的磁异信号检测方法。Ginzburg 等人利用三个单位正交基函数对单个标量磁传感器采集的磁信号能量归一化的方式对铁磁性目标进行探测。Salomonskii N 等人通过对背景噪声磁场信号的反复测量，提出了一种使用熵滤波器实现对铁磁目标检测的方法。

1.2.2　国内地磁探测技术的发展现状

中北大学的曹红松等提出了地磁陀螺组合弹药姿态测量技术，将三维地磁传感器与全固态微机械陀螺捷联安装在弹体上，利用单轴陀螺测量弹体某一姿态角速率，再利用三轴地磁传感器探测地磁矢量在弹体坐标系上的投影，采用单点算法联立求解弹体的三维姿态，易于满足实时性要求且误差不累积，但该方案中地磁探测存在盲区，在应用中可通过添加冗余传感器的方法保证测量数据的连续可靠。

北京理工大学的王广龙与华北工学院的祖静、张文栋、马铁华利用大地磁场特性，采用地磁场传感器测量弹丸姿态。该地磁场传感器已成功应用于某型导弹的姿态测量，并且测量精度完全满足要求。但该方法需要使用辅助手段测量任一姿态分量，因此从本质上来讲，仍无法完全依靠地磁场实现自主姿态辨识。

北京理工大学的史连艳、杨树兴、张夏庆等对 MR/GPS 制导在旋转火箭弹上的应用进行了可行性分析，对小波变换在 MR/GPS 制导系统和地磁场信号处理中的应用进行了分析，对磁传感器和 GPS 组合的姿态解算的算法进行研究，并且设计了火箭弹 MR/GPS 制导系统，其工作原理如图 1.2 所示。

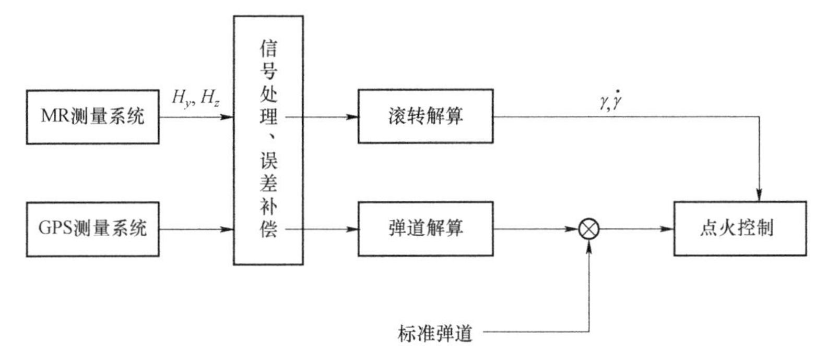

图 1.2　火箭弹 MR/GPS 制导系统原理图

该系统采用双轴磁阻传感器，垂直弹轴安装，实时测量地磁信号在两轴投影的变化，通过解算可得到弹丸的滚转姿态。采用一对 GPS 天线，相隔 180°安装，进行实际弹道的测量。但是对于体积十分有限的常规弹药来说，放置一套接收系统尚有难度。另外，系统采用弹道倾角和弹道偏角来代替弹体的俯仰角和偏航角，磁阻传感器只需要已知一个姿态角便可以解算出弹体的其他两个姿态角，因此也增加了系统的复杂程度。

中国船舶重工集团公司的张卫华与华北工学院的侯文、杨瑞峰、郑浩鑫提出将地磁感应线圈装载在火箭体内，利用火箭弹的滚转运动使线圈切割磁力线产生感应电动势，而线圈电动势的变化可反映火箭弹滚转的情况。该方法组成的测试系统结构简单，容易实现低成本和高可靠性，符合实时测试的要求，但由于线圈的电动势与弹丸的旋转频率有关，因此该方法不太适用于低频旋转弹。

中国航天科工集团公司三院 35 所的李素敏、张万清使用地磁场进行匹配制导，把弹道终段某些特定点的地磁场特征量绘制成参考图，存储于弹上计算机中，当导弹飞越这些地区时，由弹上地磁测量仪测量出实时地磁场特征量，并与参考图进行相关匹配，从而计算出导弹的实时坐标位置，实现制导功能。地磁匹配的特征量包括总磁场强度、水平磁场强度、东向分量、北向分量、垂直分量、磁偏角、磁倾角及磁场梯度等，信息丰富、匹配精度高。

南京理工大学张合老师带领的研究团队在 1999 年提出采用磁探测获取弹丸飞行姿态角的方法，经过“十五”期间五年的预研、“十一五”的应用研究，2012 年获国防科技进步二等奖，同时，将地磁感应式传感器应用于火炮弹药上，采用地磁计转数功能完成初速检测和炸点控制，成果已应用于多种弹药型号。

国防科技大学的胡祥超研制了磁异信号检测平台，开发了磁梯度计，并基于此对铁磁性目标的磁异常分布特征进行了研究。吉林大学的杨坤松等人对基于无人机的航磁探测器系统设计进行了研究。国防科技大学的聂新华研究了基于 GMI 磁传感器的磁异信号目标检测技术。国内其他的相关高校及科研机构也对磁异信号检测技术展开了研究，但目前大多还处于试验阶段。

弹道修正引信受体积和承受极高冲击过载限制，无法采用惯性导航器件，现代新型地磁传感器则具有体积小和抗冲击能力强的优点，这为其在弹道修正引信上的应用提供了极其有利的条件。

1.3　地磁探测在军事上的应用

近年来，随着科学技术和信息产业的飞速发展，以及人类探知领域和空间的不断拓展，地磁探测技术已广泛应用于交通运输、航空航天设备、电子通信设备、工业测试设备、资源勘探以及军事国防等诸多领域，尤其是地磁探测技术的发展与精进，使得其在军事领域上的应用有了较大进步。

1.3.1　地磁计转数炸点控制技术的应用

根据外弹道理论，对于线膛炮发射的旋转弹丸，若不考虑阻尼，弹丸在发射出炮口后每自转一周，就沿速度方向前进一个缠距。弹丸转过 n 转，则沿速度方向飞行的距离为 n 倍缠距，而与弹丸的实际初速几乎无关。因此，可以将弹丸的飞行距离与旋转圈数的关系编织成射表，在射击前或射击时根据目标的距离按射表对引信进行转数装定，引信在弹丸转到装定的圈数时起爆弹丸，就可以实现定距控制，而不需要对每发弹丸的初速进行测量。因此，采用计转数定距体制进行炸点控制，就摆脱了定距精度对于炮口参数散布和弹丸飞行时间的依赖，可以有效提高空炸引信的定距精度。

实现弹丸计转数的关键是根据弹丸飞行过程所受的物理环境或弹道特征来获取弹丸的转动信息，目前可用的方法主要有光电法、离心法、章动法和地磁法。光电计转数法安装方便，但易受很强的杂散光干扰；离心加速度计转数法在外弹道易受弹丸的进动和章动的影响，引起较大的测量误差，难以满足精度要求；在章动计转数法中，当章动角较大时，章动角不再与起始章动角速度成正比，而呈非线性关系。综合来看，地磁计转数法为最优选择。

地磁计转数法利用与引信固连的磁场传感器感应地磁场方向的变化，传感器输出正弦波信号的一个周期对应着弹丸旋转一周。地磁传感器的特点为转速波形相位关系明确，安装方便，但是易受弹壳、发射器等铁磁物质的磁屏蔽及外界磁场变化的影响。地磁计转数最适合用于小口径空炸引信，原因是地磁计转数法测量精度高，使用方便。虽然铁磁性弹壳对信号的幅值有一定的影响，但只要经过适当的处理，就完全能够满足计转数的要求。

地磁计转数方法利用地磁传感器感知弹丸的自转运动，常用的传感器有磁阻传感器和线圈传感器两种。

如图 1.3 所示，地磁法采用线圈等作为地磁传感器，利用地磁场感应线圈感应地磁场方向变化。当闭合线圈平面法线与地磁线成一角度，并且绕平面轴线旋转时，在线圈内将产生感应电动势。由此可见，当弹丸旋转一周时，对应地磁传感器输出信号正弦波的一个周期。因此可以根据此正弦信号的周期数获得弹丸转过的圈数。

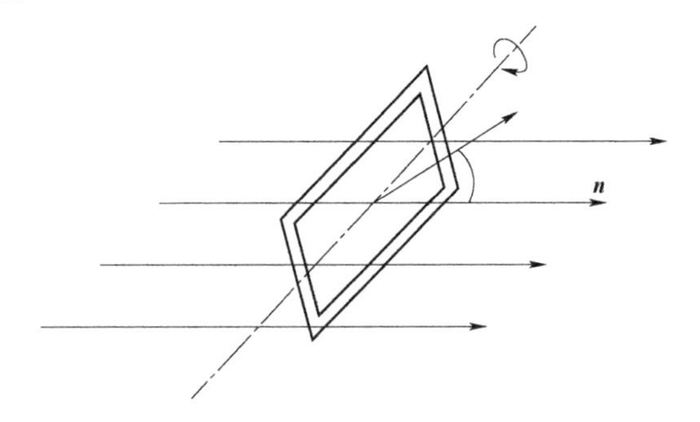

图 1.3 地磁法计转数原理

地磁计转数的实现过程如图 1.4 所示。传感器的输出信号经高增益放大电路放大后，得到与弹丸旋转频率相同的正弦信号，该信号经过比较电路整形后，作为计数器的驱动信号来驱动计数器工作。当计数器与预先装定的转数相同时，计数器给出起爆信号，从而实现计转数起爆控制。

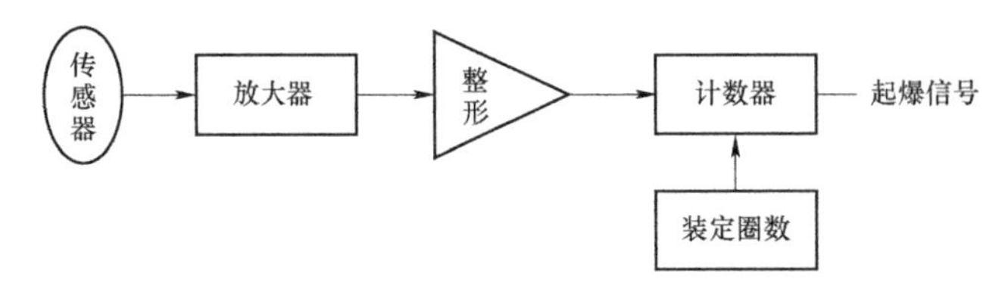

图 1.4 地磁计转数实现方法框图

1.3.2 地磁探测姿态测量技术的应用

基于地磁传感器的弹丸姿态角检测技术以地磁场矢量作为参考基准，根据与弹体固连的地磁传感器的输出信号随弹体运动而发生的变化，结合基准地磁场矢量，通过相关算法计算弹丸的姿态角。与常用姿态角检测技术相比，基于地磁传感器的弹丸姿态角检测技术能够很好地满足简易制导弹药的要求，因此逐渐受到国内外的重视和研究。

德国厄利空康特拉夫斯公司和德国莱茵金属公司联合研制的 CORECT 弹道修正模块可对现存的无控火箭弹进行换装，也可应用于新型的弹道修正弹药。其内部集成了 GPS 接收单元，用于测量火箭弹的实时位置，并使用弹载地磁传感器测量地球磁场，计算弹丸姿态角，弹载计算机基于位置及姿态信息计算出火箭弹与理想弹道之间的偏移量，使用小推力火箭发动机产生脉冲推力执行弹道修正功能。该模块已成功应用于 227 mm 多管火箭系统，圆概率误差可降低至 50 m 以内，M26 及 AT–2 火箭弹也将换装该模块。此外，CORECT 模块的成本仅为功能类似的 M30 型 GMLRS 制导火箭弹的 5%，于 2007—2008 年进行最终研发产品验收，2009 年开始批量生产。

法国也开始利用地磁进行炮弹精确制导，该系统成本低廉，价格仅为 INS/GPS 制导系统的 0.1%。第一阶段靶场试验设定弹道全长为 17 km，在 155 mm 炮弹上同时安装地磁传感器与光学测量装置，光学测量装置用于确定外弹道与太阳之间的相对位置，作为地磁测量的基准。试验结果表明，地磁场可作为恒定的测量基准。2004 年对原理样机进行靶场动态试验，试验结果证明地磁传感器的敏感性极佳，测量精确，可以达到预定设计要求。

随着采用地磁探测技术进行制导的武器的出现，将地磁探测定姿技术运用于弹道修正成为一项研究热点。作为恒定的参考基准，地球磁场能在弹丸飞行定姿中发挥巨大的作用，利用磁传感器测量三维磁场分量，再借助其他辅助手段获取到信息，通过计算可以获得弹丸的实时空间姿态。利用磁传感器，以地球磁场作为测量基准，检测弹丸实时姿态角的方案，具有基准稳定、误差不随时间积累、成本低廉、可靠性高等优点，在有关弹道修正、弹药命中精度的军事领域方面上提供了较大帮助。

简易制导弹药是常规弹药精确化发展的方向之一，可有效减小常规弹药的散布和提高其毁伤效率。由于简易制导弹药在小体积、低成本、高转速和抗高过载能力等方面的要求，常用的导航与制导技术很难适用，而基于地磁传感器的姿态角检测技术则能够很好地满足要求。根据弹体坐标下地磁场矢量的变化，可以实时计算弹丸的姿态角，因此对基于地磁传感器的简易制导弹药姿态角检测关键技术进行研究，对我国简易制导弹药的发展具有重要的意义。

随着地磁探测技术的发展和地磁场模型的不断完善，对地磁信息的测量精度越来越高，使用地磁与微惯性器件进行组合姿态测量，可以利用地磁场相对稳定、地磁传感器无累积误差、响应速度快的特点克服惯性器件的累积误差问题，实现小体积、低成本、抗高过载的高精度载体姿态测量方案。基于地磁探测的组合姿态测量技术已经发展成为载体姿态测量技术的一个重要分支，在导航系统、旋转弹滚转姿态测量等军事领域具有广泛的应用前景。

1.3.3 目标地磁探测技术的应用

基于磁异信号的目标磁探测技术是近年来随着磁探测技术的不断发展和

磁探测传感器的测量精度的不断提高而新兴起的一种目标地磁探测技术。它以含有铁磁性物质的物体扰动地磁场分布，从而产生地磁场分布异常的物理现象为基础，通过测量磁异信号的分布，提取磁异信号的特征量，并通过一定的数据处理，最终得到目标相关信息。该项技术在军事领域拥有极其广阔的发展前景，比如隐形目标搜索、战场监控等。

国外较早地开展了磁异常探测定位技术的研究，1975 年，Wynn 课题组利用超导磁力仪组成阵列，开展了对目标定位的研究。其提出了利用磁场梯度张量的磁偶极子定位算法，把目标场作为偶极子场，通过将在单个测量点上测得的 3 个分量和 5 个独立梯度张量代入定位算法中，就可以反演出磁偶极子源的磁矩和位置信息，然后在静态测量点上进行连续测量，可以实现对运动的磁偶极子源进行定位和追踪。1985 年，Wilson 提出了通过测量磁场张量的特征值和特征向量的方法来确定磁目标的磁矩和位置信息。1988 年，Bradley 课题组在 Wynn 提出的定位算法的基础上，重点研究了当目标为非偶极子场源时，通过定位算法反演的目标场源深度与真实场源深度之间的误差关系，发现当测量点和磁偶极子场源的最小距离为磁偶极子场源尺寸的两倍时，计算的深度误差要小于 10%。1990 年，John 课题组提出并比较了几种梯度测量确定磁目标位置和磁矩的方案，结果表明，当假设目标磁矩已知时，使用模式识别的方法可以确定磁偶极子源的一致性。

随后，在磁异常探测与识别方面，各科研团队又不断突破，取得了新的进展。2001 年，M. Hirota 课题组使用 LTS SQUID 三轴磁力仪研发了一种航空磁异常检测器，通过试验实现了远距离对舰船的探测。2002 年，B. Ginzburg 课题组使用两个光泵磁力仪组成梯度计对隐藏的铁磁性目标进行探测。2004 年，B. Ginzburg 课题组对在由光泵磁力仪组成的梯度计测线附近的磁偶极子产生的磁异常信号进行了检测和分析，证明了其方法在提取磁信号的磁异常检测过程的有效性。2005 年，B. Ginzburg 课题组在之前试验的基础上，在一定范围内对多个测量样品连续测量分析，结果表明，磁信号的处理应该依赖于多个测量通道同时运行。2010 年，Qruc 课题组利用磁梯度张量数据的解析信号进行场源定位，通过理论实例验证了该方法获得目标位置和深度的可行性。2012 年，A. Sheinke 课题组在由光泵磁力仪组成的梯度计的基础上提出了一种基于高阶交叉的磁异常探测方法，其通过过零计数进行频谱分析，试验表明，在信噪比低的条件下对未爆炸物有较高的检测率。

美国的研究所研制了基于磁通梯度仪的磁异常信号导航系统。该系统可以对水雷等隐蔽的磁性目标进行自动搜索和二维水平定位，其磁信号目标探测平台如图 1.5 所示。

图 1.5　美国昆腾公司磁信号目标探测平台

加拿大的研究机构建立了多种型号水雷的电磁分布模型，并对这些目标水下的电磁号进行了研究，研发了与之相对应的探测和定位设备。其水下磁异信号探测装置如图 1.6 所示。

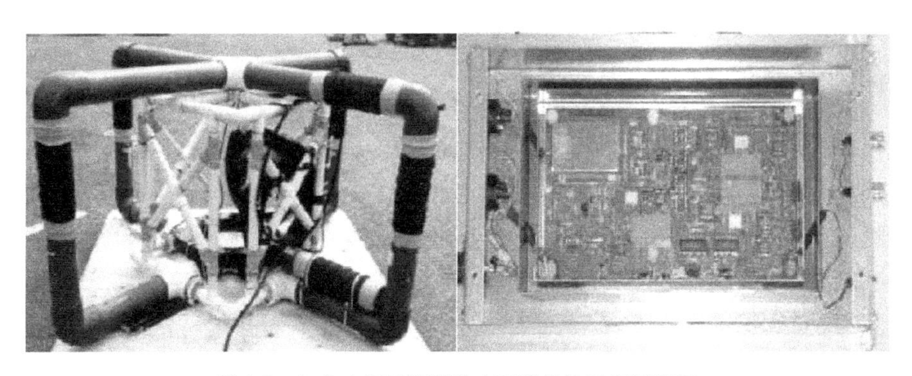

图 1.6　加拿大海军研制的水下磁异信号探测装置

国内磁异常探测定位技术的研究起步相对比较晚。2000 年年初，龚沈光等人开展了对运动和静止目标定位方法和参数估计的研究。同一年，王金根等研究了对磁性目标高精度磁场建模的方法，将目标定位的问题归纳为一种非线性规划问题的解，使用神经网络进行求解，改善了定位的实时性。2004 年，胡海滨等提出了基于标量和矢量信号的检测方法，建立了静止标量磁力仪对运动舰船定位的模型，在目标位置求解时，使用了遗传算法搜索全局最优解，然后使用单纯形法进行局部搜索的参数估计方法。2005 年，林春生等人假定磁目标的模型为均匀磁化旋转椭球模型，从而实现模型化信号检测，同时估计目标体磁性参数及运动状态，通过试验发现该方法对运动目标检测的识别率较高。2008 年，张朝阳等人利用小波多尺度变换，通过模值分布图，根据水中磁性目标的高空磁场特性对目标进行检测，取得了不错的效果。2009 年，张朝阳等人根据磁偶极子梯度张量定位模型，利用一个测量点的测量值实现了实时目标定位，并且经过仿真验证了该方法的可行性，但是定位的精度受到磁力仪的精度和阵列基线的影响。2009 年，魄燕琳等提出了基于舰船矢量磁场的定位方法，通过载体潜深的两次测量值可以计算出载体垂下相对位置，可以实现对自身位置的确定。2012 年，陈瑾飞等提出了单个三轴磁通门磁力仪和多个磁传感器组成阵列误差校准模型，开展了定位试验，验证了其校准后模型的可行性。2014 年，尹刚等由磁偶极子梯度张量中间特征值与测量点和偶极子之间矢径的正交特性提出了定位方程，设计了一个磁梯度张量系统，用有限差分法近似磁场分量的一阶和二阶空间梯度，实现了对偶极子的定位。2015 年，吴国超等研究了梯度张量单点定位算法，通过计算磁异常信号的特征值及其频域垂直导数，对磁性目标体进行了水平定位和边界识别。2017 年，康崇等提出了基于地磁总场阵列的目标定位方法，以光泵磁力仪构成定位阵列，通过测得运动目标产生的磁异常实现对运动磁目标的连续定位。同年，赵文春等提出了一种基于多目标优化的定位方法，可以实现对水下单分量磁传感器位置的确定。

磁性目标产生的磁场叠加到地磁场上，使其周围空间的地磁场分布发生变化，形成磁异常。因此，通过对磁异常的探测和反演，可以获得目标的信息，实现对目标的追踪定位等。随着磁探测技术和导航定位技术的快速发展，基于地磁场的目标探测技术在军事领域的应用也越来越广泛。如今地磁探测在对目标探测与识别方面已经取得了一些进展，大多数采用的是地磁与其他探测方式复合的形式，协同完成对目标的探测，如地磁探测与 GPS 定位复合探测、激光与地磁复合探测等。

参 考 文 献

[1] 谢海波. 地磁探测与 GPS 复合滚转姿态检测技术研究 [D]. 南京：南京理工大学，2008.

[2] 陈丽. 基于三维磁探测的弹丸姿态角检测技术研究 [D]. 南京：南京理工大学，2009.

[3] 范文涛. 计转数炸点控制技术在 W 型引信中的应用研究 [D]. 南京：南京理工大学，2010.

[4] 伊程毅. 基于地磁和微惯性器件组合的姿态测量系统研究 [D]. 哈尔滨：哈尔滨工业大学，2013.

[5] 胡祥超. 基于磁异信号的目标探测技术实验研究 [D]. 长沙：国防科学技术大学，2005.

第2章 地磁场及其数学描述

地磁场是在地球近地空间天然存在的、连续分布、缓慢变化的基本物理场，可作为很好的参考基准。1839 年，高斯把球谐函数分析方法应用于地磁场，得出了地磁场的数学表达形式，奠定了地磁学的数理基础。

1968 年，国际地磁与高空物理学协会正式发布了第一代国际地磁参考场模型（IGRF），对地球基本磁场的高斯系数给出了一个全世界通用的标准。1990 年，美国国家地理情报局和英国国防地理中心等联合发布了世界地磁场模型（WMM）。IGRF 模型和 WMM 模型都是每 5 年修正一次，其精度不断提高，适用的时间范围也逐渐延伸，在科研、生产、通信和航天等领域得到了广泛应用。

现代引信利用地磁场进行姿态测量、目标探测与方位识别时，都需要预知所在区域的地磁矢量信息。本章在介绍地磁场建模方法与主要地磁场模型的基础上，对基于地理位置和时间信息的两种地磁查询技术的原理和实现方法进行了阐述。地磁信息的查询一般在装定系统或武器平台上进行，通过信息交联的形式传送给引信。

2.1 地磁场概述

地磁场的研究，即地磁学，是一门古老而又复杂的学问，它的发展大致分为四个阶段：从公元前 250 年到 1600 年期间为初期地磁学，以我国古人发明的指南针为开始标志；从 1600 年到 1839 年期间为早期地磁学，以英国人吉尔伯特出版的《地磁学》一书为开始标志；从 1839 年到 1957 年期间为近代地磁学，以德国人高斯将球谐分析理论应用于地磁场研究为开始标志；从 1957 年至今为现代地磁学，以苏联人发射第一颗地球卫星为开始标志。

2.1.1 地磁场的起源

地磁场起源一直困扰着无数的地质学家和物理学家，被爱因斯坦称为“五大物理学难题”之一。人们提出了多种不同的理论，比如永磁体理论、电荷旋转理论、旋磁效应理论和温差电效应理论等，其中，永磁体理论最早由吉尔伯特提出，认为地球是一个大的永久磁体，但是这个理论因为铁磁物质的“居里温度”被否定。目前普遍认可的是自激发电机理论，在观测、试验和理论研究上都得到较多的验证，是最为成功的地磁场理论。自激发电机理论最早由拉莫尔（Lamor）提出，认为位于地球固态内地核和地幔之间的液态外地核主要由纯铁元素构成。如图 2.1 所示，由于外地核内侧区域温度比外侧区域温度高，

形成了液态铁的对流。这种铁流体在微弱磁场中运动，像磁流体发电机一样产生电流（电磁感应），而电流的磁场又使原来的磁场得到加强，这样外地核物质与磁场相互作用，使得磁场不断加强。由于摩擦生热的消耗，当磁场增大到一定程度时，便稳定下来，从而形成现在的地磁场。

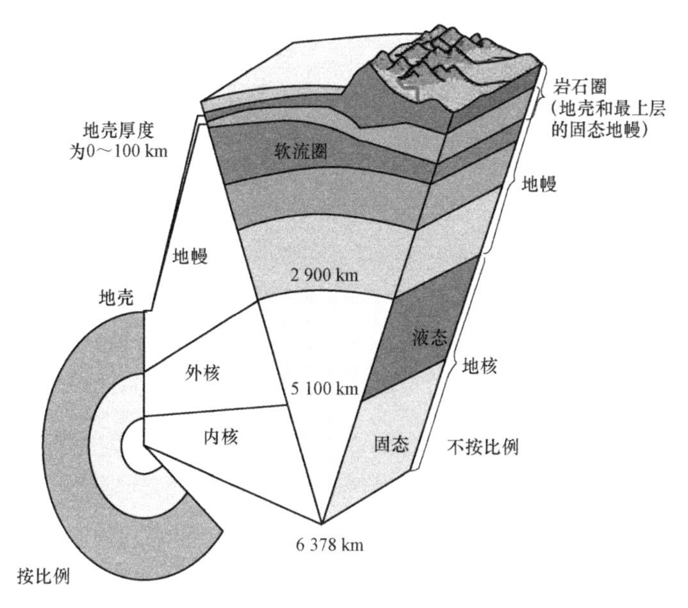

图 2.1　地球内部构造示意图

2.1.2　地磁场的组成

现代地磁学理论认为，地磁场主要由三部分组成：地核场、地壳场和干扰磁场。地核场，也称为主磁场，强度大概为 0.5 ~ 0.7 Gs（高斯，$1\ \mathrm{Gs}=10^{-4}\ \mathrm{T}$），是由位于液态外地核的高温铁环流引起的。地核场占地磁场的 95%以上，空间分布为行星尺度，变化周期以千年尺度计，是地磁导航的主要参考依据。地壳场，也称为异常场，是由地球表面的地壳岩石磁化引起的，约占地磁场的 4%，在地球表面呈区域分布，其空间分布为数千米或者数十千米，不随时间变化，但是随高度增加而衰减。干扰磁场源于地表以上的外部空间，主要有磁层和电离层，既有规则的日变化、脉动和磁暴，也有不规则的磁暴和亚磁暴等，约占地磁场的 1%。

如图 2.2 所示，地磁场大致为双极模式，即在北半球的磁场指向下，赤道附近的磁场指向水平，南半球的磁场指向上，其水平分量永远指向地磁北极。另外，地磁场的南北极与地理的南北极并不一致，相差一定的角度。

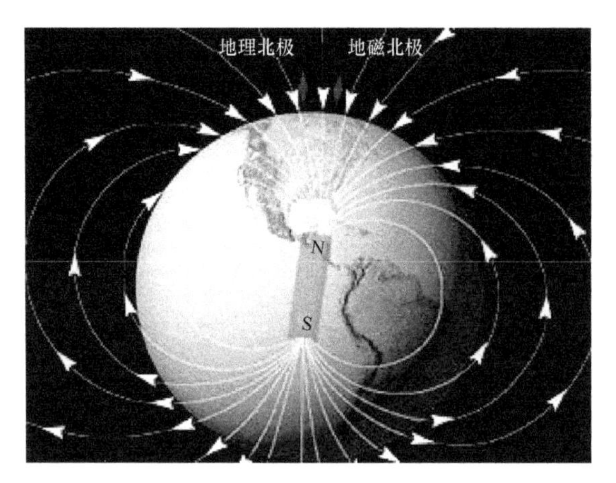

图 2.2　地磁场示意图

2.1.3　地磁矢量要素

地磁场是矢量场，通常采用如图 2.3 所示的“北–东–地”直角坐标系中的 7 个要素对其进行描述，即地磁场矢量的北向分量 X、东向分量 Y、垂直分量 Z、水平分量 H、总强度 F、磁偏角 D 和磁倾角 I。

图 2.3　地磁场要素

地磁场的 7 个要素中只有三个（但不是任意三个）是独立的，其余要素可由这三个独立要素求出，它们之间的关系为

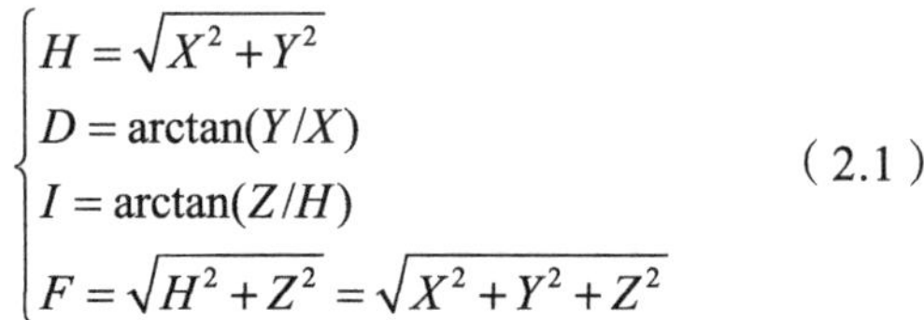

$$\begin{cases} H=\sqrt{X^2+Y^2} \\ D=\arctan(Y/X) \\ I=\arctan(Z/H) \\ F=\sqrt{H^2+Z^2}=\sqrt{X^2+Y^2+Z^2} \end{cases} \tag{2.1}$$

关于如何选择三个独立地磁要素，一般视具体情况而定。世界上大多数地磁台的磁照图记录习惯上使用 HDZ 要素，地磁场绝对观测则多用 HDI 或者 FDI 要素。理论研究和国际参考地磁场模型多用 XYZ 分量，并且 XYZ 分量也正在受到大多数现代化数字地磁台的欢迎。

2.2　地磁场的建模方法

地磁场的建模即建立地磁矢量要素与地理位置及时间之间的函数关系，以方便对地磁场的空间分布及其变化进行描述。常用的建模方法有球谐分析法、矩谐分析法、球冠谐分析法和泰勒多项式拟合法等。

2.2.1　球谐分析法

球谐分析法由高斯首先提出，是研究地磁场在全球范围内的分布和长期变化的一种方法。

地磁场矢量 $\boldsymbol{H}$ 可表示为球坐标下标量磁位 V 的负梯度，即

$$\boldsymbol{H} = -\nabla V(r, \theta, \lambda, t) \tag{2.2}$$

且满足拉普拉斯方程

$$\nabla^2 V(r, \theta, \lambda, t) = 0 \tag{2.3}$$

式中，r 表示地心距；θ 表示地心余纬度（等于 $90° - \phi$，ϕ 表示纬度）；λ 表示经度；t 表示时间。

标量磁位

$$V(r, \theta, \lambda, t) = a\sum_{n=1}^{N}\left(\frac{a}{r}\right)^{n+1}\sum_{m=0}^{n}(g_n^m \cos m\lambda + h_n^m \sin m\lambda)P_n^m(\theta) \tag{2.4}$$

式中，a 表示国际参考球半径，等于地球的平均半径，即 $a = 6\,371.2$ km；$P_n^m(\theta)$ 为施密特准归一化的 n 阶 m 次缔合勒让德函数，m 和 n 均为整数；N 表示球谐分析的截断阶数，其应该保证地磁场模型具有可靠的收敛性和较高的观测精度，一般认为，当 $N \leqslant 13$ 时，球谐模型表示地核场，当 $N \geqslant 16$ 时，表示地壳场，而当 $13 < N \leqslant 15$ 时，表示地核场和地壳场，但是仍以地核场为主；g_n^m 和 h_n^m 表示高斯（或者球谐）系数，根据不同时期地磁场测量值计算得到。

地磁场分量

$$\begin{cases} X = -\dfrac{1}{r}\dfrac{\partial V}{\partial \theta} = \sum\limits_{n=1}^{N}\sum\limits_{m=0}^{n}\left(\dfrac{a}{r}\right)^{n+2}(g_n^m \cos m\lambda + h_n^m \sin m\lambda)\dfrac{\mathrm{d}P_n^m(\theta)}{\mathrm{d}\theta} \\ Y = -\dfrac{1}{r\sin\theta}\dfrac{\partial V}{\partial \lambda} = \sum\limits_{n=1}^{N}\sum\limits_{m=0}^{n}\dfrac{m}{\sin\theta}\left(\dfrac{a}{r}\right)^{n+2}(g_n^m \sin m\lambda - h_n^m \cos m\lambda)P_n^m(\theta) \\ Z = -\dfrac{\partial V}{\partial r} = \sum\limits_{n=1}^{N}\sum\limits_{m=0}^{n}-(n+1)\left(\dfrac{a}{r}\right)^{n+2}(g_n^m \cos m\lambda + h_n^m \sin m\lambda)P_n^m(\theta) \end{cases} \quad (2.5)$$

地磁场的其余要素可以根据式（2.1）计算得到。

2.2.2 矩谐分析法

矩谐分析法由奥尔德里奇（Alldredge）于 1981 年提出，用地球局部区域的矩形平面代替球面，在矩形区域内进行谐和分析。矩谐分析法克服了球谐分析法在局部区域内分辨率有限的问题。

直角坐标系下的磁位

$$V(x, y, z, t) = Ax + By + Cz + \sum_{q=0}^{N}\sum_{m=0}^{q} P_{mn}(x, y)\mathrm{e}^{uz} \quad (2.6)$$

$$\begin{aligned} P_{mn}(x, y) = {} & D_{mn}\cos(mvx)\cos(nwy) + E_{mn}\cos(mvx)\sin(nwy) + \\ & F_{mn}\sin(mvx)\cos(nwy) + G_{mn}\sin(mvx)\sin(nwy) \end{aligned} \quad (2.7)$$

式中，x、y 和 z 表示直角坐标系的三维坐标；t 表示时间；N 表示模型最大截断阶数；$u=\sqrt{(mv)^2+(nw)^2}$，$n=q-m$，$v=2\pi/L_x$，$w=2\pi/L_y$，L_x 和 L_y 分别表示矩形区域的南北和东西两个边长；A、B、C、D_{mn}、E_{mn}、F_{mn} 和 G_{mn} 均为矩谐系数。

地磁场分量

$$\begin{cases} X = -\dfrac{\partial V}{\partial x} = -A + \sum\limits_{q=0}^{N}\sum\limits_{m=0}^{q} Q_{mn}(x, y)\mathrm{e}^{uz} \\ Y = -\dfrac{\partial V}{\partial y} = -B + \sum\limits_{q=0}^{N}\sum\limits_{m=0}^{q} R_{mn}(x, y)\mathrm{e}^{uz} \\ Z = -\dfrac{\partial V}{\partial z} = -C + \sum\limits_{q=0}^{N}\sum\limits_{m=0}^{q} S_{mn}(x, y)\mathrm{e}^{uz} \end{cases} \quad (2.8)$$

式中

$$\begin{aligned} Q_{mn}(x, y) = mv[& D_{mn}\sin(mvx)\cos(nwy) + E_{mn}\sin(mvx)\sin(nwy) - \\ & F_{mn}\cos(mvx)\cos(nwy) - G_{mn}\cos(mvx)\sin(nwy)] \end{aligned}$$

$$\begin{aligned} R_{mn}(x, y) = nw[& D_{mn}\cos(mvx)\sin(nwy) - E_{mn}\cos(mvx)\cos(nwy) + \\ & F_{mn}\sin(mvx)\sin(nwy) - G_{mn}\sin(mvx)\cos(nwy)] \end{aligned}$$

$$S_{mn}(x,y)=u[D_{mn}\cos(mvx)\cos(nwy)+E_{mn}\cos(mvx)\sin(nwy)+ \\ F_{mn}\sin(mvx)\cos(nwy)+G_{mn}\sin(mvx)\sin(nwy)]$$

地磁场的其余要素可以根据式（2.1）计算得到。

2.2.3　球冠谐分析法

球冠谐分析法由海恩斯（Haines）于 1985 年提出，是在地球的局部区域（球冠部分）进行球谐分析，在局部区域内实现与地磁场的最大逼近。球冠谐分析法解决了矩谐分析中以直角坐标系代替球坐标系的近似问题。

球坐标下标量磁位

$$V(r,\theta,\lambda,t)=a\sum_{k=0}^{K_{\max}}\sum_{m=0}^{k}\left(\frac{a}{r}\right)^{n_k(m)+1}(g_k^m\cos m\lambda+h_k^m\sin m\lambda)P_{n_{k(m)}}^m(\theta) \tag{2.9}$$

式中，a 表示国际参考球半径；r 表示地心距；θ 表示地心纬度；λ 表示经度；t 表示时间；$P_{n_k(m)}^m(\theta)$ 表示施密特准归一化的非整数 $n_k(m)$ 阶 m 次缔合勒让德函数，m 为整数，$n_k(m)$ 为实数；$K_{\max}$ 表示最大截断阶数；g_k^m 和 h_k^m 表示球冠谐系数，根据不同时期地磁场的观测值用最小二乘法确定。

地磁场分量

$$\begin{cases} X=\sum_{k=0}^{K_{\max}}\sum_{m=0}^{k}\left(\frac{a}{r}\right)^{n_k(m)+2}(g_k^m\cos m\lambda+h_k^m\sin m\lambda)\frac{\mathrm{d}P_{n_{k(m)}}^m(\theta)}{\mathrm{d}\theta} \\ Y=\sum_{k=0}^{K_{\max}}\sum_{m=1}^{k}\frac{m}{\sin\theta}\left(\frac{a}{r}\right)^{n_k(m)+2}(g_k^m\sin m\lambda-h_k^m\cos m\lambda)P_{n_{k(m)}}^m(\theta) \\ Z=-\sum_{k=0}^{K_{\max}}\sum_{m=1}^{k}(n_k(m)+1)\left(\frac{a}{r}\right)^{n_k(m)+2}(g_k^m\cos m\lambda+h_k^m\sin m\lambda)P_{n_{k(m)}}^m(\theta) \end{cases} \tag{2.10}$$

地磁场的其余要素可以根据式（2.1）计算得到。

2.2.4　泰勒多项式拟合法

泰勒（Taylor）多项式拟合法是二维分析方法，表示地磁场在地球局部区域二维平面内的分布，而不能表示地磁场随高度的变化。

地磁场分量用泰勒多项式表示为

$$B=\sum_{i=0}^{N}\sum_{j=0}^{N-i}a_{ij}(\phi-\phi_0)^i(\lambda-\lambda_0)^j \tag{2.11}$$

式中，B 表示地磁场矢量的任一个要素；ϕ_0 和 λ_0 表示泰勒多项式展开原点的纬度和经度；N 表示泰勒多项式截断阶数；a_{ij} 表示泰勒系数，根据不同时期的地磁场数据由最小二乘法确定，总共有 $(N+1)(N+2)/2$ 个。

泰勒多项式模型的最大优点是计算简单，使用方便，适用于表示较小区域地磁场的分布。但是，它不满足地磁场位势理论的要求，因此各个地磁场要素的泰勒多项式模型之间常常有不一致的现象。

2.3 常用地磁场模型

地磁场模型按覆盖范围可分为全球地磁场模型和区域地磁场模型，模型描述对象有主磁场（地核场）和异常场（地壳场）。全球地磁场模型基于球谐分析法建立，主要有国际地磁参考场模型（International Geomagnetic Reference Field，IGRF）和世界磁场模型（World Magnetic Model，WMM）。为了获得更准确的地磁场信息，很多国家都建立了自己所在地区的区域地磁场模型。区域地磁场模型主要基于矩谐分析法、球冠谐分析法和泰勒多项式拟合法建立。

2.3.1 国际地磁参考场（IGRF）

国际地磁参考场模型（IGRF）是国际上通用的标准地磁模型，是一种根据高斯理论建立的用于描述地球主磁场及其长期变化在全球分布的数学模型。它是由国际地磁高空物理学协会（International Association of Geomagnetism and Aeronomy，IAGA）采用球谐分析法建立的，模型每隔 5 年更新一次。1968 年，IAGA 发布了第 1 代 IGRF 模型（IGRF–1）。2014 年，IAGA 发布了第 12 代 IGRF 模型（IGRF–12），IGRF–12 融合了卫星（Swarm：2013—2014、Ørsted：1999—2013、CHAMP：2000—2010、SAC–C：2001—2013）数据、地面台站观测数据和地面流动磁测数据，球谐系数 13 阶，对应的空间分辨率为 3 000 km。该模型地磁场的全球估计精度为 50～300 nT。

表 2.1 所示为 IGRF 模型发展历程，截至目前，已经建立了从 1900 年到 2020 年主磁场的 IGRF 模型。现在最新的国际地磁参考场版本为第 13 代国际地磁参考场（IGRF–13），可以计算 2020—2025 年的地磁场矢量。

表 2.1　IGRF 模型发展历程

模型	主磁场年份	变化尺度年份	发布年份
IGRF–1	1965	1975—1980	1965
IGRF–2	1965—1975	1980—1985	1975

续表

模型	主磁场年份	变化尺度年份	发布年份
IGRF–3	1965—1980	1980—1985	1980
IGRF–4	1945—1985	1980—1990	1985
IGRF–5	1945—1985	1985—1990	1987
IGRF–6	1945—1990	1990—1995	1991
IGRF–7	1900—1995	1995—2000	1995
IGRF–8	1900—2000	2000—2005	2000
IGRF–9	1900—2000	2000—2005	2003
IGRF–10	1900—2005	2005—2010	2005
IGRF–11	1900—2010	2010—2015	2010
IGRF–12	1900—2015	2015—2020	2015
IGRF–13	1900—2020	2020—2025	2020

在 2000 年之前，国际地磁参考场球谐模型的截断阶数为 10 阶，从 2000 年开始，IAGA 将国际地磁参考场球谐模型的截断阶数提高到 13 阶，第 13 代国际地磁参考场是描述地球磁场的最新版本，IAGA 于 2019 年 12 月最终确定了该版本 13 阶主场模型的系数。

2.3.2　世界磁场模型（WMM）

世界磁场模型（WMM）是一种主要研究地球主磁场与其长期变化，同时也兼顾到岩石圈磁场和海洋感应磁场长波成分的全球地磁场模型。其是美国国家地理空间情报局（U.S. National Geospatial–Intelligence Agency，NGA）和英国国防地理中心（U.K. Defence Geographic Center，DGC）资助，由美国国家海洋与大气管理局国家地球物理数据中心（U.S. National Oceanographic and Atmospheric Administration's National Geophysical Data Center，NOAA/NGDC）和英国地质勘查局（British Geological Survey，BGS）共同建立，是美国国防部、英国国防部、北大西洋公约合作组织和世界水文署共同采用的标准地磁场模型。主要为美国、英国国防部、北大西洋公约组织（NATO）和国际海道测量组织（WHO）提供导航及定向服务，同时在民用导航定位系统和航向姿态测量系统中也有着广泛应用。第一代世界磁场模型建立于 1990 年，模型每隔 5 年更新一次。

WMM 2015 模型于 2014 年 12 月发布，有效使用期为 2015.01.01—2019.12.31。

WMM 2015 模型所使用的数据主要包括卫星磁测（Swarm：2013—2014、Ørsted：1999—2013、CHAMP：2000—2010）和地面台站时均值两种类型。该模型的球谐系数是 12 阶，对应的空间分辨率为 3 200 km。该模型地磁强度的全球估计精度为 90 ~ 170 nT。

目前最新版本为世界磁场模型 2020（WMM 2020），可以计算 2020—2025 年的地磁场矢量。WMM 2020 采用球谐分析法建立，有两组截断阶数同为 12 阶的不同的高斯系数。一组系数用于计算地球主磁场的模型，单位是 nT；另一组用于预测磁场长期变化的模型，单位是 nT/年。图 2.4 所示为 WMM 2020 计算的全球地磁场总强度 F 等值线图。

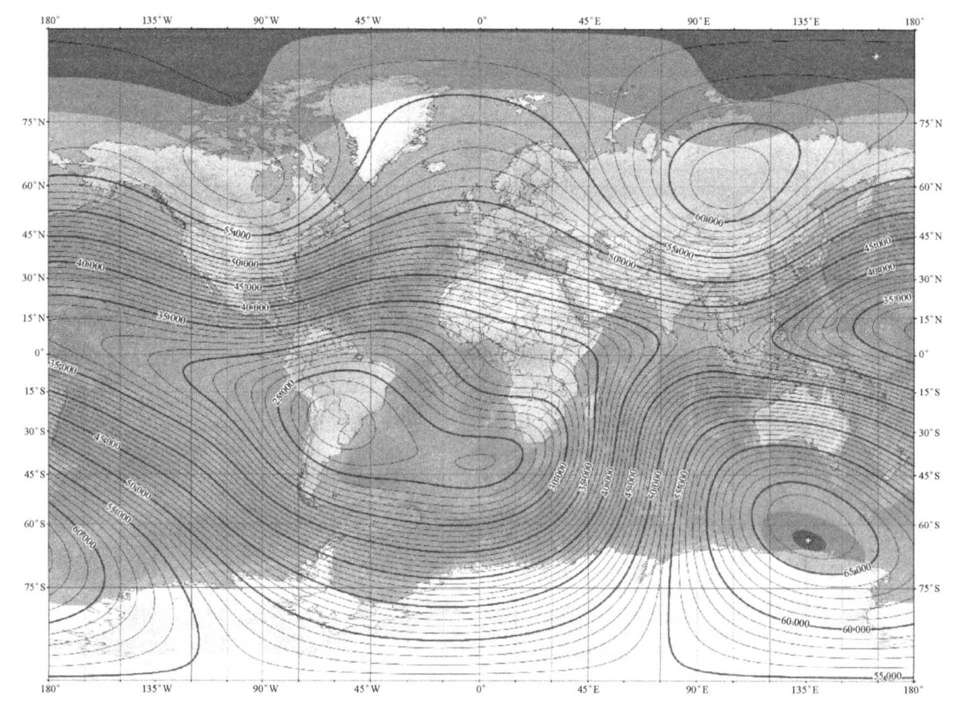

图 2.4　WMM 2020 计算的全球地磁场总强度 F(nT)等值线图

2.3.3　中国地磁参考场（ChinaGRF）

我国从 1950 年起开始建立自己的地磁场模型和地磁图，每 10 年更新一次。我国的地磁场模型称为中国地磁参考场（China Geomagnetic Reference Field，ChinaGRF），在 2000 年之前，我国的地磁场模型主要由中国科学院地质与地球物理研究所负责，从 2001 年起主要由中国地震局地球物理研究所负责。

我国的第七代地磁场模型是 ChinaGRF 2000，根据式（2.11）所示的泰勒多项式拟合法建立，原点位于（36° N，106° E）处，截断阶数为 4 阶。4 阶泰勒多项式地磁场模型中磁偏角 D、磁倾角 I 和总强度 F 的泰勒系数见表 2.2，其余分量根据式（2.1）计算得到。

表 2.2　ChinaGRF 2000 泰勒系数表

i	j	D/rad	I/rad	F/nT
0	0	−0.029 24	0.859 38	51 193.2
0	1	−0.211 26	−0.028 15	−1 718.2
0	2	−0.131 6	−0.135 19	−16 218.9
0	3	0.296 33	−0.122 03	−14 481.8
0	4	0.232 13	0.147 76	10 158.4
1	0	−0.054 52	1.491 32	33 608.8
1	1	−0.740 3	−0.126 67	−633.2
1	2	0.158 22	−0.235 85	−10 962.4
1	3	0.393 65	0.373 05	11 400.2
2	0	−0.086 68	−1.350 51	−5 721.7
2	1	−0.175 34	0.081 75	1 166
2	2	0.962 24	−0.014 28	28 949.3
3	0	−0.290 68	0.504 5	−53 863.7
3	1	−0.739 4	−0.093 73	21 852
4	0	1.179 98	1.862 02	36 385.6

我国的第八代地磁场模型是 ChinaGRF 2005，根据式（2.10），采用截断阶数为 8 阶的球冠谐模型建立“异常场”模型，“异常场”模型与 IGRF−10 模型之和便为 ChinaGRF 2005 模型，其中的 8 阶高斯系数见表 2.3。由 ChinaGRF 2005 模型建立的地磁图称为“2005.0 年代中国地磁图”。

表 2.3　ChinaGRF 2005 的高斯系数表

k	m	g/nT	h/nT	k	m	g/nT	h/nT
0	0	−111.9	—	6	2	−405.7	65.88
1	0	313.96	—	6	3	−222.02	−30.61
1	1	−82.82	−17.94	6	4	102.44	47.51

续表

k	m	g/nT	h/nT	k	m	g/nT	h/nT
2	0	−583.23	—	6	5	−19.48	−1.93
2	1	321.11	52.37	6	6	10.28	14.23
2	2	0.27	90.3	7	0	−39.44	—
3	0	700.26	—	7	1	−227.95	−11.57
3	1	−700.09	−90.79	7	2	193.57	−22.62
3	2	132.75	−145.34	7	3	80.43	17.39
3	3	191.45	28.31	7	4	−37.53	−16.67
4	0	−543.87	—	7	5	21.07	−1.65
4	1	1 000.12	97.95	7	6	−12.7	−15.57
4	2	−345.28	159.38	7	7	−4.93	8.7
4	3	−341.56	−39.97	8	0	14.52	—
4	4	84.45	49.04	8	1	40.12	1.4
5	0	216.52	—	8	2	−46.48	3.91
5	1	−952.6	74.28	8	3	−11.14	−5.6
5	2	480.93	−118.85	8	4	4.54	1.83
5	3	362.94	43.28	8	5	−7.38	1.62
5	4	−122.15	−61.95	8	6	5.66	5.04
5	5	2.23	5.05	8	7	0.52	−3.68
6	0	−8.04	—	8	8	−0.15	1.22
6	1	580.28	35.53				

我国第九代地磁场模型是 ChinaGRF 2010，截断阶数为 8 阶，其球冠谐和模型的系数见表 2.4。2008—2009 年，中国地震局地球物理研究所承担了中国大陆地区共 851 个野外地磁三分量测量点的测量工作。这些测点的观测数据是“2010.0 年代中国地磁图”的主要数据来源。除此之外，2002—2004 年 431 个测点的观测数据也参与到“2010.0 年代中国地磁图”的编制过程中。另外，“2010.0 年代中国地磁图”还使用了邻近海岛及周边国家 190 个测点的历史地磁观测数据，以及 32 个国内地磁台和 11 个周边国家地磁台的观测数据。将全部测点的地磁观测数据进行日变化改正和长期变化改正后，统一归算到 2010 年 1 月 1 日午夜北京时间 00:00—03:00 时的地磁场均值中。为降低边界效应，还在计算区域边缘均匀补充了 36 个测点的国际地磁参考场计算值。

表 2.4　ChinaGRF 2010 的高斯系数表

k	*m*	*g*/nT	*h*/nT	*k*	*m*	*g*/nT	*h*/nT
0	0	58.01	—	6	2	−1	−22.02
1	0	−30.98	—	6	3	−29.89	−11.93
1	1	18.3	15.01	6	4	−53.08	−7.75
2	0	55.66	—	6	5	−23.27	1.79
2	1	−15.13	−27.63	6	6	1.5	2.91
2	2	−39.96	5.75	7	0	15.6	—
3	0	−53.69	—	7	1	4.13	5.06
3	1	−18.52	38.91	7	2	−1.36	8.71
3	2	64.97	8.87	7	3	4.9	7.95
3	3	47.8	1.06	7	4	26.88	9.6
4	0	24.92	—	7	5	19.34	−0.31
4	1	47.97	−41.85	7	6	1.32	−5.62
4	2	−55.43	−23.5	7	7	−3.73	−1.05
4	3	−70.14	−3.9	8	0	−3.59	—
4	4	−37.31	−3.51	8	1	−3.5	−1.2
5	0	13.52	—	8	2	−1.03	−2.49
5	1	−40.53	30.44	8	3	1.73	−2.44
5	2	19.73	29.41	8	4	−7.47	−4.1
5	3	62.64	11.61	8	5	−5.79	−1.11
5	4	61.16	5.39	8	6	−1.3	1.28
5	5	14.96	−3.58	8	7	0.28	0.19
6	0	−22.65	—	8	8	0.72	−1.03
6	1	11.85	−14.89				

对于某一局部区域而言，其区域地磁场模型的精度一般高于全球地磁场模型，因为区域模型是根据更多区域性地磁资料建立起来的，不仅能表示地核场，而且能表示地壳场的一部分。因此，在条件允许的情况下，应优先选用地磁场的区域模型。不过，在满足使用要求的前提下，可以用全球地磁场模型代替区域地磁场模型。

2.3.4　其他地磁模型

1. EMM 模型

增强地磁场模型（Enhanced Magnetic Model，EMM）是描述地球主磁场和岩石圈磁场的数学模型，由美国国家地球物理数据中心（NGDC）和英国地质调查局（BGS）联合研制和维护的。EMM 模型根据卫星、海洋、航磁和地磁测量编制，并且包括了来自欧洲航天局（ESA）Swarm 卫星任务的数据，是利用球谐分析法描述岩石圈磁场的模型中精度和空间分辨率最高的模型之一。该模型包含的地球岩石圈磁场信息更加全面、精细，被广泛应用于民用定位导航系统中，具有很高的实用价值。EMM 模型的前身是 NGDC-720 模型。最新的 EMM 2017 模型在 2017 年 7 月发布，有效使用期为 2000—2022 年，模型的球谐级数展开至 790 阶，其中地核磁场为 1 ~ 15 阶，岩石圈磁场为 16 ~ 790 阶，空间分辨率达到 51 km。

2. CHAOS 模型

CHAOS 系列模型（CHAMP/Ørsted/SAC-C）是描述全球地磁场及其长期变化的高精度数学模型。该模型在构建过程中采用了一些新的改进技术，如重新确定资料筛选标准、矢量资料的坐标转化、外源磁场的拟合等，使模型的可靠性得到提高。它是由丹麦国家空间中心（DTU Space）建立和维护的。2006 年，DTU Space 提出了第一代 CHAOS 模型，最新的 CHAOS-7 模型在 2019 年发布，有效使用期为 1999—2020 年。CHAOS-7 使用的数据包括卫星磁测数据（来自 CHAMP、Ørsted、SAC-C、Cryosat2 和 Swarm 卫星）和 182 个地面台站数据。CHAOS-7 模型球谐级数展开至 90 阶，其中，地核磁场为 1 ~ 20 阶，岩石圈磁场为 21 ~ 90 阶。

3. DIFI 模型

专用电离层磁场反演模型（Dedicated Ionospheric Field Inversion Model，DIFI）是描述地球中低纬度地区（±55° 之间）在地磁静日期间的太阳宁静区（Solar-quiet，Sq）和赤道电急流（Equatorial Electrojet，EEJ）磁场（此类磁场属于地磁场中占比例极小的感应磁场）及其变化的数学模型。DIFI 模型是由欧洲航天局提供资助，并由科罗拉多大学波尔得分校的环境科学合作研究所（CIRES）和巴黎地球物理学院（IPGP）共同研制的。该模型的计算方法于 2013 年首次提出。在 2015—2016 年期间，CIRES 发布了 DIFI-2015a、DIFI-2015b 和 DIFI-2 版本。最新的 DIFI-3 模型在 2017 年发布。该模型在构建过程中，使用了 Swarm 系列卫星和地面观测台站在 2013 年 12 月至 2017 年 6 月期间的磁测数据。DIFI-3 模型球谐级数展开至 60 阶。

2.4 地磁场查询技术

地磁查询技术是根据地理位置和时间获取地磁场矢量要素的原理与方法，是地磁模型的应用技术。地磁场查询分为全球地磁场查询和区域地磁场查询，主要有模型解算法和地磁图插值算法两种技术途径。

2.4.1 全球地磁场查询

全球地磁场查询范围广，地磁图数据量大，更适合采用模型解算法。模型解算法的特点是算法复杂，计算量大，查询实时性与处理器计算能力直接相关，查询精度主要取决于模型精度。基于球谐分析模型的全球磁场查询的原理和软件实现方法如下。

2.4.1.1 模型解算法原理

如 2.2.1 节所述，球谐分析法的球谐函数（式（2.4））及地磁分量 X、Y、Z 的表达式（式（2.5））是在地心坐标下的，而地磁查询输入的经度、纬度、高度等位置信息通常基于大地坐标系，因此需要将该位置信息转化到地心坐标系下。

地球是一个不规则的球体，与球体相比较，地球更偏向于一个椭球体。地理纬度即是经过某点的椭圆法线与赤道水平面的夹角，将其记作 φ'；地心纬度则是该点与椭圆中心的连线与赤道面的夹角，将其记作 φ。高度即是高于海平面的高度，将其记作 h。那么，地理坐标系下的坐标 (λ, φ', h) 转化为 (λ, φ, r) 可由以下公式获得：

$$p = (R_c + h)\cos\varphi'$$

$$z = [R_c(1-e^2) + h]\sin\varphi'$$

$$r = \sqrt{p^2 + z^2}$$

$$\varphi = \arcsin\frac{z}{r}$$

$$e^2 = f(2-f)$$

$$R_c = \frac{a}{\sqrt{1-e^2\sin^2\varphi'}}$$

$$\frac{1}{f}=298.257\ 223\ 563 \tag{2.12}$$

式中，$p=\sqrt{x^2+y^2}$；(x,y,z)为地心笛卡儿坐标系下的坐标；x轴指向子午线，z轴指向地球的旋转轴；a为地球的半长轴，e为离心率。

大地余纬θ'与地心余纬θ之间的变换公式如下：

$$r=\left[h\left(h+2\sqrt{A^2\sin^2\theta'+B^2\cos^2\theta'}\right)+\frac{A^2\sin^4\theta'+B^2\cos^4\theta'}{A^2\sin^2\theta'+B^2\cos^2\theta'}\right]^{\frac{1}{2}}$$
$$\cos\delta=\left(h+\sqrt{A^2\sin^2\theta'+B^2\cos^2\theta'}\right)\Big/r$$
$$\sin\delta=(a^2-b^2)\cos\theta'\sin\theta'\Big/\left(r\sqrt{A^2\cos^2\theta'+B^2\sin^2\theta'}\right)$$
$$\cos\theta=\cos\theta'\cos\delta-\sin\theta'\sin\delta$$
$$\sin\theta=\sin\theta'\cos\delta+\cos\theta'\sin\delta \tag{2.13}$$

式中，$\delta=\theta-\theta'$。

在已知(λ,θ',r)后，接下来是计算勒让德多项式及其一阶导数。计算机中更加方便的计算方法是递归。如果直接计算，会受到高阶限制，精度存在一定的问题。因此，递归勒让德多项式引入施密特型，可以由以下公式得到：

$$P_n^m(\cos\theta)=\begin{cases}0 & n<m\\ 0 & m=n=0\\ \cos\theta & n=1,m=0\\ \sin\theta & m=n=1\\ \left(\dfrac{2m-1}{2m}\right)^{\frac{1}{2}}\sin\theta P_{n-1}^{m-1}(\cos\theta) & m=n>1\\ \dfrac{(2n-1)\cos\theta P_{n-1}^m(\cos\theta)-[(n-1)^2-m^2]^{\frac{1}{2}}P_{n-2}^m(\cos\theta)}{(n^2-m^2)^{\frac{1}{2}}} & \text{其他}\end{cases} \tag{2.14}$$

$$P_n^m(\cos\theta)=\begin{cases}0 & n<m\\ \cos\theta & n=1,m=0\\ \left(\dfrac{2m-1}{2m}\right)^{\frac{1}{2}}[\sin\theta X_{n-1}^{m-1}+\cos\theta P_{n-1}^{m-1}(\cos\theta)] & m=n\\ \dfrac{(2n-1)[\cos\theta X_{n-1}^m-\sin\theta P_{n-1}^m(\cos\theta)]-[(n-1)^2-m^2]^{\frac{1}{2}}X_{n-2}^m}{(n^2-m^2)^{\frac{1}{2}}} & \text{其他}\end{cases} \tag{2.15}$$

获得勒让德递归式之后，需要计算按年份进行调整的高斯系数值，公式如下：

$$\begin{cases} g_n^m(t) = g_n^m(t_0) + (t - t_0)g_n^m(t_0) \\ h_n^m(t) = h_n^m(t_0) + (t - t_0)h_n^m(t_0) \end{cases} \tag{2.16}$$

最后需要计算出每个 $\cos m\lambda$ 与 $\sin m\lambda$。同样利用递归法可以做到方便单片机的运算。

根据以上公式，即可利用经纬度和高度信息获取地心坐标系下的地磁三分量信息。

当计算出地心坐标系下的地磁分量 X、地磁分量 Y、地磁分量 Z 后，需要用公式将地心坐标系下的分量转为大地坐标系下的分量。公式如下：

$$\begin{cases} X = X_e \cos\delta + Z_e \sin\delta \\ Y = Y_e \\ Z = Z_e \cos\delta - X_e \sin\delta \end{cases} \tag{2.17}$$

式中，(X, Y, Z) 是大地坐标系下的地磁分量；(X_e, Y_e, Z_e) 是地心坐标系下的地磁分量。

根据以上公式，便可获得大地坐标系下的地磁分量。

2.4.1.2　模型解算法的实现过程

图 2.5 所示为模型法实现的软件过程。

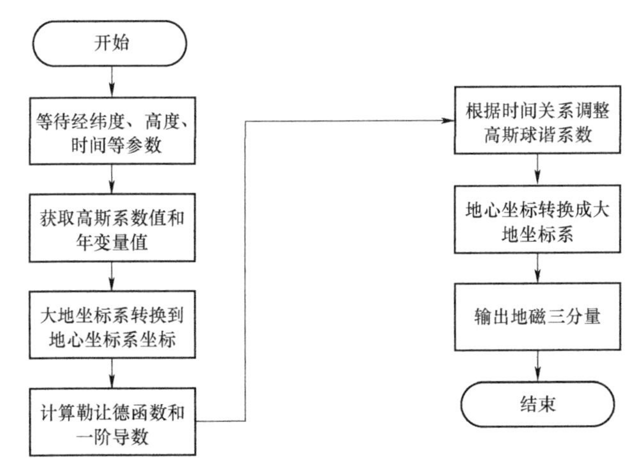

图 2.5　软件实现过程

第一步：获取经度、纬度，其中东经为正，西经为负，北纬为正，南纬为负。还需要高度信息，以高于海平面的高度为准，单位为 km。时间信息也是必需的，需要将年月日信息转化为十进制形式下的时间信息。

① 经纬度的表达方式一般以南纬北纬、东经西经的方式为主。计算中，将北纬看作正值，南纬看作负值，在识别到南纬信息后，将其符号置为负；东经看作正值，西经看作负值，在识别到西经信息后，将其符号置为负。

② 高度一般用米、千米、英尺等方式表达，根据不同国家的习惯，需要将信息统一起来，以千米为准。若是输入米，则将该数据乘以 0.001，即可获得千米值；若是输入英尺，根据英尺和千米的转化关系，该数据需要乘以 0.000 304 8，即可得到相应的千米值。

③ 对于时间的表达方式，在平时生活中，通常按照年月日的方法进行记录，但是对于调整系数所用的时间信息来说，需要根据其当前已经经历的天数占上一年中的总天数的百分比，再根据年变化系数去调整。因此，将年月日转化成十进制的年的程序很重要。选择用 switch 语句执行判断，首先获取到相应的月份，获取到月份后，利用 switch 语句判断该月份已经过去了多少天。然后将输入的天数信息加上月数信息，所对应的天数之和便是已经过去的天数。然后将已经过去的天数除以一年的天数，即可得到十进制的天数。每个月数相对应的天数信息见表 2.5。

表 2.5　月份对应天数表

月份	总天数	月份	总天数	月份	总天数
1	0	2	31	3	59
4	90	5	120	6	151
7	181	8	212	9	243
10	273	11	304	12	334

例如，若输入信息为 2018 年 3 月 12 日，则已经过去的天数为 3 月对应的 59 天再加上 12，即已经过去的天数为 71，转化成十进制天数即是 71 除以 365，为 0.19，那么用十进制表示即为 2018.19 年。

第二步：将高斯系数值和年变化量值存储到相应变量中，以方便计算。高斯系数见表 2.6。

表 2.6　高斯系数表

n	m	$g_n^m(t_0)$	$h_n^m(t_0)$	$\dot{g}_n^m(t_0)$	$\dot{h}_n^m(t_0)$	n	m	$g_n^m(t_0)$	$h_n^m(t_0)$	$\dot{g}_n^m(t_0)$	$\dot{h}_n^m(t_0)$
1	0	29 442.00	0	10.30	0.00	9	8	−9.10	−4.00	0.00	0.00
1	1	−1 501.00	4 797.00	18.10	−26.60	9	9	−10.50	8.40	0.00	0.00
2	0	−2 445.10	0.00	−8.70	0.00	10	0	−1.90	0.00	0.00	0.00
2	1	3 012.90	2 845.60	−3.30	−27.40	10	1	−6.30	3.20	0.00	0.00
2	2	1 676.70	−641.90	2.10	−14.10	10	2	0.10	−0.40	0.00	0.00
3	0	1 350.70	0.00	3.40	0.00	10	3	0.50	4.60	0.00	0.00
3	1	−2 352.30	−115.30	−5.50	8.20	10	4	−0.50	4.40	0.00	0.00
3	2	1 225.60	244.90	−0.70	−0.40	10	5	1.80	−7.90	0.00	0.00
3	3	582.00	−538.40	−10.10	1.80	10	6	−0.70	−0.60	0.00	0.00
4	0	907.60	0.00	−0.70	0.00	10	7	2.10	−4.20	0.00	0.00
4	1	813.70	283.30	0.20	−1.30	10	8	2.40	−2.80	0.00	0.00
4	2	120.40	−188.70	−9.10	5.30	10	9	−1.80	−1.20	0.00	0.00
4	3	−334.90	180.90	4.10	2.90	10	10	−3.60	−8.70	0.00	0.00
4	4	70.40	−329.50	−4.30	−5.20	11	0	3.10	0.00	0.00	0.00
5	0	−232.60	0.00	−0.20	0.00	11	1	−1.50	−0.10	0.00	0.00
5	1	360.10	47.30	0.50	0.60	11	2	−2.30	2.00	0.00	0.00
5	2	192.40	197.00	−1.30	1.70	11	3	2.00	−0.70	0.00	0.00
5	3	−140.90	−119.30	−0.10	−1.20	11	4	−0.80	−1.10	0.00	0.00
5	4	−157.50	16.00	1.40	3.40	11	5	0.60	0.80	0.00	0.00
5	5	4.10	100.20	3.90	0.00	11	6	−0.70	−0.20	0.00	0.00
6	0	70.00	0.00	−0.30	0.00	11	7	0.20	−2.20	0.00	0.00
6	1	67.70	−20.80	−0.10	0.00	11	8	1.70	−1.40	0.00	0.00
6	2	72.70	33.20	−0.70	−2.10	11	9	−0.20	−2.50	0.00	0.00
6	3	−129.90	58.90	2.10	−0.70	11	10	0.40	−2.00	0.00	0.00
6	4	−28.90	−66.70	−1.20	0.20	11	11	3.50	−2.40	0.00	0.00
6	5	13.20	7.30	0.30	0.90	12	0	−1.90	0.00	0.00	0.00
6	6	−70.90	62.60	1.60	1.00	12	1	−0.20	−1.10	0.00	0.00
7	0	81.60	0.00	0.30	0.00	12	2	0.40	0.40	0.00	0.00
7	1	−76.10	−54.10	−0.20	0.80	12	3	1.20	1.90	0.00	0.00
7	2	−6.80	−19.50	−0.50	0.40	12	4	−0.80	−2.20	0.00	0.00

续表

n	m	$g_n^m(t_0)$	$h_n^m(t_0)$	$\dot{g}_n^m(t_0)$	$\dot{h}_n^m(t_0)$	n	m	$g_n^m(t_0)$	$h_n^m(t_0)$	$\dot{g}_n^m(t_0)$	$\dot{h}_n^m(t_0)$
7	3	51.80	5.70	1.30	−0.20	12	5	0.90	0.30	0.00	0.00
7	4	15.00	24.40	0.10	−0.30	12	6	0.10	0.70	0.00	0.00
7	5	9.40	3.40	−0.60	−0.60	12	7	0.50	−0.10	0.00	0.00
7	6	−2.80	−27.40	−0.80	0.10	12	8	−0.30	0.30	0.00	0.00
7	7	6.80	−2.20	0.20	−0.20	12	9	−0.40	0.20	0.00	0.00
8	0	24.20	0.00	0.20	0.00	12	10	0.20	−0.90	0.00	0.00
8	1	8.80	10.10	0.00	−0.30	12	11	−0.90	−0.10	0.00	0.00
8	2	−16.90	−18.30	−0.60	0.30	12	12	0.00	0.70	0.00	0.00
8	3	−3.20	13.30	0.50	0.10	13	0	0.00	0.00	0.00	0.00
8	4	−20.60	−14.60	−0.20	0.50	13	1	−0.90	−0.90	0.00	0.00
8	5	13.40	16.20	0.40	−0.20	13	2	0.40	0.40	0.00	0.00
8	6	11.70	5.70	0.10	−0.30	13	3	0.50	1.60	0.00	0.00
8	7	−15.90	−9.10	−0.40	0.30	13	4	−0.50	−0.50	0.00	0.00
8	8	−2.00	2.10	0.30	0.00	13	5	1.00	−1.20	0.00	0.00
9	0	5.40	0.00	0.00	0.00	13	6	−0.20	−0.10	0.00	0.00
9	1	8.80	−21.60	0.00	0.00	13	7	0.80	0.40	0.00	0.00
9	2	3.10	10.80	0.00	0.00	13	8	−0.10	−0.10	0.00	0.00
9	3	−3.30	11.80	0.00	0.00	13	9	0.30	0.40	0.00	0.00
9	4	0.70	−6.80	0.00	0.00	13	10	0.10	0.50	0.00	0.00
9	5	−13.30	−6.90	0.00	0.00	13	11	0.50	−0.30	0.00	0.00
9	6	−0.10	7.80	0.00	0.00	13	12	−0.40	−0.40	0.00	0.00
9	7	8.70	1.00	0.00	0.00	13	13	−0.30	−0.80	0.00	0.00

高斯系数表从结构上分析来看，包含着 n 的阶数、m 的阶数、g_n^m 的值、h_n^m 的值、g_n^m 的年变化量的值、h_n^m 的年变化量的值。因此，将共 90 组系数数据以结构体方式存储下来，每组数据包含 6 个数据。故定义一个结构体，每组为 6 个数，结构体中第一个数设为 first，其存储的是 n 的值；结构体中第二个数设为 second，其存储的是 m 的值；结构体中第三个数设为 third，其存储的是 g_n^m 的值；结构体中第四个数设为 fourth，其存储的是 h_n^m 的值；结构体中第五个数设为 fifth，其存储的是 dg_n^m 的值；结构体中第六个数设为 sixth，其存储的是 dg_n^m 的值。在值的存储过程中，取结构体的后缀名，存入即可。但是需要注意的是，

存储值的过程中，先定义一个二维数组，然后将结构体中定义的值存入二维数组之中。若是定义四个数组，因为 n 的值始终大于 m，所以每个数组存储时，会有将近一半的数组是初始值状态，并没有利用到，浪费芯片中内置的存储空间，在此只定义两个数组来存储数值。将二维数组看作一个矩形区域，以对角线为分界线，则单个系数存储的区域为半个矩形区域，剩余的半个矩形区域用来存储另一个系数信息。值得注意的是，定义数组的时候，不能只定义一个 $m\times n$ 的数组，因为单个系数的存储量既不是恰好为 $m\times n$ 的一半或少于 $m\times n$ 的一半，而是多了一块对角线的值，因此，需要定义一个略大于 $m\times n$ 的数组来完全存储所有的系数值。利用 for 循环，在累加值 i 小于结构体行数时，进行存储操作。

第三步：将大地坐标转换成地心坐标。地球椭球的长半径 $a=6\ 378.137$ km，$b=6\ 356.752\ 314\ 2$ km，将二者的数据代入进行计算。

在通常意义上，描述地理位置经纬度的北纬、南纬信息，是从赤道平面算起，该点和地心的连线与子午平面形成的角度。而参与到计算的是余纬度，即地球的自转轴与该点和地心连线形成的角度，所以要先进行转换角度。角度转换的实现方法用 90° 减去南北纬对应的度数即可。同时需要注意的是，单片机中计算 sin、cos 函数以弧度制为准，而正常的南北纬是以角度制为准，因此需要进行角度制和弧度制的转换。根据公式，1° 的角对应的弧度制为 π/180，那么以 π/180 为系数，用角度制度数乘以该系数即可快速转换角度制和弧度制。

计算过程中，会出现一些系数的重复利用，为了减少单片机的运算量，需要将一个完整的公式分解成一个个小的公式，将分布计算出来的值进行存储，直接调用，可以省去单片机的多余计算步骤，提高其效率。典型的如 $\sqrt{A^2\sin^2\theta'+B^2\cosh 2\theta'}$ 出现在多个公式中，故可以将其计算出来后单独存储，以方便其他公式调用该值。同时，在单片机中，平方的运算要远远麻烦于乘法运算，故对平方的处理，采取将原参数乘上自己得到。对于四次方的处理，则采取将该数的平方乘以这个数的平方的方法处理。根据式（2.13）内容，即可求出 r、$\sin\delta$、$\cos\delta$、$\sin\theta$、$\cos\theta$ 的值，以方便后续计算使用。

第四步：计算勒让德函数及其一阶导数。按上面的公式设定好初值，利用递推的方法计算。

计算勒让德函数时，由式（2.14）、式（2.15）可知，勒让德函数及其导数根据 m、n 的值的不同，有着不同的公式。所以，在进行递归计算时，首先利用 if 语句判断 m、n 的值，根据不同的情况进行不同的递归计算。递归计算的值放在一维数组中，初始值放在数组的开头，根据 m 值和 n 值计算出数组序号，按顺序存储勒让德函数及其导数，方便接下来的调用。

第五步：根据时间来调整高斯系数值，根据时间公式进行插值调整。需要注意的是，预置的参数应该处于 2015—2020 年之间。

由式（2.16）可知，高斯系数的调整采用的是线性插值，年变化量即插值的系数，当前年数减去起始年数即为相差的年数量，将系数与年数相差量相乘即可获得高斯系数的调整量。将调整量与起始年份高斯系数的基准量相加，即可获得当前时间段准确的高斯系数值。

第六步：计算地心坐标系下的地磁分量值。经过前面的计算，已经求得高斯系数值、勒让德函数及其导数值，还需知道 $\sin m\lambda$、$\cos m\lambda$ 的值。其中，$\sin m\lambda$、$\cos m\lambda$ 同样可根据三角函数的关系通过递归推出，有

$$\cos m\lambda = \cos(m-1)\lambda\cos\lambda - \sin(m-1)\lambda\sin\lambda$$

$$\sin m\lambda = \sin(m-1)\lambda\cos\lambda + \cos(m-1)\lambda\sin\lambda \tag{2.18}$$

在知道了所有需要的值后，可以通过循环叠加求和的方法算出地心坐标系的地磁分量。具体方法见式（2.12）。

第七步：将地心坐标系的值转化成大地坐标系下的值。由式（2.17）可知，需要知道 $\sin\delta$、$\cos\delta$ 和地心坐标系下地磁分量的值。$\sin\delta$、$\cos\delta$ 已在第三步中坐标转换时计算出，根据式（2.17）进行计算，即可得到大地坐标系下的地磁三分量的数值。地磁三分量计算出后，可以利用其关系求出总强度、磁偏角、磁倾角等参数。

2.4.2 区域地磁场查询

区域地磁场通常可以采用预存地磁图，通过插值算法获取磁场矢量要素的方法进行查询。地磁图插值方法的突出特点是算法简单，实时性好。

地磁图是表示地磁场各要素数值在地球表面分布和变化规律的等值线图。当已知某个地点的地理位置信息时，可以在地磁图中快速、方便地查找出相应的地磁场信息。

地磁图的精度与其分辨率密不可分。当地磁图的分辨率较高时，其精度也较高，但是地磁图的空间间隔划分越密集，其数据量也越大；当地磁图的分辨率较低时，虽然数据量会减少，但是地磁图的精度也随之降低。因此，为了能够尽可能地提高地磁图的精度，利用某些插值或者拟合的方法，根据地磁图上的数据来计算某一点的地磁场信息，这样在较低分辨率的地磁图上也能够获得高精度的地磁场信息。

2.4.2.1 地磁图插值算法

为了简化算法原理说明，忽略地磁场的时变性，将地磁场矢量要素看作关

于经度和纬度的两维函数，对地磁图的双线性插值法和线性样条组合插值法进行分析。

1. 地磁图的双线性插值法

假设 $a \leqslant \lambda_0 < \lambda_1 < \cdots < \lambda_n \leqslant b$，$c \leqslant \phi_0 < \phi_1 < \cdots \leqslant \phi_n \leqslant d$，地磁场的某个分量函数 $B(\lambda, \phi)$ 是定义在矩形区域 $\Omega = \{a \leqslant \lambda \leqslant b, c \leqslant \phi \leqslant d\}$ 上的实值函数，其中，λ 和 ϕ 分别代表经度和纬度，则点集 $\{(\lambda_i, \phi_j), i = 0, 1, \cdots, n; j = 0, 1, \cdots, m\}$ 称为插值节点。

二元插值函数 $P_{nm}(\lambda, \phi)$ 满足插值条件

$$P_{nm}(\lambda_i, \phi_j) = B(\lambda_i, \phi_j) \underline{\underline{\nabla}} B_{ij}, (i = 0, 1, \cdots, n; j = 0, 1, \cdots, m) \tag{2.19}$$

构造二元插值基函数

$$\xi_{rs}(\lambda, \phi) = l_r(\lambda)\tilde{l}_s(\phi), (r = 0, 1, \cdots, n; s = 0, 1, \cdots, m) \tag{2.20}$$

式中，$l_r(\lambda) = \prod\limits_{\substack{k=0 \\ k \neq r}}^{n} \dfrac{\lambda - \lambda_k}{\lambda_r - \lambda_k}$；$\tilde{l}_s(\phi) = \prod\limits_{\substack{k=0 \\ k \neq s}}^{n} \dfrac{\phi - \phi_k}{\phi_s - \phi_k}$；$\xi_{rs}(\lambda_i, \phi_j) = \begin{cases} 1, & (i, j) = (r, s) \\ 0, & (i, j) \neq (r, s) \end{cases}$。

这样，二元插值函数为

$$P_{nm}(\lambda, \phi) = \sum_{r=0}^{n} \sum_{s=0}^{m} l_r(\lambda)\tilde{l}_s(\phi) B_{rs} \tag{2.21}$$

当 $m = n = 1$ 时，有

$$\begin{aligned} P_{11}(\lambda, \phi) &= \sum_{r=0}^{1} \sum_{s=0}^{1} l_r(\lambda) l_s(\phi) B_{rs} \\ &= l_0(\lambda)\tilde{l}_0(\phi)B_{00} + l_0(\lambda)\tilde{l}_1(\phi)B_{01} + l_1(\lambda)\tilde{l}_0(\phi)B_{10} + l_1(\lambda)\tilde{l}_1(\phi)B_{11} \end{aligned} \tag{2.22}$$

式中，$\begin{cases} l_0(\lambda) = \dfrac{\lambda - \lambda_1}{\lambda_0 - \lambda_1} \\ l_1(\lambda) = \dfrac{\lambda - \lambda_0}{\lambda_1 - \lambda_0} \end{cases}$，$\begin{cases} \tilde{l}_0(\phi) = \dfrac{\phi - \phi_1}{\phi_0 - \phi_1} \\ \tilde{l}_1(\phi) = \dfrac{\phi - \phi_0}{\phi_1 - \phi_0} \end{cases}$。

这时 $P(\lambda, \phi) = P_{11}(\lambda, \phi)$ 称为双线性插值函数。

假如已知一个小网格区域的四个顶点 $Q_{00}(\lambda_0, \phi_0)$、$Q_{01}(\lambda_0, \phi_1)$、$Q_{10}(\lambda_1, \phi_0)$ 和 $Q_{11}(\lambda_1, \phi_1)$ 的地磁场某个分量分别为 B_{00}、B_{01}、B_{10} 和 B_{11}，如图 2.6 所示，则该网格区域内任一点 $R(\lambda, \phi)$ 处的地磁场分量为

$$\begin{aligned} B(\lambda, \phi) = P(\lambda, \phi) = &\frac{B_{00}}{(\lambda_1 - \lambda_0)(\phi_1 - \phi_0)}(\lambda_1 - \lambda)(\phi_1 - \phi) + \frac{B_{01}}{(\lambda_1 - \lambda_0)(\phi_1 - \phi_0)}(\lambda_1 - \lambda) \cdot \\ &(\phi - \phi_0) + \frac{B_{10}}{(\lambda_1 - \lambda_0)(\phi_1 - \phi_0)}(\lambda - \lambda_0)(\phi_1 - \phi) + \frac{B_{11}}{(\lambda_1 - \lambda_0)(\phi_1 - \phi_0)}(\lambda - \lambda_0)(\phi - \phi_0) \end{aligned} \tag{2.23}$$

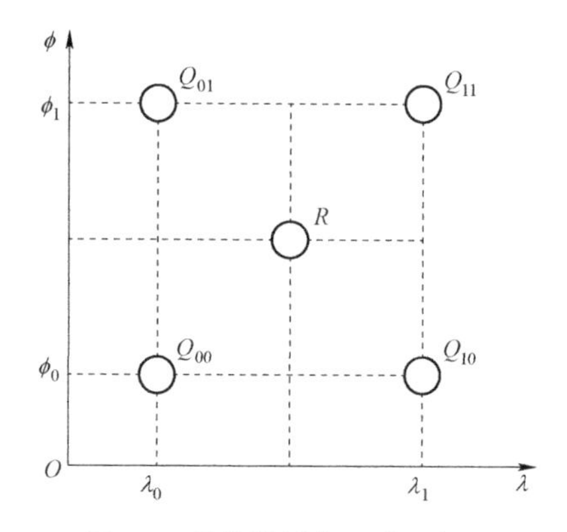

图 2.6　双线性插值区域示意图

如果重新选择一个坐标系，使得该网格区域四个顶点 Q_{00}、Q_{01}、Q_{10} 和 Q_{11} 的坐标分别为（0,0），（0,1），（1,0）和（1,1），如图 2.7 所示，那么

$$B(\lambda,\phi)=B_{00}(1-\lambda)(1-\phi)+B_{01}(1-\lambda)\phi+B_{10}\lambda(1-\phi)+B_{11}\lambda\phi \tag{2.24}$$

整理后简化为

$$B(\lambda,\phi)=a+b\lambda+c\phi+d\lambda\phi \tag{2.25}$$

式中，双线性插值系数 $a=B_{00}$，$b=B_{10}-B_{00}$，$c=B_{01}-B_{00}$，$d=B_{00}-B_{01}-B_{10}+B_{11}$。

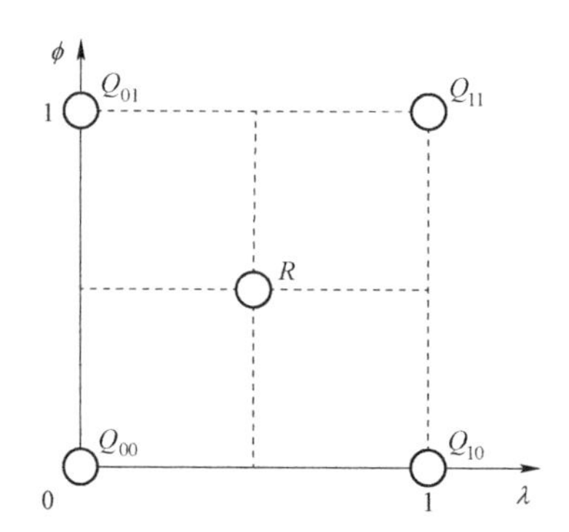

图 2.7　简化后的双线性插值示意图

由式（2.25）可以看到，已知某区域内的双线性插值的四个系数，对于区域内任一点的地磁场的一个分量信息，仅需要三次加法运算和三次乘法运算便可以计算得到。利用双线性插值计算地磁场的方法具有计算简便、运算量小和速度快的优点，能够充分满足实时性的要求。

2. 地磁图的线性样条组合插值法

由地磁场总强度的等值线图看到，地磁场具有沿经线方向变化快和沿纬线

方向变化慢的特点。结合地磁场的这个变化特点，采用地磁场的线性周期样条组合插值算法，即在经线方向上采用精度较高的三次周期样条插值，在纬线方向上采用线性插值。

在绕地球一周的经线圈上，地磁场的变化具有周期性和连续性的特点，这个特点符合三次样条插值的周期边界条件，因此，在经线方向上采用三次周期样条插值，不仅能够准确描绘地磁场的变化趋势，而且能够保持地磁场连续性的特点。在沿纬线方向上，采用线性插值可以提高计算速度，并且保持较高的插值精度。

把绕地球一圈的经线分成 n 段，绕地球半圈的纬线分成 m 段，这样地球就分成 $m\times n$ 个区域。假设其中某个区域的四个顶点分别为 $Q_{ij}(\lambda_i,\phi_j)$、$Q_{i(j+1)}(\lambda_i,\phi_{j+1})$、$Q_{(i+1)j}(\lambda_{i+1},\phi_j)$ 和 $Q_{(i+1)(j+1)}(\lambda_{i+1},\phi_{j+1})$，其中 $i=0,1,\cdots,m$，$j=0,1,\cdots,n$，λ 和 ϕ 分别代表经度和纬度。每个顶点对应的地磁场某个分量依次为 B_{ij}、$B_{i(j+1)}$、$B_{(i+1)j}$ 和 $B_{(i+1)(j+1)}$，如图 2.8 所示。

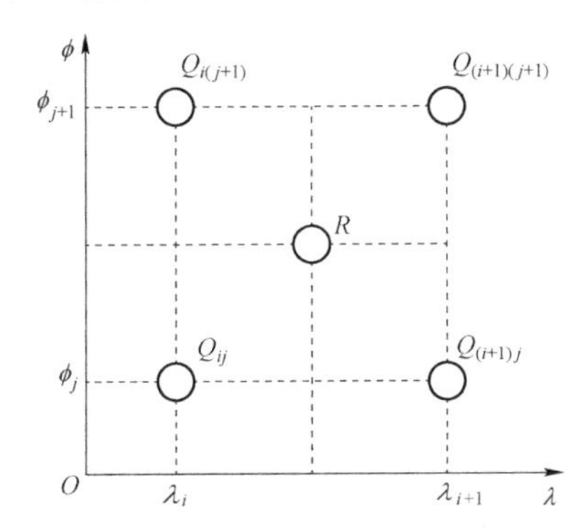

图 2.8　线性周期样条组合插值区域示意图

该区域内任一点 R 处地磁场分量的线性周期样条组合插值函数

$$\begin{aligned}B(\lambda,\phi)=&\frac{\lambda-\lambda_i}{\lambda_{i+1}-\lambda_i}[a_{ij}(\phi-\phi_j)^3+b_{ij}(\phi-\phi_j)^2+c_{ij}(\phi-\phi_j)+d_{ij}]+\\&\frac{\lambda-\lambda_{i+1}}{\lambda_i-\lambda_{i+1}}[a'_{ij}(\phi-\phi_j)^3+b'_{ij}(\phi-\phi_j)^2+c'_{ij}(\phi-\phi_j)+d'_{ij}]\end{aligned} \tag{2.26}$$

式中，a_{ij}、b_{ij}、c_{ij}、d_{ij}、a'_{ij}、b'_{ij}、c'_{ij} 和 d'_{ij} 为组合插值系数。

$B(\lambda,\phi)$ 对 ϕ 的一阶偏导数为

$$\begin{aligned}G(\lambda,\phi)=\frac{\partial B(\lambda,\phi)}{\partial\phi}=&\frac{\lambda-\lambda_i}{\lambda_{i+1}-\lambda_i}[3a_{ij}(\phi-\phi_j)^2+2b_{ij}(\phi-\phi_j)+c_{ij}]+\\&\frac{\lambda-\lambda_{i+1}}{\lambda_i-\lambda_{i+1}}[3a'_{ij}(\phi-\phi_j)^2+2b'_{ij}(\phi-\phi_j)+c'_{ij}]\end{aligned} \tag{2.27}$$

$B(\lambda,\phi)$ 对 ϕ 的二阶偏导数为

$$M(\lambda,\phi)=\frac{\partial G(\lambda,\phi)}{\partial \phi}=\frac{\lambda-\lambda_i}{\lambda_{i+1}-\lambda_i}[6a_{ij}(\phi-\phi_j)+2b_{ij}]+\frac{\lambda-\lambda_{i+1}}{\lambda_i-\lambda_{i+1}}[6a'_{ij}(\phi-\phi_j)+2b'_{ij}] \tag{2.28}$$

将顶点 $Q_{(i+1)j}$ 和 $Q_{(i+1)(j+1)}$ 的地磁场分量代入式（2.26）和式（2.28），并整理得到

$$\begin{cases} a_{ij}=\dfrac{M(\lambda_{i+1},\phi_{j+1})-M(\lambda_{i+1},\phi_j)}{6h_j} \\ b_{ij}=\dfrac{M(\lambda_{i+1},\phi_j)}{2} \\ d_{ij}=B_{(i+1)j} \\ c_{ij}=\dfrac{B_{(i+1)(j+1)}-B_{(i+1)j}}{h_j}-\dfrac{2h_jM(\lambda_{i+1},\phi_j)+h_jM(\lambda_{i+1},\phi_{j+1})}{6} \end{cases} \tag{2.29}$$

式中，$h_j=\phi_{j+1}-\phi_j$，$j=1,2,\cdots,n-1$。

因为沿经线绕地球一周为一个完整的周期，所以沿经线方向的三次样条插值采用周期边界条件，即

$$\begin{cases} B(\lambda_{i+1},\phi_0)=B(\lambda_{i+1},\phi_n) \\ G(\lambda_{i+1},\phi_{0+})=G(\lambda_{i+1},\phi_{n-}) \\ M(\lambda_{i+1},\phi_{0+})=M(\lambda_{i+1},\phi_{n-}) \end{cases} \tag{2.30}$$

假设沿经线 λ_{i+1} 一周的节点处的地磁场分量为 $B_{(i+1)j}(j=0,1,\cdots,n)$，根据周期边界条件的三弯矩方程求解方法，得到方程组

$$\boldsymbol{P}\begin{bmatrix} M(\lambda_{i+1},\phi_1) \\ M(\lambda_{i+1},\phi_2) \\ \vdots \\ M(\lambda_{i+1},\phi_{n-1}) \\ M(\lambda_{i+1},\phi_n) \end{bmatrix}=\begin{bmatrix} T_{(i+1)1} \\ T_{(i+1)2} \\ \vdots \\ T_{(i+1)(n-1)} \\ T_{(i+1)n} \end{bmatrix} \tag{2.31}$$

式中

$$\begin{cases} T_{(i+1)j}=6\left[\dfrac{B_{(i+1)(j+1)}-B_{(i+1)j}}{h_j}-\dfrac{B_{(i+1)j}-B_{(i+1)(j-1)}}{h_{j-1}}\right] \\ T_{(i+1)n}=6\left[\dfrac{B_{(i+1)1}-B_{(i+1)n}}{h_0}-\dfrac{B_{(i+1)n}-B_{(i+1)(n-1)}}{h_{n-1}}\right] \end{cases},\quad j=1,2,\cdots,n-1$$

$$
\boldsymbol{P}=\begin{bmatrix}
2(h_0+h_1) & h_1 & & \cdots & h_0 \\
h_1 & 2(h_1+h_2) & h_2 & & \\
\vdots & \ddots & \ddots & \ddots & \vdots \\
 & & h_{n-2} & 2(h_{n-2}+h_{n-1}) & h_{n-1} \\
h_0 & \cdots & & h_{n-1} & 2(h_0+h_{n-1})
\end{bmatrix}
$$

根据式（2.31）可以计算出 $M(\lambda_{i+1},\phi_j)(j=0,1,\cdots,n)$，代入式（2.29）得到 a_{ij}、b_{ij}、c_{ij} 和 d_{ij}。

同理，根据经线 λ_i 一周上各节点处的地磁场分量为 $B_{ij}(j=0,1,\cdots,n)$ 和周期边界条件，可以得到 a'_{ij}、b'_{ij}、c'_{ij} 和 d'_{ij}。

对式(2.26)进行整理，得到该区域的线性周期样条组合插值函数 $B(\lambda,\phi)$ 的矩阵形式

$$
B(\lambda,\phi)=[1 \quad \lambda]\begin{bmatrix} A_1 & B_1 & C_1 & D_1 \\ A_2 & B_2 & C_2 & D_2 \end{bmatrix}\begin{bmatrix} 1 \\ \phi \\ \phi^2 \\ \phi^3 \end{bmatrix} \tag{2.32}
$$

式（2.32）中的 8 个系数根据待定系数法由 a_{ij}、b_{ij}、c_{ij}、d_{ij}、a'_{ij}、b'_{ij}、c'_{ij} 和 d'_{ij} 计算得到，即

$$
\begin{cases}
A_1=[(a_{ij}\lambda_i-a'_{ij}\lambda_{i+1})\phi_j^3-(b_{ij}\lambda_i-b'_{ij}\lambda_{i+1})\phi_j^2+(c_{ij}\lambda_i-c'_{ij}\lambda_{i+1})\phi_j-(d_{ij}\lambda_i-d'_{ij}\lambda_{i+1})]/g_i \\
B_1=[3(a_{ij}\lambda_i-a'_{ij}\lambda_{i+1})\phi_j^2+2(b_{ij}\lambda_i-b'_{ij}\lambda_{i+1})\phi_j-(c_{ij}\lambda_i-c'_{ij}\lambda_{i+1})]/g_i \\
C_1=[3(a_{ij}\lambda_i-a'_{ij}\lambda_{i+1})\phi_j-(b_{ij}\lambda_i-b'_{ij}\lambda_{i+1})]/g_i \\
D_1=-(a_{ij}\lambda_i-a'_{ij}\lambda_{i+1})/g_i \\
A_2=[-(a_{ij}-a'_{ij})\phi_j^3+(b_{ij}-b'_{ij})\phi_j^2-(c_{ij}-c'_{ij})\phi_j+(d_{ij}-d'_{ij})]/g_i \\
B_2=[-3(a_{ij}-a'_{ij})\phi_j^2-2(b_{ij}-b'_{ij})\phi_j+(c_{ij}-c'_{ij})]/g_i \\
C_2=[-3(a_{ij}-a'_{ij})\phi_j+(b_{ij}-b'_{ij})]/g_i \\
D_2=(a_{ij}-a'_{ij})/g_i
\end{cases} \tag{2.33}
$$

式中，$g_i=\lambda_{i+1}-\lambda_i$。

由式（2.33）可见，已知线性周期样条组合插值的八个系数，仅需要七次加法和七次乘法，就可以计算出地磁场的某个分量，能够在保证实时性要求的同时，提高地磁场插值的精度。

2.4.2.2 地磁图插值法的实现过程

1. 地磁数据库的建立

首先需要计算插值的数据库。地磁分量有北向分量 X、东向分量 Y、垂直分量 Z，每个分量建立数据库时，互相不关联。

要想建立插值的数据库，首先需要计算分割出的各个矩形区域的节点相对应的值。以中国地区为例，首先根据经纬度查询出该地区对应的地磁三分量的值。因为数据量较大，故选取部分数据展示，见表 2.7。

表 2.7 部分经纬度对应的地磁三分量

纬度/(°)	经度/(°)	X/nT	Y/nT	Z/nT
3	73	38 908.8	−2 280.7	−7 070.4
3	74	39 066.3	−2 277.2	−7 155
3	75	39 220.6	−2 267.4	−7 241.1
3	76	39 371.2	−2 250.9	−7 328.5
3	77	39 518	−2 227.6	−7 416.6
…	…	…	…	…
54	130	19 043.6	−4 552.4	54 366.9
54	131	19 145	−4 593.1	54 118.4
54	132	19 246.5	−4 624.5	53 867.2
54	133	19 348	−4 646.6	53 613.8
54	134	19 449.1	−4 659.5	53 358.7
54	135	19 549.7	−4 663.2	53 102.4

由于各地磁分量数据库独立，所以第一步便是将各个分量分离出来，以方便处理。

处理数据时，对变量的分离，本文采取索引的方法。首先将每个经纬度设立一个单独的编号，为了方便辨识处理，本文选取将纬度和经度的数字合成一个数作为索引。即若该数据为北纬 3°、东经 73° 对应的数据，则其索引号为 373；若该数据为北纬 54°、东经 135° 对应的数据，则其索引号为 54 135。根据索引号，将地磁分量 X、地磁分量 Y、地磁分量 Z 分离出来，并按照行列规则分布。分离出来的数据排序后部分见表 2.8 ~ 表 2.10。

表 2.8　地磁分量 *X* 节点数据值

纬度/(°)	经度/(°)				
	73	74	…	134	135
3	38 908.8	39 066.3	…	38 250.3	38 123.1
4	39 144.8	39 297.9	…	38 262.2	38 130.1
…	…	…	…	…	…
53	17 540.7	17 538	…	20 118.9	20 214.4
54	16 849.4	16 841	…	19 449.1	19 549.7

表 2.9　地磁分量 *Y* 节点数据值

纬度/(°)	经度/(°)				
	73	74	…	134	135
3	−2 280.7	−2 277.2	…	824	934.5
4	−2 127	−2 126.5	…	696.3	805.8
…	…	…	…	…	…
53	3 287.7	3 217.3	…	−4 714.3	−4 716.6
54	3 356.3	3 284.7	…	−4 659.5	−4 663.2

表 2.10　地磁分量 *Z* 节点数据值

纬度/(°)	经度/(°)				
	73	74	…	134	135
3	−7 070.4	−7 155	…	−6 691.2	−6 680.3
4	−5 396.4	−5 472.3	…	−5 224	−5 222.1
…	…	…	…	…	…
53	54 840.7	55 028.8	…	52 717.7	52 452.5
54	55 289.4	55 477.7	…	53 358.7	53 102.4

分离出各个地磁分量的节点值后，计算出每小块区域的系数值。由式（2.27）可知，每小块系数值与其四个对应的顶点相关，只需要将临近的四个系数经过处理即可得到系数值。其系数由 $a = B_{00}$，$b = B_{10} - B_{00}$，$c = B_{01} - B_{00}$，$d = B_{00} - B_{01} - B_{10} + B_{11}$ 可得。举例如下：

如果求处于北纬 3°～4°、东经 73°～74° 区域的系数值，若是计算地磁分量 *X*，则 $B_{00} = 38\ 908.8$，$B_{10} = 39\ 066.3$，$B_{01} = 39\ 144.8$，$B_{11} = 39\ 297.9$，所以其系

数 a=38 908.8，b=157.5，c=236，d=−4.4。依此类推，将每个划分的小块矩形区域的四个系数值计算出来，即可建立一个插值法数据库。

部分地磁分量 X、Y、Z 节点系数数据库见表 2.11～表 2.13。

表 2.11　部分地磁分量 X 节点系数数据库

纬度/（°）	经度/（°）								
	73				…	135			
	a	b	c	d	…	a	b	c	d
3	38 908.8	157.5	236	−4.4	…	38 250.3	−127.2	11.9	−4.9
4	39 144.8	153.1	196.9	−4.3	…	38 262.2	−132.1	−6.1	−4.7
…	…	…	…	…	…	…	…	…	…
53	18 235.2	3.1	−694.5	−5.8	…	20 781.8	89.9	−662.9	5.6
54	17 540.7	−2.7	−691.3	−5.7	…	20 118.9	95.5	−669.8	5.1

表 2.12　部分地磁分量 Y 节点系数数据库

纬度/（°）	经度/（°）								
	73				…	135			
	a	b	c	d	…	a	b	c	d
3	−2 280.7	3.5	153.7	−3	…	824	110.5	−127.7	−1
4	−2 127	0.5	149	−2.7	…	696.3	109.5	−132.4	−1.2
…	…	…	…	…	…	…	…	…	…
53	3 213.9	−69.2	73.8	−1.2	…	−4 759.3	−1	45	−1.3
54	3 287.7	−70.4	68.6	−1.2	…	−4 714.3	−2.3	54.8	−1.4

表 2.13　部分地磁分量 Z 节点系数数据库

纬度/（°）	经度/（°）								
	73				…	135			
	a	b	c	d	…	a	b	c	d
3	−7 070.4	−84.6	1 674	8.7	…	−6 691.2	10.9	1 467.2	−9
4	−5 396.4	−75.9	1 685.7	8.2	…	−5 224	1.9	1 463.8	−9.3
…	…	…	…	…	…	…	…	…	…
53	54 359.1	187.3	481.6	0.8	…	52 045.6	−273.7	672.1	8.5
54	54 840.7	188.1	448.7	0.2	…	52 717.7	−265.2	641	8.9

以上便是数据库的制作过程，主要是对数据的提取、排序及实际计算。

2. 插值法的软件流程

实现插值法的过程如图 2.9 和图 2.10 所示。

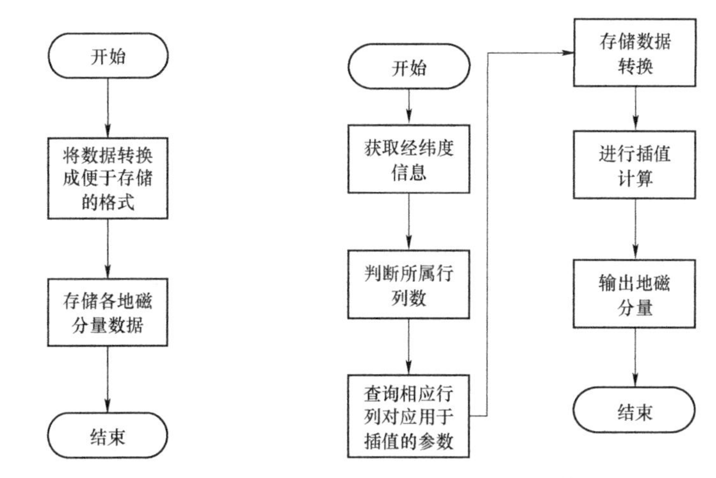

图 2.9　存储数据流程图　　图 2.10　插值计算流程图

在实现插值法的过程中，关键是对系数进行处理。系数处理的工作量与所划分的精度相关。首先从全球地磁图来看，全球地磁场强度分布，除北极地区外，总体上呈现出一种较为均匀的分布。在局部地区，有些呈密集排布状，有些呈稀疏状。其中密集区域为美国地区及周边国家（北纬 15° ~ 北纬 45°，西经 60° ~ 西经 105°）、澳大利亚东部海洋区域（南纬 15° ~ 南纬 30°，东经 135° ~ 东经 180°，西经 150° ~ 西经 180°）、非洲东部与澳大利亚西部和南极洲北部交汇区域（南纬 15° ~ 南纬 60°，东经 45° ~ 东经 90°），这些地区均为较为密集的区域，因此，选取常规弹药射程内的 0.5° 来划分这些区域。即每隔 0.5° 获取一次地磁分量数据，以确保准确性。对于分布比较稀疏地区，如非洲地区（南纬 0° ~ 南纬 45°，西经 0° ~ 西经 120°）、加拿大地区（北纬 45° ~ 北纬 70°，西经 45° ~ 西经 150°）、俄罗斯地区（北纬 45° ~ 北纬 70°，东经 0° ~ 东经 180°），这些地区分布稀疏，经度相隔 7.5° 等高线才会相差 1 000 nT，有些地方达到经度相隔 15°，等高线才相差 1 000 nT 的情况。因此，对于这些区域，选取 3° 作为其精度划分，即每隔 3° 获取一次地磁分量数据用来进行计算。对于北极区域极为稀疏的地区，可以选择 5° 或更大度数来减少相应的工作量。其余正常密度地区，选取 1° 作为划分标准。从地磁图上来看，因在中国地区不存在地磁分布明显不均匀的情况，因此每隔 1° 建立插值数据库。

3. 插值法的计算过程

在制作完各个地磁分量的数据库之后，需要将数据库存进空间并取出来使用。插值法过程分为两个阶段，第一阶段是将预先计算好的一块块区域系数 a、b、c、d 存进 Flash 存储空间，第二阶段是提取所存储数据进行插值计算。

第一阶段：

第一步：将数据转换成相应格式。

一个地磁分量数据包含 3 162 组数据，每组包含 4 个数据，所以每个地磁分量一共有 12 648 个数据。int 类型的变量占 4 B，double 类型的变量占 8 B，若是选取 int 型变量，则所需要的空间为 50 592 B，即 49.4 kB；若是选取 double 型变量，则所需要的空间为 101 184 B，即 98.8 kB。为了节省 Flash 本身的空间，选择将系数转换成占用空间小的 int 类型。由于 int 本身为整型数据，不包含小数，而数据库中的数据带一位小数，因此，选择将系数放大 10 倍，这样转换出来的系数均为整数。这样做不会丢失本身数据的准确性。

数据处理过后为 32 位，在存储时，需要先将 32 位数据转换成 4 个 8 位数据。部分数据存在过小的问题。为了方便查找，实现数据的对齐，若是数据位数不够，将自动添加 0，使每一个数据占用空间相同，在查找时就具有一定的规律性。

第二步：将数据逐个按顺序存进 Flash 中。

数据存储的顺序是逐行存储，从左到右依次存储。每个数据被转换成 4 B，每个字节按照顺序存进 Flash 存储芯片。这样保证地址位每偏移 4 B，就可以得到一个新的系数数据。

第二阶段：

第一步：获取经纬度信息。

该步骤与模型法不同的是，只需要接收到经度和纬度信息，便可进行计算。

第二步：提取其整数部分和小数部分。根据所获得的经纬度信息的整数部分，判断其所需的信息所在的行列位置。

数据库的起始点在北纬 3°、东经 73°。当接收到经纬度信息后，先将该位置与初始点进行比较。纬度的度数差的整数值即为行数值，经度的度数差的整数值即为列数值。经纬度度数差的小数部分便是插值部分所需要的（0，0）、（0，1）、（1，0）、（1，1）坐标系的坐标位置。根据度数差进行双线性插值。

第三步：根据判断出来的行列数，在 Flash 中提取出相应的数据。

根据已知的存储规律，每位数据占 4 B，因此计算出一行的地址位偏移为 992 位，一列地址位偏移为 16 位。将行数乘以 992 加上列数乘以 16 即可得到总的地址偏移量。每次取 4 B 的量，取出 4 B 后，进行数据转换操作，将其还原成原来的带有小数形式的 double 型变量，以便于进行计算。值得注意的是，每次获取的数据开头若是 FF，则代表本数据是负数，需要进行相应的转换。

第四步：将数据转换成本身所代表的值。

在存储过程中对数据进行了放大 10 倍处理，所以在计算取出来的数据时，需要将数据缩小为其 1/10，变成原来所代表的各个节点的系数值。

第五步：根据以上提供的公式，进行插值计算，计算后进行输出。

如式（2.25），取出所有需要的 *a*、*b*、*c*、*d* 值之后，进行插值计算。

$$B(\lambda, \phi) = a + b\lambda + c\phi + d\lambda\phi$$

式中，λ 为经度差的小数部分；ϕ 为纬度差的小数部分。将系数代入式（2.25）即可得到地磁分量信息。

参 考 文 献

[1] 徐文耀，区加明，杜爱民. 地磁场全球建模和局域建模［J］. 地球物理学进展，2011，26（2）：398–415.

[2] Backus G，George B，Parker R L，et al. Foundations of geomagnetism［M］. Cambridge University Press，1996.

[3] 陈斌，顾左文，狄传芝，袁洁浩，高金田. 第 11 代国际地磁参考场［J］. 国际地震动态，2012（2）：20–29.

[4] 聂琳娟，邱耀东，申文斌，张素琴，张兵兵. IGRF12 和 WMM 2015 模型在中国区域的精度评估及其适用性分析［J］. 武汉大学学报（信息科学版），2017，42（9）：1229–1235+1291.

[5] 陈斌，倪喆，徐如刚，顾左文，袁洁浩，王雷. 2010.0 年中国及邻近地区地磁场［J］. 地球物理学报，2016，59（4）：1446–1456.

[6] 冯丽丽，王粲，陈斌，袁洁浩. 基于 MF6、EMM 2010 和 CGRF2010 模型的中国大陆地壳磁异常特征［J］. 地震学报，2015，37（6）：997–1010.

[7] Kan J R，Lee L C. Energy coupling function and solar wind-magnetosphere dynamo［J］. Geophysical Research Letters，1979，6（7）：577–580.

[8] Lühr H，Maus S. Solar cycle dependence of quiet–time magnetospheric currents and a model of their near–Earth magnetic fields［J］. Earth, planets and space，2010，62（10）：14.

[9] Maus S，Weidelt P. Separating the magnetospheric disturbance magnetic field into external and transient internal contributions using a 1D conductivity

model of the Earth [J]. Geophysical research letters, 2004, 31 (12).

[10] McElhinny M W, McFadden P L. The magnetic field of the earth: paleomagnetism, the core, and the deep mantle[M]. Academic Press, 1998.

[11] Thomson A W P, Lesur V. An improved geomagnetic data selection algorithm for global geomagnetic field modelling [J]. Geophysical Journal International, 2007, 169 (3): 951–963.

[12] Thomson A W P, Hamilton B, Macmillan S, et al. A novel weighting method for satellite magnetic data and a new global magnetic field model [J]. Geophysical Journal International, 2010, 181 (1): 250–260.

[13] Abramowitz M, Stegun I A. Handbook of Mathematical Functions: With Formulas, Graphs, and Mathematical Tables Applied mathematics series [J]. National Bureau of Standards, 1964.

[14] Gradshteyn I S, Ryzhik I M. Table of integrals, series, and products [M]. Academic Press, 2014.

[15] 刘建敬，张合，丁立波，等. 地磁信息感应装定系统及其插值算法[J]. 中国惯性技术学报，2011，19 (6): 692–695.

第3章

铁磁性材料与地磁场畸变

战场上的武器装备中，大量使用钢材等铁磁性材料，这类材料与周边的空气相比，具有非常高的磁导率，导致目标区域磁场分布不再均匀，形成了地磁畸变现象。地磁畸变在现代引信中主要有三方面应用：第一，地磁场畸变的形态和程度反映了目标形状、质量及位置等相关信息。通过对畸变地磁场的测量，反演导致畸变的铁磁性物体的相关特性，可以对铁磁性目标进行探测与识别。第二，地磁测量系统自身导致的地磁畸变现象使得测量数据不能真实反映地磁场状态。可根据铁磁性物体的材料与结构特性，正演其产生的地磁畸变量，进而从测量结果中恢复出真实磁场数据。第三，利用铁磁性材料改变磁场分布的能力，将磁干扰源的磁场影响范围限制在有限的空间内，改善地磁探测系统的工作环境。

本章从物质的磁性与磁化特性入手，分析地磁畸变现象的产生机理，并对地磁畸变的建模和分析方法进行了阐述。在此基础上，给出了利用地磁畸变进行目标探测和屏蔽磁干扰的基本原理，以及对地磁畸变的补偿原理和方法。

3.1 物质的磁性及磁化特性分析

所有的物质都具有磁性，有些物质具有很强的磁性，而大部分物质的磁性很弱，有必要把物质磁性和各种磁性材料进行分类。

3.1.1 物质的磁性分类

按照磁体磁化时磁化率的大小和符号，可以将物质的磁性分为五个种类：抗磁性、顺磁性、反铁磁性、铁磁性和亚铁磁性。

1. 抗磁性

抗磁性是在外磁场的作用下，原子系统获得与外磁场方向反向的磁矩的现象。它是一种微弱磁性，相应的物质被称为抗磁性物质。其磁化率 χ_d 为负值且很小，一般在 10^{-5} 数量级。抗磁性材料 χ_d 的大小与温度、磁场均无关，其磁化曲线为直线。抗磁性材料包括惰性气体、部分有机化合物、部分金属和非金属等。

2. 顺磁性

一些物质在受到外磁场作用后，感生出与外磁场同向的磁化强度，其磁化率 $\chi_p > 0$，但数值很小，仅为 $10^{-6} \sim 10^{-3}$ 数量级，这种磁性称为顺磁性。顺磁

性物质的 χ_p 与温度 T 有密切关系，服从居里 – 外斯定律，即

$$\chi_p = \frac{C}{T - T_p} \tag{3.1}$$

式中，C 为居里常数；T 为绝对温度；T_p 为顺磁居里温度。顺磁性物质包括稀土金属和铁族元素的盐类等。

3. 反铁磁性

这类物质的磁化率在某一温度存在极大值，该温度称为奈尔温度 T_N。当温度 $T > T_N$ 时，其磁化率与温度的关系与正常顺磁性物质相似，服从居里 – 外斯定律；当温度 $T < T_N$ 时，磁化率不是继续增大，而是降低，并逐渐趋于定值。这种磁性称为反铁磁性。反铁磁性物质包括过渡族元素的盐类及化合物等。

4. 铁磁性

铁磁性物质只要在很小的磁场作用下就能被磁化达到饱和，不但磁化率 $\chi_f > 0$，而且数值在 $10^1 \sim 10^6$ 数量级。当铁磁性物质的温度比临界温度 T_c 高时，铁磁性将转变为顺磁性，并服从居里 – 外斯定律，即

$$\chi_f = \frac{C}{T - T_p} \tag{3.2}$$

式中，C 是居里常数；T_p 是铁磁性物质的顺磁居里温度，并且 $T_p = T_c$。具有铁磁性的元素不多，但具有铁磁性的合金和化合物却各种各样。到目前为止，发现 11 个纯元素晶体具有铁磁性，它们是 3d 金属铁、钴、镍，4f 金属钆、铽、镝、钬、铒、铥和面心立方的镨、钕。

5. 亚铁磁性

亚铁磁性的宏观磁性与铁磁性的相同，仅仅是磁化率低一些，为 $10^0 \sim 10^3$ 数量级。典型的亚铁磁性物质为铁氧体。它们与铁磁性物质的最显著区别在于内部磁结构的不同。

以上五种磁性及一些相应物质的磁化率数据见表 3.1。

表 3.1　一些物质的磁化率

磁性类型	元素或化合物	磁化率 χ
抗磁性	铜 Cu	-1.0×10^{-5}
	锌 Zn	-1.4×10^{-5}

续表

磁性类型	元素或化合物	磁化率 χ
抗磁性	金 Au	-3.6×10^{-5}
	汞 Hg	-3.2×10^{-5}
	水 H_2O	-0.9×10^{-5}
	氢 H	-0.2×10^{-5}
	氖 Ne	-0.32×10^{-6}
	铋 Bi	-1.66×10^{-4}
	热解石墨	-4.09×10^{-4}
顺磁性	锂 Li	4.4×10^{-5}
	钠 Na	0.62×10^{-5}
	铝 Al	2.2×10^{-5}
	钒 V	3.8×10^{-4}
	钯 Pd	7.9×10^{-4}
	钕 Nd	3.4×10^{-4}
	空气	3.6×10^{-4}
	氯化铁 $FeCl_3$	7.8×10^{-4}
	氯化锰 $MnCl_3$	8.6×10^{-4}
反铁磁性	氧化锰 MnO	0.69
	氧化亚铁 FeO	0.78
	氧化钴 CoO	0.78
	氧化镍 NiO	0.67
	氧化亚铬 CrO	0.67
	三氧化二铬 Cr_2O_3	0.76
铁磁性	铁晶体	约 10^6
	钴晶体	约 10^3
	镍晶体	约 10^6
	3.5%Si-Fe	10^4～10^5
	铝镍钴 AlNiCo	约 10
亚铁磁性	四氧化三铁 Fe_3O_4	约 10^2
	各种铁氧体	约 10^3

物质的磁性并不是恒定不变的。同一种物质在不同的环境条件下可以具有不同的磁性。例如，铁磁性物质在居里点温度以下是铁磁性的，到达居里温度则转变为顺磁性；重稀土金属在低温下是强磁性的，在室温或高温下却变成了顺磁性。

3.1.2　铁磁材料磁化特性分析

弹体上的设备及弹体结构中含有大量铁磁性材料，这些铁磁材料在弱磁场的作用下，极易被磁化，使得安装在铁磁材料周围的磁传感器测量值发生偏差。本章通过理论分析与仿真计算的方式，探讨了铁磁材料对地磁测量的影响原因、影响方式和影响结果。

1. 硬磁材料磁化特性分析

每一种磁性材料都是由磁畴构成的，这些小磁畴就好像众多的小磁铁混乱地堆积在磁性材料中。当没有外磁场对磁性材料作用时，磁畴的排列是杂乱无章的，磁性材料对外也没有磁性，这时磁性材料处于磁中性状态。但是，如果材料被放置在外加磁场的环境中，那么磁畴就会和外加磁场发生相互作用，其结果就是材料中的磁矩发生向外加磁场方向的转动，磁性材料内部磁畴就会有规律地排列起来，也就是说，所有磁矩的矢量叠加效果不为零。所以，磁性材料有外加磁场的作用时，对外显示磁性状态。

硬磁材料是指经磁化去除外磁场后，仍存在磁性的铁磁性材料。这些保留磁场的强度相对稳定，一般情况不会改变。硬磁材料具有高的剩磁和高的矫顽力。一般的永磁体都是硬磁材料。弹丸的外壳是由铁磁材料制成的，并且弹丸上安装了一些铁磁设备，如电磁舵机等。这些铁磁性的外壳和设备具有一定的固有磁性，对磁传感器的影响叠加起来就成为硬磁误差。

弹丸的硬磁误差大小与以下因素有关：

① 弹丸外壳材料的种类。

② 弹丸弹体的形状，包括弹丸的长度、直径、内外径的比例等。

③ 弹体的大小。

④ 弹体内设备的分布。主要指铁磁设备的分布。

通常情况下，弹丸一经设计定型完成，其硬磁误差是不变的。硬磁误差大小不会随着地理位置和环境改变而改变，对铁磁误差进行区分时，硬磁误差比较容易校正。

2. 软磁材料磁化特性分析

当磁化发生后，H_c 不大于 1 000 A/m 的铁磁材料就是软磁材料。软磁材料是具有低矫顽力和高磁导率的磁性材料。软磁材料易于磁化，也易于退磁，铁、钴、镍等都是常见的软磁材料。软磁材料在工业生产上有很广泛的用途。

软磁材料具有以下四种磁特性：

① 高的磁导率。软磁材料磁化作用快，容易磁饱和。

② 低的矫顽力。外磁场很容易在软磁材料内通过，磁场的衰减程度很小。

③ 高的饱和磁通密度 B_s 和饱和磁化强度 M。

④ 低的磁损耗和电损耗。从而需要提供的矫顽力也相应减小，但电阻率要高。

软磁材料在地磁场的作用下，会产生感应磁场，软磁误差的大小与下列因素有关：

① 弹丸飞行时所在区域的地磁大小。

② 弹丸的姿态角，载体的偏航角、俯仰角、滚转角。

③ 弹丸材料的磁化性能。

④ 弹丸的形状、尺寸。

软磁材料本身不具有磁性，如果它周围有磁场，那么软磁材料就会被磁化而具有磁性。软磁误差就是由软磁材料与其周围的地磁场相互作用，干扰磁传感器而产生的误差。软磁材料磁化产生的干扰磁场，其大小和方向与材料本身有关，并且极易发生变化。在某一特定的方向上，软磁体的磁化强度与外部磁场强度成一定的比例关系，比例系数主要与软磁材料的特性（如磁导率）有关，所以通常将二者的关系简化为线性关系。

3.2 地磁场畸变

3.2.1 地磁畸变机理

含有铁磁性物质的物体会改变所在位置周围空间的地磁场分布，从而产生磁场异常信号。通过测试和处理磁异常信号，可以得到反映磁性目标的探测信息，利用此信息可对目标进行距离和方位的识别。图 3.1 给出了磁异现象示意图。

由图 3.1 易见，基于磁异信号的目标磁探测技术与磁异常场 $\boldsymbol{B}_a$ 及地磁场 $\boldsymbol{B}_e$ 两个场量有关：对磁性目标的探测信息的提取都是通过对磁异信号的测量，以地磁场一定范围内的近似匀强场为背景提取出来的。

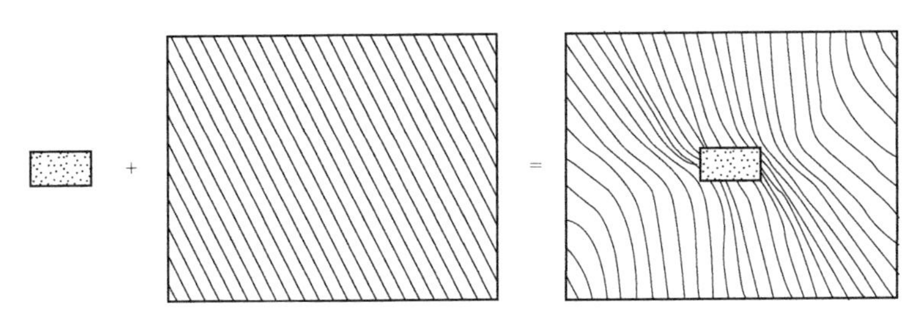

磁性目标 + 地磁场 = 扰动场（磁异常场）

图 3.1　磁异常现象示意图

由磁异常信号产生的物理机理可以知道，磁异信号矢量由下式决定：

$$\boldsymbol{B}_a = \boldsymbol{B}_d - \boldsymbol{B}_e \tag{3.3}$$

式中，$\boldsymbol{B}_a$ 是磁异信号磁感应强度矢量；$\boldsymbol{B}_d$ 是扰动场磁感应强度矢量；$\boldsymbol{B}_e$ 是地磁场磁感应强度矢量。

由图 3.1 可见，扰动场 $\boldsymbol{B}_d$ 由地磁场 $\boldsymbol{B}_e$ 和磁性目标产生的磁场 $\boldsymbol{B}_m$ 叠加而成，因此，磁异常场信号是以铁磁性物质目标的磁感应场 $\boldsymbol{B}_m$ 的存在为前提的。

根据磁偶极子模型理论，如果被测量点和目标的距离 $\boldsymbol{r}$ 大于目标直径数倍，磁偶极子在空间 $\boldsymbol{r}$ 处产生的感应磁场可由磁偶极子公式给出：

$$\boldsymbol{B}(\boldsymbol{M},\boldsymbol{r}) = [\mu/(4\pi r^3)][3(\boldsymbol{M}\bullet\boldsymbol{r}_u)\boldsymbol{r}_u - \boldsymbol{M}] \tag{3.4}$$

式中，$\boldsymbol{B}(\boldsymbol{M},\boldsymbol{r})$ 是由磁偶极矩 $\boldsymbol{M}$（A · m^2）产生的在距离其 $\boldsymbol{r}$（m）矢量位置处产生的磁感应强度矢量，单位是 T；$\boldsymbol{r}_u$ 是矢量 $\boldsymbol{r}$ 方向上的单位矢量；μ（T · m/A）是所处介质中的磁导率，在低频和水以及空气环境中近似与真空磁导率相等，$\mu_0 = 4\pi \times 10^{-7}$ T · m/A。

因此，从原理上分析可知，可以通过对 $\boldsymbol{B}_m$ 的测量来确定磁性目标的磁偶极矩 $\boldsymbol{M}$。

3.2.2　铁磁性物体的磁偶极子模型

在一个相对广阔的区域内，地球磁场强度基本是恒定的，当有铁磁性目标进入地磁传感器检测的地球磁场范围内时，会对当地磁场造成一定程度的扰动。场面运动目标主要包括航空器和特征车辆，两者均属于较大的磁性物体。对于目标尺寸 3 倍以内的近场区域，由于目标形状不规则及内部铁磁性物质分布不均匀，很难基于通用模型描述该区域内的磁场分布，一般建立有限元模型对其进行数值计算。对于目标尺寸 3 倍以上的远场区域，可以将航空器和特征车辆看作由多个双极性磁铁组成的模型，这些双极性磁铁具有北–南的极化方向，引起地球磁场的扰动。

从电磁场理论的角度研究场面运动目标经过时磁场的变化规律。目标可以看作偶极磁体的组合体。根据 Maxwell 定理，静态偶极磁体磁场可用式（3.5）表示，即

$$\nabla \cdot \boldsymbol{B} = \mu_0 \mu_r \boldsymbol{J} \tag{3.5}$$

式中，$\boldsymbol{B}$ 为磁感应强度；μ_0 为空气的磁导率；μ_r 为介质的相对磁导率；$\boldsymbol{J}$ 为电流密度。

只有在电流密度是常数和电流恒定时，电场和磁场才是静态的，静态磁场公式才有效。当航空器和特种车辆经过时，磁场变化较缓慢，所以可以使用静态磁场学的公式来模拟场面目标经过磁场的变化规律。

运动的场面目标可以视为运动的磁偶极子，偶极子可以看作由两个数值相等但极性相反的磁荷 $+q_m$ 和 $-q_m$ 构成，磁荷的间距为 $2a$，a 为偶极子的中心与磁荷的距离，磁偶极子的中心坐标为 (x_m, y_m, z_m)。考虑作为运动的磁偶极子，其中心坐标可以表示为时间函数 $(x_m(t), y_m(t), z_m(t))$，如图 3.2 所示。

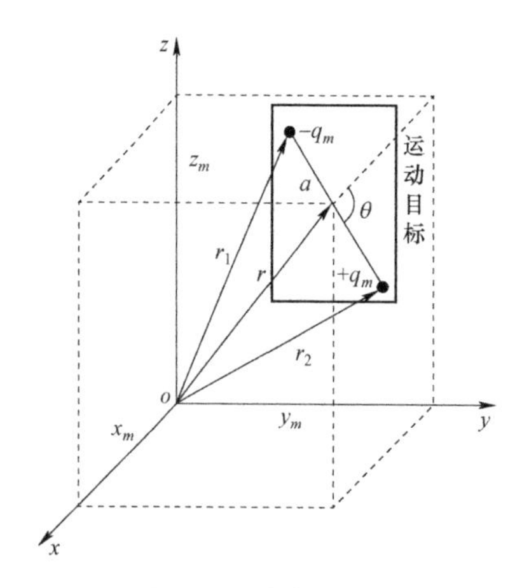

图 3.2　磁偶极子模型

磁偶极子的方位可以采用以两个偶极子中心为坐标原点的球表示，其球形坐标分别为球半径 a、顶角 θ、方位角 ϕ。航空器和特征车辆均属于不均匀的铁磁性物体，都具有复杂的磁性特征。航空器的磁性特征是由发动机、起落架、航电仪表、机体等铁磁性物体组成的变化的磁偶极子所产生的；特种车辆磁性特征是由发动机、车轴、轮毂、底盘等铁磁性物体组成的变化的磁偶极子所产生的。

在场面运动目标的检测过程中，将复杂的场面运动目标看成单个的磁偶极子，以简化对磁感应强度 $\boldsymbol{B}$ 的变化估计模型。单个磁偶极子的 $\boldsymbol{B}$ 值可以采用式（3.6）表示，式（3.6）中的向量 $\boldsymbol{r}_1$ 和 $\boldsymbol{r}_2$ 可以用式（3.7）和式（3.8）表示，即

$$\boldsymbol{B} = \frac{\mu}{4\pi} q_m \left(\frac{\boldsymbol{r}_1}{r_1^3} - \frac{\boldsymbol{r}_2}{r_2^3} \right) \tag{3.6}$$

$$\boldsymbol{r}_1 = (x_m + r\sin\theta\cos\phi)\boldsymbol{x} + (y_m + r\sin\theta\sin\phi)\boldsymbol{y} + (z_m + r\cos\theta)\boldsymbol{z} \tag{3.7}$$

$$\boldsymbol{r}_2 = (x_m - r\sin\theta\cos\phi)\boldsymbol{x} + (y_m - r\sin\theta\sin\phi)\boldsymbol{y} + (z_m - r\cos\theta)\boldsymbol{z} \tag{3.8}$$

磁感应强度 $\boldsymbol{B}$ 可以分解为 3 个轴上的分量，如式（3.9）所示。三轴分量 B_x、

B_y 和 B_z 分别可以采用式（3.10）、式（3.11）和式（3.12）表示，即

$$\boldsymbol{B} = B_x \boldsymbol{x} + B_y \boldsymbol{y} + B_z \boldsymbol{z} \tag{3.9}$$

$$B_x = \frac{\mu}{4\pi} q_m \left[x_m \left(\frac{1}{r_1^3} - \frac{1}{r_2^3} \right) + r\sin\theta\cos\phi \left(\frac{1}{r_1^3} + \frac{1}{r_2^3} \right) \right] \tag{3.10}$$

$$B_y = \frac{\mu}{4\pi} q_m \left[y_m \left(\frac{1}{r_1^3} - \frac{1}{r_2^3} \right) + r\sin\theta\cos\phi \left(\frac{1}{r_1^3} + \frac{1}{r_2^3} \right) \right] \tag{3.11}$$

$$B_z = \frac{\mu}{4\pi} q_m \left[z_m \left(\frac{1}{r_1^3} - \frac{1}{r_2^3} \right) + r\cos\phi \left(\frac{1}{r_1^3} + \frac{1}{r_2^3} \right) \right] \tag{3.12}$$

上面公式中的 r_1 和 r_2 分别是向量 $\boldsymbol{r}_1$ 和 $\boldsymbol{r}_2$ 幅值，见式（3.13）、式（3.14）:

$$r_1 = \sqrt{(x_m + r\sin\theta\cos\phi)^2 + (y_m + r\sin\theta\cos\phi)^2 + (z_m + r\cos\theta)^2} \tag{3.13}$$

$$r_2 = \sqrt{(x_m - r\sin\theta\cos\phi)^2 + (y_m - r\sin\theta\cos\phi)^2 + (z_m - r\cos\theta)^2} \tag{3.14}$$

通过建立的磁偶极子数学模型可以看出，磁场强度与距离的立方成反比，也就是说，随着距离的增大，其对应的磁场强度会迅速减小。

3.3　基于地磁畸变的目标探测技术

3.3.1　磁异常（MAD）探测技术

磁异常探测技术（MAD）是基于基本电磁现象的原理，通过置于运动平台上的磁探仪组对目标磁场的测量，并对目标磁场进行相应的处理，解算出目标的位置、速度和磁矩等参数，以实现对固定或运动的铁磁目标的非接触探测和定位。其基本的电磁现象原理为：铁磁性物质由于地磁场的存在而磁化，从而产生感应磁场，感应磁场会扰乱铁磁性物体周围空间的地磁场分布，进而产生磁异常信号。而磁异常信号里面包含了反映铁磁目标位置信息的参数，所以通过对磁异常信号进行处理，可以实现对铁磁目标的探测和定位。

由图 3.1 可见，实际用磁力仪测得的总磁场即为扰动场 $\boldsymbol{B}_d$（不考虑环境磁噪声），它应该是铁磁目标产生的感应磁场 $\boldsymbol{B}_a$ 和地磁场 $\boldsymbol{B}_e$ 的矢量和：

$$\boldsymbol{B}_d = \boldsymbol{B}_a + \boldsymbol{B}_e \tag{3.15}$$

在分析铁磁目标产生的感应磁场时，经典的方法是在磁探测仪组相对于目标的距离远远大于目标尺寸时，将目标等效为一个磁偶极子模型。在航空物探中，绝大多数都满足这个条件，美国海军在将航空物探应用到军事上时，就是基于该模型的。铁磁目标等效为磁偶极子模型的大体思路是：先用一个直径约为铁磁目标壳体直径的圆电流来等效目标的磁化电流，再用一个具有相同磁矩的磁偶极子来等效该圆电流。故本章也采用将铁磁目标等效为一个磁偶极子模型的方法，即式（3.4）。

当考虑总的磁场强度时，一般的铁磁性物体产生的感应磁场强度相对于地磁场而言十分微弱。所以，可以假设 $\boldsymbol{B}_e \geqslant \boldsymbol{B}_a$，基于此可以得到下面的近似：

$$\begin{aligned}|\boldsymbol{B}_d|^2 &= (\boldsymbol{B}_a+\boldsymbol{B}_e)\times(\boldsymbol{B}_a+\boldsymbol{B}_e) = |\boldsymbol{B}_a|^2+|\boldsymbol{B}_e|^2+2\boldsymbol{B}_a\times\boldsymbol{B}_e \\ &\cong |\boldsymbol{B}_e|^2+2\boldsymbol{B}_a\times\boldsymbol{B}_e\end{aligned} \tag{3.16}$$

所以，用标量磁力仪测量得到的扰动场的模值为

$$B_d \cong \sqrt{|\boldsymbol{B}_e|^2+2\boldsymbol{B}_a\times\boldsymbol{B}_e} = B_e\sqrt{1+2\frac{\boldsymbol{B}_a\times\boldsymbol{B}_e}{|\boldsymbol{B}_e|^2}} \tag{3.17}$$

使用近似 $\sqrt{1+2\beta}\cong 1+\beta\,(\beta\leqslant 1)$，可以得到

$$B_d \cong T\left(1+\frac{\boldsymbol{B}_a\bullet\boldsymbol{B}_e}{|\boldsymbol{B}_e|^2}\right) = B_e+\boldsymbol{B}_a\bullet\frac{\boldsymbol{B}_e}{B_e} \tag{3.18}$$

根据磁异常信号产生的原理可知，在从扰动场中剔除掉地磁场后，即为包含了表征铁磁目标位置、速度和磁矩信息的磁异常信号 $\boldsymbol{B}_m$。

$$B_m \cong \boldsymbol{B}_a\bullet\frac{\boldsymbol{B}_e}{B_e} \tag{3.19}$$

即磁异常信号可以近似地表示为铁磁目标产生的感应磁场在地磁场方向上的投影。进一步地，将式（3.4）带入式（3.19）得

$$B_m \cong \frac{\mu_0}{4\pi r^3 T}[3(\boldsymbol{M}\bullet\boldsymbol{r})(\boldsymbol{r}\bullet\boldsymbol{B}_e)-\boldsymbol{M}\bullet\boldsymbol{B}_e] \tag{3.20}$$

从式（3.20）可以看出，磁异常信号中包含了铁磁目标的位置、速度和磁矩的信息，所以不同的磁异常探测方法就是采用不同的原理从磁异常信号中提取出表征目标有用信息的过程。

3.3.2 标准正交基函数（OBF）分解算法

在实际工程应用中，由于诸如地磁场和海洋背景磁场等环境磁噪声的影响，测量得到的磁异常信号十分微弱。例如，一艘排水量为 1 000 t 左右的轮船，在离它 300 m 上空的位置产生的感应磁场约为 0.5^{-1} nT，其仅仅是地磁场的几

万分之一而已。即很难直接从测量的时域波形中检测到微弱的磁异常信号，所以寻找一种能有效提高磁异常信号信噪比的方法是磁异常探测技术的前提。

以色列人 Lev. Frumkis 提出了一种基于标准正交基函数（Orthonormal Basic Function，OBF）分解的检测算法。该算法在将目标等效为磁偶极子的前提下，将磁异常信号分解成三个标准正交基函数的线性组合，通过求解基函数的系数，得到磁异常信号在基函数空间上的能量函数。该能量函数可以实现从高斯白噪声中有效地提取出磁异常信号，进而可以显著提高后续进一步检测的检测概率。

1. OBF 分解算法原理

假设装载标量磁力仪组的飞机做匀速直线运动，而如未爆炸武器和沉船等一般铁磁目标是固定不动的，即使是相对移动的军事目标，由于其速度相对于飞机的速度很小，故当飞机经过目标上空时，可以把目标看作是静止的。以铁磁目标为坐标原点建立坐标系，如图 3.3 所示。

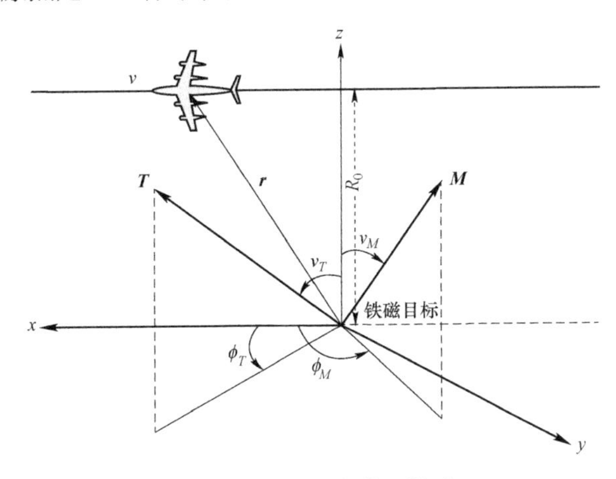

图 3.3　OBF 分解算法模型

其中，磁探仪以速度 v 沿着与 x 轴平行的路径做匀速直线运动，铁磁目标到磁探仪运动轨迹的最近距离记为 R_0，也即所谓的 CPA（Closest Proximity Approach）。$\boldsymbol{r}$ 表示铁磁目标到磁探仪的矢量位移；$\boldsymbol{M}$ 是铁磁目标的磁矩；$\boldsymbol{B}_e$ 表示地磁场；v_M、v_T 分别表示目标磁矩 $\boldsymbol{M}$、地磁场 $\boldsymbol{B}_e$ 与 z 轴正方向的夹角，即磁倾角；ϕ_M、ϕ_T 分别表示目标磁矩 $\boldsymbol{M}$、地磁场 $\boldsymbol{B}_e$ 在 xy 平面上的投影与 x 轴正方向的夹角，即磁偏角。

基于上述的模型可得

$$\boldsymbol{M}=M(\sin v_M\cos\phi_M\hat{x}+\sin v_M\sin\phi_M\hat{y}+\cos v_M\hat{z}) \tag{3.21}$$

$$\boldsymbol{B}_e = B_e(\sin v_T \cos\phi_T \hat{x} + \sin v_T \sin\phi_T \hat{y} + \cos v_T \hat{z}) \tag{3.22}$$

在任意 t 时刻，目标到磁探仪的距离：

$$\boldsymbol{r} = vt\hat{x} + R_0\hat{z} \tag{3.23}$$

将式（3.21）、式（3.22）和式（3.23）代入式（3.20），得磁异常信号 S 为：

$$S = \frac{\mu_0 M}{4\pi R_0^3}\sum_{n=1}^{4} b_n \varphi_n(w) \tag{3.24}$$

式中，定义了变量 $w = \dfrac{vt}{R_0}$，它是一个沿着磁探仪运动轨迹的量纲为 1 的坐标。

四个基函数分别为

$$\begin{aligned} &\varphi_1(w) = \frac{w^2}{(1+w^2)^{5/2}}, \varphi_2(w) = \frac{w}{(1+w^2)^{5/2}} \\ &\varphi_3(w) = \frac{1}{(1+w^2)^{5/2}}, \varphi_4(w) = \frac{1}{(1+w^2)^{3/2}} \end{aligned} \tag{3.25}$$

对应的系数为

$$\begin{cases} b_1 = 3\sin v_M \cos\phi_M \sin v_T \cos\phi_T \\ b_2 = 3(\cos v_M \sin v_T \cos\phi_T + \sin v_M \cos\phi_M \cos v_T) \\ b_3 = 3\cos v_M \cos v_T \\ b_4 = -\sin v_M \sin v_T \cos(\phi_M - \phi_T) - \cos\phi_M \cos v_T \end{cases} \tag{3.26}$$

由于 $\varphi_4(w) = \varphi_1(w) + \varphi_3(w)$，故原来构成磁异常信号的四个基函数可简化为三个基函数。又由于 $\varphi_1(w)$、$\varphi_2(w)$、$\varphi_3(w)$ 线性独立，故对其应用施密特正交，得到三个标准正交基函数为

$$\begin{aligned} &f_1(w) = \sqrt{\frac{24}{5\pi}}\frac{1-5/3w^2}{(1+w^2)^{5/2}}, f_2(w) = \sqrt{\frac{128}{3\pi}}\frac{w^2}{(1+w^2)^{5/2}} \\ &f_3(w) = \sqrt{\frac{128}{5\pi}}\frac{w}{(1+w^2)^{5/2}} \end{aligned} \tag{3.27}$$

图 3.4 所示画出了三个标准正交基函数，它们满足关系式

$$\begin{cases} \int_{-\infty}^{+\infty} f_i(w) f_j(w) \mathrm{d}w = 0, \quad i \neq j \\ \int_{-\infty}^{+\infty} f_i^2(w) \mathrm{d}w = 0, \quad i, j = 1,2,3 \end{cases} \tag{3.28}$$

进而磁异常信号可写为

$$S = \frac{\mu_0 M}{4\pi R_0^3}\sum_{n=1}^{4} a_n f_n(w) \tag{3.29}$$

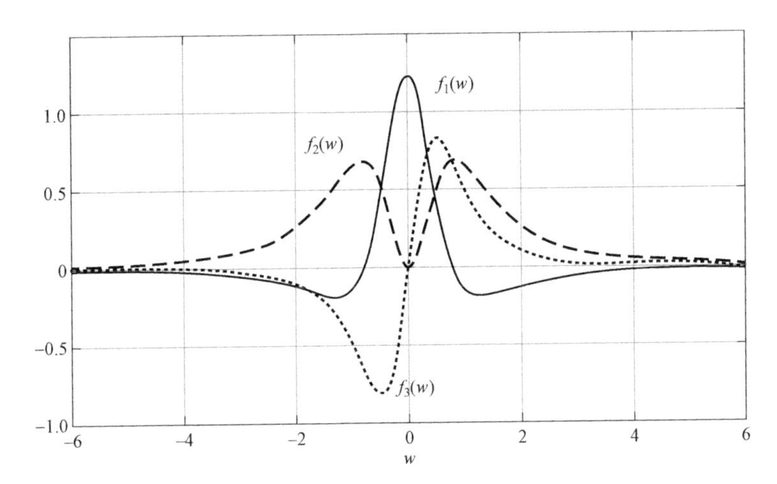

图 3.4 标准正交基函数 $f_1(w)$、$f_2(w)$、$f_3(w)$

式中

$$a_1=\sqrt{\frac{5\pi}{24}}(b_3+b_4),\ a_2=\sqrt{\frac{3\pi}{128}}\left(b_1+\frac{5}{3}b_3+\frac{8}{3}b_4\right),\ a_3=\sqrt{\frac{5\pi}{128}b_2} \tag{3.30}$$

由于基函数的标准正交特性，系数 $a_j\,(j=1,2,3)$ 从理论上可以由下面的公式确定：

$$a_j=\left(\frac{\mu_0 M}{4\pi R_0^3}\right)^{-1}\int_{-\infty}^{+\infty} f_j(w)\bullet S\mathrm{d}w \quad j=1,2,3 \tag{3.31}$$

考虑实际中的测量都是磁探仪沿着运动轨迹以连续离散的方式进行采样，所以式（3.31）中的积分应变成求和；从图 3.4 中可以看出，三个基函数都随着 $|w|$ 的增大而迅速减小，故选择一个合适的移动窗宽度来作为求和的上下限是可取的。考虑实际情况，防止窗宽过大，以免引入更多的噪声和更大的时延，过小则不能包含基函数的绝大部分能量，从而导致系数求解不准确，取窗宽在 $-2.5\leqslant w\leqslant 2.5$ 之间较合适。在实际情况下，系数 α_j 代替理论的系数 a_j，可由下面的公式确定：

$$\alpha_j(m)=\sum_{i=-k}^{+k} f_j(w_i)S(w_{m+i})\Delta w \quad j=1,2,3 \tag{3.32}$$

式中，$w_{-k}=-2.5$，$w_k=2.5$，$w_{-k}=-2.5$，表示空间采样的长度；m 点可以看作是目前正在进行信号处理的点。定义磁异常信号在所选择基函数空间上的能量函数为

$$E(m)=\alpha_1^2(m)+\alpha_2^2(m)+\alpha_3^2(m) \tag{3.33}$$

整个过程的流程如图 3.5 所示。

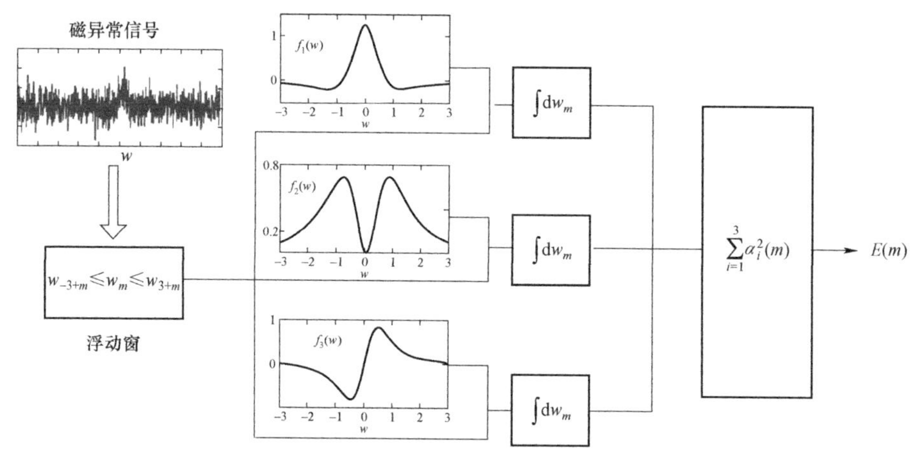

图 3.5 OBF 分解算法流程图

对被高斯白噪声污染的磁异常信号而言，按照 OBF 分解算法，即式（3.32）和式（3.33）求出的能量函数的信噪比有明显的提高，可以有效地从环境噪声中提取出磁异常信号的特征。为了不失一般性，图 3.6（a）给出了在地磁场磁偏角 $\phi_T=10°$，磁倾角 $v_T=47°$，铁磁目标等效磁矩为 $\boldsymbol{M}=[1, 2, 3]$ 的情况下，搭载磁探仪组的运动平台以 100 m/s 的速度，10 Hz 的采样率，距离铁磁目标 $R_0=500$ m 的上空，在 4 min 的采样时间内采集到含有−10 dB 高斯白噪声的磁异常信号；图 3.6（b）是经过 OBF 分解算法，在滑动窗宽 $-3 \leqslant w \leqslant 3$ 的情况下得到的归一化能量函数。从图中可以看出，处理前是−10 dB 的磁异常信号，处理后变成了用肉眼从时域图形中就能看出目标信号的约为 10 dB 的能量函数，经过 OBF 分解算法处理后，其信噪比有了显著的提高，进而可确定该算法确实可以有效地从高斯白噪声中提取出磁异常信号的特征，并且处理得到的能量函数的峰峰值对应着目标位置，这也是我们后续进行检测和定位所依赖的一个重要特性。

2. 特征时间估计

在上一小节诠释 OBF 分解算法原理的过程中，我们假定了变量是一个已知量，然而实际中我们并不知道该变量的值。一种估计该变量方法的思想为，首先基于变量 R_0 的实际意义以及探测环境的具体情况估计出一些可能 R_0 的值，再对应求出不同的 R_0 估计值所对应的能量函数。然后根据当估计的 R_0 值越接近于真实的 R_0 值时其对应的能量函数幅度越大的原理，从众多的能量函数中选取出幅度最大的能量函数所对应的 R_0 值作为最接近真实 R_0 值的估计值。然而在该方法中并没有具体论述估计的步骤，考虑到后续的检测和定位算法过程均是在

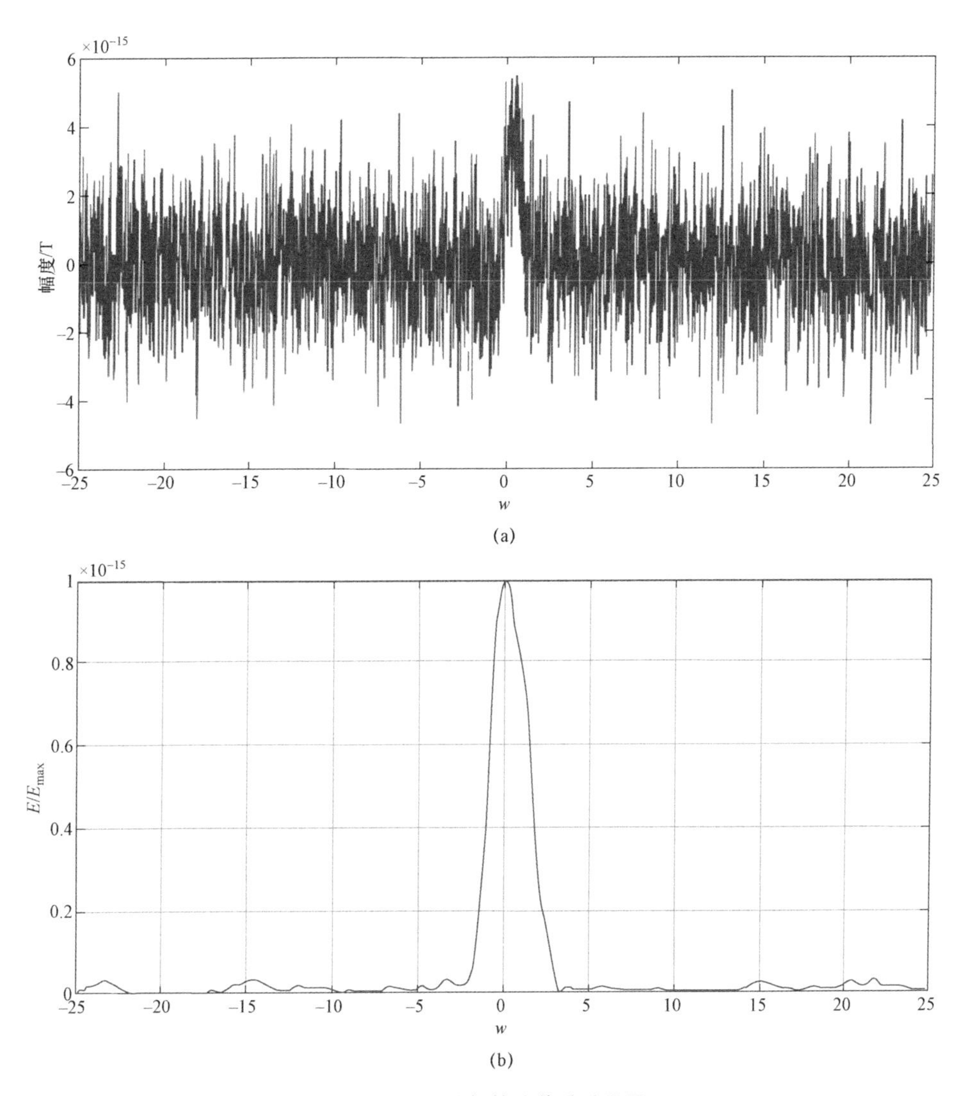

图 3.6　OBF 分解算法前后对照图

（a）磁异常信号；（b）归一化的能量函数

OBF 分解算法的基础上，以及保证整个 OBF 分解算法的完整性，本小节意在上述估计变量 R_0 方法的思想上，重点论述具体估计该变量的步骤和过程。

首先定义特征时间 $\tau=\dfrac{R_0}{v}$，由于搭载磁探仪组平台的运动速度 v 是已知的，故对 R_0 的估计等效于对 τ 的估计。则变量 w 与特征时间有如下关系式：

$$w=\frac{vt}{R_0}=\frac{t}{\tau} \tag{3.34}$$

假定真实的特征时间值为 τ_0，给定一个已知的参考特征时间 τ_0'，定义它们之间的比值为 $\gamma=\frac{\tau_0}{\tau_0'}$，由基函数的标准正交特性可得

$$\begin{aligned}\int_{-\infty}^{+\infty} f_i(w)f_j(w)\mathrm{d}w &= \int_{-\infty}^{+\infty} f_i\left(\frac{t}{\tau_0}\right)f_j\left(\frac{t}{\tau_0}\right)\mathrm{d}\left(\frac{t}{\tau_0}\right)\\ &=\int_{-\infty}^{+\infty} f_i\left(\frac{t/\tau_0'}{\tau_0/\tau_0'}\right)f_j\left(\frac{t/\tau_0'}{\tau_0/\tau_0'}\right)\mathrm{d}\left(\frac{t/\tau_0'}{\tau_0/\tau_0'}\right)\\ &=\int_{-\infty}^{+\infty} f_i\left(\frac{u}{\gamma}\right)f_j\left(\frac{u}{\gamma}\right)\mathrm{d}\left(\frac{u}{\gamma}\right)\\ &=\int_{-\infty}^{+\infty} \frac{1}{\sqrt{\gamma}}f_i\left(\frac{u}{\gamma}\right)\bullet\frac{1}{\sqrt{\gamma}}f_j\left(\frac{u}{\gamma}\right)\mathrm{d}u\\ &=\delta_{ij}\\ i,\ j&=1,2,3\end{aligned} \tag{3.35}$$

式中，$u=\frac{t}{\tau_0'}$。

于是我们定义新的基函数：

$$g_n(\gamma,u)=\frac{1}{\sqrt{\gamma}}f_n\left(\frac{u}{\gamma}\right),\ n=1,2,3 \tag{3.36}$$

由式（3.35）可知新基函数也满足标准正交特性：

$$\int_{-\infty}^{+\infty} g_i(\gamma,u)g_j(\gamma,u)\mathrm{d}u=\delta_{ij},\ i,\ j=1,2,3 \tag{3.37}$$

则磁异常信号在新基函数下表示为

$$S(t)=S(\tau_0'u)=\frac{\mu_0 M}{4\pi R_0^3}\sum_{n=1}^{3}c_n g_n(\gamma,u) \tag{3.38}$$

对应的系数为

$$c_j(m)=\sum_{i=-k}^{+k}g_j(\gamma,u_i)S(\tau_0'u_{m+i})\Delta u,\ \ j=1,2,3 \tag{3.39}$$

其中，$\Delta u=\frac{1}{f_s\tau_0'}$，$f_s$ 表示采样率。

能量函数为

$$E(m)=c_1^2(m)+c_2^2(m)+c_3^2(m) \tag{3.40}$$

在上述过程中，通过改变 γ 的值，使式（3.40）中的能量函数最大，进而确定此时的 γ_0 即为搜索值，则真实的特征时间 $\tau_0=\gamma_0\tau_0'$。

下面通过仿真验证。为不失一般性，仿真中参数设计如下：地磁场磁偏角 $\phi_T = 10^\circ$，磁倾角 $v_T = 47^\circ$，铁磁目标磁矩 $\boldsymbol{M} = [1, 2, 3]$；磁探仪的运动速度 $v = 100$ m/s，$R_0 = 1\,000$ m，即真实的特征时间 $\tau_0 = R_0/v = 10$ s；采样率 $f_s = 10$ Hz，采样时间 $t = 6$ min，信噪比 SNR = −3 dB（高斯白噪声）；滑动窗宽 $-3 \leqslant u \leqslant 3$，取参考特征时间 $\tau_0' = 16$，则搜索值 $\gamma_0 = \tau_0/\tau_0' = 0.625$，搜索变量 γ 的变化范围从 $0.5\tau_0/\tau_0'$ 到 $4\tau_0/\tau_0'$，包含了搜索值 τ_0/τ_0'。仿真结果如图 3.7 所示。由图形可以看出，在所有搜索变量 γ 对应的归一化能量函数峰峰值 $E_{\max}$ 中，最大的能量函数峰峰值对应着 $\gamma \approx 0.625 = \gamma_0$，即估计得到的特征时间 $\gamma\tau_0' \approx 10$ 与真实的特征时间 $\tau_0 = 10$ 近似相同，进而可以实现对变量 R_0 的估计。

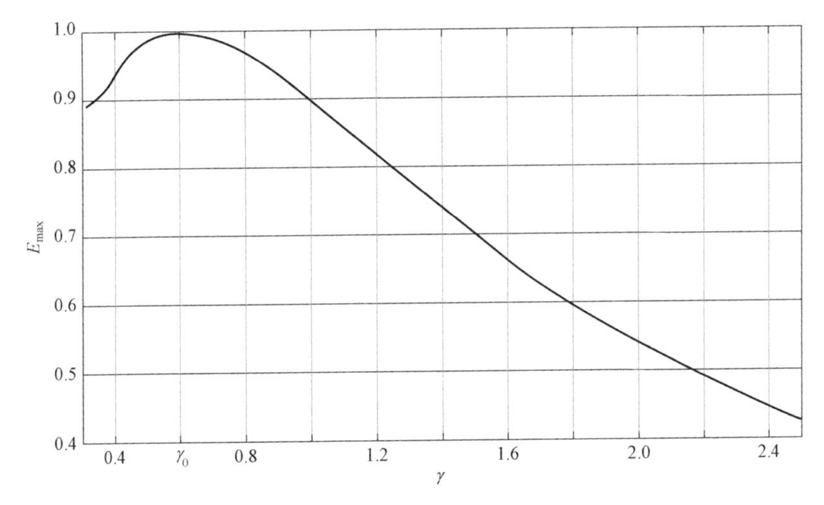

图 3.7　特征时间估计结果图

3.3.3　改进的 OBF 分解算法

OBF 分解算法之所以能成为磁异常探测中较为经典的一种方法，主要是该方法做到了以下几点：① 采用了磁偶极子模型。磁偶极子模型是自然界最常用的一种模型，而航空磁探的条件完全在磁偶极子模型的适用范围中；② 使用总场的标量场作为计算场。标量场虽然丢失了方向信息，但相对于目前测量矢量场引入的噪声而言，其对后续检测和定位的影响要小很多；③ 从磁异常信号的本质出发，用构成磁异常信号的三个标准正交基函数作为标尺，基于移动窗方法分别将其与磁异常信号做相关求系数。由系数构成在所选择基函数空间上的能量函数，以达到恢复磁异常信号的目的。然而相对于其他的基于标量磁偶极子模型的检测和定位的方法，OBF 分解算法的性能依然更优的原因就体现在上述第③点。所以 OBF 分解算法的关键在于能量函数的优劣，而能量函数的优劣取决于求解基函数系数的准确性。

由于目标位置未知，所以实际采样得到磁异常信号绝大多数情况下并不是关于目标位置中心对称的，即构成该磁异常信号基函数的对称轴相对于目标位置有位移量的存在。如图 3.8 所示，以第一个基函数为例，给出了位移量 t_0 的示意图。图中虚线的基函数表示构成实际采样得到的磁异常信号中的实际基函数，实线的基函数表示用来求能量函数的理论基函数，实际情况中它们往往是有着位移量的存在。基函数系数的求解式（3.32）主要是基于基函数之间的正交归一化关系，然而该关系只有在基函数没有发生位移的前提下才满足。对于发生位移的基函数，它们的自相关函数不是理想的 δ 形函数，而互相关函数也不是恒为零，即不满足严格的正交归一化关系。为了分析基函数之间的正交归一化程度与位移量之间的关系，定义变量 d_{ij} 如下：

$$d_{ij}(t_0)=\int_{-\infty}^{+\infty} f_i(w-t_0)f_j(w)\mathrm{d}w \qquad i, j=1, 2, 3 \tag{3.41}$$

式中，t_0 表示位移量。

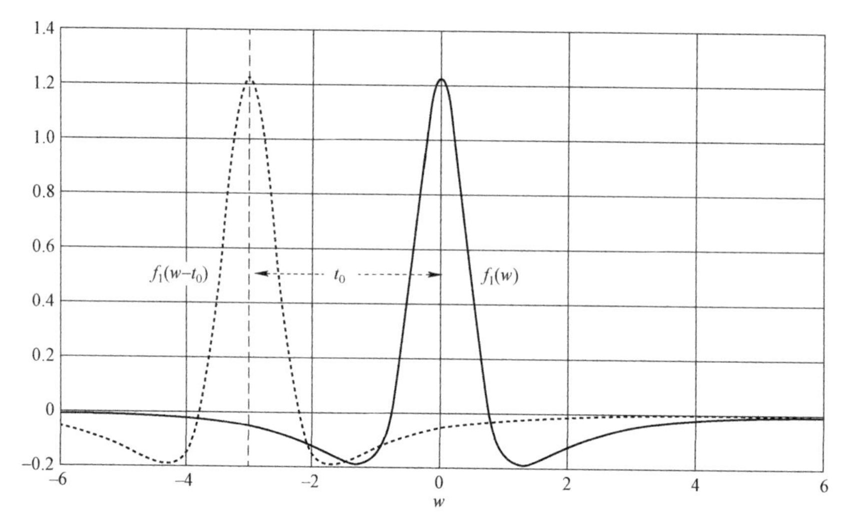

图 3.8　位移量示意图

当 $t_0=0$ 时，基函数之间满足正交归一化关系，即 $d_{ij}=\delta_{ij}$；当 $t_0\neq 0$ 时，基函数之间将不满足正交归一化关系。为了更加直观地展示基函数之间的正交归一化程度与位移量的关系，下面通过仿真画出变量 d_{ij} 与位移量 t_0 之间的关系图，如图 3.9 所示。仿真参数设置如下：特征时间 $\tau=10$，积分区间 $-3\leqslant w\leqslant 3$，采样率 $f_s=10$ Hz，位移量取前后各半个窗宽 30 s。

从图中可以明显看出，当位移量$t_0 \neq 0$时，基函数之间大都不满足正交归一化的关系。所以，当有位移量存在时，基函数的系数仍然根据式（3.32）进行求解将会有误差引入，进而会直接影响能量函数的信噪比。

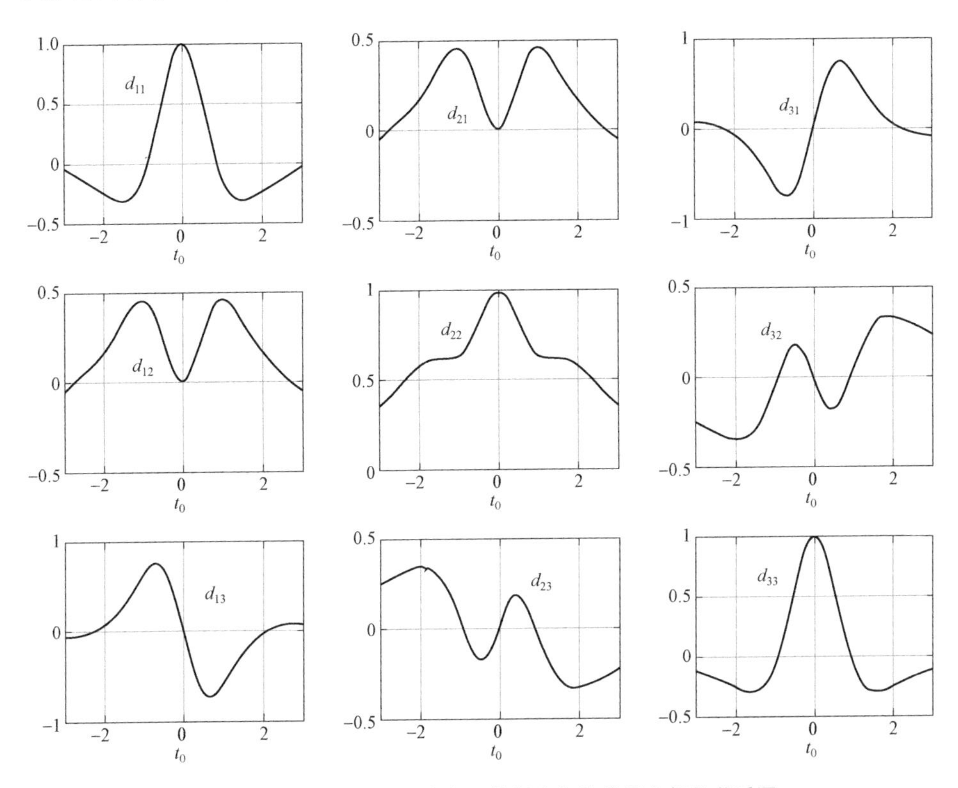

图 3.9 基函数之间的正交归一化程度与位移量之间的关系图

鉴于此，提出一种改进的OBF分解算法，它将原来的三个基函数基于一定的权重组合成一个新的基函数。新的基函数对应的新的能量函数较之前的能量函数形状更加像一个尖脉冲，信噪比更高。并且会减小能量函数中由于位移的存在而引入的误差，而且也可以同时实现对特征时间的估计。

1. 改进的OBF分解算法原理

为了确定组成新基函数的原来三个基函数的权重，以及同时实现对特征时间的估计。基于式（3.29）和式（3.30），对基函数中的变量特征时间τ、基函数系数中的（假设地磁场方向已知）目标磁矩的磁偏角ϕ_M和磁倾角v_M进行分析。特征时间的估计根据3.3.1.2节中的方法，首先确定一个合理的参考特征时间τ_0'，并根据实际情况估计一系列搜索变量值γ，进而可确定对应的一系列基函数，如式（3.36）。基函数的系数由式（3.30）得：

$$\begin{cases} \alpha_1 = \sqrt{\dfrac{5\pi}{24}}[3\cos v_M \cos v_T - \sin v_M \sin v_T \cos(\phi_M - \phi_T) - \cos\phi_M \cos v_T] \\ \alpha_2 = \sqrt{\dfrac{3\pi}{128}}[3\sin v_M \cos\phi_M \sin v_T \cos\phi_T - \\ \quad \dfrac{8}{3}(\sin v_M \sin v_T \cos(\phi_M - \phi_T) + \cos v_M \cos v_T) + 5\cos v_M \cos v_T] \\ \alpha_3 = \sqrt{\dfrac{5\pi}{128}} 3(\cos v_M \sin v_T \cos\phi_T + \sin v_M \cos\phi_M \cos v_T) \end{cases} \tag{3.42}$$

由于某一地区的地磁场方向变化缓慢且可测，故假定测量时地磁场方向的磁偏角 ϕ_T 和磁倾角 v_T 已知。故基函数的系数仅仅是目标磁矩方向的函数，由于其磁偏角 ϕ_M 的变换范围在 0 到 2π，磁倾角的变换范围在 0 到 π，先对其以步长 d 进行离散化：

$$\phi_M = \left\{\phi_M^1, \phi_M^2, \cdots, \phi_M^m, \cdots, \phi_M^{\frac{2\pi}{d}+1}\right\}, v_M = \left\{v_M^1, v_M^2, \cdots, v_M^n, \cdots, v_M^{\frac{\pi}{d}+1}\right\}$$

则对应离散化的系数为

$$\alpha_i^{mn} = \alpha_i\big|_{\phi_M = \phi_M^m,\, v_M = v_M^n},\ i = 1, 2, 3 \tag{3.43}$$

式中，m、n 表示取离散后 ϕ_M、v_M 的位置。

综上，构建新的基函数如下：

$$h^{mn\gamma}(u) = \frac{\alpha_1^{mn}}{\left|\alpha_i^{mn}\right|} g_1(\gamma, u) + \frac{\alpha_2^{mn}}{\left|\alpha_i^{mn}\right|} g_2(\gamma, u) + \frac{\alpha_3^{mn}}{\left|\alpha_i^{mn}\right|} g_3(\gamma, u) \tag{3.44}$$

式中，$\left|\alpha_i^{mn}\right| = \sqrt{(\alpha_1^{mn})^2 + (\alpha_2^{mn})^2 + (\alpha_3^{mn})^2}$，$u = \dfrac{t}{\tau_0'}$。系数的单位化是为了保证理想的基函数所对应的能量函数幅度最大，以便于从众多能量函数中筛选出理想的能量函数。

磁异常信号在去掉前面系数并考虑位移的情况下可进一步写成

$$S(w - t_0) = \alpha_1^{kl} f_1(w - t_0) + \alpha_2^{kl} f_2(w - t_0) + \alpha_3^{kl} f_3(w - t_0) \tag{3.45}$$

式中，$\{\alpha_1^{kl}, \alpha_2^{kl}, \alpha_3^{kl}\}$ 表示任意选取的一组系数。

基于式（3.32），得到新基函数所对应的系数：

$$c(p, mn\gamma) = \sum_{i=-k}^{+k} h^{mn\gamma}(u_i) S(u_{p+i}) \left(\frac{1}{f_s \tau_0'}\right) \tag{3.46}$$

式中，p 点表示目前正在进行信号处理的点。

对应新的能量函数：

$$E_1(p, mn\gamma) = c^2(p, mn\gamma) \tag{3.47}$$

幅度最大的能量函数所对应的 γ 即为最佳搜索值，进而可确定特征时间的估计值 $\tau = \gamma\tau_0'$。同样，由对应的 m、n 可以确定目标磁矩的方向。

考虑位移量的存在，新的能量函数可进一步写成

$$\begin{aligned} E_1(w) &= \left\langle S(w-t_0), h^{mn\gamma}(u) \right\rangle^2 \\ &= \left[\left(\frac{\alpha_1^{kJ}\alpha_1^{kJ}}{\left|\alpha_i^{kJ}\right|} \right) c_{11}(w, t_0) + \left(\frac{\alpha_2^{kJ}\alpha_1^{kJ}}{\left|\alpha_i^{kJ}\right|} \right) c_{21}(w, t_0) + \left(\frac{\alpha_3^{kJ}\alpha_1^{kJ}}{\left|\alpha_i^{kJ}\right|} \right) c_{31}(w, t_0) + \right. \\ & \quad \left(\frac{\alpha_1^{kJ}\alpha_2^{kJ}}{\left|\alpha_i^{kJ}\right|} \right) c_{11}(w, t_0) + \left(\frac{\alpha_2^{kJ}\alpha_2^{kJ}}{\left|\alpha_i^{kJ}\right|} \right) c_{21}(w, t_0) + \left(\frac{\alpha_3^{kJ}\alpha_2^{kJ}}{\left|\alpha_i^{kJ}\right|} \right) c_{31}(w, t_0) + \\ & \quad \left. \left(\frac{\alpha_1^{kJ}\alpha_3^{kJ}}{\left|\alpha_i^{kJ}\right|} \right) c_{11}(w, t_0) + \left(\frac{\alpha_2^{kJ}\alpha_3^{kJ}}{\left|\alpha_i^{kJ}\right|} \right) c_{21}(w, t_0) + \left(\frac{\alpha_3^{kJ}\alpha_3^{kJ}}{\left|\alpha_i^{kJ}\right|} \right) c_{31}(w, t_0) \right]^2 \end{aligned} \tag{3.48}$$

式中，

$$\left|\alpha_i^{kJ}\right| = \sqrt{(\alpha_1^{kJ})^2 + (\alpha_2^{kJ})^2 + (\alpha_3^{kJ})^2},$$

$$c_{ij}(p, t_0) = \sum_{n=-k} f_i(w_{n+p} - t_0) f_j(w_n) \Delta w, \ i, j = 1, 2, 3$$

$c_{ij}(p, t_0)$ 表示在位移量为 t_0 的情况下基函数之间的相关系数，它的每一列都是关于 w 的函数，p 点同样表示目前正在进行信号处理的点。上式是在假定已估计出特征时间的情况下，即当 $\gamma = \gamma_0$ 时，则

$$g_n(\gamma_0, u) = f_n(w), \quad n = 1, 2, 3 \tag{3.49}$$

对比之前根据式（3.33）得到的能量函数：

$$\begin{aligned} E_0(w) &= \left\langle S(w-t_0), f_1(w) \right\rangle^2 + \left\langle S(w-t_0), f_2(w) \right\rangle^2 + \left\langle S(w-t_0), f_3(w) \right\rangle^2 \\ &= [\alpha_1^{kJ} c_{11}(w, t_0) + \alpha_2^{kJ} c_{21}(w, t_0) + \alpha_3^{kJ} c_{31}(w, t_0)]^2 + \\ & \quad [\alpha_1^{kJ} c_{12}(w, t_0) + \alpha_2^{kJ} c_{22}(w, t_0) + \alpha_3^{kH} c_{32}(w, t_0)]^2 + \\ & \quad [\alpha_1^{kJ} c_{13}(w, t_0) + \alpha_2^{kJ} c_{23}(w, t_0) + \alpha_3^{kJ} c_{33}(w, t_0)]^2 \end{aligned} \tag{3.50}$$

理想的能量函数是由在没有发生位移情况下的相关系数 $c_{ij}(w, 0)$ 与其对应的系数所组成的，而 $c_{ij}(w, 0)$ 与之前定义的变量 $d_{ij}(t_0)$ 的形状完全一样，从图 3.10 可以看出，它的每一个分量的峰峰值正好构成一个理想钟形的轮廓，是一个宽目标信号，而由于

$$\left|\frac{\alpha_i^{kJ}\alpha_j^{kJ}}{\sqrt{(\alpha_1^{kJ})^2+(\alpha_2^{kJ})^2+(\alpha_3^{kJ})^2}}\right|<\left|\frac{\alpha_i^{kJ}\alpha_j^{kJ}}{\sqrt{\left(\alpha_j^{kJ}\right)^2}}\right|<\left|\alpha_i^{kJ}\right|, i, j=1,2,3 \qquad (3.51)$$

并且$\left|\alpha_i^{kJ}\right|<1$，故 E_1 比 E_0 的绝对幅度要小，所以相对于 E_0，E_1 由于位移量存在而对能量函数引入的误差更加不敏感。而且虽然 E_1 比 E_0 的绝对幅度小，但能量函数都会进行归一化处理，然而对比式（3.48）和式（3.50）可以看出，新的能量函数 E_1 比之前的能量函数 E_0 的成分更多，进而曲线会更加光滑，所以归一化处理后，E_1 比 E_0 的形状更加像一个尖脉冲，更有利于进行检测。

上述两点就是改进的 OBF 分解算法的意义，即改善了能量函数的形状，并且减小了能量函数中由于位移存在而引起的误差。但是由于改进的算法中每一组系数的离散值都对应着一个基函数，使其计算量明显增加，这是其不可回避的缺点。

2. 数值算例与分析

改进的 OBF 分解算法相对于之前的 OBF 分解算法性能是否有所改善，现通过仿真予以验证。仿真参数设置如下：地磁场偏角 $\phi_r=240°$，磁倾角 $v_T=120°$，特征时间 $\tau_0=10$，参考特征时间 $\tau_0'=8$，搜索变量的离散取值为 $\gamma=\frac{\tau_0}{\tau_0'}\left[\frac{1}{4},\frac{1}{2},1,2,4\right]$，目标磁矩方向的离散步长 $d=2°$，用 $\{\alpha_1^{18.49},\alpha_2^{18.49},\alpha_3^{18.49}\}$ 构成长度为 180 s，采样率 $f_s=10$ Hz，位移量 $t_0=30$ s，并添加了信噪比 SNR=−3 dB 高斯白噪声的磁异常信号，滑动窗宽 $-3\leqslant u\leqslant 3$。

图 3.10 展示了每个搜索变量与对应归一化后的能量函数峰峰值的关系，其中最大的能量函数峰峰值对应的搜索变量即为搜索值 $\gamma_0=1.25$，进而估计出特征时间为 $\tau=\gamma_0\tau_0'=10$，与真实的特征时间 τ_0 相同。图 3.11（a）就是在上述参数下产生的磁异常信号，可以看到有明显的位移；图 3.11（b）中的虚线表示用改进的 OBF 分解算法得到的能量函数 E_1。为了更加直观地进行对比，也画出了按之前 OBF 分解算法得到的能量函数 E_0，对应图中的实线。可以看出，E_1 比 E_0 的形状有明显的改善，更加趋向于理想的能量函数，这也更加有利于我们后续对能量函数进行恒虚警率检测。

由于磁异常信号是目标磁场在地磁场方向上的投影，所以真实的目标磁矩方向和与其方向相反的目标磁矩方向所对应的能量函数往往相同，也就是说，从众多的能量函数中提取出幅度最大的能量函数往往有两个：一个是真实的目标磁矩方向所对应的能量函数，一个是与真实的目标磁矩方向相反的

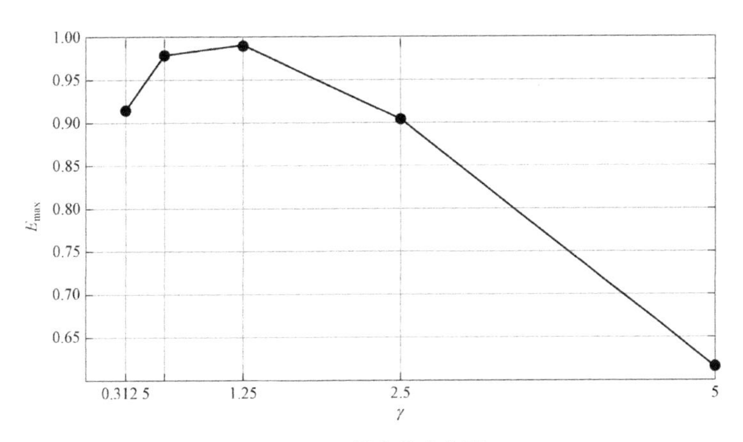

图 3.10　搜索值确定图

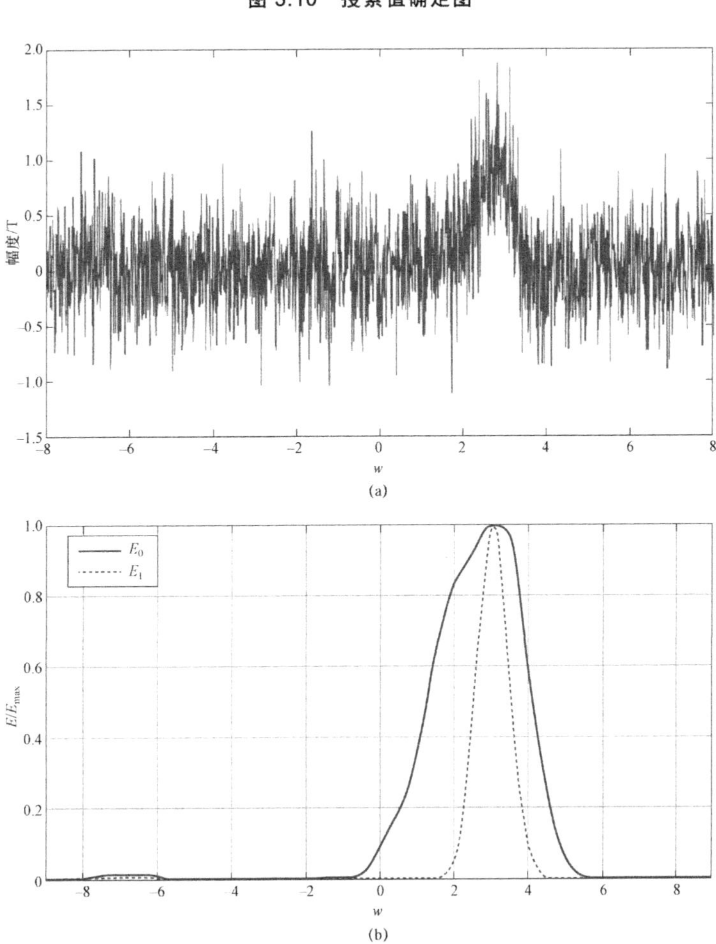

图 3.11　改进的 OBF 分解算法前后对照图

（a）磁异常信号；（b）能量函数对比图

磁矩方向所对应的能量函数，这是我们在确定参数时需要注意的。但它们的形状完全相同，对后续的检测和定位不会造成干扰，并且其峰峰值位置也对应着目标位置。

3.4 地磁畸变的补偿

地磁场是稳定的矢量场，同时也是弱磁场，容易受到环境因素的影响，尤其是铁磁性材料的影响。在磁场环境的作用下，铁磁性材料会产生磁化，从而对地磁场进行干扰，引起地磁场畸变。为了对地磁场进行准确测量，必须对环境的抗干扰技术进行研究。

3.4.1 环境干扰误差分析

一般情况下，载体多用铁磁性材料（如钢）制造而成，在外部磁场作用下，铁磁性材料会产生感应磁场。铁磁性材料分为硬磁材料和软磁材料，硬磁材料产生的感应磁场不会随着外部磁场的变化而变化，而软磁材料产生的感应磁场则随着外部磁场的变化而变化。根据表现形式不同，可将铁磁材料对地磁场的干扰分为硬磁干扰和软磁干扰。

硬磁干扰主要是由弹体硬磁材料在地磁场的作用下产生的感应磁场引起的。硬磁干扰场的磁场矢量大小不变，方向相对弹体不变，相当于在地磁传感器的输出信号上叠加一个固定的偏移量。

软磁干扰主要是由弹体软磁材料在地磁场的作用下产生感应磁场而引起的误差。软磁干扰场不仅与地磁场矢量的大小有关，还与弹体和地磁场矢量的夹角有关。在某一特定的方向上，软磁体的磁化强度与外部磁场强度成一定的比例关系，比例系数主要与软磁材料的特性（如磁导率）有关。因为软磁材料的特性比较稳定，所以将软磁材料的磁化强度与外部磁场之间的关系简化为线性关系。

假设地磁场矢量为 $\boldsymbol{H}=[X \quad Y \quad Z]^{\mathrm{T}}$，在外部环境因素的干扰下，畸变后的地磁场矢量为 $\boldsymbol{H}'=[X' \quad Y' \quad Z']^{\mathrm{T}}$，那么

$$\begin{cases} X' = X + a_{xx}X + a_{yx}Y + a_{zx}Z + b_{ox} \\ Y' = Y + a_{xy}X + a_{yy}Y + a_{zy}Z + b_{oy} \\ Z' = Z + a_{xz}X + a_{yz}Y + a_{zz}Z + b_{oz} \end{cases} \tag{3.52}$$

式中，a_{ij}（$i=x,y,z$ 和 $j=x,y,z$）表示 i 方向上的磁场分量在 j 方向上的软磁误差系数。根据其定义，可认为 $a_{yx}=a_{xy}$、$a_{zx}=a_{xz}$、$a_{zy}=a_{yz}$；b_{ox}、b_{oy} 和 b_{oz} 为分别为 X、Y 和 Z 方向上的硬磁误差系数。

式（3.52）整理后可得

$$\boldsymbol{H}'=\boldsymbol{P}_{os}\boldsymbol{H}+\boldsymbol{b}_{oh} \tag{3.53}$$

式中，$\boldsymbol{P}_{os}=\begin{bmatrix}1+a_{xx} & a_{xy} & a_{xz}\\ a_{xy} & 1+a_{yy} & a_{yz}\\ a_{xz} & a_{yz} & 1+a_{zz}\end{bmatrix}$，为软磁误差矩阵，可知其是主对角线元素均为正值的对称矩阵；$\boldsymbol{b}_{oh}=[b_{ox}\quad b_{oy}\quad b_{oz}]^{\mathrm{T}}$，为硬磁误差矢量。

式（3.53）为环境干扰误差模型。

3.4.2 地磁畸变的补偿原理

3.4.2.1 环境干扰误差校正模型

如果软磁误差矩阵 $\boldsymbol{P}_{os}$ 存在逆矩阵，由式（3.53）计算传感器坐标系下真实的地磁场矢量

$$\boldsymbol{H}_s=\boldsymbol{P}_{os}^{-1}(\boldsymbol{H}_s'-\boldsymbol{b}_{oh}) \tag{3.54}$$

式（3.54）为环境干扰误差校正模型。

同样认为地磁场是稳定的均匀场，地磁场矢量保持不变，因此地磁场强度 $H=\|\boldsymbol{H}_s\|=\sqrt{\boldsymbol{H}_s^{\mathrm{T}}\boldsymbol{H}_s}$ 为一固定值。结合式（3.54）并整理后可得

$$(\boldsymbol{H}_s'-\boldsymbol{b}_{oh})^{\mathrm{T}}\boldsymbol{N}(\boldsymbol{H}_s'-\boldsymbol{b}_{oh})=H^2 \tag{3.55}$$

式中，矩阵 $\boldsymbol{N}=(\boldsymbol{P}_{os}^{-1})^{\mathrm{T}}\boldsymbol{P}_{os}^{-1}$，并且由于 $\boldsymbol{N}^{\mathrm{T}}=[(\boldsymbol{P}_{os}^{-1})^{\mathrm{T}}\boldsymbol{P}_{os}^{-1}]^{\mathrm{T}}=(\boldsymbol{P}_{os}^{-1})^{\mathrm{T}}\boldsymbol{P}_{os}^{-1}=\boldsymbol{N}$ 和 $(\boldsymbol{H}_s'-\boldsymbol{b}_{oh})^{\mathrm{T}}\boldsymbol{N}(\boldsymbol{H}_s'-\boldsymbol{b}_{oh})>0$，$\boldsymbol{N}$ 为对称正定矩阵。

式（3.55）为椭球方程的矩阵形式。要实现对环境干扰误差的校正，就必须先计算出该椭球方程的各个系数。

3.4.2.2 椭球拟合

1. 椭球方程

椭球方程的一般形式为

$$aX^2+bY^2+cZ^2+2fXY+2gXZ+2hYZ+2pX+2qY+2rZ+d=0 \tag{3.56}$$

式中，X、Y 和 Z 为方程的未知数；a、b、c、d、f、g、h、p、q 和 r 为椭球方程的系数。

假设 $I=a+b+c$，$J=ab+bc+ac-f^2-g^2-h^2$ 和 $K=\begin{vmatrix} a & f & g \\ f & b & h \\ g & h & c \end{vmatrix}$，可知 I、J 和 K 为常数，当且仅当 $J>0$ 和 $I\times K>0$ 时，式（3.56）为椭球方程。但是，根据该非线性约束条件，如果要得到椭球方程的系数，椭球拟合需要采用非线性约束的迭代优化方法，比较复杂，并且需要进行多次迭代计算。

为了能够直接进行拟合，为某一类椭球方程定义一个简单的约束条件。约束条件为

$$4J-I^2>0 \tag{3.57}$$

式（3.57）为椭球方程的充分条件，而非必要条件。当椭球的短轴长度大于或等于长轴长度的一半时，该椭球方程必须满足式（3.57）的要求。由此可知，式（3.57）定义的椭球只是椭球集合的一个子集。对于任意椭球方程，当 $J>0$ 时，一定存在一个实数 $\alpha\geqslant 4$，满足 $\alpha J-I^2>0$，但是当 $\alpha>4$ 时，$\alpha J-I^2>0$ 并不是式（3.56）为椭球方程的充分条件。只有当 $3\leqslant\alpha\leqslant 4$ 时，$\alpha J-I^2>0$ 才是式（3.56）为椭球方程的充分条件；当 $\alpha=3$ 时，$\alpha J-I^2\leqslant 0$ 表示式（3.56）为圆球方程。

虽然式（3.57）定义的椭球只是椭球集合的一个子集，但是 $\alpha=4$ 时，保证当 $\alpha J-I^2>0$ 时式（3.56）为椭球方程的最大值。对于由地磁传感器的输出矢量形成的椭球而言，其形状比较接近圆球，不会出现长扁形椭球的情形，因此式（3.57）定义的椭球能够涵盖其所有实际情形，故本节仅对 $4J-I^2>0$ 所定义的一类椭球进行分析。

另外，如果方程 $\upsilon^3-I\upsilon^2+J\upsilon-K=0$ 的三个根为 A、B 和 C，令 $\rho=\dfrac{4J-I^2}{A^2+B^2+C^2}$，则 ρ 为常数，且 $|\rho|\leqslant 1$。当且仅当 $A=B=C$ 时，$\rho=1$，此时椭球变为圆球。因此，称 ρ 为椭球的圆度，ρ 越大，则椭球面越接近圆球；ρ 越小，则椭球越扁。

2. 椭球拟合方法

假设地磁传感器输出的一组地磁场矢量为 $\boldsymbol{H}_k=[X_k \quad Y_k \quad Z_k]^{\mathrm{T}}$，其中 $k=1,2,\cdots,n$，对于每组数据，定义对应的矢量

$$\boldsymbol{W}_k=[X_k^2 \quad Y_k^2 \quad Z_k^2 \quad 2X_kY_k \quad 2X_kZ_k \quad 2Y_kZ_k \quad 2X_k \quad 2Y_k \quad 2Z_k \quad 1]^{\mathrm{T}}$$

定义与系数对应的矢量

$$\boldsymbol{v}=[a \quad b \quad c \quad f \quad g \quad h \quad p \quad q \quad r \quad d]^{\mathrm{T}}$$

那么式（3.56）整理后可得

$$r = Dv \tag{3.58}$$

式中，r 为 $n\times 1$ 的矢量；D 为 $n\times 10$ 的矩阵，$D=[W_1,W_2,\cdots,W_n]^{\mathrm{T}}$。

式（3.56）的最小二乘拟合问题为 r 的最小化问题

$$\hat{v} = \min_{v}\|r\| = \min_{v}(v^{\mathrm{T}}D^{\mathrm{T}}Dv) \tag{3.59}$$

则带约束条件为 $\alpha J - I^2 > 0$ 的最小二乘拟合问题为

$$\min_{v}(v^{\mathrm{T}}D^{\mathrm{T}}Dv), 条件\alpha J - I^2 = 1 \tag{3.60}$$

当 α=4 时，可以通过拟合得到与椭球方程系数对应的 $\hat{v}$。

定义 6×6 的矩阵 $C_1 = \begin{bmatrix} -1 & \alpha/2-1 & \alpha/2-1 & 0 & 0 & 0 \\ \alpha/2-1 & -1 & \alpha/2-1 & 0 & 0 & 0 \\ \alpha/2-1 & \alpha/2-1 & -1 & 0 & 0 & 0 \\ 0 & 0 & 0 & -\alpha & 0 & 0 \\ 0 & 0 & 0 & 0 & -\alpha & 0 \\ 0 & 0 & 0 & 0 & 0 & -\alpha \end{bmatrix}$ 和 10×10 的矩阵 $C = \begin{bmatrix} C_1 & O_{6\times 4} \\ O_{4\times 6} & O_{4\times 4} \end{bmatrix}$，那么 $\alpha J - I^2 = 1$ 可写为 $v^{\mathrm{T}}Cv = 1$，并且式（3.60）中的最小化问题变化为采用拉格朗日乘子法的方程组求解问题，即

$$D^{\mathrm{T}}Dv = \lambda Cv \tag{3.61}$$

$$v^{\mathrm{T}}Cv = 1 \tag{3.62}$$

矩阵 C 的所有特征值为 $\alpha-3$、$-\alpha/2$、$-\alpha/2$、$-\alpha$、$-\alpha$、$-\alpha$、0、0、0 和 0，可知当 $\alpha > 3$ 时，矩阵 C 只有一个特征值为正数。因此，将与广义特征系统 $D^{\mathrm{T}}Dv = \lambda Cv$ 唯一的正特征值对应的特征矢量作为式（3.61）的唯一解。

如果假设 $D^{\mathrm{T}}D = \begin{bmatrix} S_{11} & S_{12} \\ S_{12}^{\mathrm{T}} & S_{22} \end{bmatrix}$ 和 $v = \begin{bmatrix} v_1 \\ v_2 \end{bmatrix}$，其中 S_{11}、S_{12} 和 S_{22} 分别为 6×6、6×4 和 4×4 的矩阵，v_1 和 v_2 分别为 6×1 和 4×1 的矢量，那么式（3.61）变为

$$(S_{11} - \lambda C_1)v_1 + S_{12}v_2 = 0 \tag{3.63}$$

$$S_{12}^{\mathrm{T}}v_1 + S_{22}v_2 = 0 \tag{3.64}$$

当给定的地磁传感器数据不在同一个平面上时，矩阵 S_{22} 为非奇异阵，则式（3.64）变形为

$$v_2 = -S_{22}^{-1}S_{12}^{\mathrm{T}}v_1 \tag{3.65}$$

将式（3.65）代入式（3.63）得到

$$(S_{11} - S_{12}S_{22}^{-1}S_{12}^{\mathrm{T}})v_1 = \lambda C_1 v_1 \tag{3.66}$$

因为矩阵 $\boldsymbol{C}_1$ 为非奇异阵，式（3.66）可变形为

$$\boldsymbol{C}_1^{-1}(\boldsymbol{S}_{11}-\boldsymbol{S}_{12}\boldsymbol{S}_{22}^{-1}\boldsymbol{S}_{12}^{\mathrm{T}})\boldsymbol{v}_1=\lambda\boldsymbol{v}_1 \tag{3.67}$$

一般情况下，矩阵 $\boldsymbol{S}_{11}-\boldsymbol{S}_{12}\boldsymbol{S}_{22}^{-1}\boldsymbol{S}_{12}^{\mathrm{T}}$ 为正定矩阵，并且式（3.67）有且只有一个正特征值。假设与唯一的正特征值对应的特征矢量为 $\boldsymbol{u}_1$，由式（3.65）得到矢量 $\boldsymbol{u}_2=-\boldsymbol{S}_{22}^{-1}\boldsymbol{S}_{12}^{\mathrm{T}}\boldsymbol{u}_1$，那么矢量 $\boldsymbol{u}=[\boldsymbol{u}_1^{\mathrm{T}}\quad \boldsymbol{u}_2^{\mathrm{T}}]^{\mathrm{T}}$ 为式（3.60）的解。在少数情况下 $\boldsymbol{S}_{11}-\boldsymbol{S}_{12}\boldsymbol{S}_{22}^{-1}\boldsymbol{S}_{12}^{\mathrm{T}}$ 为奇异阵，则 $\boldsymbol{u}_1$ 取与最大特征值对应的特征矢量，然后计算椭球方程的系数。

3. 椭球方程的矩阵标准形式变换

在已知椭球方程的各个系数后，将式（3.56）变换成矩阵形式，得

$$\boldsymbol{H}_i^{\mathrm{T}}\boldsymbol{E}\boldsymbol{H}_i+(2\boldsymbol{F})^{\mathrm{T}}\boldsymbol{H}_i+G=0 \tag{3.68}$$

式中，地磁传感器输出的地磁场矢量 $\boldsymbol{H}_i=[X\quad Y\quad Z]^{\mathrm{T}}$；矩阵 $\boldsymbol{E}=\begin{bmatrix} a & f & g \\ f & b & h \\ g & h & c \end{bmatrix}$；矢量 $\boldsymbol{F}=[p\quad q\quad r]^{\mathrm{T}}$；常数 $G=d$。

将式（3.68）进一步变换，得

$$(\boldsymbol{H}_i-\boldsymbol{\varpi})^{\mathrm{T}}\boldsymbol{K}(\boldsymbol{H}_i-\boldsymbol{\varpi})=1 \tag{3.69}$$

式中矢量 $\boldsymbol{\varpi}=-\boldsymbol{E}^{-1}\boldsymbol{F}$，矩阵 $\boldsymbol{K}=\dfrac{1}{\boldsymbol{\varpi}^{\mathrm{T}}\boldsymbol{E}\boldsymbol{\varpi}-G}\boldsymbol{E}$。因为矩阵 $\boldsymbol{E}$ 为对称矩阵，并且 $(\boldsymbol{H}_i-\boldsymbol{\varpi})^{\mathrm{T}}\boldsymbol{K}(\boldsymbol{H}_i-\boldsymbol{\varpi})>0$，所以矩阵 $\boldsymbol{K}$ 为对称正定矩阵。

式（3.69）为椭球方程用矩阵表示的标准形式。

3.4.2.3 环境干扰误差系数计算方法

根据椭球拟合方法，计算式（3.69）椭球方程的系数。在已知椭球方程的各个系数后，将椭球方程的一般形式变换成矩阵形式，得

$$\boldsymbol{H}_s'^{\mathrm{T}}\boldsymbol{E}\boldsymbol{H}_s'+(2\boldsymbol{F})^{\mathrm{T}}\boldsymbol{H}_s'+G=0 \tag{3.70}$$

式中，矩阵 $\boldsymbol{E}=\begin{bmatrix} a & f & g \\ f & b & h \\ g & h & c \end{bmatrix}$；矢量 $\boldsymbol{F}=[p\quad q\quad r]^{\mathrm{T}}$；常数 $G=d$。

式（3.70）变换成用矩阵表示的标准形式，得

$$(\boldsymbol{H}_s'-\boldsymbol{\varpi})^{\mathrm{T}}\boldsymbol{K}(\boldsymbol{H}_s'-\boldsymbol{\varpi})=1 \tag{3.71}$$

式中，矢量 $\boldsymbol{\varpi}=-\boldsymbol{E}^{-1}\boldsymbol{F}$；矩阵 $\boldsymbol{K}=\dfrac{1}{\boldsymbol{\varpi}^{\mathrm{T}}\boldsymbol{E}\boldsymbol{\varpi}-G}\boldsymbol{E}$，为对称正定矩阵。

由式（3.69）可知，椭球方程系数是环境干扰误差系数的函数。因为软磁误差矩阵为对称矩阵，所以将式（3.71）中椭球方程的矩阵 $\boldsymbol{K}$ 分解成对称矩阵。

根据奇异值分解的性质，对称矩阵 $\boldsymbol{K}$ 的奇异值分解为

$$\boldsymbol{K}=\boldsymbol{U\Sigma U}^{\mathrm{T}} \tag{3.72}$$

式中，$\boldsymbol{U}$ 为正交矩阵，即 $\boldsymbol{U}^{\mathrm{T}}\boldsymbol{U}=\boldsymbol{I}$（$\boldsymbol{I}$ 为单位矩阵），并且 $\boldsymbol{U}$ 为与对称矩阵 $\boldsymbol{KK}^{\mathrm{T}}$ 特征值 σ_1^2、σ_2^2 和 σ_3^2 对应的特征矢量矩阵；$\boldsymbol{\Sigma}=\begin{bmatrix}\sigma_1 & 0 & 0\\ 0 & \sigma_2 & 0\\ 0 & 0 & \sigma_3\end{bmatrix}$，为对角阵；$\sigma_1$、$\sigma_2$、$\sigma_3$ 为 $\boldsymbol{K}$ 的奇异值。

由于 $\boldsymbol{K}$ 为对称正定矩阵，其特征值 λ_1、λ_2 和 λ_3 为正实数，因此 $\sigma_i=\left|\lambda_i\right|=\lambda_i$，$i=1,2,3$。

假设 $\boldsymbol{\varLambda}=\begin{bmatrix}\sqrt{\lambda_1} & 0 & 0\\ 0 & \sqrt{\lambda_2} & 0\\ 0 & 0 & \sqrt{\lambda_3}\end{bmatrix}$，那么式（3.72）可变为

$$\boldsymbol{K}=\boldsymbol{U\varLambda\varLambda U}^{\mathrm{T}}=\boldsymbol{U\varLambda U}^{\mathrm{T}}\boldsymbol{U\varLambda U}^{\mathrm{T}}=(\boldsymbol{U\varLambda U}^{\mathrm{T}})^{\mathrm{T}}\boldsymbol{U\varLambda U}^{\mathrm{T}}=\boldsymbol{Q}^{\mathrm{T}}\boldsymbol{Q} \tag{3.73}$$

式中，$\boldsymbol{Q}=\boldsymbol{U\varLambda U}^{\mathrm{T}}$，为对称正定矩阵。

对比式（3.71）和式（3.69）可得

$$\boldsymbol{N}=H^2\boldsymbol{Q}^{\mathrm{T}}\boldsymbol{Q}=(H\boldsymbol{Q})^{\mathrm{T}}(H\boldsymbol{Q}) \tag{3.74}$$

$$\boldsymbol{b}_{oh}=\boldsymbol{\varpi} \tag{3.75}$$

由式（3.75）可以得到硬磁误差矢量 $\boldsymbol{b}_{oh}$。

又 $\boldsymbol{N}=(\boldsymbol{P}_{os}^{-1})^{\mathrm{T}}\boldsymbol{P}_{os}^{-1}$，并且由于 $\boldsymbol{P}_{os}$ 为对称矩阵，$\boldsymbol{P}_{os}^{-1}$ 也为对称矩阵，由式（3.74）可知逆矩阵

$$\boldsymbol{P}_{os}^{-1}=H\boldsymbol{Q} \tag{3.76}$$

已知 $\boldsymbol{b}_{oh}$ 和 $\boldsymbol{P}_{os}^{-1}$，根据式（3.68），可以实现对环境干扰误差的校正。

软磁误差矩阵

$$\boldsymbol{P}_{os}=(H\boldsymbol{Q})^{-1}=\frac{1}{H}\boldsymbol{Q}^{-1}=\frac{1}{H}\boldsymbol{U\varLambda}^{-1}\boldsymbol{U}^{\mathrm{T}} \tag{3.77}$$

根据式（3.75）和式（3.77），可以计算得到与环境干扰误差相关的系数。

由此，通过两步校正方法，计算出地磁传感器各种误差系数，根据式（3.54）对地磁场测量误差进行校正，提高地磁场的测量精度。

3.5 铁磁材料对低频磁场的屏蔽

3.5.1 舵机磁干扰屏蔽技术

电磁舵机在工作时产生的电磁辐射对地磁检测系统的干扰很大，为了降低舵机工作时对地磁检测系统的干扰，首先要对舵机产生的电磁辐射进行屏蔽。一般的磁屏蔽技术是通过研究电磁干扰源的特性以及传播途径，对干扰源和磁敏感设备两者进行隔离，切断电磁辐射的传播途径，从而降低干扰源对磁敏感设备的干扰。

舵机的辐射磁场为低频磁场，对磁传感器的干扰较大，并且是最难屏蔽的一种电磁场。低频磁场屏蔽适用的频段是从恒定磁场到 30 kHz 的磁场，主要用于屏蔽静磁场以及低频电流产生的磁场。低频磁场随着距离的增大衰减得很快，因此，将磁传感器远离磁场源对于减少低频磁场干扰是十分有效的。然而，在现代引信的应用环境中，由于弹体空间有限，无法采用这样的措施，所以往往采用磁屏蔽技术来减少低频磁场的干扰。

屏蔽体对磁场传播的衰减主要通过三种不同机理进行：屏蔽体表面的反射损耗 R；穿越屏蔽体的吸收损耗 A；屏蔽体内的多次反射损耗 B。

对于低频磁场，屏蔽体表明的反射损耗 R 的表达式为

$$R = 74.6 - 10\lg\left(\frac{\mu_r}{f\sigma_r r^2}\right) \tag{3.78}$$

由于穿越屏蔽体而产生的吸收损耗 A 的表达式为

$$A = 0.131t\sqrt{f\mu_r\sigma_r} \tag{3.79}$$

式中，μ_r 是相对磁导率；σ_r 是相对电导率；f 是磁场频率；t 是屏蔽体厚度；r 是屏蔽体与磁场源之间的距离。

低频磁场的频率 f 较低，由式（3.78）和式（3.79）可知，存在的反射损耗 R 和吸收损耗 A 都会比较小。这是由低频磁场的特性决定的，低频意味着趋肤深度很深，导致吸收损耗很小，磁场意味着电磁波的波阻抗很低，导致反射损耗也很小。由于屏蔽材料的屏蔽效能主要由吸收损耗和反射损耗两部分构成，当这两部分效能都很低时，总的屏蔽效能也很低。单纯地依靠屏蔽体的吸收和反射是很难获得较好屏蔽效果的。

为了提高对低频磁场的屏蔽效能，可以利用高导磁材料的磁导率高、磁阻小、能为磁场提供旁路的特性来实现屏蔽，达到保护磁敏感设备免受低频磁场的干扰，或者限制磁场干扰源对外界环境产生电磁辐射影响的目的。

低频磁场屏蔽的原理图如图 3.12 所示，屏蔽体用高导磁率材料构成地磁通路，把磁力线封闭在低磁阻通路内，从而阻挡磁场辐射的传播，使得磁敏感设备免受磁干扰源的干扰。屏蔽体对磁场起磁分路作用，屏蔽体中分流的磁场越多，屏蔽体带来的屏蔽效果越好。

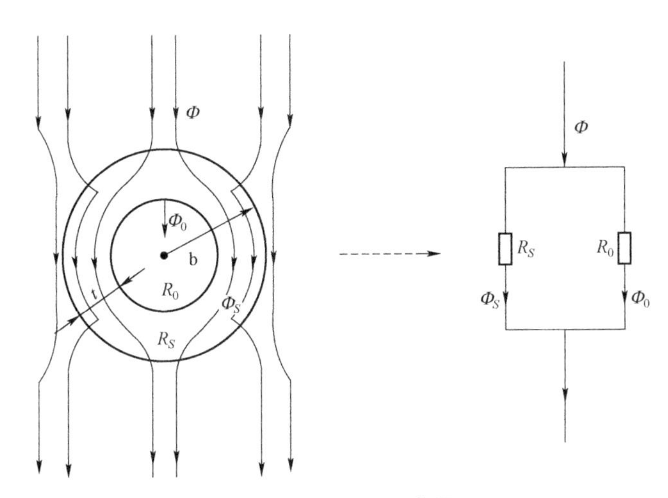

图 3.12　低频磁场屏蔽原理

由磁路欧姆定理知

$$\Phi = \frac{F_m}{R_m} \tag{3.80}$$

式中，Φ 为通过磁路的磁通量，单位为 Wb；$F_m = Hl$，为磁路的磁通势，单位为 A；$R_m = \frac{l}{\mu S}$，为闭合磁路的磁阻，单位为 A/Wb，S 为磁路的横截面积，μ 为磁导率。

图 3.12 所示为一并联磁路，屏蔽体提供的磁路为磁通分流。Φ 为屏蔽体和空气中总的磁通量，Φ_S 为通过屏蔽体的磁通量，Φ_0 为通过空气的磁通量，R_S 为屏蔽体的磁阻，R_0 为空气的磁阻，t 为屏蔽体的厚度（比较小），b 为圆柱形屏蔽体的外径（$b \gg t$），屏蔽体长度为 L。通过屏蔽体和空气中的磁通量分别为

$$\Phi_S = \frac{R_0}{R_S + R_0}\Phi \tag{3.81}$$

$$\Phi_0 = \frac{R_S}{R_S + R_0}\Phi \tag{3.82}$$

式中

$$R_S = \frac{L}{\mu S} = \frac{L}{\mu[\pi b^2 - \pi(b-t)^2]} \tag{3.83}$$

由式（3.81）可知，磁阻 R_S 越小，通过屏蔽体的磁通量 Φ_S 就越多，屏蔽效果就越好。由式（3.82）和式（3.83）可知，屏蔽体厚度 t 越大，磁导率 μ 越大，屏蔽体的磁阻 R_S 越小。同时，增大屏蔽体的磁导率和厚度还能增加屏蔽体的吸收损耗。由此可以看出，低频磁场屏蔽的效能主要由屏蔽材料的磁导率 μ 和屏蔽体的厚度 t 决定，屏蔽体的磁导率越高、厚度越厚，其屏蔽效能就越高。

3.5.2 弹体对地磁场屏蔽效能的近似计算

计算和分析磁屏蔽效能的方法主要有解析方法、数值方法和近似方法。解析方法是基于存在屏蔽体及不存在屏蔽体时，在相应的边界条件下求解麦克斯韦方程。解析方法求出的解是严格解，在实际工程中也常常使用。但是，解析方法只能求解几种规则屏蔽体（例如球壳、柱壳屏蔽体）的屏蔽效能，并且求解可能比较复杂。

随着计算机和计算技术的发展，数值方法显得越来越重要。从原理上讲，数值方法可以用来计算任意形状屏蔽体的屏蔽效能，然而，数值方法又可能成本过高。为了避免解析方法和数值方法的缺陷，各种近似方法在评估屏蔽体屏蔽效能中就显得非常重要，在实际工程中获得了广泛应用。

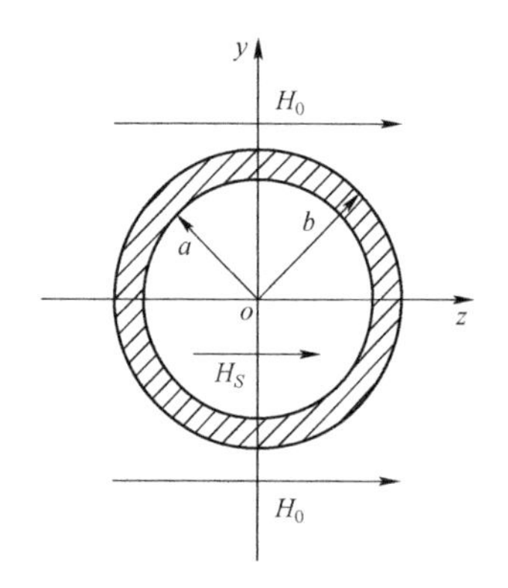

图 3.13　无限长圆柱腔横截面

1. 圆柱腔内的静磁场屏蔽效能近似计算公式

将内外半径分别为 a、b，相对磁导率为 μ_r 的无限长磁性材料圆柱腔放入均匀 B_0 磁场中，如图 3.13 所示。

圆柱腔轴沿坐标系 o-xyz 的 x 轴，设不存在圆柱腔时，yoz 平面的磁场强度为 H_0，存在圆柱腔时，其腔体内部的磁场强度为 H_S，采用分离变量法，经过推导可得

$$H_S = \frac{4H_0\mu_r p}{(\mu_r^2+1)(p-1)+2\mu_r(p+1)} \tag{3.84}$$

式中，$p=b^2/a^2$。

如果相对磁导率 $\mu_r \gg 1$，则式（3.84）可近似为

$$\frac{H_0}{H_S}=\frac{\mu_r(p-1)+2(p+1)}{4p} \tag{3.85}$$

如果圆柱腔壁厚度 $t=b-a$，平均半径 $R=(a+b)/2$，并且满足大半径、薄壁的条件（$a^2 \approx b^2 \approx R^2$）时，式（3.85）可近似为

$$\frac{H_0}{H_S}\approx 1+\frac{\mu_r t}{2R} \tag{3.86}$$

根据屏蔽效能的定义和式（3.85）、式（3.86），圆柱腔的静磁屏蔽效能可分别表示为

$$S=20\lg\frac{H_0}{H_S}=20\lg\frac{(\mu_r^2+1)(p-1)+2\mu_r(p+1)}{4\mu_r p} \tag{3.87}$$

$$S=20\lg\left(1+\frac{\mu_r t}{2R}\right) \tag{3.88}$$

式（3.87）表明，磁性材料屏蔽体的相对磁导率为 $\mu_r=1$ 时（例如铜和铝），其屏蔽效能为 0；厚度 $t=0$ 的屏蔽体，其屏蔽效能也为 0。该结论证明了无限长磁性材料圆柱腔的静磁屏蔽效能计算公式的正确性。

2. 矩形截面屏蔽盒的低频磁场屏蔽效能近似计算公式

将一个由高磁导率材料做成的屏蔽盒置于磁场强度为 H_0 的均匀磁场中，如图 3.14 所示。由于盒壁的磁导率比空气大得多，所以绝大部分磁通通过盒壁，这样就减少了磁场对盒内空间的干扰，达到低频磁场屏蔽的目的。

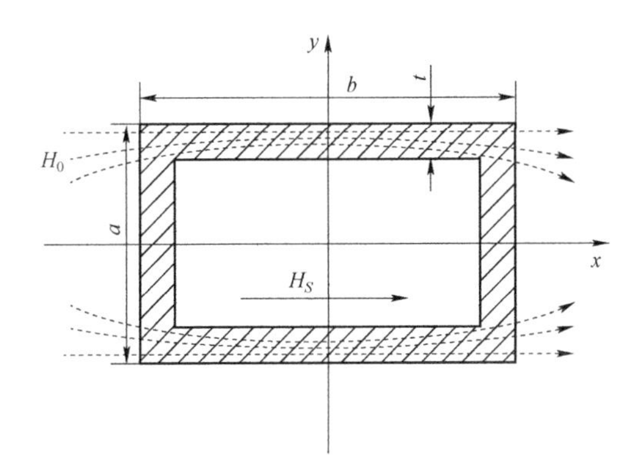

图 3.14　导磁材料的低频磁场作用

设矩形截面屏蔽盒在垂直磁场的尺寸为 a，沿磁场方向的尺寸为 b，屏蔽

盒厚度为 t，采用磁路分析方法来推导矩形截面屏蔽盒的低频磁场屏蔽效能，可得近似计算公式

$$\frac{H_0}{H_S}=2\mu_r t\frac{b-2t}{ab}+\frac{a-2t}{a} \tag{3.89}$$

$$S=20\lg\frac{H_0}{H_S}=20\lg\left(2\mu_r t\frac{b-2t}{ab}+\frac{a-2t}{a}\right) \tag{3.90}$$

如果满足 $2t\ll a$，$2t\ll b$，则 $b-2t\approx b$，$a-2t\approx a$，式（3.89）和式（3.90）可近似为

$$\frac{H_0}{H_S}=1+\frac{2\mu_r t}{a} \tag{3.91}$$

$$S=20\lg\frac{H_0}{H_S}=20\lg\left(1+\frac{2\mu_r t}{a}\right) \tag{3.92}$$

对于很多筒形圆柱体，虽不满足 $2t\ll a$，但满足 $2t\ll b$，则

$$\frac{H_0}{H_S}=1+\frac{2(\mu_r-1)t}{a} \tag{3.93}$$

$$S=20\lg\frac{H_0}{H_S}=20\lg\left[1+\frac{2(\mu_r-1)t}{a}\right] \tag{3.94}$$

如果再满足 $\mu_r\gg 1$，则式（3.93）和式（3.94）回归到式（3.91）和式（3.92）的形式。

3. 弹体磁屏蔽效能近似计算实例

下面以一实例计算弹体的地磁场屏蔽效能。

设一弹体，材料为钢，相对磁导率 $\mu_r=50\sim1\ 000$，形状如图 3.15 所示，其尺寸为 $r=35$ mm，$R=40$ mm，$L=500$ mm，$t=5$ mm。

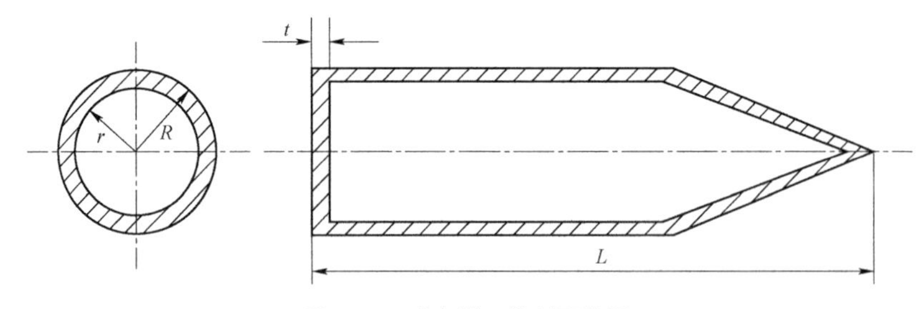

图 3.15 弹丸横、纵剖面简图

弹体的横截面为圆柱腔（有限长），从微元的角度来看，可以采用无限长

圆柱腔磁屏蔽效能的计算公式，有

$$p = \left(\frac{40}{35}\right)^2 = 1.306 \tag{3.95}$$

当 $\mu_r = 50$ 时，有

$$\frac{H_0}{H_S} = \frac{\mu_r(p-1)+2(p+1)}{4p} = \frac{50\times(1.306-1)+2\times(1.306+1)}{4\times1.306} = 3.81 \tag{3.96}$$

当 $\mu_r = 1\ 000$ 时，有

$$\frac{H_0}{H_S} = \frac{\mu_r(p-1)+2(p+1)}{4p} = \frac{1\ 000\times(1.306-1)+2\times(1.306+1)}{4\times1.306} = 59.46 \tag{3.97}$$

综合可得，在弹丸横截面 yoz，有

$$3.81 \leqslant \left.\frac{H_0}{H_S}\right|_{yoz} \leqslant 59.46 \tag{3.98}$$

$$11.62 \leqslant S_{yoz} \leqslant 35.48\ \text{dB} \tag{3.99}$$

当地磁探测电路置于弹尾时，可忽略弹丸头部锥形部分的影响，采用式（3.92）可得纵向截面的磁屏蔽效能：

当 $\mu_r = 50$ 时

$$\frac{H_0}{H_S} = 1 + \frac{2\mu_r t}{a} = 1 + \frac{2\times50\times5}{80} = 7.25 \tag{3.100}$$

当 $\mu_r = 1\ 000$ 时

$$\frac{H_0}{H_S} = 1 + \frac{2\mu_r t}{a} = 1 + \frac{2\times1\ 000\times5}{80} = 126 \tag{3.101}$$

综合可得，在弹丸纵截面 xoy，有

$$7.25 \leqslant \left.\frac{H_0}{H_S}\right|_{xoy} \leqslant 126 \tag{3.102}$$

$$17.21 \leqslant S_{xoy} \leqslant 42.01\ \text{dB} \tag{3.103}$$

可见弹体材料为钢时，对地磁场的屏蔽效能最高可达 40 dB 左右，意味着衰减系数可达 99%左右，弹体内的磁场强度只有地磁场本身的 1%左右，这将严重降低地磁探测信号的信噪比，给后续信号处理带来很大困难。因此，在工程实践中，应尽量避免弹体材料对地磁场的屏蔽效应，在满足结构强度要求的前提下，将安装磁探测组件的舱段外壳采用铝合金或钛合金等非导磁材料设计。弹药其他舱段的铁磁材料影响可以通过 3.4 节的地磁畸变补偿技术进行抑制和消除。

参 考 文 献

[1] 彭晓领，葛洪良，王新庆. 磁性材料与磁测量 [M]. 北京：化学工业出版社，2020.

[2] 徐建. 铁磁材料对地磁测量的干扰分析及其校正技术研究 [D]. 南京：南京理工大学，2013.

[3] 胡祥超. 基于磁异信号的目标探测技术实验研究 [D]. 长沙：国防科学技术大学.

[4] 高尚峰. 基于地磁传感技术的场面运动目标检测及跟踪预测研究 [D]. 南京：南京航空航天大学，2016.

[5] 张浩. 磁异常信号检测与源定位方法研究[D]. 成都：电子科技大学，2015.

[6] 刘建敬. 基于地磁传感器的简易制导弹药姿态角检测关键技术研究[D]. 南京：南京理工大学.

[7] 高峰. 弹道修正弹飞行姿态角磁探测技术及其弹道修正方法研究 [D]. 南京：南京理工大学.

[8] 龙礼. 地磁陀螺组合姿态检测误差补偿与自适应降噪算法研究[D]. 南京：南京理工大学，2014.

第4章 引信地磁环境模拟技术

地磁场的强度和方向不仅与地理位置和地质条件有关，而且容易受到附近建筑物、电力设施、用电设备等环境因素的干扰，因此，一般工作环境中的地磁场是一个有噪声的不稳定的磁场，通常不能满足地磁探测科研和产品生产活动的要求。人工磁场模拟技术具有磁场可控、噪声小的优点，其磁场强度和方向可通过励磁线圈的结构及电流强度精确控制，既可以产生恒定磁场，也可以产生零磁场和动态变化磁场。并且人工磁场可以采用屏蔽技术与外部环境隔离，可大大降低环境干扰因素的影响，获得噪声水平很低的精确可控磁场，因此，在地磁传感器标定与校准、地磁探测性能测试、磁探测产品检测等方面得到了广泛的应用。

本章结合引信地磁环境模拟的典型需求，详细介绍了磁场产生原理、交变磁场模拟方法、空间磁场的产生与动态控制方法，并对空间磁场测量系统进行了介绍。

4.1 亥姆霍兹线圈基本原理

亥姆霍兹线圈由一对完全相同的、同轴的且平行放置的，通以相同电流的线圈所组成。由于它结构简单又能产生均匀性较好的磁场，因此，亥姆霍兹线圈成为磁场系统线圈的首选。要想计算和分析亥姆霍兹线圈产生的磁场，必须要明确电流产生磁场的原理及电流与磁场的相互关系。

4.1.1 毕奥－萨伐尔定律

如图 4.1 所示，载流导线上任一电流元 $I\mathrm{d}\boldsymbol{l}$，在真空中给定点 P 所产生的磁感应强度 $\mathrm{d}\boldsymbol{B}$ 的大小与电流元的大小（$I\mathrm{d}\boldsymbol{l}$）成正比，与电流元到 P 点的矢量 $\boldsymbol{r}$ 之间夹角的正弦（$\sin\alpha$）成正比，与电流元到 P 点的距离的平方（r^2）成反比；$\mathrm{d}\boldsymbol{B}$ 的方向垂直于 $I\mathrm{d}\boldsymbol{l}$ 和 $\boldsymbol{r}$ 所组成的平面，其指向由右手螺旋定则确定。

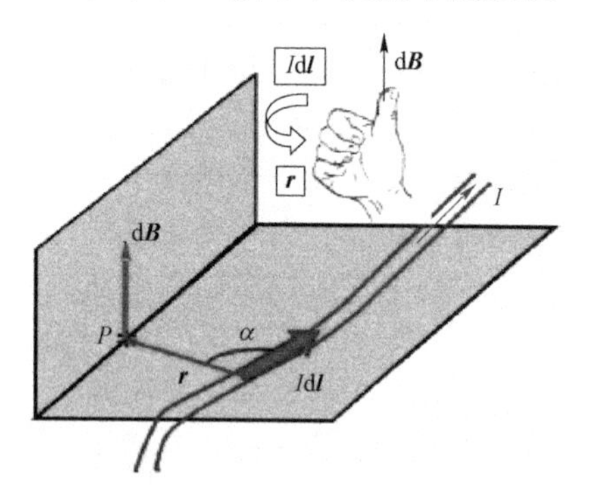

图 4.1　电流元所产生的磁感应强度示意图

其数学表达式为

$$\mathrm{d}B = k_2 \frac{I\mathrm{d}l\sin\alpha}{r^2} \tag{4.1}$$

矢量式为

$$\mathrm{d}\boldsymbol{B} = k_2 \frac{I\mathrm{d}\boldsymbol{l} \times \boldsymbol{r}_0}{r^2} \tag{4.2}$$

式中，$\boldsymbol{r}_0 = \boldsymbol{r}/r$，为电流元 $I\mathrm{d}l$ 指向 P 点方向的单位矢量；k_2 是比例系数，在国际单位制中，真空中的 $k_2 = \mu_0/(4\pi) = 10^{-7}\ \mathrm{T \cdot m/A}$，则 $\mu_0 = 4\pi k_2 = 4\pi \times 10^{-7}\ \mathrm{T \cdot m/A}$，其中，$\mu_0$ 称为真空磁导率。因而，真空中的毕奥–萨伐尔定律的表达式为

$$\mathrm{d}B = \frac{\mu_0}{4\pi} \cdot \frac{I\mathrm{d}l \sin\alpha}{r^2} \tag{4.3}$$

或用矢量式表示为

$$\mathrm{d}\boldsymbol{B} = \frac{\mu_0}{4\pi} \cdot \frac{I\mathrm{d}\boldsymbol{l} \times \boldsymbol{r}_0}{r^2} \tag{4.4}$$

4.1.2 磁场叠加原理

除了毕奥–萨伐尔定律，磁场叠加原理也是磁感应强度 $\boldsymbol{B}$ 所遵从的基本原理，它可以由磁场力的叠加原理导出。大量试验证明，任意电流在某点 P 产生的磁场等于组成该电流的所有电流元在该点 P 所产生的磁场的矢量和，即 $\boldsymbol{B} = \int_l \mathrm{d}\boldsymbol{B}$ 或 $\boldsymbol{B} = \sum_i \boldsymbol{B}_i$。

根据磁场叠加原理，将式（4.4）对载流导线 L 积分，便可得到整个载流导线 L 在 P 点产生的磁感应强度：

$$\boldsymbol{B} = \int_L \mathrm{d}\boldsymbol{B} = \int_L \frac{\mu_0}{4\pi} \cdot \frac{I\mathrm{d}\boldsymbol{l} \times \boldsymbol{r}_0}{r^2} \tag{4.5}$$

毕奥–萨伐尔定律和磁场叠加原理，是磁场的基本原理，也是计算任意电流元的磁场分布的基础。而式（4.5）是一个矢量积分式，对具体问题进行积分或各电流元产生的 $\mathrm{d}\boldsymbol{B}$ 的方向不同时，可选取直角坐标系，先求出 $\mathrm{d}\boldsymbol{B}$ 在各个坐标轴上的投影 $\mathrm{d}B_x$、$\mathrm{d}B_y$、$\mathrm{d}B_z$，再分别计算，即得

$$B_x = \int \mathrm{d}B_x,\quad B_y = \int \mathrm{d}B_y,\quad B_z = \int \mathrm{d}B_z$$

而在积分式中，积分的上下限由电流的起点和终点决定，则总磁感应强度为

$$\boldsymbol{B} = B_x \boldsymbol{i} + B_y \boldsymbol{j} + B_z \boldsymbol{k} \tag{4.6}$$

4.1.3 圆形亥姆霍兹线圈磁场分布

圆形亥姆霍兹线圈是由一对半径相同、同轴且平行放置的，间距等于半径的圆线圈组成的，如图 4.2 所示。由毕奥–萨伐尔定律及磁场叠加原理可以得到

圆形线圈中心轴线上磁感应强度为

$$\boldsymbol{B}=\frac{u_0 I R^2}{2[R^2+(R/2+x)^2]^{3/2}}+\frac{u_0 I R^2}{2[R^2+(R/2-x)^2]^{3/2}} \tag{4.7}$$

磁场方向沿轴线方向，并且其分布图像如图 4.3 所示。

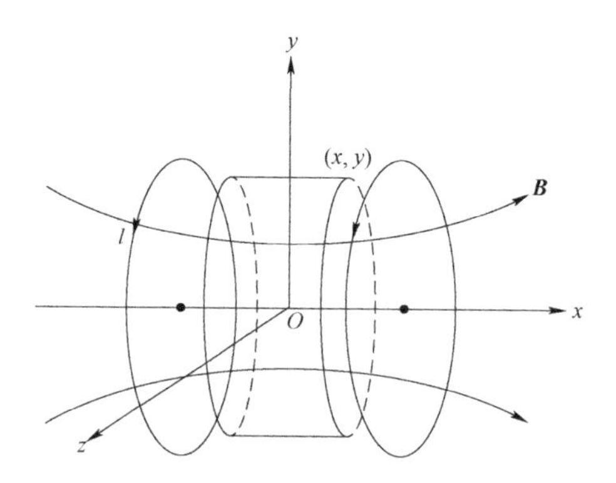

图 4.2　圆形亥姆霍兹线圈的示意图

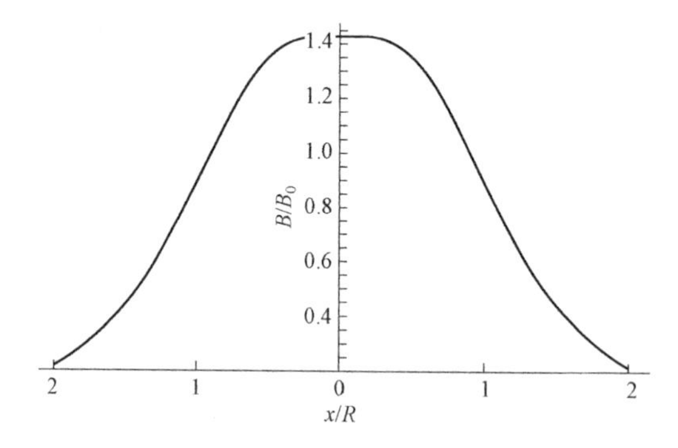

图 4.3　两线圈中心轴线上磁感应强度分布

4.2　正方形亥姆霍兹线圈磁场分析

圆形亥姆霍兹线圈产生的磁场计算简便，但在实际加工和安装定位时有诸多不便，难以保证精度。因此，在工程应用中如构建大型三维匀强磁场或当需要磁场空间较大时，往往选择其他类型的线圈，矩形线圈便是一种比较理想的选择。

4.2.1　线圈磁场计算方法

根据毕奥–萨伐尔定理和磁场叠加原理，要得到正方形载流线圈的空间磁场分布，则需要将其分解为四段载流直导线，这样分别计算各段直导线的磁感应强度，最后矢量叠加即可。图 4.4（a）和图 4.4（b）所示是任意一段通电直导线及其在空间中的简化模式的示意图。

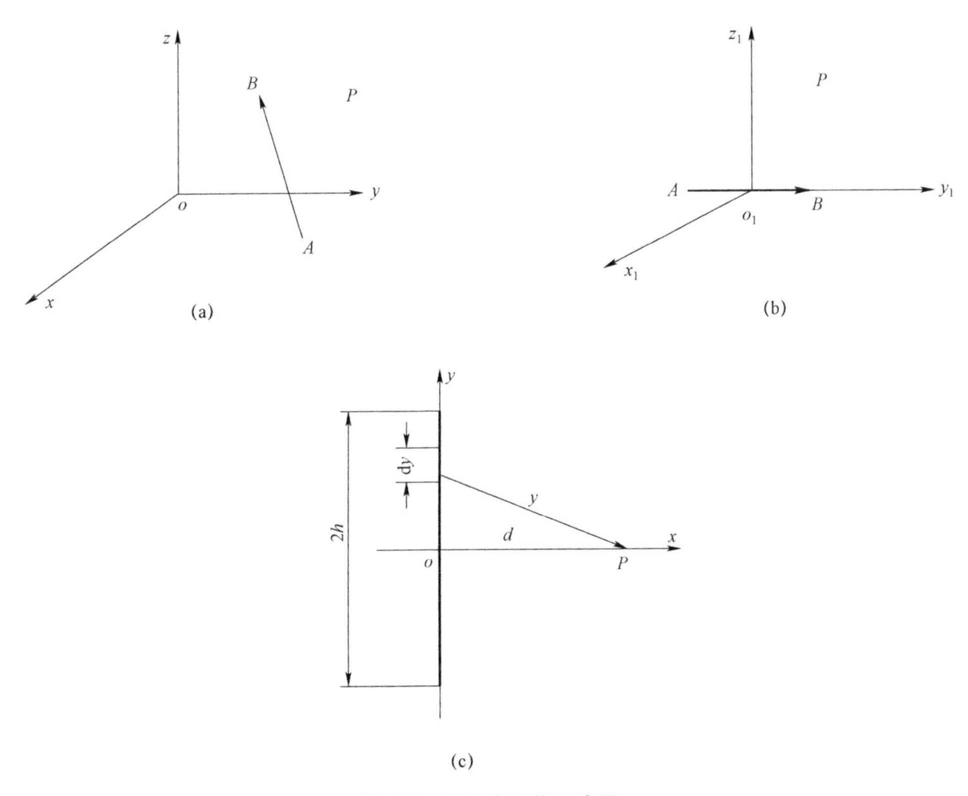

图 4.4　通电直导线示意图

（a）任意一段通电直导线；（b）通电直导线在空间中的简化模式；（c）通电直导线在平面内的简化模式

设任意一段通电直导线 AB，所通电流为 I，方向如图 4.4（a）所示。另设直导线的空间坐标为 $A(x_1, y_1, z_1)$ 和 $B(x_2, y_2, z_2)$，空间任一点为 $P(x_0, y_0, z_0)$。那么，由式（4.5）及

$$
\mathrm{d}\boldsymbol{l}\times\boldsymbol{r}=\begin{vmatrix} \boldsymbol{i} & \boldsymbol{j} & \boldsymbol{k} \\ \mathrm{d}x & \mathrm{d}y & \mathrm{d}z \\ x_0-x & y_0-y & z_0-z \end{vmatrix}
$$

可推导计算可得通电直导线 $\boldsymbol{AB}$ 在点 P 处所产生的磁场：

$$B=\frac{u_0 I}{4\pi}\left[\int_{x_1}^{x_2}\frac{(y_0-y)\boldsymbol{k}-(z_0-z)\boldsymbol{j}}{r^3}\mathrm{d}x+\int_{y_1}^{y_2}\frac{(z_0-z)\boldsymbol{i}-(x_0-x)\boldsymbol{k}}{r^3}\mathrm{d}y+\int_{z_1}^{z_2}\frac{(x_0-x)\boldsymbol{j}-(y_0-y)\boldsymbol{i}}{r^3}\mathrm{d}z\right] \tag{4.8}$$

式中，$r=\sqrt{(x_0-x)^2+(y_0-y)^2+(z_0-z)^2}$，式（4.8）为任意一段通电直导线在点 P 的磁场分布的计算表达式。

为了便于计算，将 AB 看作电流元，并在电流元上建立直角坐标系 $o_1-x_1y_1z_1$，如图 4.4（b）所示。设 AB 长为 $2h$，则通电直导线的起止点变为 $A(x_1, y_1, z_1)$ 和 $B(x_2, y_2, z_2)$，此时 $y_1=-h$，$y_2=h$，$x=0$，$z=0$，$\mathrm{d}x=0$，$\mathrm{d}z=0$。故式（4.8）可以简化为

$$\boldsymbol{B}=\frac{u_0 I}{4\pi}\int_{-h}^{h}\frac{(z_0-z)\boldsymbol{i}-(x_0-x)\boldsymbol{k}}{r^3}\mathrm{d}y=\frac{u_0 I}{4\pi}\left[\int_{-h}^{h}\frac{z_0\mathrm{d}y}{r^3}\boldsymbol{i}-\int_{-h}^{h}\frac{x_0\mathrm{d}y}{r^3}\boldsymbol{k}\right] \tag{4.9}$$

式中，$r=\sqrt{x_0{}^2+(y_0-y)^2+z_0{}^2}$。式（4.9）是线圈磁场计算的最基本公式，任意结构形状的线圈都可以通过有限元方法，将线圈分割并通过坐标转换化为适合式（4.9）计算的电流元形式。

当 P 点为 xOy 平面上一点 $P(x_0, y_0)$ 时，$z_0=0$，式（4.9）转化为

$$\boldsymbol{B}=-\frac{u_0 I}{4\pi}\int_{-h}^{h}\frac{x_0}{r^3}\mathrm{d}y\boldsymbol{k} \tag{4.10}$$

式中 $r=\sqrt{x_0{}^2+(y_0-y)^2+z_0{}^2}$。而当 $y_0=0$ 时，即通电直导线在平面内的简化模式，如图 4.4（c）所示，式（4.10）转化为

$$\boldsymbol{B}=-\frac{u_0 I}{4\pi}\int_{-h}^{h}\frac{x_0}{r^3}\mathrm{d}y\boldsymbol{k} \tag{4.11}$$

对式（4.11）整理并积分可得定长通电直导线在垂直于它的中心轴线上点 $P(x_0, 0)$ 处的磁感应强度：

$$\boldsymbol{B}=\frac{u_0 I}{4\pi d}(\cos\theta_1-\cos\theta_2) \tag{4.12}$$

其方向与其电流方向符合右手螺旋定则。在式（4.12）中，$\mu_0=4\pi\times 10^{-7}\ \mathrm{N\cdot A^{-2}}$ 为真空磁导率，I 为电流大小，而 θ_1、θ_2 为分别为直导线 AB 的起、止点与点 P 的连线和 AB 的夹角，d 为点 P 到 AB 的垂直距离。式（4.12）也是计算定长通电直导线在任意点 P 产生的磁场的一般表达式。

4.2.2 线圈在其轴线上的磁场分布

根据前面的分析，首先计算其中一个线圈在其轴线上的磁场分布。那么，可以将线圈划分为通电直导线，建立合适的坐标系 $O\text{–}XYZ$，利用式（4.12）即

可求出线圈在其轴线上磁场分布。正方形线圈及其坐标系 $O\text{–}XYZ$ 如图 4.5 所示，取线圈的中心为坐标原点。设线圈的边长为 $2a$，所通电流为 I，方向如图 4.5 所示，线圈轴线上的任意点 $P(x, y, z)$，此时 $x=y=0$。

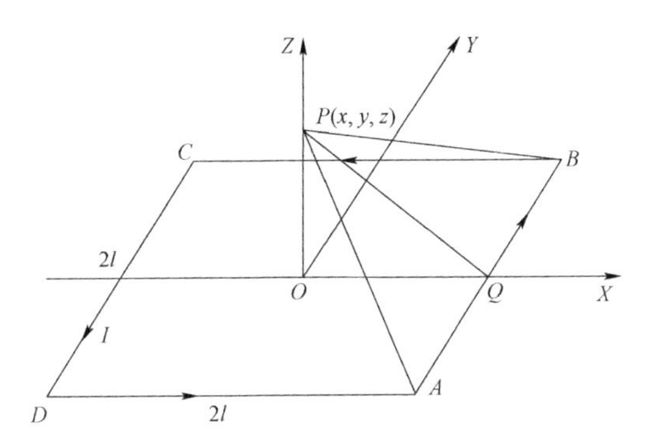

图 4.5　正方形线圈轴线上某点的磁场

首先计算某段通电导线在点 P 的磁感应强度，如图 4.5 中的 AB。对于式（4.12）中的各个参数，$d=\sqrt{z^2+a^2}$，$\overline{PA}=\overline{PB}=\sqrt{z^2+2a^2}$，$\cos\theta_1=\cos\angle PAB=\dfrac{\overline{QA}}{\overline{PA}}=\dfrac{a}{\sqrt{z^2+2a^2}}$，$\cos\theta_2=\cos(180°-\angle PBA)=-\cos\angle PBA=-\dfrac{\overline{QB}}{\overline{PB}}=-\dfrac{a}{\sqrt{z^2+2a^2}}$。将以上参数代入式（4.12）中，得

$$\boldsymbol{B}_{AB}=\frac{u_0 I}{4\pi\sqrt{a^2+z^2}}\left(\frac{a}{\sqrt{2a^2+z^2}}-\frac{-a}{\sqrt{2a^2+z^2}}\right)=\frac{2u_0 Ia}{4\pi\sqrt{a^2+z^2}\sqrt{2a^2+z^2}} \tag{4.13}$$

而 $\boldsymbol{B}_{AB}$ 的方向符合右手螺旋定则，在与 QP 与 AB 垂直的平面内。根据 $\boldsymbol{B}_{AB}$ 的方向，可以将 $\boldsymbol{B}_{AB}$ 分解为沿 Z 轴方向和沿 X 轴方向的磁场，且与 Z 轴正向夹角为 $\angle OQP$，与 X 轴正向夹角为 $\angle OPQ$，其中，$\cos\angle OQP=\dfrac{a}{\sqrt{a^2+z^2}}$。设沿 Z 轴和沿 X 轴的磁场分别为 $\boldsymbol{B}_{ABZ}$ 和 $\boldsymbol{B}_{ABX}$，那么

$$\boldsymbol{B}_{ABZ}=\boldsymbol{B}_{AB}\cos\angle OQP=\frac{2u_0 Ia^2}{4\pi(a^2+z^2)\sqrt{2a^2+z^2}}$$

$$\boldsymbol{B}_{ABX}=\boldsymbol{B}_{AB}\sin\angle OQP=\frac{2u_0 Iaz}{4\pi(a^2+z^2)\sqrt{2a^2+z^2}}$$

同理，通电导线 BC、CD、DA 在点 P 所产生的磁场大小相等，即 $\boldsymbol{B}_{BC}=\boldsymbol{B}_{CD}=\boldsymbol{B}_{DA}=\boldsymbol{B}_{AB}$，仅仅是方向不同。而由正方形的对称性可知，$\boldsymbol{B}_{AB}$ 与 $\boldsymbol{B}_{CD}$ 相对于 Z 轴对称，其沿 X 轴方向的磁场分量大小相等、方向相反，相互抵消；并且 $\boldsymbol{B}_{BC}$

与 $\boldsymbol{B}_{DA}$ 也相对于 Z 轴对称，其沿 Y 轴方向分量也大小相等、方向相反，相互抵消；它们沿 Z 轴方向的磁场分量则是大小相等、方向相同的，因此相互叠加为

$$\boldsymbol{B}=4\boldsymbol{B}_{ABZ}=4\times\frac{2u_0Ia^2}{4\pi(a^2+z^2)\sqrt{2a^2+z^2}}=\frac{2u_0Ia^2}{\pi(a^2+z^2)\sqrt{2a^2+z^2}} \tag{4.14}$$

式（4.14）为计算单个正方形线圈在其轴线上磁场分布的表达式，并且其在其轴线上的磁场仅沿其轴线方向分布。

根据前文亥姆霍兹线圈的定义，正方形亥姆霍兹线圈即由一对正方形线圈组成，如图 4.6 所示。以亥姆霍兹线圈轴线的中点 *O* 为坐标原点，*Z* 轴为其轴线方向放置线圈。设两线圈的间距为 2*l*。

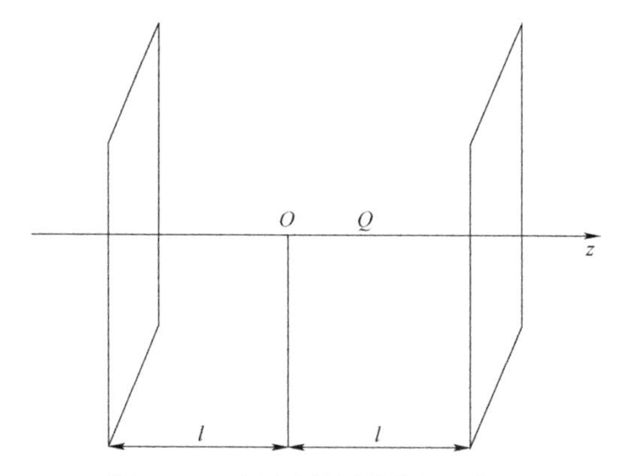

图 4.6　正方形亥姆霍兹线圈示意图

已经获得单个正方形线圈在其轴线上的磁场分布，接下来分析正方形亥姆霍兹线圈在其轴线上的磁场分布，在这里主要分析两线圈之间的部分。由式（4.14）可知，要计算两线圈在其轴线上 *Q* 处产生的磁感应强度，只要把式（4.14）中的 *z* 替换为（*l*+*z*）和（*l*–*z*）即可。那么其分别为

$$\boldsymbol{B}_1=\frac{2u_0Ia^2}{\pi[a^2+(l+z)^2]\sqrt{2a^2+(l+z)^2}},\ \boldsymbol{B}_2=\frac{2u_0Ia^2}{\pi[a^2+(l-z)^2]\sqrt{2a^2+(l-z)^2}}$$

又由于 $\boldsymbol{B}_1$ 和 $\boldsymbol{B}_2$ 的方向都为其轴线方向，即 *Z* 轴正方向，故点 *Q* 处的磁场 $\boldsymbol{B}$ 为 $\boldsymbol{B}_1$ 和 $\boldsymbol{B}_2$ 的叠加，且与其方向相同，即

$$\boldsymbol{B}=\boldsymbol{B}_1+\boldsymbol{B}_2=\frac{2u_0Ia^2}{\pi}\left\{\frac{l}{[a^2+(l+z)^2]\sqrt{2a^2+(l+z)^2}}+\frac{l}{[a^2+(l-z)^2]\sqrt{2a^2+(l-z)^2}}\right\} \tag{4.15}$$

式（4.15）为计算正方形亥姆霍兹线圈在其轴线上磁场分布的表达式。

4.2.3　线圈在空间的磁场分布

同理，首先利用式（4.12）计算某一通电直导线的磁场空间分布，再利用上一节的方法计算正方形线圈的空间磁场分布。如图 4.7 所示，所建坐标系与图 4.5 中的坐标系相同。由于正方形线圈具有对称性，为不失一般性，设线圈边长为 $2a$，任意空间点 $P(x, y, z)$ 在坐标系的第一象限，即 x、y、z 均为非负值。

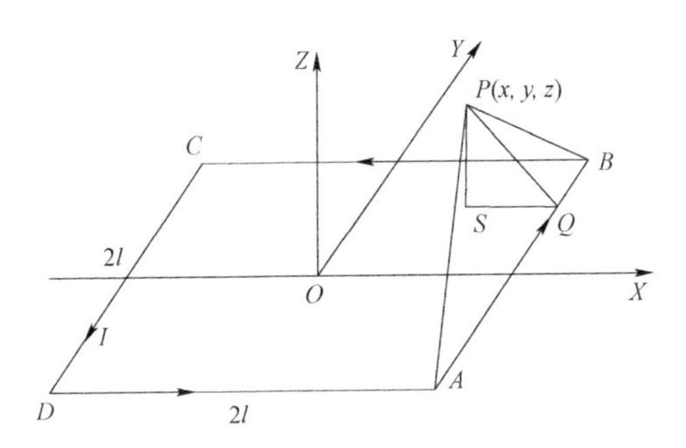

图 4.7　正方形线圈空间内某点的磁场

与上一节计算轴线上的磁场分布类似，也是先计算某段通电导线在点 P 的磁感应强度，如图 4.7 中的 AB 所示，只是参数值略有不同。在计算通电导线空间的磁场分布时，对应于式（4.12）中的各个参数为

$$d=\overline{PQ}=\sqrt{(a-x)^2+z^2}\ ,\quad \cos\theta_1=\cos\angle PAQ=\frac{\overline{QA}}{\overline{PA}}=\frac{a+y}{\sqrt{(a-x)^2+(a+y)^2+z^2}}\ ,$$

$$\cos\theta_2=\cos(180°-\angle PBQ)=-\cos\angle PBQ=-\frac{a-y}{\sqrt{(a-x)^2+(a-y)^2+z^2}}$$

将以上参数代入式（4.12）中，得

$$\boldsymbol{B}_{AB}=\frac{u_0 I}{4\pi\sqrt{(a-x)^2+z^2}}\left[\frac{a+y}{\sqrt{(a-x)^2+(a+y)^2+z^2}}+\frac{a-y}{\sqrt{(a-x)^2+(a-y)^2+z^2}}\right] \tag{4.16}$$

至于 $\boldsymbol{B}_{AB}$ 的方向，如图 4.8 所示，其中，点 S 为点 P 在 XOY 面上的投影。

根据图 4.7 和图 4.8 及右手螺旋定则，可知磁场 $\boldsymbol{B}_{AB}$ 在平行于 XOZ 的平面内，与 X 轴夹角设为α，与 Z 轴的夹角设为 β，由此可以得到 $\boldsymbol{B}_{AB}$ 在三个轴向的分量分别为：

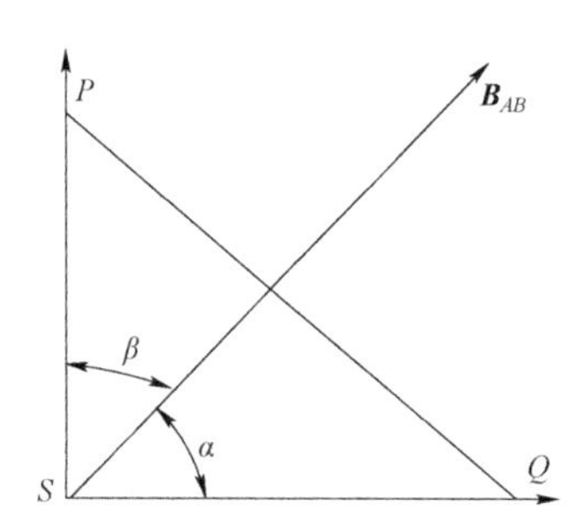

图 4.8　通电导线 AB 的磁场强度 $\boldsymbol{B}_{AB}$ 的方向

$$\boldsymbol{B}_{ABX}=\boldsymbol{B}_{AB}\cos\alpha=\boldsymbol{B}_{AB}\frac{\overline{PS}}{\overline{PQ}}=\boldsymbol{B}_{AB}\frac{z}{\sqrt{(a-x)^2+z^2}}$$

$$=\frac{u_0 Iz}{4\pi[(a-x)^2+z^2]}\left[\frac{a+y}{\sqrt{(a-x)^2+(a+y)^2+z^2}}+\frac{a-y}{\sqrt{(a-x)^2+(a-y)^2+z^2}}\right]$$

$$\boldsymbol{B}_{ABY}=\boldsymbol{B}_{AB}\cos\frac{\pi}{2}=0$$

$$\boldsymbol{B}_{ABZ}=\boldsymbol{B}_{AB}\cos\beta=\boldsymbol{B}_{AB}\frac{\overline{QS}}{\overline{PQ}}=\boldsymbol{B}_{AB}\frac{a-x}{\sqrt{(a-x)^2+z^2}}$$

$$=\frac{u_0 I(a-x)}{4\pi[(a-x)^2+z^2]}\left[\frac{a+y}{\sqrt{(a-x)^2+(a+y)^2+z^2}}+\frac{a-y}{\sqrt{(a-x)^2+(a-y)^2+z^2}}\right]$$

从 $\boldsymbol{B}_{AB}$ 的分量值可以看出，通电直导线 AB 是平行于 Y 轴的，其在点 P 处的磁场只有 X、Z 方向的分量，这一结果与式（4.9）的计算结果的形式是一致的。其实，式（4.12）是式（4.9）的简化形式，也是一种特殊形式。对于正方形这种规则形状的线圈，使用式（4.12）计算会更加简便，而式（4.9）可以用于验证式（4.12）的计算结果，或者与坐标变换配合使用，计算任意线圈的磁场。

同理，对于通电导线 BC、CD、DA 在点 P 所产生的磁场，可以使用同样的方法来求解，而其沿坐标轴的分量也与 AB 产生的磁场类似：$\boldsymbol{B}_{AB}$、$\boldsymbol{B}_{CD}$ 可分解为沿 X 和 Z 方向，且 $\boldsymbol{B}_{ABX}$ 与 $\boldsymbol{B}_{CDX}$ 方向相反，$\boldsymbol{B}_{ABZ}$ 与 $\boldsymbol{B}_{CDZ}$ 方向相同；而 $\boldsymbol{B}_{BC}$、$\boldsymbol{B}_{DA}$ 可分解为沿 Y 和 Z 方向，并且 $\boldsymbol{B}_{BCY}$ 与 $\boldsymbol{B}_{DAY}$ 方向相反，$\boldsymbol{B}_{BCZ}$ 与 $\boldsymbol{B}_{DAZ}$ 方向相同。

根据正方形线圈的对称性及上一节中对正方形亥姆霍兹线圈在其轴线上的磁场分布的分析可知：在轴线上的任一点处的磁场只有 Z 轴方向的分量，其余方向完全相互抵消；而对于非轴线上的任一点处的磁场，$\boldsymbol{B}_{ABX}$ 与 $\boldsymbol{B}_{CDX}$ 只相互抵消一部分，$\boldsymbol{B}_{BCY}$ 与 $\boldsymbol{B}_{DAY}$ 也是只相互抵消一部分，而 $\boldsymbol{B}_{ABZ}$、$\boldsymbol{B}_{BCZ}$、$\boldsymbol{B}_{CDZ}$ 与 $\boldsymbol{B}_{DAZ}$ 方向相同，相互叠加。经过抵消或叠加后，设三个轴方向的分量分别为 $\boldsymbol{B}_X$、$\boldsymbol{B}_Y$

和 $\boldsymbol{B}_Z$。

在线圈的近轴区域，越靠近轴线，$\boldsymbol{B}_{ABX}$ 与 $\boldsymbol{B}_{CDX}$ 及 $\boldsymbol{B}_{BCY}$ 与 $\boldsymbol{B}_{DAY}$ 的大小越接近，那么相互抵消也就越多，即 $\boldsymbol{B}_X$、$\boldsymbol{B}_Y$ 值越小。由此可知，$\boldsymbol{B}_X$、$\boldsymbol{B}_Y$ 的值要远小于 $\boldsymbol{B}_Z$；并且有文章也分析认为，$\boldsymbol{B}_X$、$\boldsymbol{B}_Y$ 比 $\boldsymbol{B}_Z$ 小几个数量级。因此，在计算正方形线圈的空间磁场时，可以忽略 $\boldsymbol{B}_X$、$\boldsymbol{B}_Y$，认为在线圈近轴区域只有 Z 向磁场 $\boldsymbol{B}_Z$，而 $\boldsymbol{B}_Z$ 的表达式为

$$\begin{aligned}
\boldsymbol{B}_Z &= \boldsymbol{B}_{ABZ} + \boldsymbol{B}_{CDZ} + \boldsymbol{B}_{BCZ} + \boldsymbol{B}_{DAZ} \\
&= \frac{u_0 I}{4\pi}\left\{\frac{a-x}{(a-x)^2+z^2}\left[\frac{a+y}{\sqrt{(a-x)^2+(a+y)^2+z^2}}+\frac{a-y}{\sqrt{(a-x)^2+(a-y)^2+z^2}}\right]+\right. \\
&\quad \frac{a+x}{(a+x)^2+z^2}\left[\frac{a+y}{\sqrt{(a+x)^2+(a+y)^2+z^2}}+\frac{a-y}{\sqrt{(a+x)^2+(a-y)^2+z^2}}\right]+ \\
&\quad \frac{a-y}{(a-y)^2+z^2}\left[\frac{a+x}{\sqrt{(a+x)^2+(a-y)^2+z^2}}+\frac{a-x}{\sqrt{(a-x)^2+(a-y)^2+z^2}}\right]+ \\
&\quad \left.\frac{a+y}{(a+y)^2+z^2}\left[\frac{a+x}{\sqrt{(a+x)^2+(a+y)^2+z^2}}+\frac{a-x}{\sqrt{(a-x)^2+(a+y)^2+z^2}}\right]\right\}
\end{aligned} \tag{4.17}$$

式（4.17）是正方形线圈在空间中磁场分布的表达式。而令式（4.17）中的 $x=y=0$，则可以得到正方形线圈在其轴线上的磁场分布表达式，此式与式（4.14）是相同的。对于正方形亥姆霍兹线圈在空间中的磁场分布，其表达式可以由式（4.15）和式（4.17）推导得出，由于此式比较烦琐，这里不再赘述。

至此，就求出了一组正方形亥姆霍兹线圈在其轴线上或空间中的磁场分布的表达式，这为分析其磁场分布的均匀性及三维亥姆霍兹线圈的磁场计算奠定了基础。

4.2.4 三维线圈的磁场与线圈电流的对应关系

由上一节的分析，可以很容易得到三维线圈中另外两组线圈的磁场分布表达式。设三组线圈的边长分别为 $2a_x$、$2a_y$、$2a_z$，线圈间距分别为 $2l_x$、$2l_y$、$2l_z$，并且以三组线圈的中心为坐标原点建立统一的坐标系 $O\text{–}XYZ$。为了便于表达，这里只用各组线圈在其各自轴线上的磁场分布的表达式来表示，则各方向的分量表达式为

$$B_x = \frac{2u_0 I_x a_x^2}{\pi}\left\{\frac{1}{[a_x^2+(x+l_x)^2]\sqrt{2a_x^2+(x+l_x)^2}}+\frac{1}{[a_x^2+(x-l_x)^2]\sqrt{2a_x^2+(x-l_x)^2}}\right\} \tag{4.18}$$

$$B_y = \frac{2u_0 I_y a_y^2}{\pi}\left\{\frac{1}{[a_y^2+(y+l_y)^2]\sqrt{2a_y^2+(y+l_y)^2}}+\frac{1}{[a_y^2+(y-l_y)^2]\sqrt{2a_y^2+(y-l_y)^2}}\right\} \tag{4.19}$$

$$B_z = \frac{2u_0 I_z a_z^2}{\pi}\left\{\frac{1}{[a_z^2+(z+l_z)^2]\sqrt{2a_z^2+(z+l_z)^2}}+\frac{1}{[a_z^2+(z-l_z)^2]\sqrt{2a_z^2+(z-l_z)^2}}\right\} \tag{4.20}$$

对于任意一个磁场矢量，它都可以分解为 X、Y、Z 三个方向的分量，若三个方向的单位向量分别用 $\boldsymbol{i}$、$\boldsymbol{j}$、$\boldsymbol{k}$ 表示，则任意磁感应强度可以表示为 $\boldsymbol{B}=B_x\boldsymbol{i}+B_y\boldsymbol{j}+B_z\boldsymbol{k}$。那么用三组线圈的磁场就可以模拟任意一个三维磁场矢量。

为了求得三维线圈的磁场与其对应电流的关系，设线圈参数与上一节中的假设相同，另设线圈匝数均为 N，真空磁导率为 μ_0，空间点坐标为(x, y, z)。根据给定的磁场矢量 $\boldsymbol{B}$，沿三个轴向分解，得到 (B_x, B_y, B_z)，假设所需的电流为 (I_x, I_y, I_z)。为了便于表达，设

$$k_x = \frac{1}{[a_x^2+(x+l_x)^2]\sqrt{2a_x^2+(x+l_x)^2}}+\frac{1}{[a_x^2+(x-l_x)^2]\sqrt{2a_x^2+(x-l_x)^2}}$$

$$k_y = \frac{1}{[a_y^2+(y+l_y)^2]\sqrt{2a_y^2+(y+l_y)^2}}+\frac{1}{[a_y^2+(y-l_y)^2]\sqrt{2a_y^2+(y-l_y)^2}}$$

$$k_z = \frac{1}{[a_z^2+(z+l_z)^2]\sqrt{2a_z^2+(z+l_z)^2}}+\frac{1}{[a_z^2+(z-l_z)^2]\sqrt{2a_z^2+(z-l_z)^2}}$$

则将 k_x、k_y、k_z 分别代入式（4.18）、式（4.19）和式（4.20）中，即可得到线圈磁场和电流的对应关系。即

$$I_x = \frac{\pi B_x}{2N\mu_0 a^2 k_x} \tag{4.21}$$

$$I_y = \frac{\pi B_y}{2N\mu_0 a^2 k_y} \tag{4.22}$$

$$I_z = \frac{\pi B_z}{2N\mu_0 a^2 k_z} \tag{4.23}$$

式（4.18）~式（4.23）为线圈磁场强度和电流相互转化的表达式。由此

可知，在线圈边长、线圈间距及匝数等参数不变的情况下，磁感应强度 **B** 和电流 I 成正比关系。

4.2.5　线圈磁场均匀性分析

1. 轴线上的磁场均匀性分析

为了分析正方形亥姆霍兹线圈在其轴线上的磁场均匀性，首先要知道其磁场分布，而式（4.15）即为其表达式。参考圆形线圈的分析方法及其表达式的特点，可以通过求导进行分析。式（4.15）中，磁场 **B** 对 z 求一阶、二阶导数后，分别为

$$\frac{\mathrm{d}\boldsymbol{B}}{\mathrm{d}z}=\frac{2u_0Ia^2}{\pi}\left\{\frac{(l-z)[5a^2+3(l-z)^2]}{[a^2+(l-z)^2]^2[2a^2+(l-z)^2]^{\frac{3}{2}}}-\frac{(l+z)[5a^2+3(l+z)^2]}{[a^2+(l+z)^2]^2[2a^2+(l+z)^2]^{\frac{3}{2}}}\right\} \tag{4.24}$$

$$\frac{\mathrm{d}^2\boldsymbol{B}}{\mathrm{d}z^2}=\frac{4u_0Ia^2}{\pi}\left\{\frac{6(l-z)^6+18(l-z)^4a^2+11(l-z)^2a^4-5a^6}{[a^2+(l-z)^2]^3[2a^2+(l-z)^2]^{\frac{5}{2}}}+\frac{6(l+z)^6+18(l+z)^4a^2+11(l+z)^2a^4-5a^6]}{[a^2+(l+z)^2]^3[2a^2+(l+z)^2]^{\frac{5}{2}}}\right\} \tag{4.25}$$

对于式（4.15），当同时存在极值和拐点时，表明其磁场分布最均匀，而其条件 $\frac{\mathrm{d}\boldsymbol{B}}{\mathrm{d}z}=0$ 和 $\frac{\mathrm{d}^2\boldsymbol{B}}{\mathrm{d}z^2}=0$ 同时成立。对于式（4.24），很容易求得等式成立条件为：$z=0$。当 $z=0$ 时，要使 $\frac{\mathrm{d}^2\boldsymbol{B}}{\mathrm{d}z^2}=0$，则需要使以下等式成立：

$$6l^6+18l^4a^2+11l^2a^4-5a^6=0 \tag{4.26}$$

式（4.26）即求解线圈边长与间距的关系，也就是常说的最佳间距。令 $l=na$，代入式（4.26），可得 $6n^6a^6+18n^4a^6+11n^2a^6-5a^6=0$。

经计算可得 $l=0.544\ 5a$，与其他文献研究结果相符。将 l 与 a 的关系代入式（4.15），可得

$$\boldsymbol{B}=\frac{2u_0Ia^2}{\pi}\left\{\frac{1}{[a^2+(0.544\ 5a+z)^2]\sqrt{2a^2+(0.544\ 5a+z)^2}}+\frac{1}{[a^2+(0.544\ 5a-z)^2]\sqrt{2a^2+(0.544\ 5a-z)^2}}\right\} \tag{4.27}$$

当 $z=0$ 时，即中心点处的磁场为

$$\boldsymbol{B}_0=0.648\ 1\frac{u_0NI}{a} \tag{4.28}$$

对于线圈轴线上磁场 $\boldsymbol{B}$ 的均匀性，利用 $\boldsymbol{B}$ 与 $\boldsymbol{B}_0$ 的相对偏差来表示。令

$$\gamma=\left|\frac{\boldsymbol{B}_0-\boldsymbol{B}}{\boldsymbol{B}_0}\right|\times 100\% \tag{4.29}$$

则 γ 越小，表明磁场均匀性越好。

由式（4.27）、式（4.28）和式（4.29）可以求得在线圈轴线上磁场不同均匀性要求时，其均匀性范围见表 4.1。

表 4.1　在线圈轴线上磁场不同均匀性要求时，其均匀性范围

均匀性要求	1%	5‰	1‰
d_z	（−0.342 19*a*，0.342 19*a*）	（−0.284 85*a*，0.284 85*a*）	（−0.185 82*a*，0.185 82*a*）

在表 4.1 中，a 为线圈半边长，d_z 表示轴线上的点到中心点的距离。因此可知，在线圈中心轴线上，正方形亥姆霍兹线圈的边长与圆形亥姆霍兹线圈直径相同时，正方形的均匀性范围更广，说明其磁场分布更均匀。

2. 空间内的磁场均匀性分析

与分析线圈在空间内的磁场分布时类似，在分析空间内磁场的均匀性时，参考轴线上磁场均匀性的分析方法。首先要清楚其表达式，由式（4.17）可求得。由于该表达式较复杂，这里就不再重复。在分析时，线圈的轴线是沿 Z 轴方向的。

对于线圈在空间内磁场 $\boldsymbol{B}$ 的均匀性，也可以利用 $\boldsymbol{B}(x,y,z)$ 与线圈中心处 $\boldsymbol{B}_0$ 的相对偏差来表征。令

$$\delta=\left|\frac{\boldsymbol{B}_0-\boldsymbol{B}(x,y,z)}{\boldsymbol{B}_0}\right|\times 100\% \tag{4.30}$$

则 δ 越小，表明磁场在空间内的均匀性越好。在分析时，将线圈边长与间距的关系式 $l=0.544\ 5a$ 代入由式（4.17）所得的表达式中，求得 $\boldsymbol{B}(x,y,z)$ 与 $\boldsymbol{B}_0$ 的值。

为了便于分析，只分析在空间内几个不同方向的特征值。由于线圈的轴线是 Z 向的，且线圈为具有对称性的正方形，那么磁场在 Z 轴上的分布即在线圈轴线上的分布，这里就不再重复，而磁场在 X 轴与 Y 轴，以及 XZ 的角平分线与 YZ 的角平分线上的分布是一致的，因此只需要分析其中一个方向的磁场分

布。那么，最终我们只需分析 X 轴、XY 的角平分线和 XZ 的角平分线及 XYZ 的体对角线上的磁场均匀性即可。由于计算量比较大，利用 Matlab 求解，其求解结果见表 4.2。

表 4.2　磁场在空间不同方向上，不同均匀性要求时的均匀性范围

均匀性要求	$d_x(d_y)$	$d_{xy}/\sqrt{2}$	$d_{xz}/\sqrt{2}(d_{yz}/\sqrt{2})$	$d_{xyz}/\sqrt{3}$
1%	（−0.384 16a，0.384 16a）	（−0.325 46a，0.325 46a）	（−0.299 88a，0.299 88a）	（−0.237 09a，0.237 09a）
5‰	（−0.325 37a，0.325 37a）	（−0.274 68a，0.274 68a）	（−0.252 94a，0.252 94a）	（−0.199 55a，0.199 55a）
1‰	（−0.217 38a，0.217 38a）	（−0.182 55a，0.182 55a）	（−0.171 77a，0.171 77a）	（−0.135 07a，0.135 07a）

在表 4.2 中，a 为线圈半边长，而 d_x、d_y、d_{xy}、d_{xz}、d_{yz}、d_{xyz} 与表 4.1 中 d_z 的定义相似，表示各自不同方向上的点到中心点的距离，为了便于就其均匀性范围做对比，在表 4.2 中以 $d_{xy}/\sqrt{2}$、$d_{xz}/\sqrt{2}$、$d_{yz}/\sqrt{2}$、$d_{xyz}/\sqrt{3}$ 来表示。由表 4.1 和表 4.2 中各方向上均匀性范围对比，可知线圈空间内的均匀性范围在各个特征方向上变化均较小，在各轴方向上均匀性范围较大，均匀性最好，而在 XYZ 的体对角线上均匀性范围最小，均匀性也就最差，因此，在后续的分析研究时，以 XYZ 的体对角线上数据为基准，这样才能保证研究结论的可靠性。

由线圈均匀性分析，可知线圈中心处的磁场 $\boldsymbol{B}_0$ 可以在一定精度范围内近似表示线圈空间内的磁场。根据磁场叠加原理及式（4.28），可得三维亥姆霍兹线圈在其中心处的磁场 $\boldsymbol{B}$：

$$\boldsymbol{B}=\boldsymbol{B}_x+\boldsymbol{B}_y+\boldsymbol{B}_z=0.648\,1u_0N\left(\frac{I_x}{a_x}\boldsymbol{i}+\frac{I_y}{a_y}\boldsymbol{j}+\frac{I_z}{a_z}\boldsymbol{k}\right) \tag{4.31}$$

式中，a_x、a_y、a_z 和 I_x、I_y、I_z 分别为三维线圈的半边长及其所通的电流。

一般情况下，三维线圈的磁场在空间的整体均匀性范围是由三组线圈中边长最小的一组线圈决定的，假设最小线圈的半边长为 $a_{\min}$。根据前文的结论，应该以 XYZ 的体对角线上的均匀性范围为标准，可以近似得到以体对角线上均匀范围为短轴的椭球形区域。

以现有地磁场屏蔽室设计的三维亥姆霍兹线圈装置为例，其以 Z 轴为中心轴线的框架边长是最小的，其半边长为 735 mm。如果线圈系统要求磁场的相对偏差率 δ 为 1%、5‰、1‰时，则其均匀区域的范围分别为（−174.26 mm，174.26 mm），（−146.67 mm，146.67 mm），（−99.28 mm，99.28 mm）。

4.3 交变磁场模拟技术

引信对交变磁场模拟的典型需求是地磁计转数定距引信电路的测试，需要测试地磁传感器及其信号调理电路在随弹丸高速旋转时输出的信号是否满足设计要求。由于弹丸炮口转速高达 1 400 r/s，而且加速过程只有几毫秒，难以通过机械设备带动引信达到如此高动态的旋转。在固定放置的引信部位施加交变磁场，同样可以产生引信与磁场之间的相对运动，为地磁计转数引信电路调试提供了方便、高效的测试手段。

4.3.1 轴向交变磁场模拟

如前文所述，一维亥姆霍兹线圈可以产生轴向的均匀磁场，控制线圈激励电流的大小和方向即可在线圈轴向产生交变的磁场。当激励电流波形为正弦波时，产生磁场的大小和方向也按正弦规律变化，这与引信随弹丸在均匀静态磁场中高速旋转（不考虑弹丸的章动与进动）所经历的地磁变化环境完全一致。

亥姆霍兹线圈的形状可用圆形，线圈间距可以根据引信口径选定，线圈直径取线圈间距的两倍即可得到最大范围的均匀磁场。线圈形状和匝数确定后，即可按照式（4.7）计算产生特定强度磁场所需要的激励电流幅值。由于地磁场幅值较小，所需激励电流功率很小，可以通过信号发生器轻松驱动，给测试带来了很大的方便。

轴向交变磁场模拟装置的结构和控制电路简单，易于实现，但在使用中应注意以下两点：

（1）磁场中含有直流地磁分量

轴向交变磁场模拟装置可以产生所需幅值和频率的交变磁场，并未对地磁场进行抑制，因此引信所在的磁场环境实际是直流地磁场和交变磁场的叠加。当引信电路采用线圈式无源地磁传感器，并且信号调理电路采用交流耦合形式时，直流地磁场分量不会在测量电路中产生输出，交变磁场模拟装置可以用于引信电路的性能测试；而当引信电路采用磁阻类地磁传感器时，由于直流地磁场分量会在传感器输出端产生直流电压输出，则有可能导致后续信号调理电路出现饱和失真。

（2）地磁传感器应位于模拟磁场中心且与线圈同轴

只有地磁传感器敏感轴与线圈同轴，模拟产生的交变磁场才会完全被地磁传感器采集，两者有夹角时，传感器只能采集到交变磁场在其敏感轴上的分量，信号幅值会偏小。这一问题可以采用下述平面旋转磁场解决。

4.3.2　平面旋转磁场模拟

二维旋转磁场实际上就是两个具有相位差的交变信号所合成的一个磁场，这两个电压波形存在一个相位角 φ，这个磁场会随着交变信号的变化而发生旋转。当给 x 和 y 两个方向的线圈分别通以大小相等、频率相同、相位相差 90° 的激磁信号时，会在两个方向上分别产生一个交变磁场，这两个交变磁场在装置中心形成一个旋转磁场，其磁通密度矢量为：

$$\boldsymbol{B} = B_x \sin(\omega t)\boldsymbol{i} + B_y \sin(\omega t + \varphi)\boldsymbol{j} \tag{4.32}$$

式中，$\boldsymbol{B}$ 为磁通密度矢量；B_x、B_y 分别为磁通密度矢量在 x 和 y 方向上分量的大小；ω 为角速度；φ 为相位角。

将相同规格的两对亥姆霍兹线圈垂直放置且中心重合时，即构成二维亥姆霍兹线圈平面磁场发生装置。按照轴向交变磁场模拟的设计方法确定激励电流幅值，控制两个线圈激励电流的频率相同，相位差 90°，即可产生幅值恒定、方向按照电流频率旋转的磁场。

当采用平面旋转磁场模拟装置时，只要保证地磁传感器位于线圈中心位置即可，引信无须轴向定位，方便了测试过程的实施。与轴向交变磁场模拟装置相同，平面旋转磁场中也包含直流地磁分量。

4.4　空间磁场模拟技术

4.4.1　空间磁场模拟系统组成

磁场模拟系统是在地磁屏蔽室基础上建立的，该系统可以产生强度和方向可控、均匀度高、稳定性好的磁场，用于简化科研试验过程，提高测试精度和效率；还可以用在磁测技术中，校正或标定各种测磁仪器。

磁场模拟系统由上位机、直流稳流电源、三维亥姆霍兹线圈系统、三维高斯计组成，其系统组成框图如图 4.9 所示。

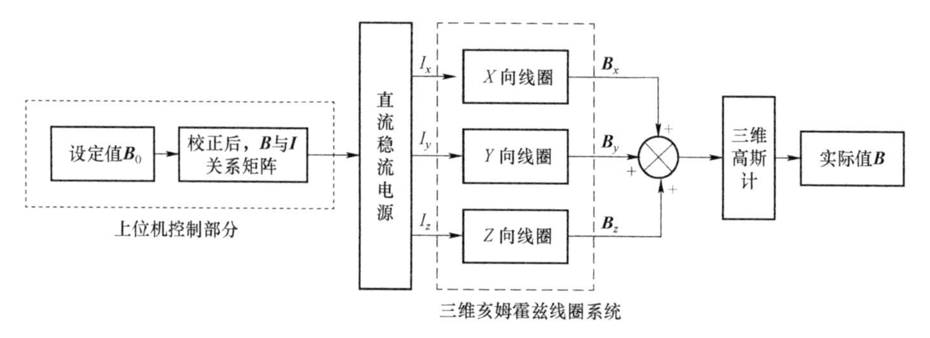

图 4.9　空间磁场模拟系统框图

上位机控制部分的主要功能包括：通过软件界面可以直接输入、控制三维矢量磁场，通过软件界面直接实时显示被控磁场的曲线，实时显示被控磁场的数据，完成被控磁场的曲线和数据的存储，实现磁场相关测试等。

4.4.1.1　地磁场屏蔽室

地磁场屏蔽室的配置包括：屏蔽室主体两间（分为操作间和屏蔽间两大部分）、三维亥姆霍兹线圈系统、电源两台（包括直流稳流电源 YL2410 和交流消磁电源）、通风空调系统、温湿度气压监测系统及计算机、减震底座、消磁线圈、补偿线圈等。屏蔽间墙体分为保温层、外框架、屏蔽层、内框架四部分，屏蔽层由多层硅钢片交叉布置，最外层是钢板，内部布有消磁线圈；直流稳流电源为屏蔽间内亥姆霍兹线圈提供电流。交流消磁电源为消磁线圈供电，可产生交变磁场，对屏蔽室进行消磁。

屏蔽室的主要技术指标包括：屏蔽间内部静磁场 $B \leqslant 150$ nT（屏蔽房中心 1 m^3 工作区域)，且静磁场的变化 $\Delta B \leqslant 150$ nT/h）；模拟磁场强度，最大 1.5 Gs，大小、方向可调且磁场均匀区域：0.5 m × 0.5 m × 0.5 m；屏蔽室和仪器室的使用面积分别为 7.04 m^2 和 5.76 m^2。

4.4.1.2　三维亥姆霍兹线圈

三维亥姆霍兹线圈系统是地磁屏蔽室内磁场模拟系统产生可控磁场的装置，是系统的主体部分。上位机控制系统根据磁场与电流的关系先分析计算，再控制直流稳流电源通入线圈的电流值，从而在线圈空间内产生可控的任意磁场。在磁场与电流的相互关系的计算公式中，线圈边长及线圈间距等尺寸参数是重要的参数。

现有地磁屏蔽室中的三维亥姆霍兹线圈系统的线圈模型和实物分别如图 4.10（a）和图 4.10（b）所示。

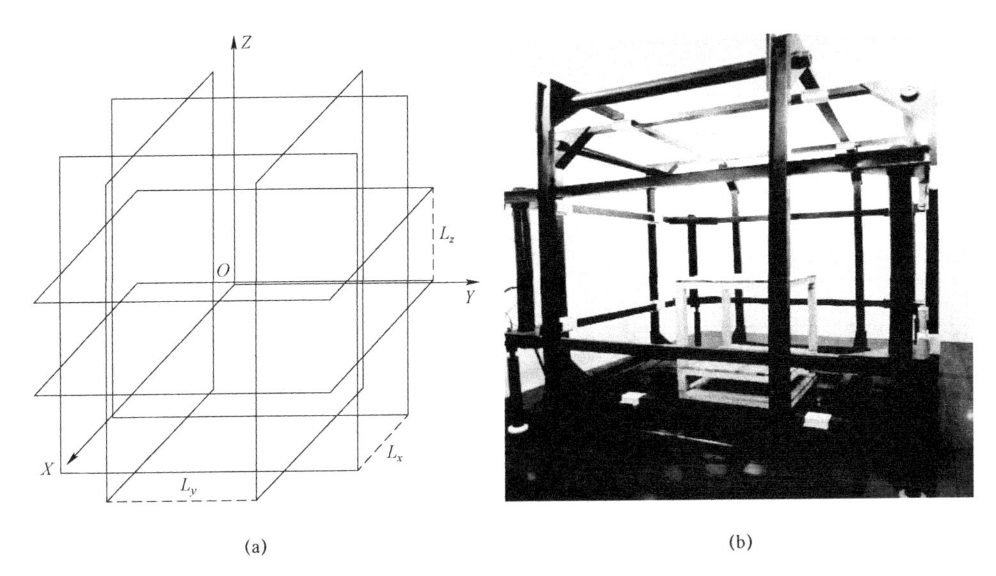

(a) (b)

图 4.10 三维亥姆霍兹线圈

(a) 模型；(b) 实物

表 4.3 中的数值为模拟磁场系统中三维亥姆霍兹线圈的实际参数值。其中，a_{XOY} 表示所在平面与 XOY 面平行的一对线圈的线圈边长，同理可知 a_{XOZ}、a_{YOZ} 的定义；L_x 表示轴线方向为 X 轴的一对线圈的线圈间距，同理可知 L_y、L_z 的定义；N 表示线圈匝数，所有线圈的匝数均为 28 匝。因此，在实际计算时，公式中的参数就以表 4.3 中的值为准。

表 4.3 三维亥姆霍兹线圈系统的参数

线圈参数	参数表示	参数值
线圈边长	a_{XOY}	1 470 mm
	a_{XOZ}	1 600 mm
	a_{YOZ}	1 530 mm
线圈间距	L_x	810 mm
	L_y	850 mm
	L_z	780 mm
线圈匝数	N	28 匝

4.4.1.3 直流稳流电源

直流稳流电源为三维亥姆霍兹线圈提供励磁电流。直流稳流电源 YL2410

是一种数控高精度直流稳流电源，具有输出电流自动扫描、内部功率过载保护等功能，其主要参数见表 4.4。

表 4.4　YL2410 的规格及参数

电流输出范围/A	−6～+6
电流显示位数/位	4
步进分辨率/mA	1
电流精度	设置值的 0.1%±0.5 mA
满载输出电压/V	大于 12
负载范围/Ω	1.3～2
温度系数/（%・℃$^{-1}$）	设置值的 0.01
使用温度范围/℃	15～30（额定精度）、5～40（精度降低）
供电电源	交流 220 V（1±5%）、50～60 Hz、最大 160 V・A
保险管	3 A 250 V
仪器尺寸/（mm×mm×mm）	482×132×270（宽×高×深）
质量/kg	8 kg

电源具有 RS232 通信接口，地磁屏蔽室上位机模拟磁场系统控制软件可对 YL2410 进行远程控制，通过改变直流稳流电源输出电流的大小和方向为三维亥姆霍兹线圈提供所需电流。

YL2410 稳流电源还可以直接在其面板上进行相关操作，图 4.11 所示为 YL2410 的操作面板。

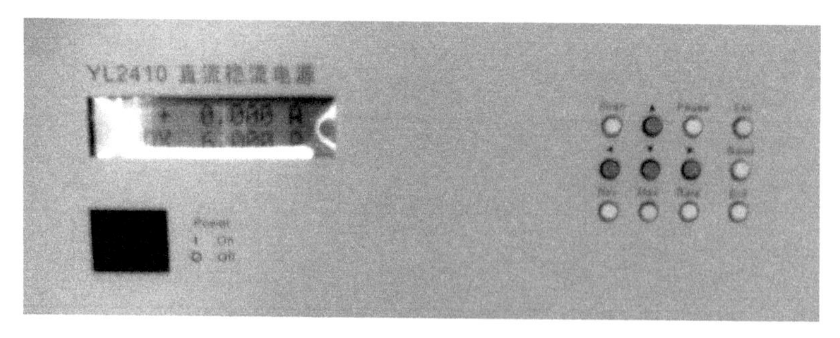

图 4.11　YL2410 稳流电源前面板

4.4.1.4　三维高斯计

3030 型三通道磁通门高斯计使用了低磁场测量的经典原理和最新制造工

艺，是目前低磁测量领域中最先进、稳定的测量工具，是低磁场、弱磁场测量领域的领导者。仪表无须调整零点或增益，磁通门测量原理提供固有的稳定性和高准确度。可以使用电池供电，携带方便。

3030 型三维磁通门高斯计是坚固的、准确的、高分辨率的手持式磁场测量仪表，分辨率 10 μG（20 mG 量程）。测量精度 ± 0.25%，可溯源至 NIST，线性优于 ± 0.02%。仪表使用四行，每行显示十六字符的液晶显示器，可同时显示磁场三维矢量，或显示任意可编程的各种数据。仪表有 RS–232C 接口，随机提供实时图表显示和数据存储的上位机软件。仪表内部自带 525 位数据存储器，存储时间间隔可编程。模拟输出可驱动一个有纸记录仪或数据记录器，频率响应带宽 DC 至 100 Hz。磁场三维分量可同时模拟输出，共有六种可编程的模拟输出信号，模拟输出使用小型八芯连接器。

在磁场模拟系统中，3030 型三通道磁通门高斯计作为磁场的测量装置，放置在三维亥姆霍兹线圈的中心位置，实时测量线圈系统的磁场，并反馈到控制系统，经过与设定值的比较，修正线圈系统的电流值，完成磁场校正。

4.4.2 磁场模拟系统控制软件设计

4.4.2.1 控制软件的组成

磁场模拟系统控制软件是磁场模拟系统的重要组成部分，其主要由静态磁场模拟模块、动态磁场模拟模块、磁场采集及处理模块组成。其各个模块的具体组成如图 4.12 所示。

根据图 4.12 所示的磁场模拟系统控制软件的各模块的组成框图，对各个模块进行了具体的设计。其中，静态磁场模拟模块和动态磁场模拟模块组成了磁场模拟模块，如图 4.13（a）所示，而磁场采集及处理模块如图 4.13（b）所示。

在主操作面板中，有磁场模拟模块和磁场采集及处理模块所对应的单选按钮（Radio Button），选中各模块对应的按钮，在主操作面板的下方就显示出对应的模块，从而可以进一步进行具体操作。该控制软件的默认状态为显示磁场模拟模块，这两个模块是可以相互转换的，互不影响。单击“退出操作”按钮即可结束整个程序。

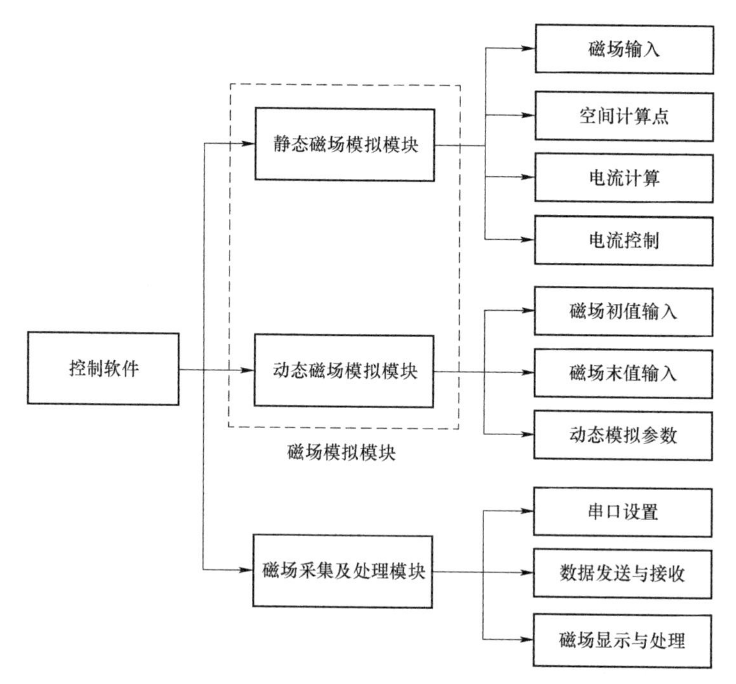

图 4.12　磁场模拟系统控制软件的各模块组成框图

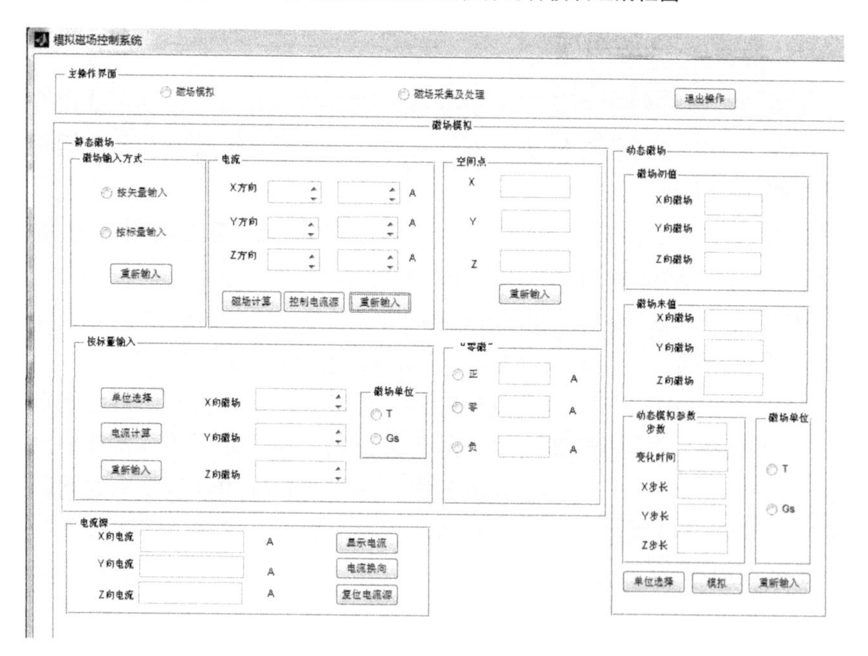

(a)

图 4.13　磁场模拟系统控制软件

（a）磁场模拟模块

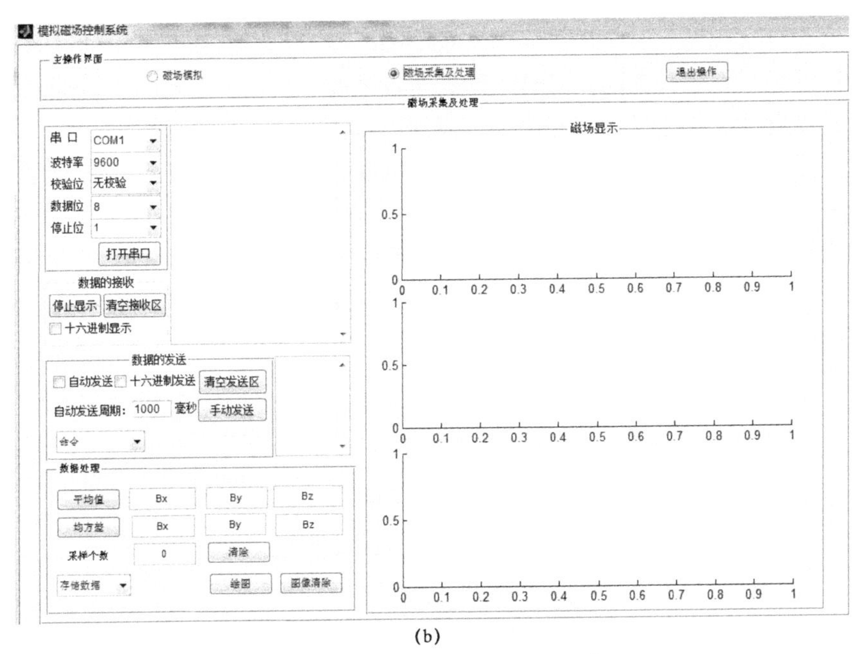

(b)

图 4.13　磁场模拟系统控制软件（续）

（b）磁场采集及处理模块

4.4.2.2　磁场模拟模块

1. 静态磁场模拟模块

静态磁场的输入方式分为标量和矢量两种方式。

按标量方式输入时，默认单位是 Gs，可以根据 1 T=10^4 Gs 的关系与单位 T 相互转换。由于三维高斯计的标量量程为 ±1 Gs，因此，在设计时，X、Y、Z 方向的磁场输入值超出 [−1，1]Gs 范围时，会出现警告，并提示应该输入值的范围。如图 4.14 所示，X 向磁场值为 1.2 Gs，超出范围，出现了警告界面。

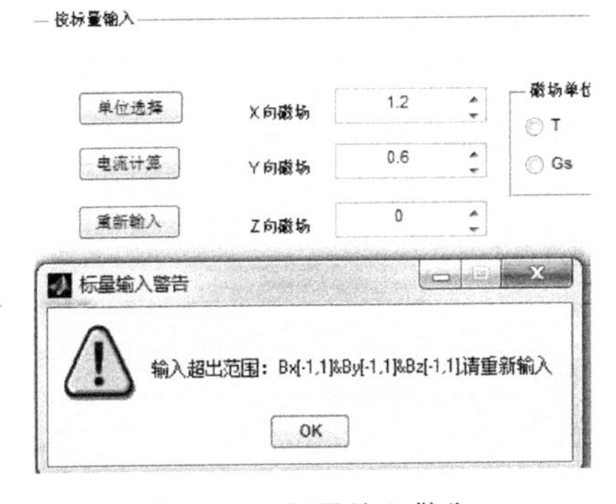

图 4.14　标量输入警告

按矢量方式输入时，R 默认单位 Gs，D、I 的定义与 3030 型三通道磁通门高斯计的坐标系定义相同，其输入时的单位为度。与标量方式输入时类似，由于三维高斯计的矢量量程的限制，也设计了超量程警告对话框。

在空间计算点模块中，由于主要研究线圈空间内的磁场分布，所以 X、Y、Z 的输入值根据相应线圈的间距确定其输入的范围。由表 4.8 中数据可知，X、Y、Z 分别为 [−0.405，0.405]、[−0.425，0.425]、[−0.390，0.390]。设计时，若输入的值超出上述范围，就会出现警告。如图 4.15 所示，Z 向输入值−0.4 超出范围，出现警告。

图 4.15　空间点输入超范围时的警告

此外，在没有输入时，默认各个值均为零，即在中心处。

选择某种磁场输入方式，如标量方式，磁场值及空间点输入完毕后，单击“电流计算”按钮，在电流模块中就会显示相应的电流。如图 4.16 所示，显示的电流值中，前面是理想计算值，后面是校正后实际的电流值。电流值可以直接输入，单击“磁场计算”即可实现与磁场值的相互转换。

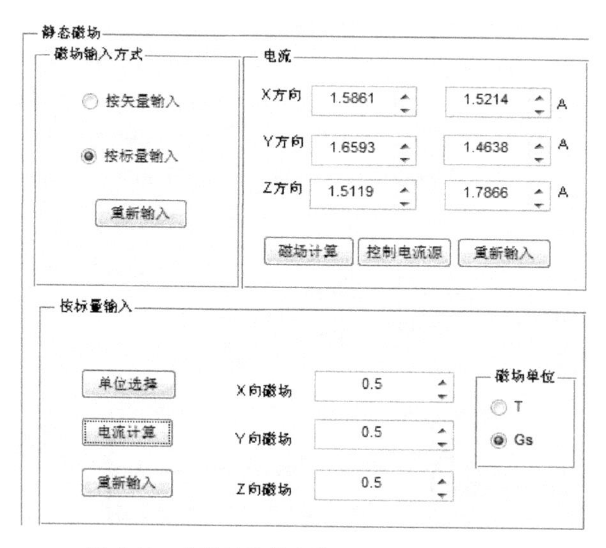

图 4.16　电流计算值和校正后电流值的显示

在电流模块里，单击“控制电流源”按钮，将校正后的电流值发送给 YL2410 电流源，YL2410 再将电流通入三维亥姆霍兹线圈中产生相应的磁场，磁场的实际值与输入的设定值的差值在一个设定的误差允许范围内。

由于 YL2410 要求命令之间间隔 100 ms，并且电流改变需要有一定的时间，为 0.3 ~ 0.4 s，因此设计每次发送命令的间隔为 0.5 s。此外，若是电流前后两次的设置值出现变号，电流会先变为 0 再变号，所以此时要延长间隔时间，设置为 1 s。在电流源模块中，可以实现对 YL2410 的监控操作，可以直接进行查询当前电流值并显示、对当前电流换向、电源复位等操作。

2. 动态磁场模拟模块

动态磁场模拟主要是磁场的渐变过程控制，此模块包括磁场初、末值的输入及磁场渐变步长及步数的设置。图 4.17 所示为动态磁场模拟模块的参数设置。

图 4.17　动态磁场模拟模块的参数设置

按标量方式分别输入磁场初、末值的三个分量：B_{x1}、B_{y1}、B_{z1}、B_{x2}、B_{y2}、B_{z2}。需要注意的是，这里各个分量的值与静态磁场输入时一样，都有相同的限制范围：[−1, 1]，输入超出范围时，会出现警告。根据磁场初、末值，可计算各个分量的差值：$\Delta B_x = B_{x2} - B_{x1}$，$\Delta B_y = B_{y2} - B_{y1}$，$\Delta B_z = B_{z2} - B_{z1}$。设置动态模拟参数时，若各个分量差值都相等，可以直接设定步长或步数；若各个分量的差值不相等，则要根据各个分量的差值中绝对值最大的值设置步长或步数，这样能够保证最低精度即差值的绝对值最大的分量的精度。

假设 ΔB_x 的绝对值最大，可以直接设置步数为 N 或者直接设置 X 向磁场渐变步长为 ΔB_{x0}，则此时步数 $N = \dfrac{\Delta B_x}{\Delta B_{x0}}$，那么每个分量的步长为 $\Delta B_x/N$（或 ΔB_{x0}）、$\Delta B_y/N$、$\Delta B_z/N$、并且 $\Delta B_x/N$（或 ΔB_{x0}）的绝对值也最大，即 X 向的渐变精度最低。若模拟动态磁场时有一定的精度要求，则只要能够满足 X 向磁场的精度，即可满足要求。步数和步长设定完成后，每一步渐变后的磁场可以表示为：

for　i=1:N

$B_x = B_{x1} + i \times \Delta B_x / N$；$B_y = B_{y1} + i \times \Delta B_y / N$；$B_z = B_{z1} + i \times \Delta B_z / N$；

end

这样 $\boldsymbol{B}_x$、$\boldsymbol{B}_y$、$\boldsymbol{B}_z$ 为 N 维行向量，表示动态模拟过程中各个分量渐变过程所有的磁场值。如图 4.17 所示，根据输入磁场的初、末值，X 向的 ΔB_x 的绝对值最大，其值为 1.2 Gs，因此以 ΔB_x 为设置步长或步数的依据。在图 4.17 中，直接设置 X 向的步长为−0.025 Gs，则步数 N 及 Y、Z 向的步长可以计算得到。变化时间显示的是动态模拟完成所用的时间。

磁场初、末值及步数、步长设定完成后，单击“模拟”按钮后，会将 B_x、B_y、B_z 的值显示在静态磁场模拟的 X、Y、Z 向磁场输入框内，并计算其对应的理想电流值和校正后的电流值，最后调用 N 次静态磁场模拟的“控制电流源”过程对 YL2410 进行控制，实现磁场的动态模拟过程。

根据对动态磁场模拟过程的分析，可以认为动态磁场模拟的实质就是按照设置的步数，自动进行静态磁场模拟的过程。因此，可以在静态磁场模拟的 X、Y、Z 向磁场输入框内直接输入特定曲线规律的磁场值，也可以完成对这种磁场曲线的动态模拟。

4.4.2.3 磁场数据采集及处理模块

由于该磁场模拟系统控制软件的默认状态为磁场模拟模块，因此，在操作磁场数据采集及处理模块时，首先要选择主操作菜单的对应按钮，显示该模块。当然，这两个模块在其具体操作期间也是可以相互转换的，并不影响其功能。

磁场数据采集及处理模块主要通过串口对三维高斯计进行远程控制。其包括串口设置、控制命令的发送与磁场数据的接收、显示及磁场数据的处理与保存等部分。

在数据处理模块中，可以计算所有磁场数据采样个数及其平均值和均方差。单击对应的操作按钮即可将平均值和均方差显示在对应文本框中，如图 4.18 所示。在此模块中，还有保存数据的功能，将接收的磁场数据保存在 TXT 或 Excel 文件中，便于后续的分析。

4.4.3 磁场模拟系统的误差校正

4.4.3.1 误差因素分析

磁场模拟系统的误差主要包括随机误差和系统误差。产生随机误差具有偶然性，其研究主要是通过概率统计的方法，本章不做具体讨论。系统误差一般固定不变或者按一定规律改变，因此，可通过建立相应的数学模型的方法进行校正，提高模拟磁场的精度。本节将分析具体的系统误差及其原因，并分析了

几种校正方法。最后，将校正后的模拟磁场进行对比，选定校正方法。

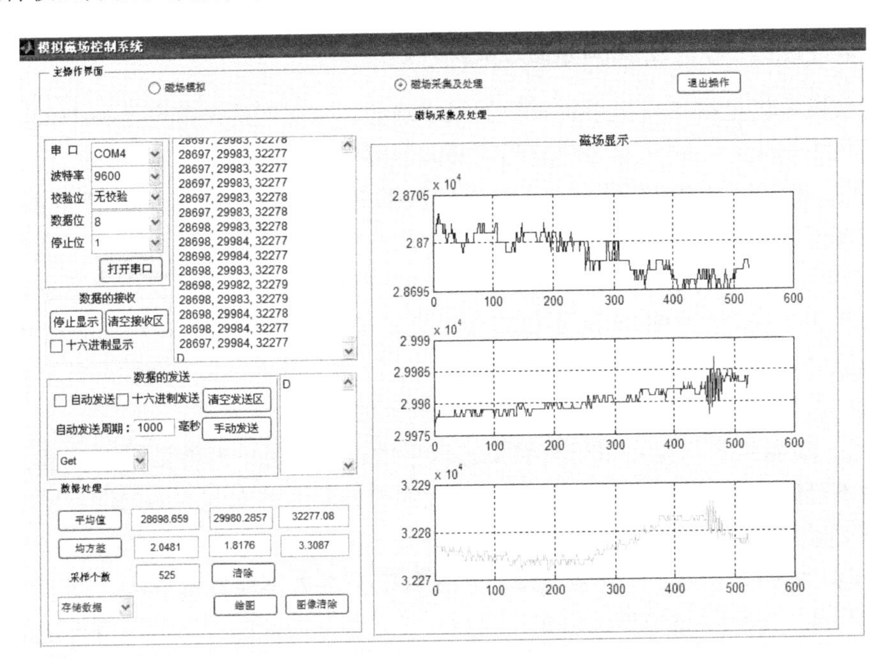

图 4.18　磁场数据采集及处理示意图

在测试系统和测试条件不变的情况下，模拟磁场实际值与磁场设定值会存在一定误差。有一部分误差不会改变或按一定规律变化，这样的误差称为系统误差。由于磁场模拟系统是建立在地磁屏蔽室基础上的，因此地磁屏蔽室的剩磁是影响模拟磁场精度的一个重要方面，在现有的条件下，地磁屏蔽室中 X、Y、Z 三个方向的剩磁分别为 2 185 nT、−1 798 nT、495 nT。对于这些剩磁，在校正时，要首先消除。此外，磁场模拟系统的系统误差主要来自三个方面：直流稳流电源、三维亥姆霍兹线圈系统和三维高斯计。

1. 直流稳流电源 YL2410 引起的误差

YL2410 的电流显示位数为 4 位，单位是 A，其分辨率为 1 mA，即 YL2410 只能显示小数点后 3 位，其第 4 位要四舍五入，因此，如果由设定磁场值计算得到的电流值小数位数超过 3 位，就不可避免地存在一定的误差。但是，在不考虑其他影响的情况下，对于现有的三维亥姆霍兹线圈系统，经过理论计算可知，在 X、Y、Z 三个方向的线圈通入 1 mA 电流时，产生的磁场分别为 31.524 nT、30.133 nT、33.072 nT。因此，在 YL2410 电流源的通电电流四舍五入时，最大误差为 0.5 mA，对应三个方向的磁场分别为 15.762 nT、15.066 5 nT、16.536 nT，这个误差是由现有硬件条件的限制引起的，是无法避免的。

2. 三维亥姆霍兹线圈系统引起的误差

线圈系统是磁场模拟系统重要的组成部分，其引起的误差也是整个系统的误差的主要来源，是对整体精度影响最大的部分。

① 线圈系统的正交性：由于线圈的加工工艺水平和安装工艺水平的限制，三维亥姆霍兹线圈不可能做到完全垂直，因此也就不可避免地引起非正交性误差。此外，这种线圈系统的非正交性还会使线圈之间存在相互耦合的现象，即线圈在 X 方向产生的磁场 $\boldsymbol{B}_x$ 不仅和 X 方向的电流有关，而且和 Y、Z 两个方向的电流也有关系。同理，Y、Z 两个方向也是如此。因此，非正交性对整个系统精度的影响较大，所以需要对其进行校正。

② 线圈的平行度：由于安装工艺水平的限制，每一对亥姆霍兹线圈在安装时不可能完全平行，存在一定的平行度误差，对线圈系统的均匀性有影响，所以要对其进行校正。

③ 线圈的绕线：在缠绕线圈时，在其四个角处不能紧密缠绕，或者线圈容易松弛，不能保持原型的恒定，这样对于磁场与电流的关系模型有一定的影响，需要校正。

④ 线圈的电磁感应引起：在改变各个方向线圈的通电电流时，线圈会由于电磁感应而产生一定的磁场，对其他要模拟的磁场产生一定影响，会引起一定的误差，也需要校正。

总之，线圈系统引起的误差是整个系统误差的主要来源，也是本节需要重点校正的误差。

3. 三维高斯计引起的误差

三维高斯计作为磁场模拟系统的测量装置，其本身的探头作为磁场传感器，可能由于现有的生产工艺水平、制造技术水平和制造传感器的磁敏物质差异等因素会引起一些误差，这些误差包括零偏误差、非正交误差等。但是，3030型三通道磁通门高斯计内部带有自动调零和校正功能，经过校正后，3030 型三通道磁通门高斯计的精度可达 1 nT，其测量值可以看作理想的测量值，因此不需要再对其进行校正。

4.4.3.2 误差校正原理

在磁场模拟系统中，模拟磁场主要是通过上位机控制直流稳流电源将电流通入三维亥姆霍兹线圈，在其空间内产生的磁场，因此，对于系统的误差校正，

也主要是针对电流控制的。

如图 4.19 所示，该磁场模拟系统的校正原理：若设定值为 $\boldsymbol{B}_0 = B_x\boldsymbol{i} + B_y\boldsymbol{j} + B_z\boldsymbol{k}$，又已知三维亥姆霍兹线圈系统的具体结构与尺寸参数，则可以通过式（4.19）~式（4.21）计算得到产生磁场 $\boldsymbol{B}_0$ 所需要通入 X、Y、Z 向线圈的电流 I_x、I_y、I_z；通过上位机控制系统控制直流稳流电源向三维亥姆霍兹线圈系统输入相应的电流，在线圈内产生相应的磁场。然而，由于屏蔽室剩磁及线圈系统等引起的误差的影响，此时在线圈系统中心区域内所产生的实际磁场值 $\boldsymbol{B}$，与设定值 $\boldsymbol{B}_0$ 存在一定差值；为了减小该差值，在线圈系统中心区域，利用三维高斯计读取实际磁场值 $\boldsymbol{B}$，首先与设定值比较，通过软件处理后，得到校正矩阵，最后调整直流稳流电源通入线圈的电流 I_{x1}、I_{y1}、I_{z1}，使得实际值与设定值的差值控制在一定精度范围内，这样得到新的磁场与电流的对应关系，可以直接实现一一对应关系的输入控制，使得 $|\boldsymbol{B}_0 - \boldsymbol{B}| \leqslant e$，$e$ 为允许误差，达到模拟磁场的直接精确控制。

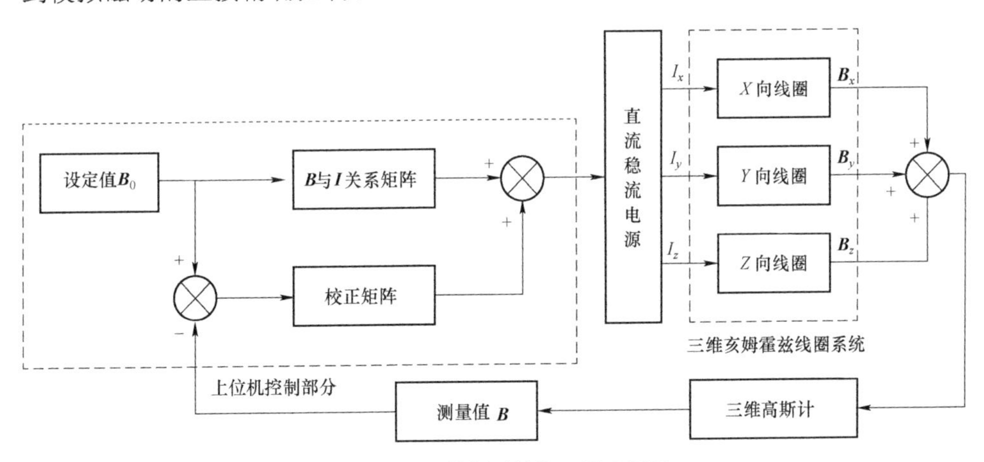

图 4.19　磁场模拟系统校正原理框图

假设磁场与电流的理论计算关系为 $\boldsymbol{B}_1 = \boldsymbol{M}_1 \times \boldsymbol{I}_1$，其中，$\boldsymbol{M}_1 = \begin{pmatrix} a_1 & & \\ & b_1 & \\ & & c_1 \end{pmatrix}$，$\boldsymbol{M}_1$ 的 3 个参数可直接由理论计算公式求得；实际的磁场与电流的关系为 $\boldsymbol{B}_2 = \boldsymbol{M}_2 \times \boldsymbol{I}_2$，其中，$\boldsymbol{M}_2 = \begin{pmatrix} a_2 & & \\ & b_2 & \\ & & c_2 \end{pmatrix}$，$\boldsymbol{B}_2$ 的三个方向的值可以直接由三维高斯计测得，而为了计算 $\boldsymbol{M}_2$ 的个各参数，可以测得多个 $\boldsymbol{B}_2$ 的值，由 $\boldsymbol{B}_2$ 和 $\boldsymbol{I}_2$ 通过数据拟合获得。磁场模拟系统校正的目的就是使输入的设定值 $\boldsymbol{B}_1$ 和实际的测量

值 $\boldsymbol{B}_2$ 的差值在一定的精度范围内，因此，使 $\boldsymbol{B}_1=\boldsymbol{B}_2$，则可求得 $\boldsymbol{I}_2=\boldsymbol{M}_2^{-1}\times\boldsymbol{M}_1\times\boldsymbol{I}_1$。令 $\boldsymbol{M}=\boldsymbol{M}_2^{-1}\times\boldsymbol{M}_1$，则可得到校正后的磁场与电流的关系 $\boldsymbol{B}_1=\boldsymbol{M}\times\boldsymbol{I}_1$。这样就完成了磁场校正，这是校正的基础。这样校正虽然简单易操作，但是，直接这样校正误差较大，校正效果不足，因为此法不能将电流为零时所存在的屏蔽室内的剩磁考虑在内，而且由于线圈正交性等引起的相互耦合的影响也不能校正。

4.4.3.3 校正方法

根据对模拟磁场系统的系统误差分析及校正原理的叙述，可知引起磁场模拟系统的模拟磁场误差的主要来源就是三维亥姆霍兹线圈。因此，针对误差来源，提出了几种误差校正的方法。

① 根据校正原理的分析，在磁场模拟系统校正时，必须考虑到由于现有条件的限制，地磁屏蔽室的剩磁 $\boldsymbol{B}_0$ 较大，要首先考虑消除剩磁 $\boldsymbol{B}_0$，在线圈内通入能够产生与剩磁 $\boldsymbol{B}_0$ 大小相等、方向相反磁场的电流，设所需电流为 $\boldsymbol{I}_0=\begin{pmatrix} I_{x0} \\ I_{y0} \\ I_{z0} \end{pmatrix}$。由于线圈正交性等引起的误差，使得 X、Y、Z 三个方向的电流与磁场的关系不再是一一对应的，而是受到其他两个方向的影响，那么可以设其相互关系为

$$\begin{cases} B_x=a_1I_x+a_2I_y+a_3I_z \\ B_y=b_1I_x+b_2I_y+b_3I_z \\ B_z=c_1I_x+c_2I_y+c_3I_z \end{cases} \tag{4.33}$$

为了求得式（4.33）中的 9 个系数，在测量实际磁场值 $\boldsymbol{B}$ 时，只输入某个方向的电流。假如只输入 X 方向电流，而 Y、Z 方向上电流为 0 时，那么式（4.33）为

$$\begin{cases} B_x=a_1I_x+a_2 0+a_3 0 \\ B_y=b_1I_x+b_2 0+b_3 0 \\ B_z=c_1I_x+c_2 0+c_3 0 \end{cases}，即 \begin{cases} B_x=a_1I_x \\ B_y=b_1I_x \\ B_z=c_1I_x \end{cases} \tag{4.34}$$

式（4.34）中，I_x 为直接输入值，而 B_x、B_y、B_z 可以直接测量获得，可以求得

$$\begin{cases} a_1=B_x/I_x \\ b_1=B_y/I_x \\ c_1=B_z/I_x \end{cases} \tag{4.35}$$

为了避免测量失误或其他偶然因素的影响，可以取多个 I_x，多次测量 B_x、B_y、B_z 的值，各自求得 a_1、b_1、c_1，再求其平均值。

同理，其他 6 个系数也可以通过上述方法得到。那么，将式（4.34）转化

成矩阵的形式，即为

$$\begin{pmatrix} B_x \\ B_y \\ B_z \end{pmatrix} = \begin{pmatrix} a_1 & a_2 & a_3 \\ b_1 & b_2 & b_3 \\ c_1 & c_2 & c_3 \end{pmatrix} \begin{pmatrix} I_x \\ I_y \\ I_z \end{pmatrix} \tag{4.36}$$

对于式（4.36）两边同乘以其系数矩阵的逆矩阵，可以求得

$$\begin{pmatrix} I_x \\ I_y \\ I_z \end{pmatrix} = \begin{pmatrix} a_1 & a_2 & a_3 \\ b_1 & b_2 & b_3 \\ c_1 & c_2 & c_3 \end{pmatrix}^{-1} \begin{pmatrix} B_x \\ B_y \\ B_z \end{pmatrix} \tag{4.37}$$

由于剩磁的存在，要将抵消剩磁的电流 $\boldsymbol{I}_0$ 考虑在内，并令 $\boldsymbol{M} = \begin{pmatrix} a_1 & a_2 & a_3 \\ b_1 & b_2 & b_3 \\ c_1 & c_2 & c_3 \end{pmatrix}$，则式（4.37）变为

$$\begin{pmatrix} I_x \\ I_y \\ I_z \end{pmatrix} = \boldsymbol{M}^{-1} \times \begin{pmatrix} B_x \\ B_y \\ B_z \end{pmatrix} + \boldsymbol{I}_0 \tag{4.38}$$

因此根据要生成的磁场，由式（4.38）可以计算得到各个电流分量，这样就可以把线圈的正交性等误差考虑进去，并进行了校正。这种方法是单独输入电流，并测其磁场，求得校正参数，再完成校正的，称为单向电流校正。此法校正后误差较小，校正效果较好。但是从式（4.38）中可以看出，直接加入的抵消剩磁的那部分电流 $\boldsymbol{I}_0$ 还会因为线圈正交性等引起一定的误差。

② 分别单独输入 X、Y、Z 向的磁场，调整其电流值，使磁场的实际值与理论输入值的差值控制在一定范围 e 内，并记录此时对应的电流值。

单独输入 X 向磁场，Y、Z 向为 0，虽然根据磁场与电流的理想关系，Y、Z 向电流为 0，但是由于线圈正交性和屏蔽室剩磁的影响，X 向误差较大，而 Y、Z 向磁场也并不为 0，调整 X、Y、Z 的输入电流，使磁场的实际值与理论输入值的差值控制在一定范围 e 内，记录此时的 I_x、I_{xy}、I_{xz} 值。依此方法记录不同 B_x 值时的电流值，利用 Matlab 数据拟合的方法，计算只输入 X 向磁场时，I_x 与 I_{xy} 及 I_x 与 I_{xz} 的拟合系数 p_{xy}=polyfit (I_x, I_{xy}, 1) 和 p_{xz}=polyfit (I_x, I_{xz}, 1)。其中，拟合系数中的常数项即为抵消剩磁的电流。由此可得 $I_{xy}=p_{xy}(1)*I_x+p_{xy}(2)$和 $I_{xz}=p_{xz}(1)*I_x+p_{xz}(2)$。同理，可求得 I_y、I_{yx}、I_{yz}、I_z、I_{zx}、I_{zy} 的值，并且抵消剩磁的电流为 $I_{0x}=[p_{yx}(2)+p_{zx}(2)]/2$，$I_{0y}=[p_{xy}(2)+p_{zy}(2)]/2$，$I_{0z}=[p_{xz}(2)+p_{yz}(2)]/2$。因此，可以得到 $\begin{cases} I_X = I_x + I_{yx} + I_{zx} - I_{0x} \\ I_Y = I_y + I_{xy} + I_{zy} - I_{0y} \\ I_Z = I_z + I_{xz} + I_{yz} - I_{0z} \end{cases}$，即 $\begin{pmatrix} I_X \\ I_Y \\ I_Z \end{pmatrix} = \begin{pmatrix} 1 & p_{yx}(1) & p_{zx}(1) \\ p_{xy}(1) & 1 & p_{zy}(1) \\ p_{xz}(1) & p_{yz}(1) & 1 \end{pmatrix} \begin{pmatrix} I_x \\ I_y \\ I_z \end{pmatrix} + \begin{pmatrix} I_{x0} \\ I_{y0} \\ I_{z0} \end{pmatrix}$，

令 $\boldsymbol{M}=\begin{pmatrix}1 & p_{yx}(1) & p_{zx}(1)\\ p_{xy}(1) & 1 & p_{zy}(1)\\ p_{xz}(1) & p_{yz}(1) & 1\end{pmatrix}$ 和 $\boldsymbol{I}_0=\begin{pmatrix}I_{x0}\\ I_{y0}\\ I_{z0}\end{pmatrix}$，则 $\boldsymbol{M}$ 和 $\boldsymbol{I}_0$ 即为需要求得的校正矩阵。这样磁场与电流就形成直接的对应关系。这种方法是在理想电流与磁场关系的基础上，再调整电流完成的校正，称为电流调整校正法。此法将剩磁的影响也考虑在内，校正效果较好，误差也小，很大程度上提高了模拟磁场系统的精度。但是这种方法比较复杂，而且在调整电流时，由于电流的改变会影响磁场精度，当然，这种影响是很小的，可以忽略不计。

③ 分别单独输入 X、Y、Z 向的磁场，直接采集磁场的实际值并记录其对应电流值；与电流计算时类似，利用 Matlab 数据拟合的方法，计算只输入 X 方向时，B_x 与 B_{xy}、B_x 与 B_{xz} 的关系。其中，ΔB_x 为磁场实际值与输入值的差值。B_x 与 B_{xy} 和 B_x 与 B_{xz} 的拟合系数分别为 p_{xy}=polyfit(B_x, B_{xy}, 1)和 p_{xz}=polyfit(B_x, B_{xz}, 1)，其中，拟合系数中的常数项即为抵消剩磁的电流。由此可得 $B_{xy}=p_{xy}(1)*B_x+p_{xy}(2)$和 $B_{xz}=p_{xz}(1)*I_x+p_{xz}(2)$。同理，在 Y、Z 方向时，可求得 B_y、B_{yx}、B_{yz}、B_z、B_{zx}、B_{zy} 的值，并且抵消的剩磁为 $B_{0x}=[p_{yx}(2)+p_{zx}(2)]/2$，$B_{0y}=[p_{xy}(2)+p_{zy}(2)]/2$，$B_{0z}=[p_{xz}(2)+p_{yz}(2)]/2$，因此，可以得到 $\begin{cases}B_X=B_x+B_{yx}+B_{zx}-B_{0x}\\ B_Y=B_y+B_{xy}+B_{zy}-B_{0y}\\ B_Z=B_z+B_{xz}+B_{yz}-B_{0z}\end{cases}$，即 $\begin{pmatrix}B_X\\ B_Y\\ B_Z\end{pmatrix}=\begin{pmatrix}1 & p_{yx}(1) & p_{zx}(1)\\ p_{xy}(1) & 1 & p_{zy}(1)\\ p_{xz}(1) & p_{yz}(1) & 1\end{pmatrix}\begin{pmatrix}B_x\\ B_y\\ B_z\end{pmatrix}+\begin{pmatrix}B_{x0}\\ B_{y0}\\ B_{z0}\end{pmatrix}$，令 $\boldsymbol{M}=\begin{pmatrix}1 & p_{yx}(1) & p_{zx}(1)\\ p_{xy}(1) & 1 & p_{zy}(1)\\ p_{xz}(1) & p_{yz}(1) & 1\end{pmatrix}$ 和 $\boldsymbol{B}_0=\begin{pmatrix}B_{x0}\\ B_{y0}\\ B_{z0}\end{pmatrix}$，$\boldsymbol{M}$ 和 $\boldsymbol{B}_0$ 即为需要求得的校正矩阵。这样，在校正时，求得需要校正的磁场后，再转换为对应的电流。这种方法是直接采集磁场数据，实际上是利用补偿磁场所需的对应电流来完成校正的，称为电流补偿校正法。此法虽然单独使用时效果可能不如单电流校正法和电流调整校正法，但是此法可以与其他方法组合使用，并且操作较简单，因此可以在其他校正方法的基础上，再用这种方法校正，校正效果会有很大提高。

4.4.3.4 误差校正算法验证

根据校正方法的介绍，显然三种方法各有优劣，因此我们对比其具体的校正效果。在校正时，测量的数据均是单个方向输入的，其实，由于耦合现象的存在，三个方向同时输入时，误差会比单方向输入时大，因此，为了更加明显地显示校正的综合效果，将三个方向同时输入，测量此时各个方向的磁场值，

对比各校正方法的校正效果。

在 X、Y、Z 三个方向同时输入磁场 B_{x0}、B_{y0}、B_{z0} 时，测得实际值 B_x、B_y、B_z。其中，B_x、B_y、B_z 均是由磁场模拟系统的控制软件的磁场数据采集及处理模块获得的，为了充分利用三维高斯计自带的校正功能，减小误差，每个值都是首先利用记录（Record）和获得（Get）功能获得 525 个磁场值，再对其求平均获得。令 $\Delta B_x=B_x-B_{x0}$，$\Delta B_y=B_y-B_{y0}$，$\Delta B_z=B_z-B_{z0}$。表 4.5 为校正前 X、Y、Z 三个方向实际磁场值及其误差值；表 4.6、表 4.7 和表 4.8 分别为单电流校正法、电流调整校正法和电流补偿校正法校正后，X、Y、Z 三个方向的实际磁场值及其误差值。

表 4.5　校正前，*X*、*Y*、*Z* 向的实际磁场值及其误差值

B_{x0}/nT	B_x/nT	ΔB_x/nT	B_{y0}/nT	B_y/nT	ΔB_y/nT	B_{z0}/nT	B_z/nT	ΔB_z/nT
80 000	81 795	1 795	80 000	88 198.1	8 198.1	80 000	71 143.8	−8 856.2
70 000	71 893.3	1 893.3	70 000	76 354.6	6 354.6	70 000	62 142.1	−7 857.9
60 000	61 906.5	1 906.5	60 000	64 590.4	4 590.4	60 000	53 319.8	−6 680.2
50 000	51 941.8	1 941.8	50 000	52 816.9	2 816.9	50 000	44 990.6	−5 009.4
40 000	41 971.5	1 971.5	40 000	41 749.8	1 749.8	40 000	35 707.9	−4 292.1
30 000	32 021.8	2 021.8	30 000	31 310.7	1 310.7	30 000	26 369.5	−3 630.5
20 000	22 037.1	2 037.1	20 000	21 046.7	1 046.7	20 000	17 049.8	−2 950.2
10 000	12 097	2 097	10 000	9 797.7	−202.3	10 000	8 733.9	−1 266.1
0	2 186.4	2 186.4	0	−1 799.1	−1 799.1	0	494.8	494.8
−10 000	−77 22.8	2 277.2	−10 000	−12 454.5	−2 454.5	−10 000	−7 752.4	2 247.6
−20 000	−17 683.1	2 316.9	−20 000	−23 195.5	−3 195.5	−20 000	−17 071.5	2 928.5
−30 000	−27 658.5	2 341.5	−30 000	−33 939.5	−3 939.5	−30 000	−26 354.8	3 645.2
−40 000	−37 602.1	2 397.9	−40 000	−44 658.9	−4 658.9	−40 000	−35 716.8	4 283.2
−50 000	−47 592	2 408	−50 000	−56 415.3	−6 415.3	−50 000	−44 991.5	5 008.5
−60 000	−57 546.3	2 453.7	−60 000	−67 166.1	−7 166.1	−60 000	−53 339.8	6 660.2
−70 000	−67 537	2 463	−70 000	−77 923.8	−7 923.8	−70 000	−62 636.2	7 363.8
−80 000	−77 517.5	2 482.5	−80 000	−88 691.5	−8 691.5	−80 000	−71 967.7	8 032.3

从表 4.5 中的磁场数据及图 4.20（a）所示的输入磁场与其对应误差的关系，可知地磁屏蔽室的剩磁即磁场模拟系统的 X、Y、Z 三个方向输入为零时的磁场，其值分别为 2 186.4 nT、−1 799.1 nT、494.8 nT。此外，观察图 4.20（b）所示的输入磁场与除剩磁外的误差的关系，分析可知，除剩磁外，其他误差与各个方向输入磁场的值有关，近似为线性关系。X、Z 方向的误差值随自身磁场值的

增大而减小，并且 X 方向的误差值受自身磁场值的影响系数较小；Y 方向的误差随自身磁场值的增大而增大。总体来说，误差值的大小与磁场值的大小近似成线性关系；此外，某个方向的误差也受到其他方向的影响，但是在图 4.20（a）中不明显，也说明了自身磁场值对误差的影响要比其他方向磁场对误差的影响大。这样也就证明了上节中校正方法的可行性及正确性。

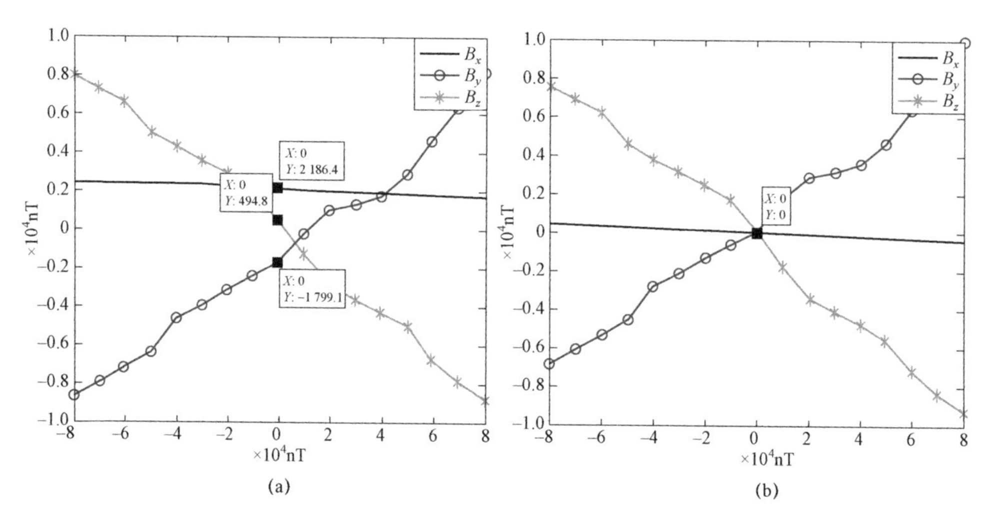

图 4.20　输入磁场与其对应误差的关系图（a）和输入磁场与除剩磁外的误差的关系（b）

为了能够有效地校正磁场误差，下面通过对比 3 种校正方法分别校正后，磁场模拟系统的模拟磁场在 X、Y、Z 三个方向的实际磁场值及其误差值，确定校正方法。

通过单电流校正的方法，得到其校正矩阵为 $\boldsymbol{M}=\begin{pmatrix} 0.306\,9 & 0.003\,2 & 0.003\,1 \\ -0.003\,2 & 0.351\,5 & 0.004\,3 \\ -0.005\,5 & -0.005\,7 & 0.285\,1 \end{pmatrix}$ 和 $\boldsymbol{I}_0=\begin{pmatrix} -0.072\,6 \\ 0.052\,6 \\ -0.018\,1 \end{pmatrix}$，则校正后的数据见表 4.6。

表 4.6　单电流校正后，X、Y、Z 向的实际磁场值及其误差值

B_{x0}/nT	B_x/nT	ΔB_x/nT	B_{y0}/nT	B_y/nT	ΔB_y/nT	B_{z0}/nT	B_z/nT	ΔB_z/nT
80 000	80 262.4	262.4	80 000	80 386.3	386.3	80 000	80 461.7	461.7
70 000	70 120.4	120.4	70 000	70 275.3	275.3	70 000	70 376.6	376.6
60 000	60 081.9	81.9	60 000	60 208.1	208.1	60 000	60 329.8	329.8
50 000	50 051.7	51.7	50 000	50 134.8	134.8	50 000	50 214.5	214.5

续表

B_{x0}/nT	B_x/nT	ΔB_x/nT	B_{y0}/nT	B_y/nT	ΔB_y/nT	B_{z0}/nT	B_z/nT	ΔB_z/nT
40 000	40 027.1	27.1	40 000	40 069.5	69.5	40 000	40 148	148
30 000	29 982.5	−17.5	30 000	30 040.9	40.9	30 000	30 081.6	81.6
20 000	19 955.9	−44.1	20 000	19 978.1	−21.9	20 000	20 029.1	29.1
10 000	9 966.3	−33.7	10 000	9 927	−73	10 000	9 994.3	−5.7
0	−3.7	−3.7	0	−5	−5	0	−18.9	−18.9
−10 000	−10 001.2	−1.2	−10 000	−9 926.3	73.7	−10 000	−9 956.7	43.3
−20 000	−20 017.8	−17.8	−20 000	−19 959.9	40.1	−20 000	−20 050	−50
−30 000	−30 018	−18	−30 000	−29 987.6	12.4	−30 000	−30 150.9	−150.9
−40 000	−40 038	−38	−40 000	−40 034.8	−34.8	−40 000	−40 166.4	−166.4
−50 000	−50 108.6	−108.6	−50 000	−50 095.2	−95.2	−50 000	−50 279.7	−279.7
−60 000	−60 119.5	−119.5	−60 000	−60 144	−144	−60 000	−60 337.6	−337.6
−70 000	−70 162.9	−162.9	−70 000	−70 203.4	−203.4	−70 000	−70 421.6	−421.6
−80 000	−80 197.6	−197.6	−80 000	−80 254.8	−254.8	−80 000	−80 465	−465

通过电流调整校正的方法，得到其校正矩阵为 $\boldsymbol{M}=\begin{pmatrix} 1 & -0.010\,635 & -0.009\,850 \\ 0.008\,685 & 1 & -0.012\,458 \\ 0.019\,215 & 0.018\,906 & 1 \end{pmatrix}$ 和 $\boldsymbol{I}_0=\begin{pmatrix} -0.072\,5 \\ 0.052\,1 \\ -0.018\,6 \end{pmatrix}$，则校正后的数据见表 4.7。

表 4.7 电流调整校正后，*X*、*Y*、*Z* 向的实际磁场值及其误差值

B_{x0}/nT	B_x/nT	ΔB_x/nT	B_{y0}/nT	B_y/nT	ΔB_y/nT	B_{z0}/nT	B_z/nT	ΔB_z/nT
80 000	80 122.5	122.5	80 000	80 187.8	187.8	80 000	80 199.5	199.5
70 000	70 024	24	70 000	70 165.5	165.5	70 000	70 161.6	161.6
60 000	59 987.8	−12.2	60 000	60 129.1	129.1	60 000	60 118	118
50 000	49 998.4	−1.6	50 000	50 107.8	107.8	50 000	50 093.9	93.9
40 000	39 967.1	−32.9	40 000	40 030.8	30.8	40 000	40 029.4	29.4
30 000	29 937.9	−62.1	30 000	30 000.7	0.7	30 000	30 004.6	4.6
20 000	19 935.6	−64.4	20 000	19 946	−54	20 000	19 948.1	−51.9
10 000	9 939.5	−60.5	10 000	9 911.1	−88.9	10 000	9 946.1	−53.9
0	2.3	2.3	0	−4.5	−4.5	0	−13	−13
−10 000	−9 967.6	32.4	−10 000	−9 918.5	81.5	−10 000	−9 938.3	61.7

续表

B_{x0}/nT	B_x/nT	ΔB_x/nT	B_{y0}/nT	B_y/nT	ΔB_y/nT	B_{z0}/nT	B_z/nT	ΔB_z/nT
−20 000	−19 982.5	17.5	−20 000	−19 913.3	86.7	−20 000	−20 001.8	−1.8
−30 000	−29 982.7	17.3	−30 000	−29 949.8	50.2	−30 000	−30 020.5	−20.5
−40 000	−40 009.8	−9.8	−40 000	−39 961.9	38.1	−40 000	−40 059.4	−59.4
−50 000	−50 006.3	−6.3	−50 000	−50 015.4	−15.4	−50 000	−50 096.9	−96.9
−60 000	−60 031.9	−31.9	−60 000	−60 063.7	−63.7	−60 000	−60 141	−141
−70 000	−70 055.8	−55.8	−70 000	−70 080.1	−80.1	−70 000	−70 174.2	−174.2
−80 000	−80 092.4	−92.4	−80 000	−80 134.2	−134.2	−80 000	−80 196	−196

通过电流补偿校正的方法，得到其校正矩阵为 $\boldsymbol{M}=\begin{pmatrix} 1 & 0.009\,092 & 0.010\,802 \\ -0.010\,243 & 1 & 0.015\,430 \\ -0.017\,844 & -0.016\,017 & 1 \end{pmatrix}$ 和 $\boldsymbol{B}_0=\begin{pmatrix} -2\,186.4 \\ 1\,799.1 \\ -494.8 \end{pmatrix}$，再转换成补偿磁场所需的对应电流，则校正后的数据见表 4.8。

表 4.8　磁场补偿校正后，*X*、*Y*、*Z* 向的实际磁场值及其误差值

B_{x0}/nT	B_x/nT	ΔB_x/nT	B_{y0}/nT	B_y/nT	ΔB_y/nT	B_{z0}/nT	B_z/nT	ΔB_z/nT
80 000	80 162.5	162.5	80 000	80 277.8	277.8	80 000	80 259.5	259.5
70 000	70 124	124	70 000	70 195.5	195.5	70 000	70 191.6	191.6
60 000	59 987.8	−12.2	60 000	60 129.1	129.1	60 000	60 158	158
50 000	49 998.4	−1.6	50 000	50 107.8	107.8	50 000	50 133.9	133.9
40 000	39 927.1	−72.9	40 000	40 030.8	30.8	40 000	40 059.4	59.4
30 000	29 937.9	−62.1	30 000	30 000.7	0.7	30 000	30 004.6	4.6
20 000	19 935.6	−64.4	20 000	19 946	−54	20 000	19 948.1	−51.9
10 000	9 939.5	−60.5	10 000	9 891.1	−108.9	10 000	9 946.1	−53.9
0	3.3	3.3	0	−6.5	−6.5	0	−17	−17
−10 000	−9 967.6	32.4	−10 000	−9 918.5	81.5	−10 000	−9 938.3	61.7
−20 000	−19 982.5	17.5	−20 000	−19 913.3	86.7	−20 000	−20 001.8	−1.8
−30 000	−29 982.7	17.3	−30 000	−29 949.8	50.2	−30 000	−30 020.5	−20.5
−40 000	−40 009.8	−9.8	−40 000	−39 961.9	38.1	−40 000	−40 059.4	−59.4
−50 000	−50 056.3	−56.3	−50 000	−50 015.4	−15.4	−50 000	−50 096.9	−96.9
−60 000	−60 031.9	−31.9	−60 000	−60 073.7	−73.7	−60 000	−60 161	−161

续表

B_{x0}/nT	B_x/nT	ΔB_x/nT	B_{y0}/nT	B_y/nT	ΔB_y/nT	B_{z0}/nT	B_z/nT	ΔB_z/nT
−70 000	−70 155.8	−155.8	−70 000	−70 090.1	−90.1	−70 000	−70 194.2	−194.2
−80 000	−80 192.4	−192.4	−80 000	−80 164.2	−164.2	−80 000	−80 256	−256

从表 4.6～表 4.8 所示的数据可知，3 种校正方法都能很好地抵消剩磁，校正效果基本都能满足要求，其中电流调整校正法效果是最好的。

因此，在校正磁场模拟系统时，首先使用电流调整校正法校正，在校正后的基础上再利用电流补偿法校正，这样校正效果会更好，大大提高了磁场模拟系统模拟磁场的精度。

4.4.3.5　动态磁场模拟误差

为了验证系统校正后动态磁场的精度，需要进行模拟动态磁场的试验。动态磁场模拟过程可以认为是按照设置的步数，自行进行静态试验模拟的过程，只要设置磁场初、末值的输入及磁场渐变步长和步数即可。

动态磁场的模拟是以静态磁场模拟为基础的，但是，在动态模拟时是没有回零调节的，因此，在 4.3.1 节中分析动态磁场的误差时，认为其误差影响因素除了包括模拟静态的误差，还有由电流改变引起的电磁感应产生的误差。为了验证这一结论，做了如下试验：在模拟磁场模块的动态磁场模块中，输入参数时分两种情况：一种是从正到负递减的方式，即磁场初值（0.8，0.8，0.8）Gs，磁场末值（−0.8，−0.8，−0.8）Gs；另一种是从负到正递增的方式，即磁场初值（−0.8，−0.8，−0.8）Gs，磁场末值（0.8，0.8，0.8）Gs。

图 4.21（a）和图 4.21（b）所示分别为递减方式和递增方式输入时，磁场输入值与磁场实测值的曲线。图中，B_{x0}、B_{y0}、B_{z0} 分别表示 X、Y、Z 方向的磁场输入值；而 B_x、B_y、B_z 分别表示 X、Y、Z 方向的磁场实测值。

为了更清晰地显示磁场输入值与实测值的关系，分别将两种输入方式的 X 向的磁场曲线表示出来，如图 4.21（c）和图 4.21（d）所示。

由图 4.21（a）和图 4.21（c）可知，递减方式输入时，磁场值为正时，实测值偏大；磁场值为负时，实测值偏大，但其绝对值是偏小的。由图 4.21（b）和图 4.21（d）中可知，递增方式输入时，磁场值为负时，实测值偏小，但其绝对值是偏大的；磁场值为正时，实测值偏小。磁场动态模拟时，其实测磁场值的曲线规律说明：磁场值受到其他磁场值的影响，同时验证了动态磁场的误差也受到由电流改变引起的电磁感应的影响。

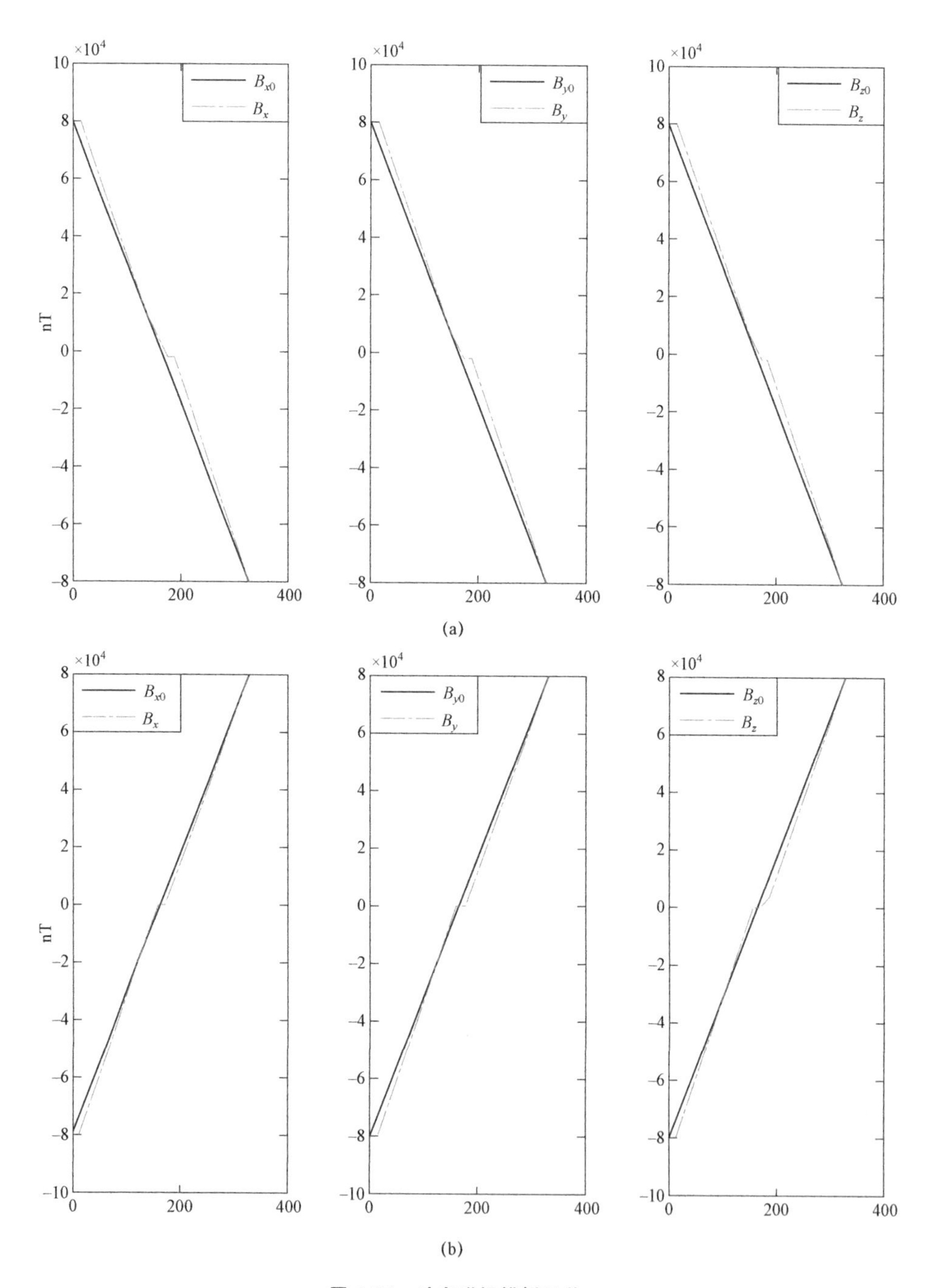

图 4.21　动态磁场模拟误差

（a）递减方式输入时，X、Y、Z 向磁场输入值与实测值曲线；

（b）递增方式输入时，X、Y、Z 向磁场输入值与实测值曲线

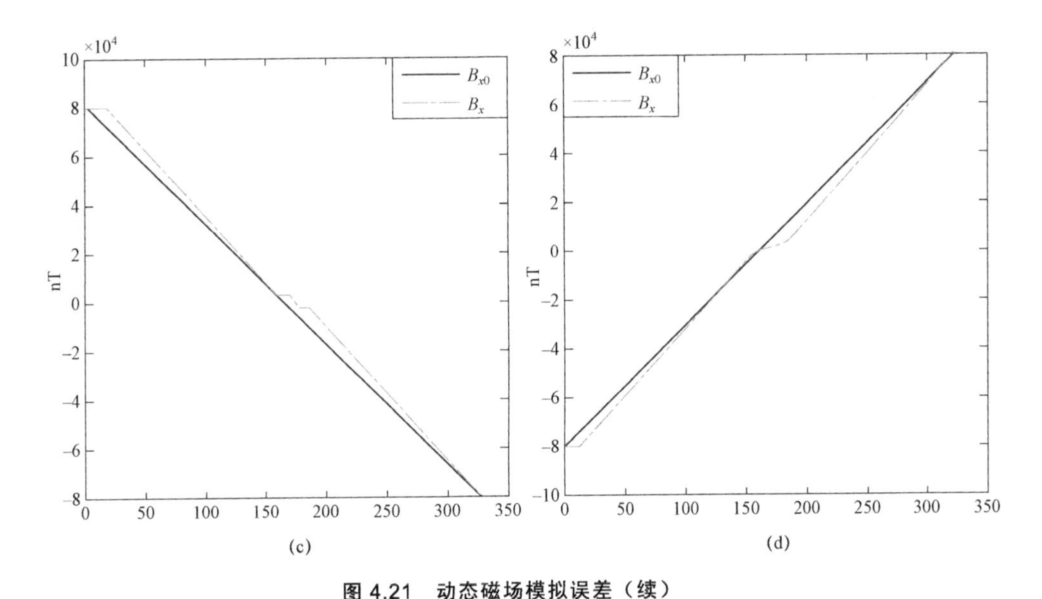

图 4.21 动态磁场模拟误差（续）

（c）递减时 X 向磁场输入与实测值曲线；（d）递增时 X 向磁场输入与实测值曲线

4.5 空间磁场测量技术

本节主要介绍多维磁场分布扫描仪，该设备可以快速、高精度、高准确度、高重复性测试空间磁场分布、各种形状磁体表磁立体分布、小气隙磁场分布、磁场均匀性分布等多种磁场特性测试。

4.5.1 F-40多维磁场测试系统

F-40多维磁场测试系统由运行于计算机内的上位机控制软件、高精度高斯计/磁通门计、与高斯计/磁通门计搭配的探头、多维电控微动平台及微动平台的运动控制器组成，如图4.22所示。简单来说，系统可以分为数据采集处理和位移控制两部分，数据采集处理部分由高斯计及霍尔探头组成，上位机软件通过RS232串口与高斯计进行数据通信，负责采集并处理高斯计的磁场测量数据；位移控制部分由高精度微动平台及运动控制器组成，上位机软件通过RS232串口与运功控制器通信，负责控制微动平台按照用户设定的测量轨迹带动探头运动，两个部分搭配起来就组成了整个F-40多维磁场测试系统。系统组成效果图和系统组成实际图分别如图 4.22 和图 4.23 所示。

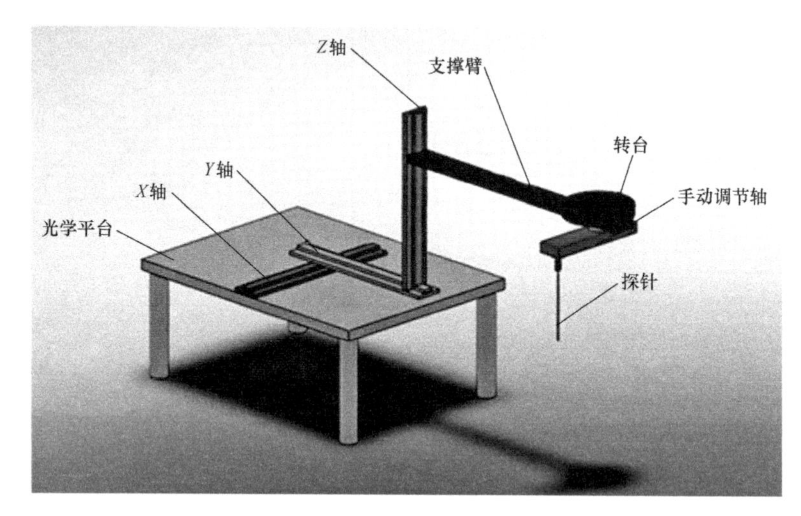

图 4.22　系统组成效果图

图 4.23　系统组成实际图

上位机软件通过串口与运动控制器及高斯计通信，可以将微动平台的位置信息与高斯计读取的磁场值相关联，一维高斯计读到的就是运动到的点对应的某个方向的数据值，三维高斯计则是一个点上 X 方向的值、Y 方向的值、Z 方向的值、此点上的温度（根据需要，探头和高斯计中可有温度补偿功能）及三

轴中两两矢量和、总矢量和的数值大小和方向夹角。扫描的数据可以导出并保存在 Excel 中，根据位置和磁场值可由软件绘制出各种需要的示意图：二维标准图、二维颠倒图、二维雷达图、三维曲线图、三维网状图、三维立体图、矢量图、圆柱展开图及多条曲线或多个立体图放在同一张图中进行对照比较。软件中还对常见的几种形状（空间磁场分布、矩形图、磁环、同心圆、圆柱等）的扫描进行了集成化，只需设置几个参数便可以自动进行扫描，自由度高，精准度高，无须看管。

4.5.2　高精度位移系统

1. 高精度位移系统组成部分

① 平移轴：运动平移台由高强度航空铝基座、两根进口导轨（日本 THK 导轨精密级）、运动台面、伺服电动机（日本安川）、伺服电动机驱动器（日本安川）、光栅尺（德国进口）及读头经过精密安装调试组成，安装限位防撞系统；绝对零位为光栅尺零位，定位精度为 10 μm、闭环分辨率为 0.25 μm、重复定位精度为 5 μm。

② 旋转轴：用于带动工件进行旋转，有效行程为 360°，由伺服电动机驱动（日本安川），由圆光栅尺（德国进口）及读头进行角度闭环反馈，定位精度为 0.001°、闭环分辨率为 0.000 15°、最大中心负载为 50 kg。

③ 运动控制器：四轴伺服电机控制器，美国进口控制板卡。

2. 高精度位移系统主要技术指标

① 具有空间三维运动能力，覆盖 300 mm×300 mm×300 mm 测试区域。

② 具有空间单维度旋转测试能力，旋转范围：0 ~ 360°。

③ 运动分辨率：≤1 μm（直线运动），≤0.001°（旋转运动）。

④ 定位精度：≤10 μm（直线运动），≤0.01°（旋转运动）。

⑤ 重复定位精度：≤10 μm（直线运动），≤0.01°（旋转运动）。

⑥ 具有配套电气控制系统，可实现计算机对位移台的自动化运动控制。

⑦ 具有探头夹持装置，可多维度调整探头角度。

⑧ 采用纯无磁材料加工而成。

4.5.3　CH–330F 三维磁通门计

CH–330F 磁通门计是精确测量微弱的静态和低频矢量磁场的仪器，具有高稳定性、线性和精确度。与霍尔效应原理或磁电阻效应原理的磁场测量仪器相比，它是测量弱磁场最好的选择。其包含一个主机和一个磁通门探头。主机单元提供控制信号来驱动探头和处理探头输出的信号，探头通过测量三个正交轴磁场，能够测量磁场的三个矢量组分，分析磁场角度及矢量合成值，具有很宽的测试范围及很高的测试精度和稳定性。

1. CH–330F 磁通门计特点

① 明亮的全视角 VGA/5 ¾位读数分辨力。
② 最大值/最小值保持/界面锁定。
③ 数据存储（自动/手动）/存储数据阅读。
④ 探头自动校正/主机自动记忆操作模式。
⑤ 显示单位可选 nT。
⑥ 测量软件图形显示，通信波特率调节。
⑦ 时间及亮度设定。
⑧ 基本精度：读数的 0.1%±量程的 0.05%。
⑨ 基本分辨力 0.1 nT。
⑩ 自动零点、自动量程。
⑪ RS-232C/USB 数据通信接口/模拟信号接口。
⑫ 归零设置/相对测量模式。
⑬ 阈值设定（上、下限）及报警。
⑭ 可选的基本探头。

2. CH–330F 磁通门计技术参数（表 4.9）

表 4.9　CH–330F 磁通门计技术参数

尺寸/（mm×mm×mm）	320×130×285	
维数	3	
分辨率/nT	0.01	
预热时间/min	20	
准确度/%	＜读数的±0.2	
量程/μt	±100	±1 000
误差温度系数/（nT·℃$^{-1}$）	±0.3	±1
−3 dB 时的带宽/kHz	＞3	
满量程误差	±0.5%	

续表

三维正交性误差/（°）	<0.1
频率响应（偏差<5%）	DC～1 000 Hz
温度范围/℃	工作温度–40～+70
	储存温度–40～+85
探头尺寸/（mm×mm×mm）	32×32×225
通信接口	RS–232
模拟输出	3 通道 BNC

4.5.4　自动控制软件

自动控制软件用于与高斯计通信，实时显示并记录磁场、温度、频率等测试数据；与电气控制系统通信，实现位移系统自动化控制；测试数据可存储至数据库，并可导出至 Excel 文件中；测试扫描过程可手动控制，也可编程实现自动化控制；可实现位移系统的机械参数、运动速度、零点、回零等设置；可结合位移数据和磁场数据绘制二维标准图、二维颠倒图、三维曲线图、三维网状图、三维立体图，如图 4.24 和图 4.25 所示。

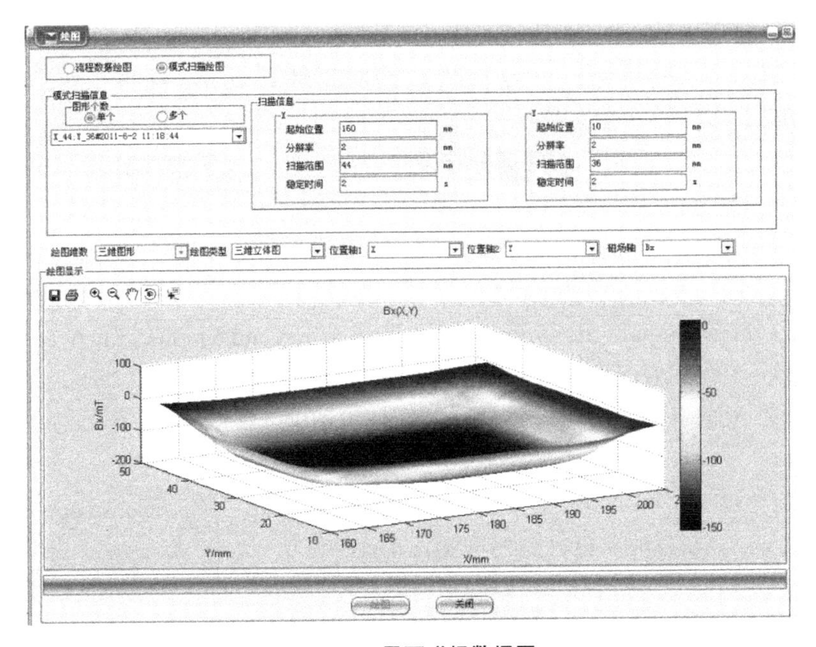

图 4.24　平面磁场数据图

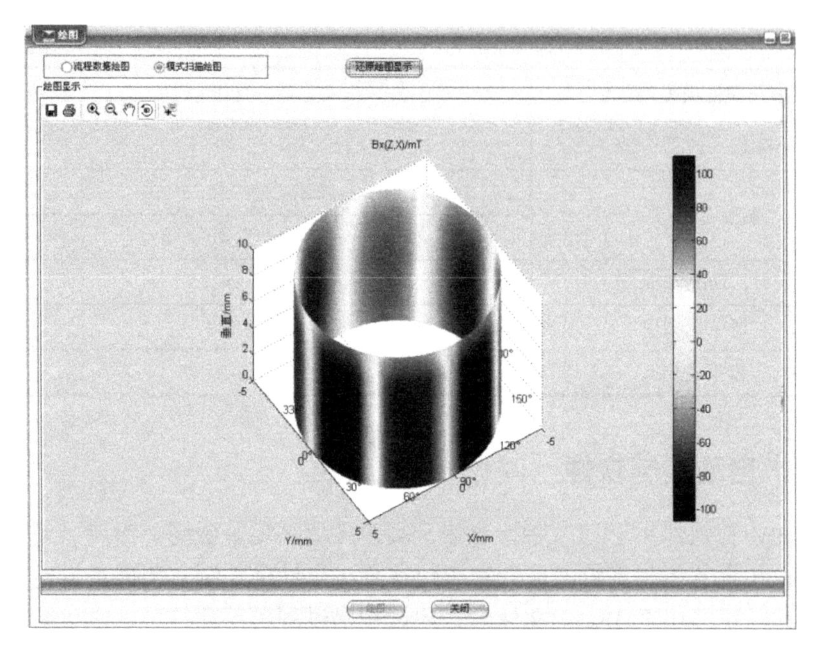

图 4.25　曲面磁场数据图

参 考 文 献

[1] 许三南，陆建，徐浦．大学物理（下册）[M]．北京：机械工业出版社，2005.

[2] 陈修芳．亥姆霍兹线圈磁场分布及其测量［ J ］．大学物理实验，2009，22（3）：33–36.

[3] Hu Bin，Ding Libo，Xie Kefeng．Spatial Distribution of the Internal Magnetic Field of the Square Helmholtz Coil’ Uniformity Analysis［ C ］．Procedings of 2013 International Forum on Special Equipments and Engineering Mechanics，2013：173–176.

[4] 胡彬．地磁屏蔽室内磁场模拟与控制技术研究 [D]．南京：南京理工大学，2014.

[5] 翠海佳诚．F-40 多维磁场测试系统［ OL ］．http：//www.ch-magtech.com/product_show.php？id=15376，2011-2017.

第5章 引信磁场测量技术

地磁信息的处理和利用，始于对地磁场的测量。根据地磁信息的表现形式不同，地磁测量可以分为标量测量、矢量测量和场量测量。标量测量关注的是磁场的强度信息，包括磁场强度大小以及磁场强度随时间的变化情况；矢量测量关注的不仅有磁场强度大小，还有磁场的方向，包括二维平面上投影的方向和三维空间中的立体方向；场量测量关注的是磁场矢量随空间位置变化的情况，反映了磁场局部空间内各点磁场矢量分布的特征。

本章基于现代引信对地磁信息的需求，从地磁测量传感器选择、地磁信号调理电路设计、信号采集与信号处理等方面详细介绍地磁场标量测量、矢量测量及场量测量所涉及的硬件及软件技术。

| 5.1　地磁测量传感器 |

5.1.1　电磁感应线圈

如图 5.1 所示，线圈是最老式的磁性传感器之一。线圈传感器是根据法拉第电磁感应定律，通过线圈的磁通量有任何变化都将导致线圈产生电动势，在时变磁场区中放置一个耦合线圈即可工作，通过改变磁场就能测量线圈中感应的电压，当穿过导电回路的磁通量有量的变化时，这个回路中就会产生电压，通常用铝合金制作。若地球磁场线垂直于线圈横向轴，磁场与线圈平面的夹角为 φ，在磁场中线圈的转速为 ω，则感应电压为磁通量的变化与时间变化的比值。

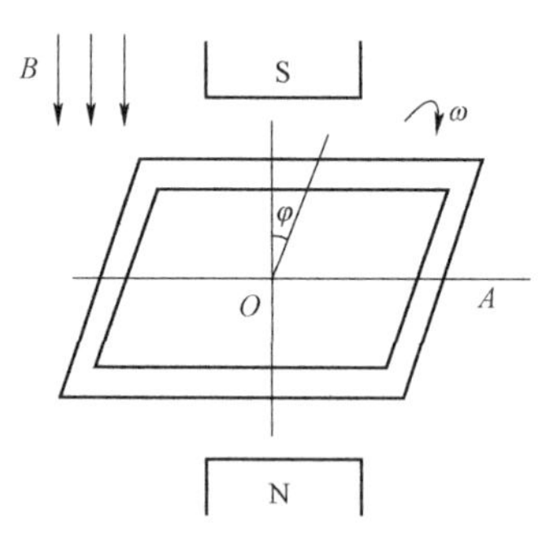

图 5.1　线圈传感器示意图

线圈切割磁感应线时，产生的感应电动势为

$$E=-N\frac{\mathrm{d}\Phi}{\mathrm{d}t}=-N\frac{\mathrm{d}(BS)}{\mathrm{d}t} \tag{5.1}$$

式中，N 为线圈匝数；Φ 为线圈磁通量；B 为磁场的强度；S 为线圈的面积；t

为时间。线圈切割的有效面积为

$$S_m = S\sin\varphi = \sin(\omega t) \tag{5.2}$$

则产生的感应电动势为

$$E_m = -N\frac{\mathrm{d}\Phi_m}{\mathrm{d}t} = -N_A\frac{\mathrm{d}(BS_m)}{\mathrm{d}t} = NBS\cos(\Phi\omega) \tag{5.3}$$

图 5.2 中列举了一些生活中常见的感应线圈，其原理均是通过改变磁场就能测量线圈中的感应电压，感应电压为磁通量变化与时间变化的比值。由于需要把线圈放在电路回路中，其缺点是体积大，成本高，并且测量精度一般。随着技术的不断发展，现在的线圈可以制成多层薄膜结构，即薄膜线圈式磁传感器。

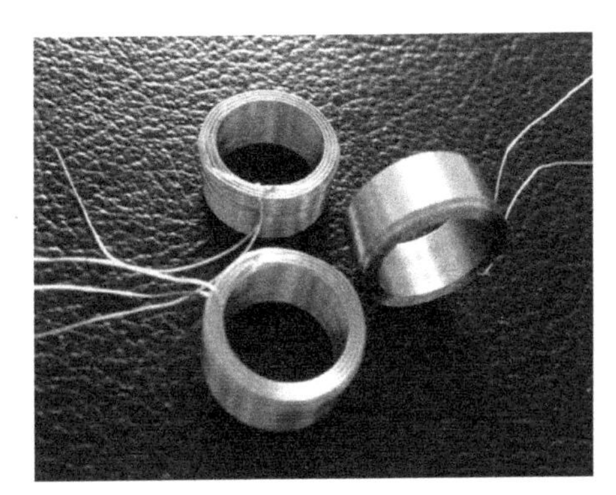
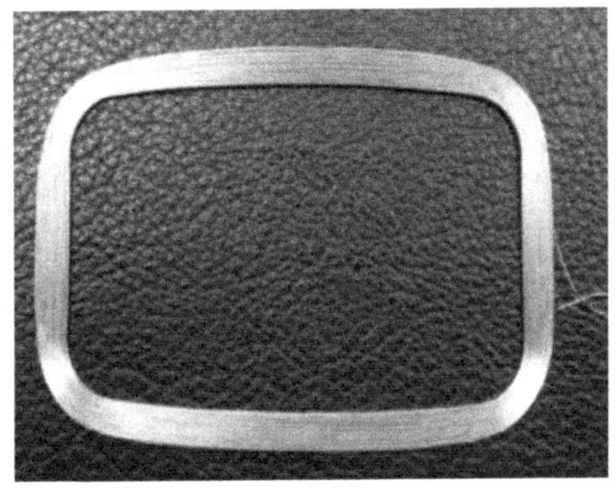

图 5.2 一些常见感应线圈

电磁感应线圈是测量磁场变化的重要元件，具有结构简单、性能可靠、设计成本低廉、使用寿命长等优点，广泛应用于磁测量仪器仪表及电磁无损检测技术领域。

此外，该传感器测量范围宽，较适用于转速较高的弹丸的地磁测量，如高速旋转弹和子母弹子弹等，它可以准确地测出转速信息，其输出信号是角速度信息和转速信息的综合，输出信号的大小与弹体的转速、线圈的大小及切割磁场的角度都有很大的关系。

5.1.2 各向异性磁阻传感器

5.1.2.1 各向异性磁阻效应

各向异性磁阻传感器（AMR）是 20 世纪 70 年代中期才出现的新型磁性传感器，其原理基于各向异性磁阻效应（AMR 效应）。各向异性磁阻效应是指在磁化饱和状态下，磁阻材料的电阻与电流和其内部的磁化方向之间的夹角有关，

当夹角为 0° 时，电阻最大；当夹角为 90° 时，电阻最小。即，当外加磁场平行于薄膜面内轴时，材料的电阻最大；当外加磁场垂直于面内轴时，材料的电阻最小。各项异性磁阻效应可用下式表示：

$$\mathrm{AMR}=\frac{\Delta\rho}{\rho_0}=\frac{\rho_{\parallel}-\rho_{\perp}}{\rho_0} \tag{5.4}$$

式中，ρ_0 为铁磁性材料在退磁状态下的电阻率。

5.1.2.2 各向异性磁阻传感器的代表产品型号

在 AMR 产品方面，霍尼韦尔公司的传感器产品具有代表性。其中的 HMC1043 型传感器是一种小型 3 轴表面安装的传感器序列系统，其实际传感器样式如图 5.3 所示，采用了用于测量磁场的 4 臂（电阻元件）惠斯通电桥，电路示意图如图 5.4 所示。

图 5.3 HMC1043 传感器

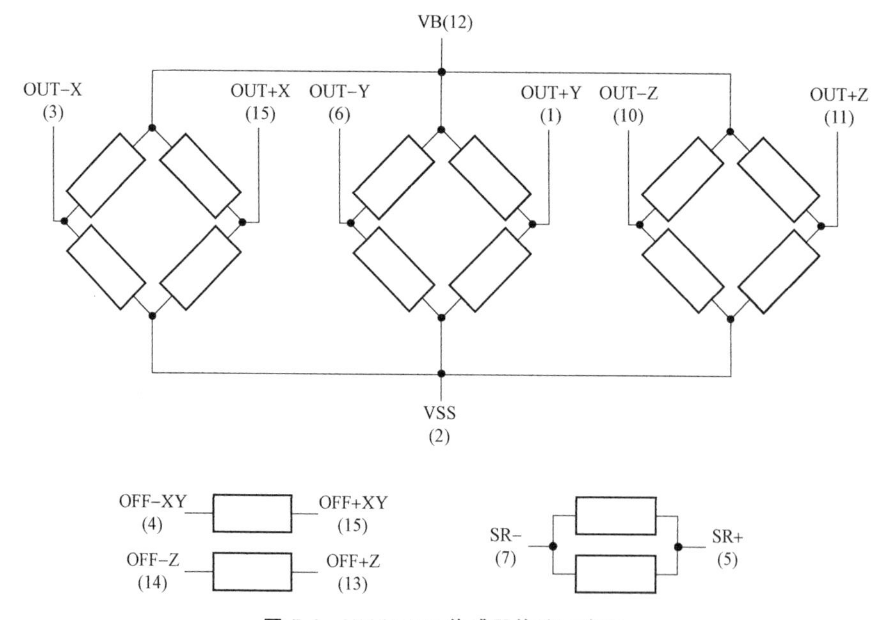

图 5.4 HMC1043 传感器构造示意图

传感器由镍铁导磁合金（坡莫合金）的薄膜组成，薄膜熔敷在硅片上并形成电阻片元件的样式。其传感器插脚配置如图 5.5 所示，箭头指示外加磁场方向，该外加磁场在设置脉冲后，产生一个正输出电压。有磁场存在时，电桥电阻元件的变化致使电桥输出端之间的电压有相应的变化。这些电阻元件排列在一起，有一个公共的传感轴，传感轴在传感方向的磁场增强时，提供正电压变化。由于输出仅与一维轴(各向异性原则)及其量级成比例变化，因而使另外安置在正交方向上的传感器电桥可正确测量任意的磁场方向。在向电桥供电时，传感器把传感轴方向的入射磁场强度转换成差动电压输出。除了电桥电路外，传感器还有两个芯片内磁耦合的接线条、偏置条和重置条，这些接线条是霍尼韦尔拥有专利的功能部件，用于入射磁场调整和磁畴调准，从而取消了传感器周转布置定位线圈的需要。

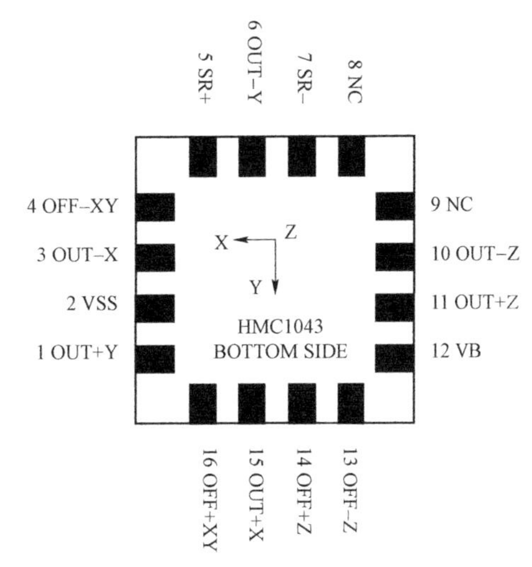

图 5.5 HMC1043 传感器插脚配置

HMC1043 型传感器采用各向异性磁阻(AMR)技术，支持信号处理功能并且易于装配，适用于高容量 OEM(原始设备制造厂)设计设备，具有胜过线圈型磁传感器的优点，是极灵敏的固态磁传感器，可用来测量地球磁场的方向和从微高斯到 6 高斯的强度等级，其应用包括定向、导航系统、磁强测量和电流传感等。

除此之外，霍尼韦尔的 HMC1052 也是 AMR 传感器的代表产品之一，其样式如图 5.6 所示。

图 5.6 HMC1052 传感器外形图

它是一个双轴线性磁传感器，同其他 HMC10××系列传感器一样，每个传感器都有一个由磁阻薄膜合金组成的惠斯通电桥。当桥路加上供电电压时，传感器将磁场强度转化为电压输出，包括环境磁场和测量磁场。HMC1052 包含两个敏感元件，它们的敏感轴互相垂直，敏感元件 A 和 B 共存于单硅芯片中，完全正交且参数匹配。除了惠斯通电桥，HMC1052 有两个位于芯片上的磁耦合带：偏置带和复位带，敏感元件 A 和 B 都有这两个带，用于保证精度，其中偏置带的作用是校正传感器或偏置任何不想要的磁场。AMR 两轴磁传感器 HMC1052 的电路示意图和引脚图如图 5.7 和图 5.8 所示。

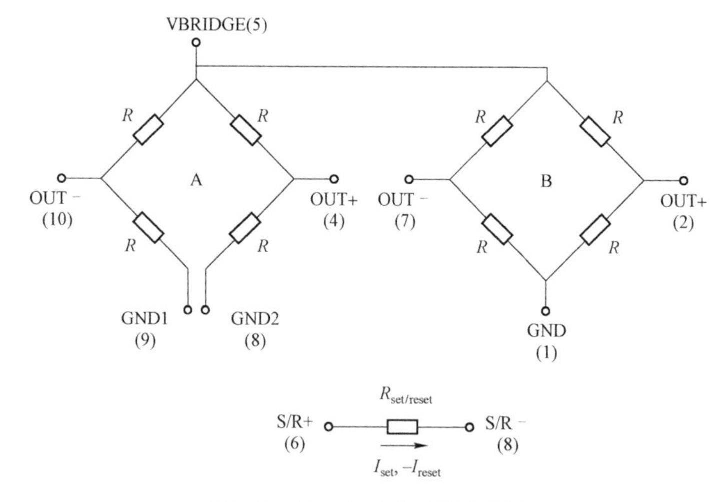

图 5.7 HMC1052 传感器电路图

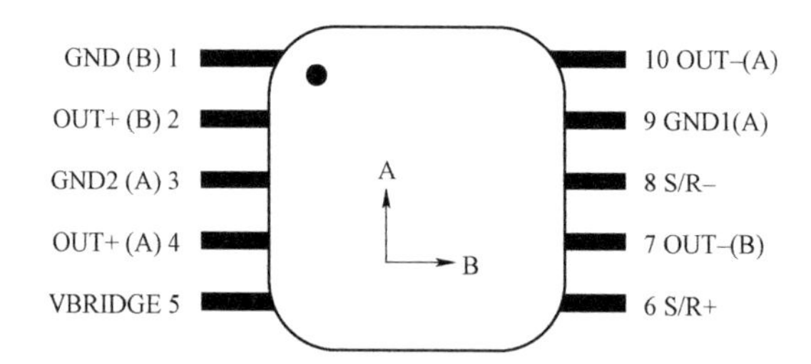

图 5.8 HMC1052 传感器引脚示意图

HMC1052 是一个突破性的设计，它将高性能的两轴磁阻传感器集中在单个芯片上，具有低功耗、小包装尺寸、高性能、高精度等优势，常应用于罗盘、导航系统、高度参考、交通检测、医疗设备和位置检测等领域。

5.1.3 隧道磁阻传感器

隧道磁阻传感器（TMR）是近年来开始工业应用的新型磁电阻效应传感器，其利用的是磁性多层膜材料的隧道磁电阻效应对磁场进行感应，比之前所发现并实际应用的传感器元件具有更大的电阻变化率，广泛用于现代工业和电子产品中，以感应磁场强度来测量电流、位置、方向等物理参数。

5.1.3.1 隧道磁阻效应

TMR 效应的产生机理是自旋相关的隧穿效应。在铁磁材料中，由于量子力学交换作用，铁磁金属的 3d 轨道局域电子能带发生劈裂，使费米面附近自旋向上和向下的电子具有不同的能态密度。如图 5.9 所示，MTJ 的一般结构为铁磁层/非磁绝缘层/铁磁层的三明治结构。饱和磁化时，两铁磁层的磁化方向互相平行，而通常两铁磁层的矫顽力不同，因此，反向磁化时，矫顽力小的铁磁层磁化矢量首先翻转，使得两铁磁层的磁化方向变成反平行。电子从一个磁性层隧穿到另一个磁性层的隧穿概率与两磁性层的磁化方向有关。若两层磁化方向互相平行，则在一个磁性层中，多数自旋子带的电子将进入另一磁性层中多数自旋子带的空态，少数自旋子带的电子也将进入另一磁性层中少数自旋子带的空态，总的隧穿电流较大；若两磁性层的磁化方向反平行，情况则刚好相反。因此，隧穿电导随着两铁磁层磁化方向的改变而变化，通过施加外磁场可以改变两铁磁层的磁化方向，从而使得隧穿电阻发生变化，导致 TMR 效应的出现。

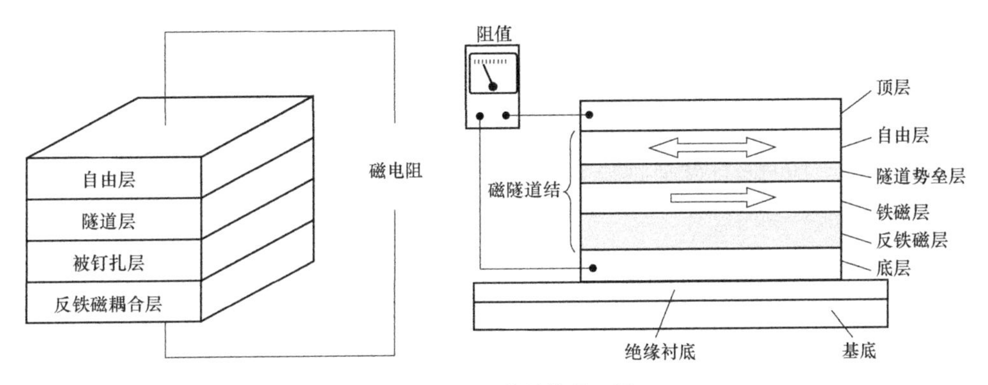

图 5.9　MTJ 元件结构原理图

5.1.3.2　隧道磁阻传感器的代表产品型号

TMR 线性磁传感器的代表产品有多维科技公司研发的一款 TMR2901 线性传感器，其样式如图 5.10 所示。TMR2901 采用了一个独特的推挽式惠斯通全桥结构设计，包含四个高灵敏度 TMR 传感器元件。

图 5.10　TMR2901 外形图

图 5.11 所示为 TMR2901 的引脚定义及功能框图，其中箭头标识的方向在正向磁场下产生正向输出电压。

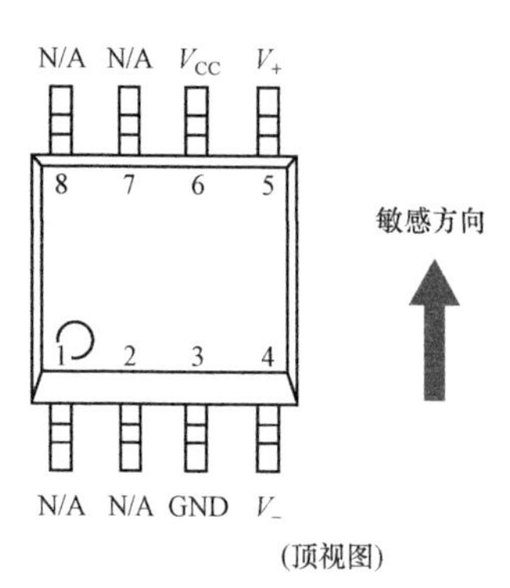

引脚号	符号	引脚描述
1、2、4、7、8	N/A	空脚
3	GND	地
4	V_-	模拟差分输出2
5	V_+	模拟差分输出1
6	V_{CC}	电源

图 5.11　TMR2901 引脚定义及功能框图

图 5.12 所示为 TMR2901 传感器输出随外加磁场强度变化（外加磁场 ±30 Oe、±200 Oe，激励电源 1 V）的典型曲线。

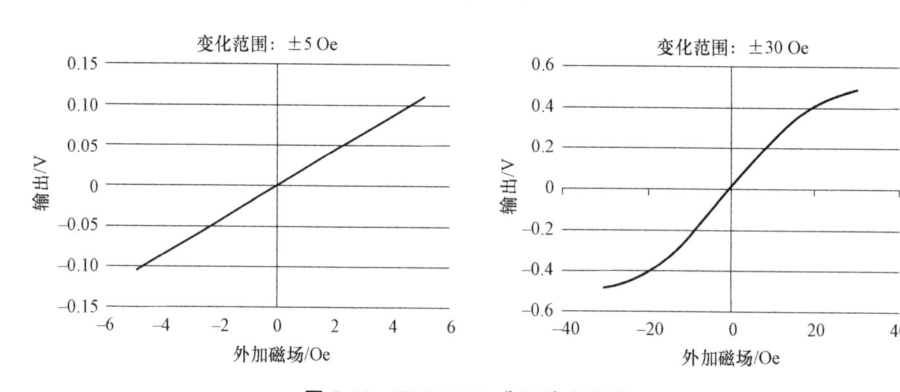

图 5.12　TMR2901 典型输出曲线

TMR2901 线性传感器采用隧道磁电阻技术，具有高的灵敏度、低的本底噪声、低功耗、优越的温度稳定性、低磁滞、宽工作电压范围等优点，而且不需要置位/复位脉冲电路，可用于微弱磁场的检测。

5.1.4　其他磁传感器

5.1.4.1　霍尔效应传感器

霍尔效应早在 1879 年由 Edwin Herbert Hall 在位于马里兰州的约翰·霍普金斯大学进行博士生学习时发现。他在研究金属导电机制时注意到了位于磁场中的导线电流会受到环境磁场的影响，霍尔效应由此而来。霍尔效应是由于载流电荷受到外部磁场洛伦兹力的作用而发生偏向，进而使得导体产生电压。其试验示意图如图 5.13 所示。

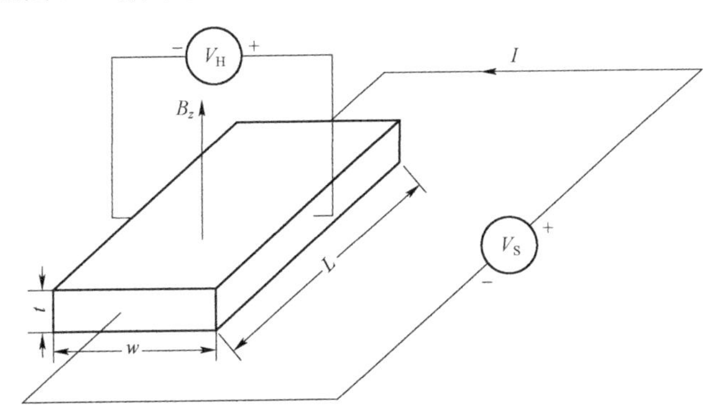

图 5.13　霍尔效应示意图

通过分析电荷受到的洛伦兹力的作用，可以得到霍尔电压的计算式：

$$V_{\mathrm{H}}=\frac{IB_z}{nte} \tag{5.5}$$

式中，V_{H} 为霍尔电压；I 为载流导体电流；B_z 为外部磁场；n 为导体载流子密度，由载流导体的材料决定；e 为电荷；t 为导体沿磁场方向的厚度。由霍尔电压计算式可以看到，霍尔电压与外部磁场成正比关系，而与磁场的变化率无关，利用这一效应制作的传感器就是霍尔效应传感器，简称霍尔传感器。由于其低成本等优点，被广泛应用于自动控制技术、测量检测技术和信号处理技术等领域，但是霍尔元件存在温度特性差、灵敏度低等缺点。

5.1.4.2　巨磁阻效应传感器

巨磁阻（GMR）效应是一种发生在外加磁场存在情况下，磁性层/非磁性层/磁性层间隔的多层薄膜中电阻率发生变化的现象，属于量子力学和凝聚体物理学现象。这一效应于 1988 年由德国的彼得·格林贝格和法国的艾尔伯·费尔独立发现。通常，在巨磁阻效应中，电阻率变化达 12%～20%。在铁磁层，电子自旋取向与磁畴磁化方向平行，即磁矩平行时，电子自旋受到的散射最小，材料电阻最小。当电子自旋取向与磁畴磁化方向反平行时，材料电阻最大。巨磁阻传感器基于巨磁阻效应，常用于硬盘驱动器、生物传感器和微机电系统等装置的数据读取。一种典型的惠斯通电桥结构如图 5.14 所示。其中，R_1 和 R_4 为有源元件，R_2 和 R_3 放置在磁通集中器下方被其屏蔽，以保证阻值不变。通过改变磁通集中器间距 D_1 与磁通集中器长度 D_2 之比，可以增强巨磁阻效应传感器的灵敏度。但是，目前市面上大部分巨磁阻效应传感器工作是单极输出模式。某些具有双极性输出的巨磁阻效应传感器不适用于直接测量，因为不同初始化磁化状态会对同一外加磁场具有不同的响应曲线。此外，巨磁阻效应传感器存在对环境温度敏感等缺点，因此需要设计复杂的电路对巨磁阻效应传感器输出进行双极性处理及做温度补偿处理。

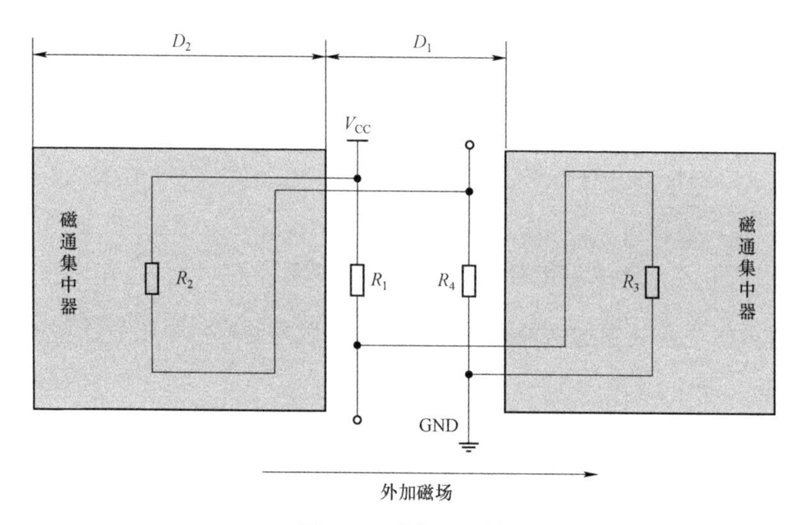

图 5.14　惠斯通电桥

5.1.4.3　巨磁阻抗传感器

巨磁阻抗（GMI）效应指将磁性材料在交流电流的激励下，其阻抗在外加磁场的作用下，呈现出快速响应，高灵敏度变化的现象。与巨磁电阻（GMR）效应相比，GMI 效应不仅电阻发生改变，电抗也发生了改变，因而对磁场的灵敏度有显著的提高，而且 GMI 效应还克服了 GMR 器件要在较高的磁场下才有 GMR 效应的不足，使这种效应在传感器技术和磁记录技术中有巨大的应用潜能。现阶段 GMI 技术主要应用在微型传感器探头、电流传感器、位移传感器、汽车方向传感器、生物磁传感器等方面，并表现出良好的性能。巨磁阻抗传感器就是利用 GMI 效应制成的磁传感器，其工作原理就是磁敏感材料的阻抗在交流电流的激励下，会随着外界磁场的变化而敏感地变化。当周围磁场发生改变时，磁场的改变致使磁敏元件阻抗发生变化，阻抗的变化又会使非晶丝两端电压发生变化，因此可用磁敏材料两端电压的变化来描述磁场的变化。巨磁阻抗传感器（GMI）集高稳定性、高灵敏度、快速响应、低功耗、小型化等特性于一身，在磁传感器领域中有着不可比拟的优势。

5.1.4.4　磁通门传感器

磁通门传感器应用的是电磁感应定律。如图 5.15 所示，磁通门通常是用两个铁磁材料制成的杆，但也可以是用一次或二次绕组绕成的环或圈。这两个杆用一次绕组缠绕，以相反方向产生驱动磁场，二次绕组测量两个杆产生的净磁通量。在未施加外部磁场时，假定两个磁芯杆的几何尺寸和电磁参数完全相同，一次线圈的匝数、位置及驱动电流大小也相同，则在二次线圈里的净磁通量为零，这样在此线圈中就不会有信号产生。当沿着杆的轴线方向施加一个外部磁场时，其中的一个杆将先于另一个杆磁性饱和，磁通门的输出是驱动频率 f 的第二谐波，施加一个小磁场时，第二谐波的波幅与施加的磁场成正比。磁通门传感器可以在制造工艺上使其非常敏感，分辨率最低为 1 μOe，可以测量直流或交流磁场，频率的上限约为 10 kHz，但是由于结构中的两个磁棒的需求，很难小型化，操作时需要单独校准，手动调节，成本也较高。

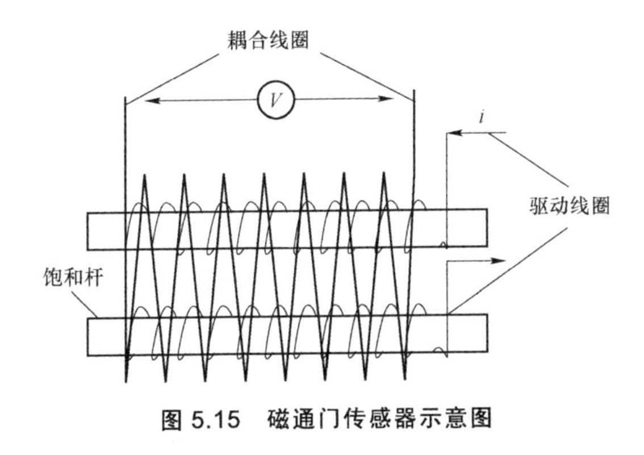

图 5.15　磁通门传感器示意图

5.2　地磁信号调理电路

5.2.1　前端放大电路

5.2.1.1　仪表放大器结构及其原理分析

仪表放大器是一种精密差分电压放大器，其独特的结构使它具有高共模抑制比、高输入阻抗、低噪声、低失调漂移、增益设置灵活等特点，在数据采集、传感器信号放大、高速信号调节、医疗仪器和高档音响设备等方面备受青睐。

图 5.16 所示为仪表放大器的典型结构。其电路主要由两级差分放大器电路构成。运放 A_1、A_2 为同相差分输入方式，同相输入可以大幅度提高电路的输入阻抗，减小电路对微弱输入信号的衰减。差分输入可以使电路只对差模信号放大，而对共模输入信号只起跟随作用，使得送到后级的差模信号与共模信号的幅值之比（即共模抑制比 CMRR）得到提高。这样在以运放 A_3 为核心部件组成的差分放大电路中，在 CMRR 要求不变情况下，可明显降低对电阻 R_3 和 R_4、R_f 和 R_5 的精度匹配要求，从而使仪表放大器电路比简单的差分放大电路具有更好的共模抑制能力。

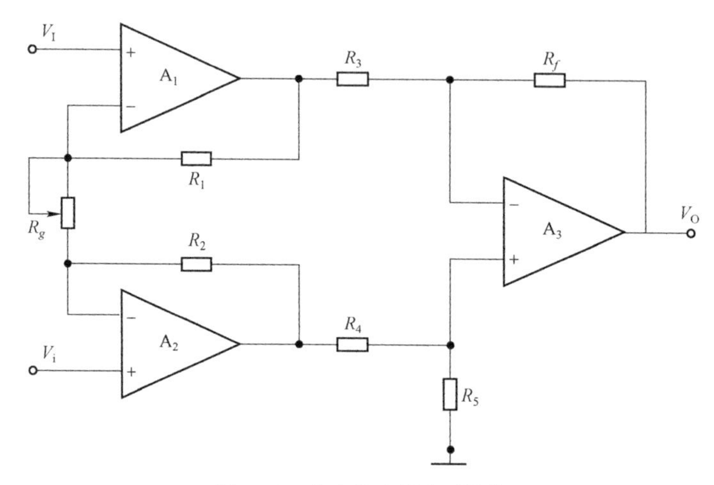

图 5.16　仪表放大器典型结构

在 $R_1=R_2$，$R_3=R_4$，$R_f=R_5$ 的条件下，图 5.16 中电路的增益为 $G=(1+2R_1/R_g)R_f/R_3$。由公式可见，电路增益的调节可以通过改变 R_g 的阻值实现。

5.2.1.2　仪表放大器代表产品型号 AD620

AD620 是一种只用一个外部电阻就能设置放大倍数为 1 ~ 1 000 的低功耗、高精度仪表放大器。它体积小，为 8 管脚的 SOIC 或 DIP 封装，管脚图如图 5.17 所示。其供电电源范围为 ± 2.3 V ~ ± 18 V，最大供电电流仅为 1.3 mA。AD620 具有很好的直流特性和交流特性，它的最大输入失调电压为 50 μV，最大输入失调电压漂移为 1 μV/℃，最大输入偏置电流为 2.0 nA。增益 G 为 10 时，其共模抑制比（CMRR）大于 93 dB，增益为 1 时，其增益带宽为 120 kHz，建立时间为 15 μs。

AD620 具有如下特点：

① AD620 能确保高增益精密放大所需的低失调电压、低失调电压漂移和低噪声等性能指标。

② 只用一只外部电阻就能设置放大倍数 1～1 000。

③ 体积小，只有 8 个引脚。

④ 低功耗，最大供电电流为 1.3 mA。

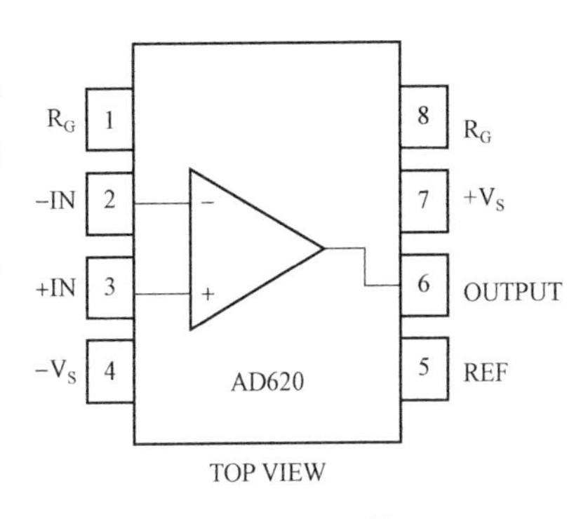

图 5.17　AD620 管脚图

5.2.2　程控增益放大电路

在自动测控系统和智能仪器中，如果测控信号的范围比较宽，为了保证必要的测量精度，常会采用改变量程的办法。改变量程时，测量放大器的增益也应相应地加以改变，使用程控增益放大器（PGA）就能很好地解决这一问题。

PGA 也称可编程增益放大器，它根据待测模拟信号幅值大小来改变放大器的增益，是解决宽范围传感器信号的模拟数据采集问题的有效方法。PGA 可以实现量程的自动切换，或实现全量程的均一化，从而提高 A/D 转换的有效精度。因此，PGA 在数据采集系统、自动测控系统和各种智能仪器仪表中得到越来越多的应用。

5.2.2.1　程控增益放大器原理

PGA 由运算放大器、模拟开关驱动电路和电阻网络组成。基本形式有同相输入和反相输入两类，如图 5.18 所示。

图 5.18（a）是一种反相输入程控放大器，其放大倍数为

$$A=-\frac{R_f}{R} \tag{5.6}$$

式中，R_f 为反馈网络电阻。

图 5.18（b）所示为同向输入程控放大器，其放大倍数为

$$A_n=R_T\Big/\sum_{i=1}^{n}R_i \tag{5.7}$$

式中，R_T 为网络上各电阻之和；$\sum\limits_{i=1}^{n}R_i$ 为闭合开关与接地点之间电阻之和。

利用软件对模拟多路开关进行控制，选择不同的开关闭合，就可以实现增益自动调节。

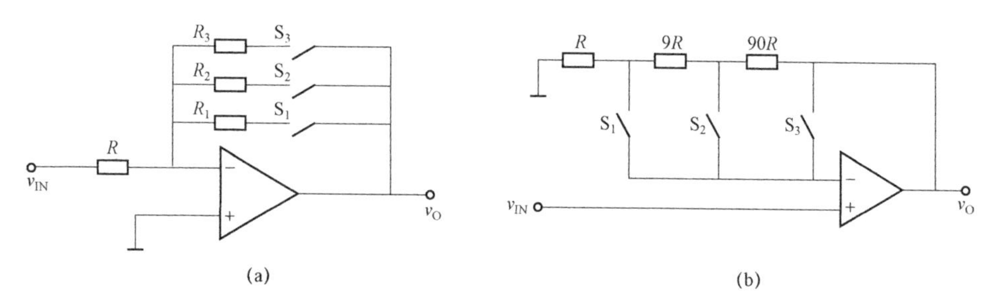

图 5.18 程控增益放大器原理示意图

5.2.2.2 集成程控增益放大器

图 5.19 所示为单片集成程控放大器 PGA204/205 原理图，PGA204 为十进制增益（1，10，100，1 000），PGA205 为二进制增益（1，2，4，8），增益由地址线 A_0、A_1 选择，通过电阻反馈网络实现。6、7 脚为偏置调节，12 脚与输出（11 脚）相连，10 脚接地。电源电压为 ± 15 V（最小为 ± 4.5 V），最大偏置电压为 50 μV，温漂为 0.25 μV/℃，增益误差为 ± 0.01，非线性为 ± 0.000 4。该程控放大器（PGA）输出级 A_3 的增益还可以通过在 12 脚与 11 脚之间连接反馈电阻进行微调，以得到附加的增益变化。

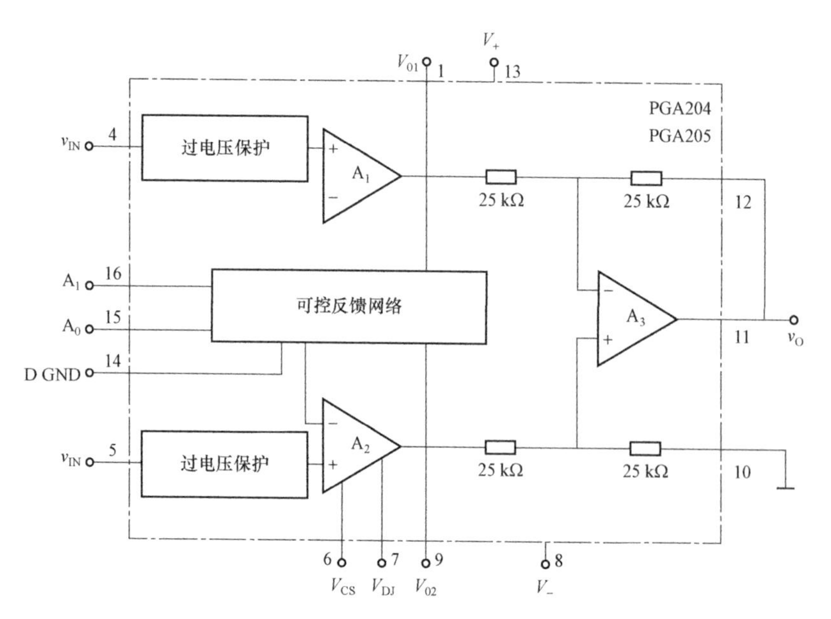

图 5.19 PGA204/205 原理图

5.2.3　滤波电路

所谓滤波，就是保留信号中所需频段的成分，抑制其他频段信号的过程。根据输出信号中所保留的频率段的不同，可将滤波分为低通滤波、高通滤波、带通滤波、带阻滤波四类。它们的幅频特性如图 5.20 所示，被保留的频率段称为“通带”，被抑制的频率段称为“阻带”。A_u 为各频率的增益，A_{um} 为通带的最大增益。

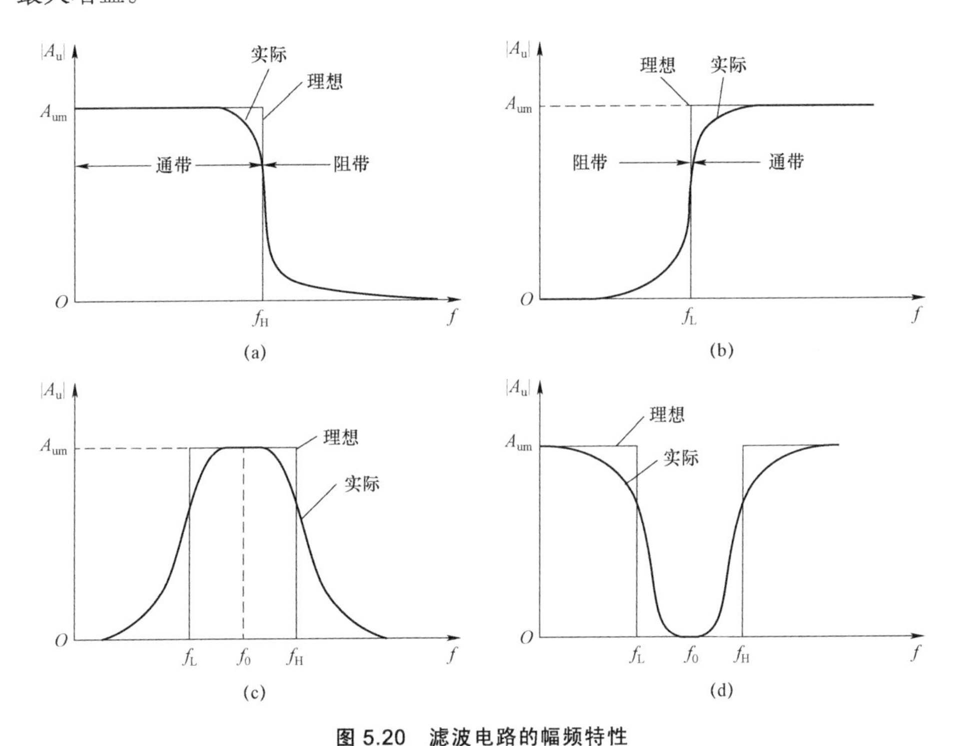

图 5.20　滤波电路的幅频特性

（a）低通滤波；（b）高通滤波；（c）带通滤波；（d）带阻滤波

滤波电路还可分为无源滤波电路和有源滤波电路两大类。无源滤波电路仅由无源元件电阻、电容和电感组成；有源滤波电路一般由 *RC* 网络和集成运放组成，运放的加入使得滤波器频率特性不随负载变化，同时还兼有滤波和放大的作用，在信号处理电路中广泛应用。

5.2.3.1　有源低通滤波器

一阶有源低通滤波器是在无源低通滤波器的基础上加一个集成运放构成的，电路如图 5.21 所示。

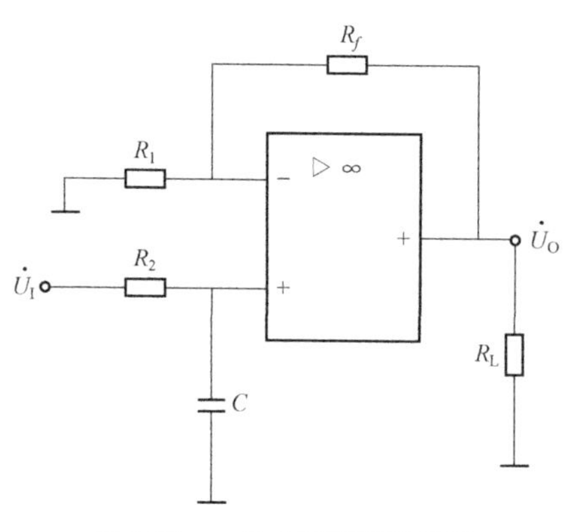

图 5.21 一阶有源低通滤波器

图 5.21 中，RC 构成了无源低通滤波器，R_1、R_f 和运放组成了同相放大电路，它在实施滤波的同时，还能对信号进行放大，因此提高了通带内的放大倍数，同时提高了带负载的能力。根据虚断和虚短，它的传递函数为

$$A(\mathrm{j}\omega)=\frac{U_O(\mathrm{j}\omega)}{U_I(\mathrm{j}\omega)}=\frac{1+\dfrac{R_f}{R_1}}{1+\mathrm{j}\omega RC}=\frac{A_u}{1+\mathrm{j}\omega RC} \tag{5.8}$$

式中，A_u 为通带内的电压放大倍数。

令 $\omega_0=1/(RC)$，称为特征角频率，也叫作截止角频率，即通频带的截止角频率。一阶有源低通滤波器的幅频响应和相频响应分别为

$$|A(\mathrm{j}\omega)|=\frac{A_u}{\sqrt{1+\left(\dfrac{\omega}{\omega_0}\right)^2}} \tag{5.9}$$

$$\varphi(\omega)=-\arctan\frac{\omega}{\omega_0} \tag{5.10}$$

所以一阶有源低通滤波器的幅频响应如图 5.22 所示。

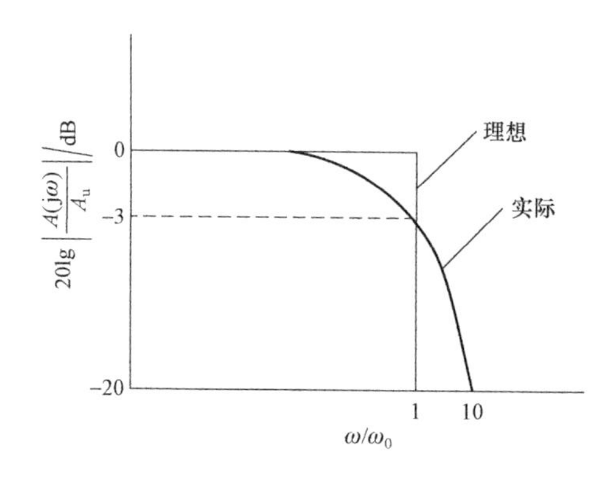

图 5.22 一阶有源低通滤波器的幅频响应

由图 5.22 可以看出，一阶滤波器的滤波效果与理想情况相差较大，为了提高滤波效果，可以采用二阶或其他更高阶的有源滤波器。图 5.23 所示为二阶有源滤波器的电路和幅值响应。

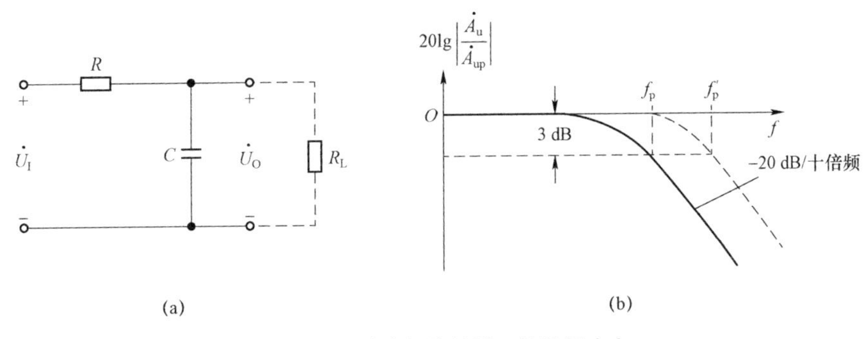

图 5.23　二阶有源滤波器及其幅频响应

由图 5.23 可以看出，当 $\omega/\omega_0=10$ 时，对一阶有源滤波器，有

$$20\lg\left|\frac{A(\mathrm{j}\omega)}{A_u}\right|=-20\ \mathrm{dB} \tag{5.11}$$

对二阶有源滤波器，有

$$20\lg\left|\frac{A(\mathrm{j}\omega)}{A_u}\right|=-40\ \mathrm{dB} \tag{5.12}$$

综上所述，可知与一阶有源滤波器相比，二阶有源滤波器的效果要好很多。

5.2.3.2　三种类型的有源低通滤波器

品质因数 Q 决定了截止频率附近的频率特性。常用的三种类型的二阶有源滤波器为巴特沃斯（Q=0.707），通带具有最大平坦度，但从通带到阻带衰减较慢；切比雪夫（Q=1），能迅速衰减，但通带或阻带有波纹；贝塞尔（Q=0.56），通带和阻带有波纹。

① 巴特沃斯滤波器具有最大平坦的通带，但从通带到阻带衰减较慢。

N 阶低通巴特沃斯滤波器的幅频响应为

$$|A(\mathrm{j}\omega)|^2=\frac{1}{1+(\omega/\omega_c)^{2N}}=\frac{1}{1+\varepsilon^2(\omega/\omega_p)^{2N}} \tag{5.13}$$

式中，ω_p 为−3 dB 截止角频率。

② 切比雪夫滤波器通带有波纹，阻带衰减大。

N 阶低通切比雪夫滤波器的幅频响应为

$$|A(\mathrm{j}\omega)|^2=\frac{1}{1+\varepsilon^2 C_N^2\left(\dfrac{\omega}{\omega_p}\right)} \tag{5.14}$$

式中，ε为通带等波纹系数；$C_N^2\left(\dfrac{\omega}{\omega_p}\right)$为切比雪夫多项式，可以递推得到。

③ 贝塞尔滤波器相频特性好，有恒定的群时延，通带内有最大平坦群时延。

传递函数为

$$T(s)=B_N(0)/B_N(S)$$

式中，$B_N(0)=b_0$，为常数；$B_N(S)=\sum_{k=0}^{N} b_k s^k$ 。

图 5.24 所示为三种类型的有源低通滤波器的幅频特性比较。

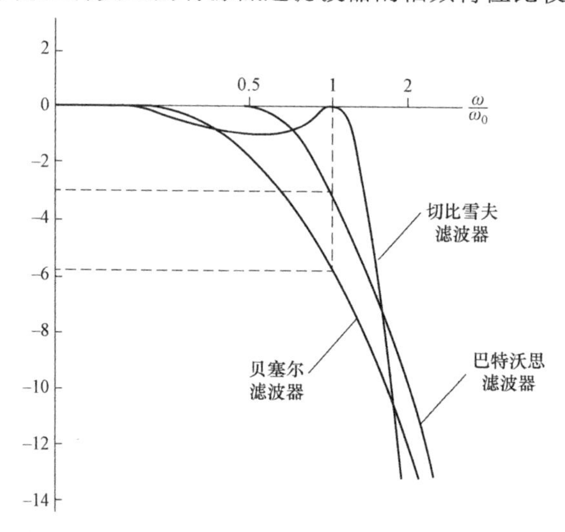

图 5.24 三种类型的有源低通滤波器的幅频特性比较

5.2.3.3 有源高通滤波器

一阶有源高通滤波器是在一阶无源高通滤波器的基础上加一集成运放构成的，它的电路如图 5.25（a）所示。

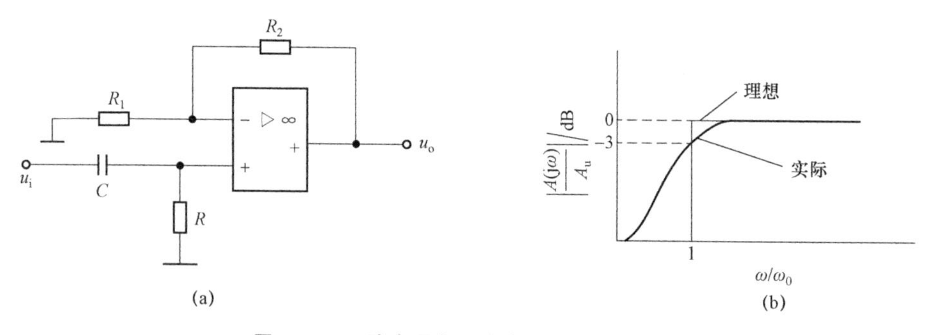

图 5.25 一阶高通有源滤波器及其幅频响应

显然，它由一阶无源高通滤波器加上同相放大电路组成，分析可知，它的响应情况与分析低通滤波器一样，这里直接写出它的幅频响应和相频响应，即

$$|A(\mathrm{j}\omega)| = \frac{Au}{\sqrt{1+\left(\dfrac{\omega}{\omega_0}\right)^2}} \tag{5.15}$$

$$\varphi(\omega) = \arctan(\omega_0/\omega) \tag{5.16}$$

其幅频响应如图 5.25（b）所示。

5.2.3.4　带通/带阻有源滤波器

为了得到带通/带阻有源滤波器，将高通滤波器与低通滤波器串联或者并联起来就可以了，如图 5.26 所示。

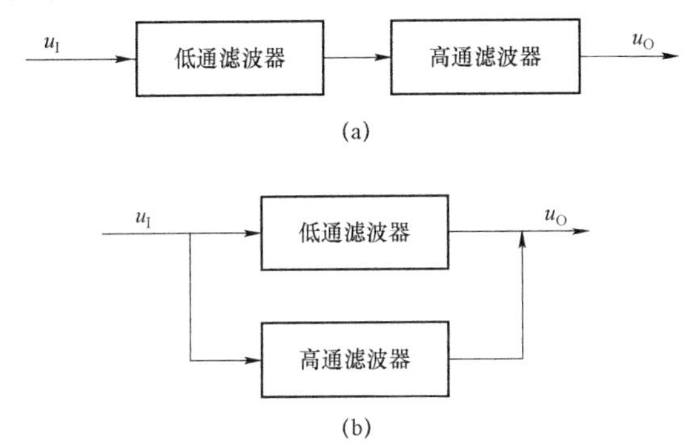

图 5.26　带通/带阻有源滤波器的实现方式

如图 5.26（a）所示，设低通滤波器的截止频率为 f_2，高通滤波器的截止频率为 f_1，并且 $f_2>f_1$，那么频率只有在 $f_1\sim f_2$ 之间的信号既能通过低通滤波器，又能通过高通滤波器，其他频率的信号被阻止通过，实现带通的功能。

如图 5.26（b）所示，设低通滤波器的截止频率为 f_2，高通滤波器的截止频率为 f_1，并且选择 $f_2<f_1$，那么信号频率小于 f_2 的信号可以从低通滤波器通过，信号频率高于 f_1 的信号可以从高通滤波器通过，两者之间的频率信号无法通过，实现带阻功能。

随着集成电路中 MOS 工艺的迅速发展，由 MOS 开关电容和运放组成的开关电容滤波器已经实现了单片集成化，其性能达到很高的水平，并且得到了广泛的应用，成为近年来滤波器的主流。

5.2.4　脉冲整形电路

高质量的脉冲波形不仅周期性好、幅度和占空比稳定，而且还要边沿陡峭，

即上升时间和下降时间短。总之，脉冲波形越接近矩形，其质量越好。常用的脉冲整形电路有触发器以及电压比较器等。

施密特触发器能将模拟信号波形整形为数字电路能够处理的方波波形，即幅度不同、不规则的脉冲信号施加到施密特触发器的输入端时，能选择幅度大于预设值的脉冲信号进行输出。但由于施密特触发器的阈值电压不易调节，主要用于数字系统中，对在传输中发生波形畸变的脉冲信号进行整形。

电压比较器是集成运放工作在非线性的开环或正反馈状态下的应用，其功能是将输入的模拟电压信号与基准电压相比较，用输出的高、低电平来指示输入电压与阈值的大小关系，在信号产生电路中主要用来产生矩形波输出。

5.2.4.1 单门限电压比较器

由于集成运放的开环增益极高，所以只要两输入端的信号有微小的不同，集成运放的输出值就立即饱和：输出电压只有正向最大值 U_{OH}（正饱和值）和负向最大值 U_{OL}（负饱和值）两种输出状态，分别近似等于正、负电源电压。利用集成运算放大器的上述特性，可以构成各种电压比较器。图 5.27（a）所示是最简单的单门限电压比较器，电路中无反馈环节，运放工作在开环状态。

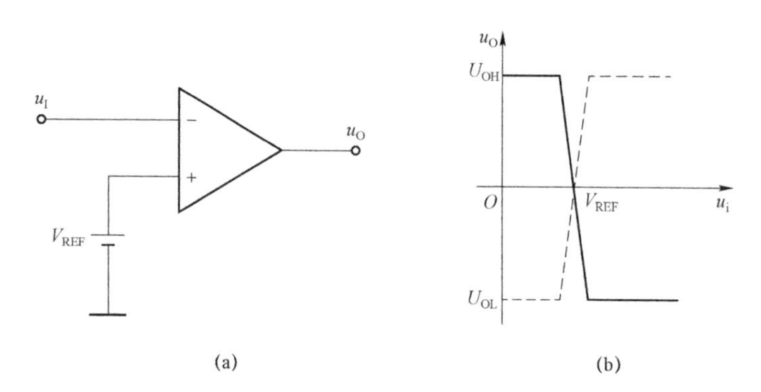

图 5.27 基本单门限电压比较器电路及其电压传输特性

当 $u_1 < u_+ = V_{REF}$ 时，集成运放的输入电压为 $V_{REF} - u_1 > 0$，输出电压 $u_O = U_{OH} \approx +V_{CC}$，而当 u_1 增大到 $u_1 > u_+ = V_{REF}$ 时，集成运放的输入电压 $V_{REF} - u_1 < 0$，输出电压翻转为 $u_O = U_{OL} \approx -V_{CC}$；反之，当 u_1 从高到低减小时，输出状态也在 V_{REF} 处发生变化。所以，输出电压的高低分别代表 u_1 小于和大于 V_{REF} 两种情况。比较器输出状态发生改变时，对应的输入电压 V_{REF} 称为阈值电压或门限电压，记为 U_T。因为图 5.27（a）中的比较器只有一个门限电压，所以称为单限电压比较器。

以输入电压值为横轴、输出电压为纵轴，可以画出该单限电压比较器的传输特性，如图 5.27（b）中的实线所示。若将输入信号与参考电压的位置互换，则比较器的阈值电压不变，但输出的情况恰好相反，其电压传输特性如图 5.27（b）中的虚线所示。

当输入信号的大小恰好在阈值电压附近，电路又存在干扰信号时，就会发生输入电压频繁地经过阈值，对应的输出电压随之频繁跳变的情况。如果用这个输出电压去控制设备，会出现频繁的启停现象，这是不允许的，如图 5.28 中的输入与输出关系。

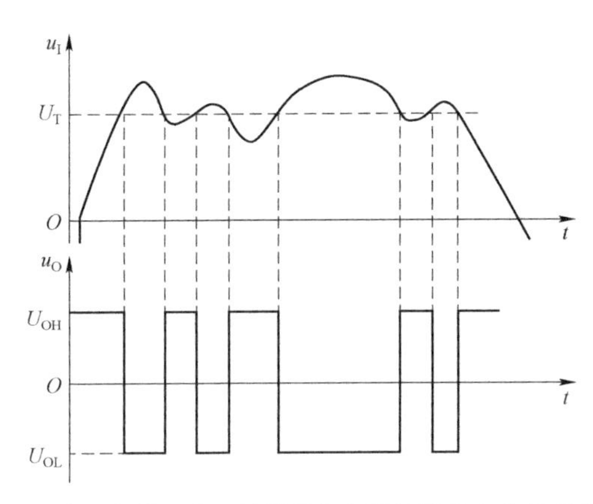

图 5.28　反相输入的单限电压比较器加入受干扰输入信号时的输出波形

所以，单限电压比较器的特点是电路简单、灵敏度高，但抗干扰能力差，不能用于干扰严重的场合。

5.2.4.2　滞回电压比较器

为了克服单限电压比较器抗干扰能力差的缺点，在比较器电路中引入了正反馈，构成抗干扰能力较强的双门限电压比较器——滞回电压比较器。

滞回电压比较器又称迟滞比较器，图 5.29（a）所示为迟滞电压比较器的电路图。其与单限比较器的区别是引入了正反馈，正反馈使电路的放大倍数更大，集成运放仍工作于非线性状态，不同的是，电路的阈值 u_+变为由 V_{REF} 与 u_O 共同决定了。

在图 5.29 中，当输入电压较小时，$u_O=U_{OH}$，相应的 u_+也较大，记为正向阈值电压 U_{T+}，所以输入电压增加到大于 U_{T+}后，输出电压翻转到 U_{OL}。由于此时 $u_O=U_{OL}$，相应的 u_+由于 U_{OL} 的影响而较小，记为负向阈值电压 U_{T-}，所以输入电压必须减小到 U_{T-}以下，输出电压才能翻转回 U_{OH}，而不是刚才较大的 U_{T+}。

双门限的迟滞比较器的传输特性如图 5.29（b）所示。

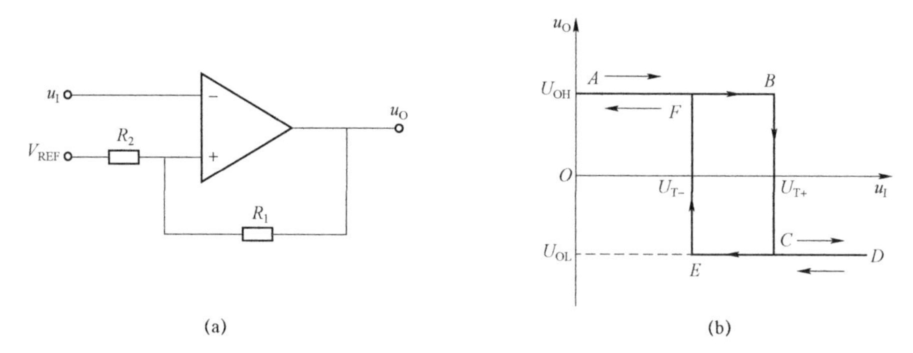

图 5.29　迟滞电压比较器电路和传输特性曲线

U_{T+}与 U_{T-}的差值定义为回差电压 ΔU_T，即 $\Delta U_T=U_{T+}-U_{T-}$。从 5.29（b）所示的传输特性曲线上可以看出，迟滞比较器的特点是：当输入电压从小到大变化时，直到较大的阈值电压 U_{T+}，输出电压由 U_{OH} 翻转为 U_{OL}；当输入电压从大到小变化时，直到较小的阈值电压 U_{T-}，输出电压才由 U_{OL} 翻转为 U_{OH}。所以，当输出电压翻转以后，如果输入受到干扰，只要干扰电压的大小小于回差电压，迟滞比较器的输出就不会再重新翻转回去。因此回差电压的大小代表了迟滞比较器抗干扰能力的大小。

迟滞比较器具有两个门限电压，抗干扰能力强。如将图 5.28 中的输入信号送入图 5.29 所示的迟滞电压比较器中，从图 5.30 所示的输出波形可以看出，输出端不再频繁翻转，提高了比较器的抗干扰能力。

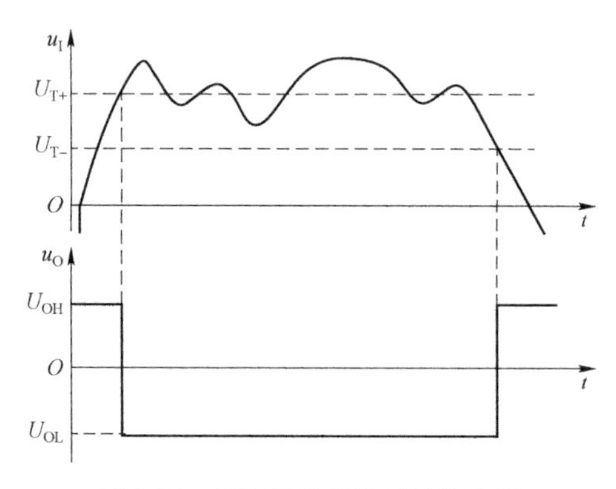

图 5.30　迟滞比较器的抗干扰作用

由于迟滞比较器具有良好的抗干扰特性，其广泛应用于幅度鉴别、脉冲整形、波形变换电路及各种自动控制电路中。

5.3　地磁测量系统的组成

5.3.1　标量测量系统

地磁标量测量系统是最基本的磁场测量系统，主要有地磁场传感器、地磁信号调理电路、模/数转换器和数据处理单元构成，结构框图如图 5.31 所示。

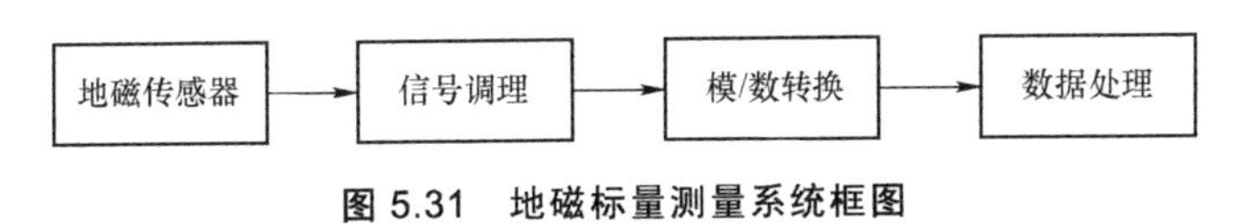

图 5.31　地磁标量测量系统框图

以测量磁场强度为目的的测量系统中，信号调理电路应具有准确稳定的增益和足够的带宽，要避免测量信号饱和失真，针对大动态输入范围的测量系统可以采用程控增益放大器实现多量程测量。

以地磁交变信号的周期和频率为目的的测量系统中，可以接受信号饱和失真，因此，信号调理电路的增益可以适当提高，以提高对微弱信号的检测能力；另外，可以对模拟信号进行整形，以提高测量精度。

5.3.2　矢量测量系统

地磁矢量一般通过相互正交的两路或三路地磁强度测量间接获得。地磁矢量测量由 2～3 个参数匹配的标量测试系统组成，结构框图如图 5.32 所示。

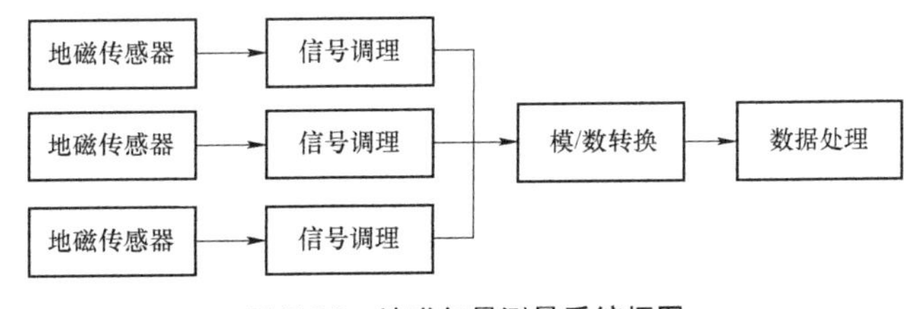

图 5.32　地磁矢量测量系统框图

地磁矢量测量系统中，影响测量精度的关键因素包括各通道灵敏度的一致性、各通道敏感轴的正交性、各通道模/数转换的同步性等。传感器自身及调理电路的误差不可避免，可通过后期软件处理进行补偿；共用同一个模/数转换器轮流采样多通道数据可能造成通道间同步性误差，可通过同步采样保持电路进行消除，或者给每个信号通道配置专用的模/数转换器。

5.3.3 场量测量系统

地磁场量测量中，应用最广泛的是磁场梯度张量测量。使用梯度张量实现的磁探测系统，拥有抗干扰能力强、磁测量信息量大等特点，因此常被用于对磁性目标进行探测和位置定位。

磁场梯度张量是指磁场的三个分量在三维方向上的变化率。在直角坐标系统中，磁梯度张量记为 $\boldsymbol{G}$，$\boldsymbol{G}$ 就是磁场的三个分量 B_x、B_y、B_z 在三个坐标轴的变化率，通过微分的差分近似等效，可以得到磁梯度张量的表达式为

$$\boldsymbol{G}=\begin{bmatrix} \dfrac{\partial B_x}{\partial x} & \dfrac{\partial B_x}{\partial y} & \dfrac{\partial B_z}{\partial z} \\ \dfrac{\partial B_y}{\partial x} & \dfrac{\partial B_y}{\partial y} & \dfrac{\partial B_y}{\partial z} \\ \dfrac{\partial B_z}{\partial x} & \dfrac{\partial B_z}{\partial y} & \dfrac{\partial B_z}{\partial z} \end{bmatrix}=\begin{bmatrix} g_{xx} & g_{xy} & g_{xz} \\ g_{yx} & g_{yy} & g_{yz} \\ g_{zx} & g_{zy} & g_{zz} \end{bmatrix} \tag{5.17}$$

磁梯度张量的测量需要构造测量阵列来实现，通过磁传感器测量磁场在三个方向的变化率，从而算出磁梯度张量。地磁场量测量系统框图如图 5.33 所示。

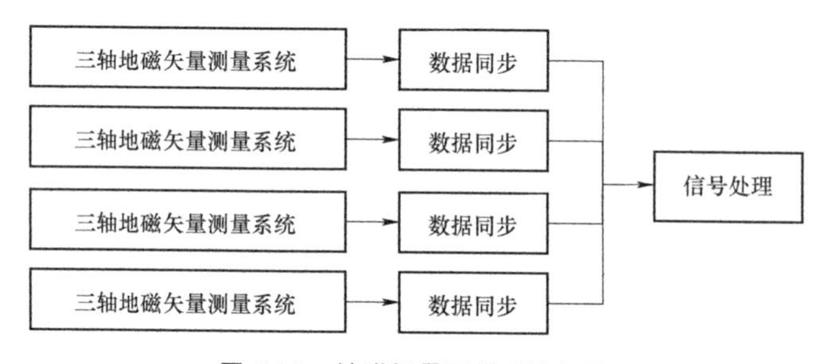

图 5.33 地磁场量测量系统框图

5.4 地磁测量误差分析与建模

5.4.1 地磁测量误差源分析

由于地磁场的频谱范围很宽，地磁场探测很容易受到载体本身及电子仪器

等产生的磁场干扰。弹体自身的铁磁性材料在地磁场的作用下产生感应磁场，引起地磁场的畸变，加上由于生产工艺水平、材料特性的制约，使得地磁传感器本身存在各种误差。

地磁传感器误差主要包括装配误差、自身误差和环境干扰误差。装配误差是由于地磁传感器在装配过程中传感器坐标系与弹体坐标系不重合或者不平行而引起的误差。自身误差是由于受到生产工艺水平和材料特性的限制，致使传感器无法达到理想状态而引起的误差。地磁传感器自身误差主要包括灵敏度误差、偏置误差和非正交误差等。环境干扰误差是由于弹体自身的铁磁性材料致使地磁场畸变而引起的误差，根据其影响的表现形式不同，分为硬磁误差和软磁误差。

5.4.1.1　装配误差分析

地磁传感器的传感器坐标系与弹体坐标系之间的关系用欧拉角表示，如图 5.34 所示，其中原点 O 为地磁传感器的中心，$OX_bY_bZ_b$ 为弹体坐标系，$OX_sY_sZ_s$ 为传感器坐标系，三个坐标轴为地磁传感器的理想敏感轴方向，μ_1、μ_2 和 μ_3 为三个欧拉角。

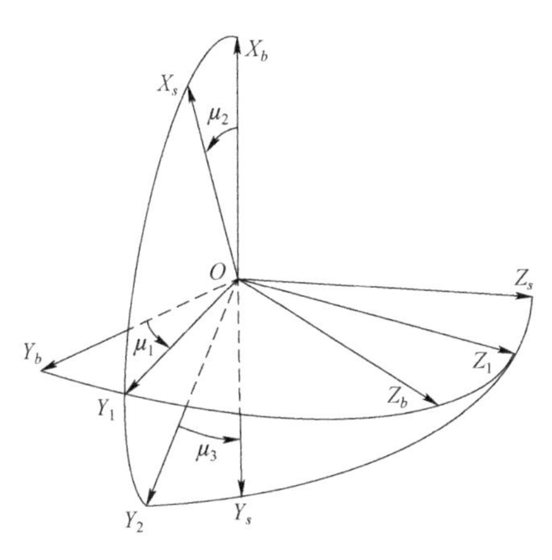

图 5.34　传感器坐标系与弹体坐标系

如果地磁场矢量在两个坐标系中依次表示为 $\boldsymbol{H}_s=[X_s\quad Y_s\quad Z_s]^{\mathrm{T}}$ 和 $\boldsymbol{H}_b=[X_b\quad Y_b\quad Z_b]^{\mathrm{T}}$，其转换关系式为

$$\boldsymbol{H}_s=\boldsymbol{P}_{ir}\boldsymbol{H}_b \tag{5.18}$$

式中，$\boldsymbol{P}_{ir}=\begin{bmatrix}1 & 0 & 0\\ 0 & \cos\mu_3 & \sin\mu_3\\ 0 & -\sin\mu_3 & \cos\mu_3\end{bmatrix}\begin{bmatrix}\cos\mu_2 & \sin\mu_2 & 0\\ -\sin\mu_2 & \cos\mu_2 & 0\\ 0 & 0 & 1\end{bmatrix}\begin{bmatrix}1 & 0 & 0\\ 0 & \cos\mu_1 & \sin\mu_1\\ 0 & -\sin\mu_1 & \cos\mu_1\end{bmatrix}$，表示装配误差矩阵。

虽然地磁传感器不可避免地存在装配误差，但是可以采用精密装配工艺，把装配误差控制在很小的范围内，从而保证地磁传感器在弹体上的装配精度。

5.4.1.2　自身误差分析

灵敏度误差：灵敏度误差是由于地磁传感器三个敏感轴之间的灵敏度和模拟电路放大增益不一致而引起的误差。灵敏度误差用对角矩阵 $\boldsymbol{C}_{is}$ 表示：

$$C_{is}=\begin{bmatrix} S_{ix} & & \\ & S_{iy} & \\ & & S_{iz} \end{bmatrix} \tag{5.19}$$

偏置误差：偏置误差（也叫零位误差）是由于地磁传感器、模拟电路和 ADC（模拟数字转换器）的零点不为零而引起的误差。偏置误差用矢量形式 $\boldsymbol{b}_o$ 表示。

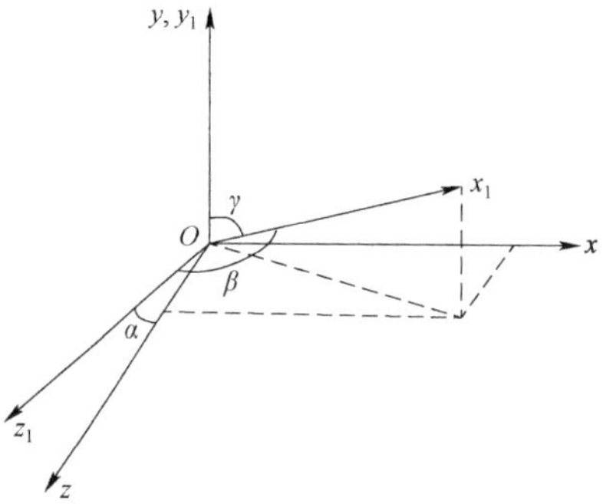

非正交误差：非正交误差是由于地磁传感器三个敏感轴的实际方向不完全正交而引起的误差（如图 5.35 所示）。非正交误差可以用矩阵形式表示为

图 5.35　非正交误差示意图

$$C_n=\begin{bmatrix} \sqrt{1-\cos^2\beta-\cos^2\gamma} & \cos\beta & \cos\gamma \\ 0 & \cos\alpha & \sin\alpha \\ 0 & 0 & 1 \end{bmatrix} \tag{5.20}$$

综上可知，假设地磁传感器仅受到自身误差因素的影响，地磁传感器输出的地磁场矢量为 $\boldsymbol{H}_n$，那么

$$\boldsymbol{H}_n=\boldsymbol{C}_{is}\boldsymbol{C}_n\boldsymbol{H}_i+\boldsymbol{b}_o \tag{5.21}$$

式中，$\boldsymbol{H}_i$ 为真实磁场。式（5.21）即为地磁传感器自身误差模型。

5.4.1.3　环境干扰误差分析

硬磁误差：硬磁误差主要是由于弹体硬磁材料产生的感应磁场或者电子设备产生的干扰磁场而引起的误差。硬磁干扰场的磁场强度矢量大小不变，方向相对弹体不变，所以其在地磁传感器的输出上产生固定的偏移量。其误差影响可用矢量形式 $\boldsymbol{b}_h$ 表示。

软磁误差：软磁误差主要是由于弹体软磁材料在地磁场的作用下产生感应磁场而引起的误差。软磁干扰场不仅与地磁场矢量的大小有关，而且还与弹体及地磁场矢量的夹角有关。在某一特定的方向上，软磁体的磁化强度与外部磁场强度成一定的比例关系，比例系数主要与软磁材料的特性（如磁导率）有关，通常将二者的关系简化为线性关系。其误差系数可表示为

$$C_s=\begin{bmatrix} 1+a_{xx} & a_{xy} & a_{xz} \\ a_{xy} & 1+a_{yy} & a_{yz} \\ a_{xz} & a_{yz} & 1+a_{zz} \end{bmatrix} \tag{5.22}$$

假设地磁传感器仅受到环境干扰误差因素的影响，地磁传感器输出的地磁场矢量为 $\boldsymbol{H}_s$，那么

$$\boldsymbol{H}_s = \boldsymbol{C}_s \boldsymbol{H}_i + \boldsymbol{b}_h \tag{5.23}$$

式（5.23）为地磁传感器的环境干扰误差模型。

5.4.2　误差模型建立

综合考虑装配误差、地磁传感器自身误差、环境干扰误差的影响，结合式（5.21）和式（5.23）可知地磁传感器输出的地磁场矢量为

$$\boldsymbol{H}_v = P_{ir} \boldsymbol{C}_{is} \boldsymbol{C}_n (\boldsymbol{C}_s \boldsymbol{H}_i + \boldsymbol{b}_h) + \boldsymbol{b}_o \tag{5.24}$$

式（5.24）可进一步可改写成

$$\boldsymbol{H}_v = \boldsymbol{S}_v \boldsymbol{H}_i + \boldsymbol{b}_o \tag{5.25}$$

式中，$\boldsymbol{S} = P_{ir} \boldsymbol{C}_{is} \boldsymbol{C}_n \boldsymbol{C}_s$，为弹体坐标系下的总校正矩阵；$\boldsymbol{b} = P_{ir} \boldsymbol{C}_{is} \boldsymbol{C}_n \boldsymbol{b}_h + \boldsymbol{b}_o$，为总偏移矢量。式（5.25）为地磁场测量的综合误差模型。如果忽略装配误差，仅考虑地磁传感器自身误差和环境干扰误差的影响，地磁传感器输出的地磁场矢量为

$$\boldsymbol{H}_m = \boldsymbol{C}_{is} \boldsymbol{C}_n (\boldsymbol{C}_s \boldsymbol{H}_i + \boldsymbol{b}_h) + \boldsymbol{b}_o \tag{5.26}$$

整理后得到

$$\boldsymbol{H}_m = \boldsymbol{S} \boldsymbol{H}_i + \boldsymbol{b} \tag{5.27}$$

式（5.27）为地磁场测量的简化误差模型。简化误差模型没有考虑装配误差，其与综合误差模型的不同之处在于：综合误差模型中的软磁和硬磁误差系数为环境因素在弹体坐标系三个坐标轴方向上相应的误差系数，简化误差模型中的软磁和硬磁误差系数为环境因素在传感器坐标系三个坐标轴方向上相应的误差系数。$\boldsymbol{H}_i = [x^L \quad y^L \quad z^L]^{\mathrm{T}}$ 为地磁场矢量，$\boldsymbol{H}_m = [x \quad y \quad z]^{\mathrm{T}}$ 为地磁传感器输出，值得一提的是，$\boldsymbol{S}$ 和 $\boldsymbol{b}$ 除了可表示前文提到的各种误差，还可以囊括同样类型的其他误差矩阵或误差矢量。如果误差校正矩阵 $\boldsymbol{S}$ 可逆，那么地磁场在传感器坐标系下的矢量为

$$\boldsymbol{H}_i = \boldsymbol{S}^{-1} (\boldsymbol{H}_m - \boldsymbol{b}) \tag{5.28}$$

另外，根据地磁场测量的综合误差模型和简化误差模型可知，只要已知误差模型中各种误差系数的大小，就可以逆向推导得到地磁场矢量的真实值，从而实现对地磁场测量误差的校正。

5.5 地磁测量误差的静态校正

地磁检测组件测量误差的静态校正是指利用磁传感器在多个位置转动的输出数据，根据相关拟合方法对误差模型的系数进行辨识，也称为多位置标定。多位置标定通常在实验室条件下进行，通过三轴无磁转台在多个位置下进行滚转运动时的输出数据拟合得到误差模型参数。若三轴无磁转台可以提供角度参考基准，则可根据姿态角计算得到真实磁场 $\boldsymbol{H}_i$，此时可利用最小二乘法直接拟合得到校正矩阵 $\boldsymbol{S}^{-1}$ 和误差矢量 $\boldsymbol{b}$。若没有角度参考基准，则首先要将测量误差模型拟合成通用的数学模型，然后求解数学模型参数。

5.5.1 有外部参考基准的测量误差校正

对于地磁检测组件测量误差校正模型（5.28），定义

$$\boldsymbol{S}^{-1}=\begin{bmatrix} a & b & c \\ d & e & f \\ g & h & l \end{bmatrix},\boldsymbol{b}=[b_1 \quad b_2 \quad b_3]^{\mathrm{T}}$$

将式（5.28）在 x 方向进行分解，可得到矩阵范德蒙德方程组

$$\begin{bmatrix} x_1 & y_1 & z_1 & -1 \\ x_2 & y_2 & z_2 & -1 \\ \vdots & \vdots & \vdots & \vdots \\ x_n & y_n & z_n & -1 \end{bmatrix}\begin{bmatrix} a \\ b \\ c \\ ab_1+bb_2+cb_3 \end{bmatrix}\approx\begin{bmatrix} x_1^L \\ x_2^L \\ \vdots \\ x_n^L \end{bmatrix} \tag{5.29}$$

令

$$\boldsymbol{A}=\begin{bmatrix} x_1 & y_1 & z_1 & -1 \\ x_2 & y_2 & z_2 & -1 \\ \vdots & \vdots & \vdots & \vdots \\ x_n & y_n & z_n & -1 \end{bmatrix},\quad \boldsymbol{x}=\begin{bmatrix} a \\ b \\ c \\ ab_1+bb_2+cb_3 \end{bmatrix}^{\mathrm{T}}$$

式（5.29）可转化成

$$\min\sum_{i=1}^{n}(\|\boldsymbol{Ax}-\boldsymbol{x}_i^L\|)^2 \tag{5.30}$$

式（5.30）符合多项式最小二乘拟合的基本方程形式 $\boldsymbol{Ax}=\boldsymbol{b}$，利用 QR 因子分解法，可快速求取 $\boldsymbol{x}$，其具体步骤如下：

① 计算约化 QR 因子分解 $\boldsymbol{A}=\boldsymbol{QR}$。

② 计算向量 $\boldsymbol{Q}^*\boldsymbol{x}_i^L$。

③ 对 $\boldsymbol{x}$ 解上三角方程组 $\boldsymbol{Rx}=\boldsymbol{Q}^*\boldsymbol{x}_i^L$。

同理，对式（5.28）的 y，z 方向进行分解，可得

$$\begin{bmatrix} x_1 & y_1 & z_1 & -1 \\ x_2 & y_2 & z_2 & -1 \\ \vdots & \vdots & \vdots & \vdots \\ x_n & y_n & z_n & -1 \end{bmatrix}\begin{bmatrix} a \\ b \\ c \\ db_1+eb_2+fb_3 \end{bmatrix}\approx\begin{bmatrix} y_1^L \\ y_2^L \\ \vdots \\ y_n^L \end{bmatrix} \tag{5.31}$$

$$\begin{bmatrix} x_1 & y_1 & z_1 & -1 \\ x_2 & y_2 & z_2 & -1 \\ \vdots & \vdots & \vdots & \vdots \\ x_n & y_n & z_n & -1 \end{bmatrix}\begin{bmatrix} a \\ b \\ c \\ gb_1+hb_2+lb_3 \end{bmatrix}\approx\begin{bmatrix} z_1^L \\ z_2^L \\ \vdots \\ z_n^L \end{bmatrix} \tag{5.32}$$

根据式（5.31）和式（5.32）可求得 $\boldsymbol{S}^{-1}$ 中的其余元素，从而利用式（5.28）计算得到真实地磁场矢量，完成对地磁检测组件测量误差的补偿。

5.5.2　无外部参考基准的测量误差校正

有外部参考基准的测量误差校正利用的是一般最小二乘法进行直接拟合，该方法不但要求提供外部参考角度，并且需要多个位置的大量采样数据才能保证拟合系数的精度。针对直接拟合法存在的不足，本节提出在无外部参考基准条件下对测量误差进行补偿的方法。

5.5.2.1　测量误差椭球模型的建立

首先定义球面和椭球面的方程如下：

$$\boldsymbol{S}=\{x\in \boldsymbol{R}^3:\|x\|^2=C^2\} \qquad \boldsymbol{L}=\{x\in \boldsymbol{R}^3:\|\boldsymbol{S}^{-1}\boldsymbol{R}'x\|^2=C^2\} \tag{5.33}$$

式中，$\boldsymbol{S}$ 为对角矩阵；$\boldsymbol{R}$ 为正交矩阵。$\boldsymbol{S}$ 和 $\boldsymbol{R}$ 分别表示椭球的长短轴矩阵和方向矩阵。

对地磁测量模型（5.25）中的 $\boldsymbol{S}$ 进行奇异值分解，令 $\boldsymbol{S}=\boldsymbol{U\Sigma V}'$，其中 $\boldsymbol{U}$、$\boldsymbol{V}$ 均是正交矩阵，$\boldsymbol{\Sigma}$ 为对角矩阵。定义

$$\boldsymbol{J}=\begin{bmatrix} \det(\boldsymbol{U}) & 0 \\ 0 & \boldsymbol{I}_{(n-1)\times(n-1)} \end{bmatrix},\quad \boldsymbol{R}_L=\boldsymbol{UJ},\quad \boldsymbol{S}_L=\boldsymbol{\Sigma},\quad \boldsymbol{V}_L=\boldsymbol{VJ}$$

不难得到 $\boldsymbol{R}_L$、$\boldsymbol{V}_L$ 也是正交矩阵，并且 $\boldsymbol{S}=\boldsymbol{R}_L\boldsymbol{S}_L\boldsymbol{V}_L'$。在没有误差干扰的条件下，地磁传感器的输出矢量等于该位置的磁场矢量，若将地磁传感器任意旋转，磁场矢量的轨迹可以描述成一个正球体，其半径等于当地的地磁场强度标量。

因此磁场真实值 $\boldsymbol{H}_i$ 的轨迹为球面，由式（5.33）得

$$\|\boldsymbol{H}_i\|^2 = H^2 \tag{5.34}$$

式中，H 为地磁强度标量。由于 $\boldsymbol{V}_L$ 为正交矩阵，令 $\boldsymbol{V}_L'\boldsymbol{H}_i = \boldsymbol{H}_i^L$，则

$$\|\boldsymbol{H}_i^L\|^2 = H^2 \tag{5.35}$$

将 $\boldsymbol{SH}_i = \boldsymbol{R}_L\boldsymbol{S}_L\boldsymbol{H}_i^L$ 代入式（5.33）的椭球面方程可得

$$\|\boldsymbol{S}_L^{-1}\boldsymbol{R}_L'\boldsymbol{SH}_i\|^2 = \|\boldsymbol{H}_i^L\|^2 = H^2 \tag{5.36}$$

可以看出 $\boldsymbol{SH}_i$ 满足椭球面方程，由此可得到 $\boldsymbol{H}_m$ 的椭球方程表达式

$$\boldsymbol{H}_m = \boldsymbol{R}_L\boldsymbol{S}_L\boldsymbol{H}_i^L + \boldsymbol{b} \tag{5.37}$$

式中，$\boldsymbol{H}_i^L = \boldsymbol{V}_L'\boldsymbol{H}_i$；$\boldsymbol{b}$ 表示椭球球心的位置；$\boldsymbol{R}_L$ 为椭球的旋转矩阵；$\boldsymbol{S}_L$ 为椭球的长短轴缩放。$\boldsymbol{V}_L'$ 可看成将球体 $\boldsymbol{H}_i$ 的坐标系转化成 L 坐标系，所以三维磁传感器的误差模型可以由 $\boldsymbol{R}_L$、$\boldsymbol{S}_L$、$\boldsymbol{V}_L'$、$\boldsymbol{b}$ 表示。

在自身误差和环境干扰误差的影响下，地磁传感器输出矢量位于一个椭球面上，误差矩阵 $\boldsymbol{S}$ 为椭球的旋转和长短轴缩放，误差矢量 $\boldsymbol{b}$ 为椭球球心位置在空间坐标系内的变化。地磁检测组件测量误差椭球模型可直观地用图 5.36 表示。

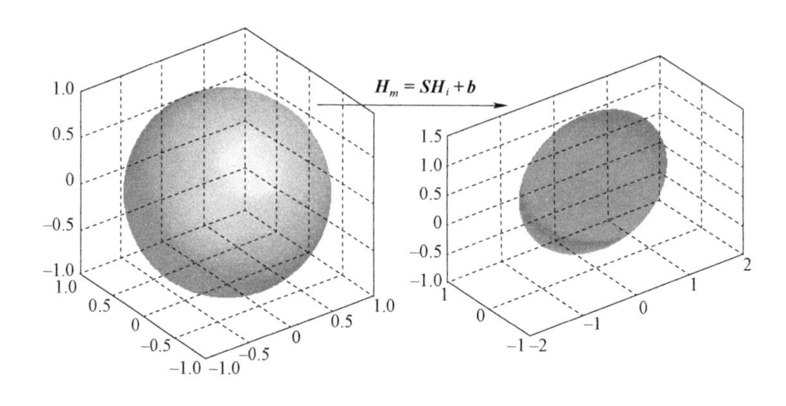

图 5.36　地磁检测组件测量误差的椭球模型建立

5.5.2.2　基于最大似然法的椭球拟合

此处使用最大似然估计法对式（5.37）中的参数进行求解，传感器测量值的概率密度函数服从正态分布（设其均值为 0，方差为 σ^2），即

$$(\boldsymbol{H}_m - (\boldsymbol{R}_L\boldsymbol{S}_L\boldsymbol{H}_i^L + \boldsymbol{b})) \sim N(0,\sigma^2) \Rightarrow \boldsymbol{H}_m \sim N(\boldsymbol{R}_L\boldsymbol{S}_L\boldsymbol{H}_i^L + \boldsymbol{b},\sigma^2) \tag{5.38}$$

其似然函数为

$$L(\boldsymbol{H}_1^L,\boldsymbol{H}_2^L,\cdots,\boldsymbol{H}_n^L \mid \boldsymbol{R}_L\boldsymbol{S}_L\boldsymbol{H}_i^L+\boldsymbol{b},\sigma^2)=[1/(2\pi\sigma)]^2\exp\left(-\frac{\sum_{i=1}^{n}\left(\left\|(\boldsymbol{H}_m-\boldsymbol{b})-\boldsymbol{R}_L\boldsymbol{S}_L\boldsymbol{H}_i^L\right\|\right)^2}{2\sigma^2}\right) \tag{5.39}$$

式（5.37）求最大似然估计值的问题可以转化为求似然函数最大值问题，再通过对似然函数取对数，可以转化成最小值问题

$$\min\sum_{i=1}^{n}\left(\left\|(\boldsymbol{H}_m-\boldsymbol{b})-\boldsymbol{R}_L\boldsymbol{S}_L\boldsymbol{H}_i^L\right\|\right)^2 \tag{5.40}$$

式（5.40）等价于将椭球面上的点 $(\boldsymbol{H}_m-\boldsymbol{b})$ 拟合成椭球面 $(\boldsymbol{R}_L\boldsymbol{S}_L\boldsymbol{H}_i^L)$。那么，也可把式（5.40）改写成球面 $\boldsymbol{S}_L^{-1}\boldsymbol{R}_L'(\boldsymbol{H}_m-\boldsymbol{b})$ 上的点拟合成球面 $\boldsymbol{H}_i^L$ 的形式，即

$$\min\sum_{i=1}^{n}\left(\left\|\boldsymbol{S}_L^{-1}\boldsymbol{R}_L'(\boldsymbol{H}_m-\boldsymbol{b})-\boldsymbol{H}_i^L\right\|\right)^2 \tag{5.41}$$

根据式（5.35），可将式（5.41）变换为

$$\min\sum_{i=1}^{n}\left(\left\|\boldsymbol{S}_L^{-1}\boldsymbol{R}_L'(\boldsymbol{H}_m-\boldsymbol{b})\right\|-H\right)^2 \tag{5.42}$$

假设 $(\boldsymbol{R}_L,\boldsymbol{S}_L,\boldsymbol{b})$ 为式（5.42）的解，对于任意正交矩阵 $\boldsymbol{V}_L$，有

$$\left\|\boldsymbol{V}_L\boldsymbol{S}_L^{-1}\boldsymbol{R}_L'(\boldsymbol{H}_m-\boldsymbol{b})\right\|=\left\|\boldsymbol{S}_L^{-1}\boldsymbol{R}_L'(\boldsymbol{H}_m-\boldsymbol{b})\right\| \tag{5.43}$$

因此可将（5.43）表示为

$$\min\sum_{i=1}^{n}\left(\left\|\boldsymbol{T}(\boldsymbol{H}_m-\boldsymbol{b})\right\|-H\right)^2 \tag{5.44}$$

其解为 $(\boldsymbol{T},\boldsymbol{b})$，并且有奇异值分解 $\boldsymbol{T}=\boldsymbol{U}_T\boldsymbol{S}_T\boldsymbol{V}_T'$，则式（5.42）的解 $\boldsymbol{R}_L=\boldsymbol{V}_T$，$\boldsymbol{S}_L=\boldsymbol{S}_T^{-1}$。因此椭球方程（5.37）中的参数可通过求解式（5.44）和奇异值分解 $\boldsymbol{T}$ 得到。对式（5.44）的求解可采用牛顿优化法，其具体步骤可以归纳为：

第一步，给定终止误差值 $0\leqslant\xi\leqslant1$，初始点 $x_0\in\boldsymbol{R}^n$，令 k=0。

第二步，计算 $g_k=\nabla f(x_k)$，若 $\|g_k\|<\xi$，停算，输出 $x^*=x_k$。

第三步，计算 $G_k=\nabla^2 f(x_k)$，并求解线性方程组的解 d_k: $G_k d_k=-g_k$。

第四步，令 $x_{k+1}=x_k+d_k$，k=k+1，转第二步。

其初值 x_0 可以用二步最小二乘法拟合得到，利用 Matlab 软件编程对式（5.44）进行求解，得到参数解 $(\boldsymbol{R}_L,\boldsymbol{S}_L,\boldsymbol{b})$，即可得到 L 坐标系中误差补偿方程

$$\boldsymbol{H}_i^L=\boldsymbol{S}_L^{-1}\boldsymbol{R}_L'(\boldsymbol{H}_m-\boldsymbol{b}) \tag{5.45}$$

由前面的推导可知，$\boldsymbol{H}_i^L=\boldsymbol{V}_L'\boldsymbol{H}_i$，将式（5.45）的计算结果 $\boldsymbol{H}_i^L$ 与磁场实际值 $\boldsymbol{H}_i$ 用最小二乘法拟合，可以得到 $\boldsymbol{V}_L'$，从而得到磁传感器误差补偿方程为

$$\boldsymbol{H}_i=\boldsymbol{V}_L\boldsymbol{S}_L^{-1}\boldsymbol{R}_L'(\boldsymbol{H}_m-\boldsymbol{b}) \tag{5.46}$$

5.5.2.3 算法仿真与结果分析

假设地磁场强度 H=48 152 nT，磁偏角 ζ=−4.75°，磁倾角 ε=44.57°，地磁传感器的 3 个灵敏度误差系数分别为 S_{ix}=1.2、S_{iy}=0.8 和 S_{iz}=1，3 个非正交误差角分别为 α=1°、β=89.5° 和 γ=89°，3 个偏置误差系数分别为 b_{ox}=900 nT、b_{oy}=860 nT 和 b_{oz}=−780 nT，3 个硬磁误差系数分别为 b_{hx}=−75 nT、b_{hy}=−70 nT 和 b_{hz}=85 nT，软磁误差矩阵为

$$\boldsymbol{C}_s=\begin{bmatrix}1.2 & 0.2 & 0.3\\0.2 & 1.4 & 0.4\\0.3 & 0.4 & 1.5\end{bmatrix}$$

根据地磁检测组件测量误差模型（5.24），随机产生一组（1 000 个采样点）叠加了各种误差的地磁传感器输出数据。按照本节的校正方法对误差系数进行求解，计算简化误差模型，即式（5.25）中的校正矩阵 $\boldsymbol{S}^{-1}$ 和误差矢量 $\boldsymbol{b}$ 分别为

$$\boldsymbol{S}^{-1}=\begin{bmatrix}0.774\ 5 & -0.098\ 1 & -0.156\ 7\\-0.086\ 2 & 0.993\ 2 & -0.209\ 8\\-0.143\ 7 & -0.193\ 7 & 0.755\ 0\end{bmatrix},\quad \boldsymbol{b}=\begin{bmatrix}824.263\ 2\\810.478\ 3\\-683.298\ 2\end{bmatrix}$$

根据仿真条件可以得到校正矩阵 $\boldsymbol{S}^{-1}$ 和误差矢量 $\boldsymbol{b}$ 的真值分别为

$$\boldsymbol{S}^{-1}=\begin{bmatrix}0.738\ 3 & -0.112\ 4 & -0.169\ 1\\-0.068\ 5 & 0.977\ 1 & -0.204\ 0\\-0.129\ 4 & -0.238\ 1 & 0.754\ 9\end{bmatrix},\quad \boldsymbol{b}=\begin{bmatrix}811.064\ 3\\805.195\ 3\\-695\end{bmatrix}$$

可以看出，计算得到的校正矩阵和误差矢量与真值比较接近。

图 5.37 为根据误差模型随机产生的地磁场数据曲线，以及拟合得到的测量误差模型。从图中可以看出，由于存在各种误差，利用地磁场数据拟合得到的模型为椭球模型，模型存在旋转和长短轴缩放。图 5.38 为校正后的地磁场数据及拟合得到的模型，从图中可以看出，经过校正，地磁场数据拟合模型基本还原成一个正球体，地磁检测组件的测量误差得到很好的校正。图 5.39 所示为校正前后的总磁场强度。从图中可以看出，校正前总磁场强度的波动比较大，经过校正后的总磁场强度基本还原成一条直线，其幅值大小符合仿真条件所设的 48 152 nT。

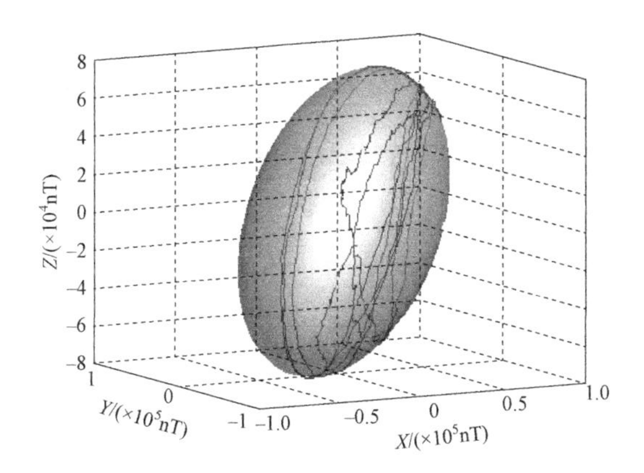

图 5.37　测量误差模型椭球拟合效果图

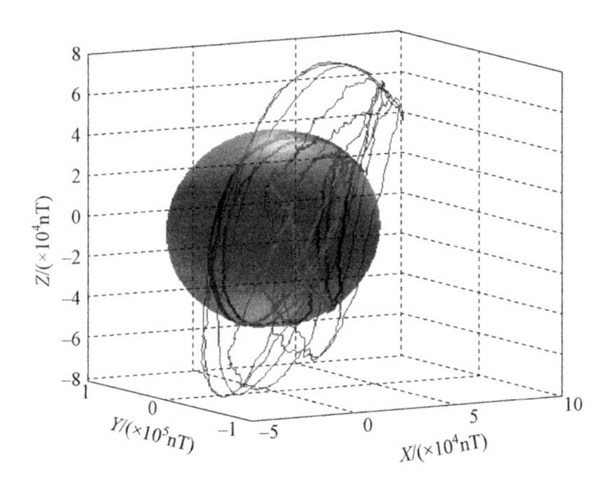

图 5.38　测量误差校正效果图

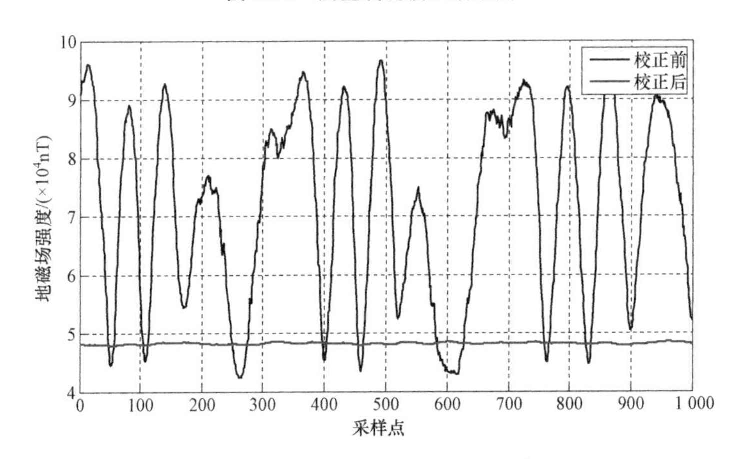

图 5.39　校正前、后的总磁场强度

5.6 地磁测量误差的在线组合校正

在无外部参考基准的条件下，可先拟合得到误差模型的数学方程，然后求解误差系数。这种校正方法能在一定程度上对地磁传感器的误差进行补偿。在试验条件下选取具有代表性的几组采样数据进行拟合，得到补偿系数，属于静态补偿算法。然而试验条件下的磁场环境与弹丸实际飞行环境存在较大差别，单纯的通过静态补偿算法得到的补偿系数并不能很好地对弹丸飞行过程中的磁场进行补偿，因此，在利用静态校正方法得到误差补偿系数后，需要根据弹丸实际飞行环境对补偿系数进行在线更新，这就是地磁检测组件测量误差的在线组合校正方法。

现在普遍采用的在线更新算法是一般最小二乘法或递推最小二乘法。量测值 $\boldsymbol{H}_m$ 越多，只要处理得合适，一般最小二乘估计的均方误差就越小。但是采用一般最小二乘算法时，要对数据进行批处理，需要存储大量的量测值。而实际弹丸飞行过程中的量测值数量十分庞大，让弹载计算机进行如此庞大的数据存储和计算显然不现实。递推最小二乘估计从每次获得的量测值中提取出估计量信息，用于修正上一步所得的估计。获得量测的次数越多，修正的次数也越多，估计精度也越高。

利用递推最小二乘法实现地磁检测组件测量误差补偿系数在线更新的具体步骤：首先根据新采集到的传感器输出信号，实时更新测量误差的椭球模型系数，然后利用椭球模型系数转换得到误差校正矩阵 $\boldsymbol{S}^{-1}$ 和误差矢量 $\boldsymbol{b}$ 。

5.6.1 基于递推最小二乘法的椭球拟合

由前述介绍可知，地磁检测组件的测量误差模型可拟合成椭球模型，因此可将误差模型表示成椭球方程的一般形式为

$$aX^2+bY^2+cZ^2+2fXY+2gXZ+2hYZ+2pX+2qY+2rZ+d+n(k)=0 \tag{5.47}$$

式中，$n(k)$为噪声；X、Y、Z 分别为传感器输出的地磁分量，定义与椭球系数对应的矢量为

$$\boldsymbol{X}_k=[a \quad b \quad c \quad f \quad g \quad h \quad p \quad q \quad r \quad d]^{\mathrm{T}} \tag{5.48}$$

假设地磁传感器输出的三轴地磁分量为 $[X_k \quad Y_k \quad Z_k]^{\mathrm{T}}$，其中 $k=1,2,\cdots,n$，对于每组数据，定义对应的矢量

$$\boldsymbol{H}_k = [X_k^2 \quad Y_k^2 \quad Z_k^2 \quad 2X_kY_k \quad 2X_kZ_k \quad 2Y_kZ_k \quad 2X_k \quad 2Y_k \quad 2Z_k \quad 1] \tag{5.49}$$

那么，式（5.47）可以转化成量测方程形式

$$\boldsymbol{Z}_k = \boldsymbol{H}_k\boldsymbol{X}_k + \boldsymbol{V}_k \tag{5.50}$$

式中，$\boldsymbol{Z}_k$ 为常值零；$\boldsymbol{V}_k = n(k)$，为量测噪声。

递推最小二乘法的具体步骤为：

① 设置初值 $\boldsymbol{X}_0$，令 $\boldsymbol{P}_0 = p\boldsymbol{I}$，$p$ 为足够大的正数。

② 计算 $\boldsymbol{P}_{k+1} = \boldsymbol{P}_k\boldsymbol{H}_{k+1}^{\mathrm{T}}(1+\boldsymbol{H}_{k+1}\boldsymbol{P}_k\boldsymbol{H}_{k+1}^{\mathrm{T}})^{-1}\boldsymbol{H}_{k+1}\boldsymbol{P}_k$。

③ 计算 $\boldsymbol{X}_{k+1} = \boldsymbol{X}_k + \boldsymbol{P}_{k+1}\boldsymbol{H}_{k+1}^{\mathrm{T}}(\boldsymbol{Z}_{k+1} - \boldsymbol{H}_{k+1}\boldsymbol{X}_k)$。

由于算法的初始阶段融合的数据量比较少，所以，在递推过程中，刚开始计算时，估计误差跳跃剧烈，随着量测次数的增加，估计值逐渐趋于稳定而逼近被估计量。

5.6.2 椭球系数对误差补偿系数的转化方法

在得到了椭球系数后，还要将椭球系数转化成误差校正矩阵 $\boldsymbol{S}^{-1}$ 和误差矢量 $\boldsymbol{b}$，才能直接对地磁传感器的测量误差进行补偿。

地磁场矢量 $\boldsymbol{H}_i$ 和地磁场强度 H 的关系为

$$H^2 - \|\boldsymbol{H}_i\|^2 = H^2 - \boldsymbol{H}_i^{\mathrm{T}}\boldsymbol{H}_i = 0 \tag{5.51}$$

将式（5.51）代入式（5.28），可得

$$(\boldsymbol{H}_m - \boldsymbol{b})^{\mathrm{T}}(\boldsymbol{S}^{-1})^{\mathrm{T}}\boldsymbol{S}^{-1}(\boldsymbol{H}_m - \boldsymbol{b}) - H^2 = 0 \tag{5.52}$$

令

$$\boldsymbol{M} = (\boldsymbol{S}^{-1})^{\mathrm{T}}\boldsymbol{S}^{-1}$$

式（5.52）可以表示为

$$(\boldsymbol{H}_m - \boldsymbol{b})^{\mathrm{T}}\boldsymbol{M}(\boldsymbol{H}_m - \boldsymbol{b}) = H^2 \tag{5.53}$$

在已知椭球方程的各个系数后，将椭球方程（5.47）变换成矩阵形式

$$\boldsymbol{H}_m^{\mathrm{T}}\boldsymbol{E}\boldsymbol{H}_m + (2\boldsymbol{F})^{\mathrm{T}}\boldsymbol{H}_m + G = 0 \tag{5.54}$$

式中，$\boldsymbol{E} = \begin{bmatrix} a & f & g \\ f & b & h \\ g & h & c \end{bmatrix}$，$\boldsymbol{F} = [p \quad q \quad r]^{\mathrm{T}}$，$G=d$。

将式（5.54）进一步变换为

$$(\boldsymbol{H}_m - \boldsymbol{\omega})^{\mathrm{T}}\boldsymbol{K}(\boldsymbol{H}_m - \boldsymbol{\omega}) = 1 \tag{5.55}$$

式中

$$\boldsymbol{\omega}=-\boldsymbol{E}^{-1}\boldsymbol{F}\ ,\quad \boldsymbol{K}=\frac{1}{\boldsymbol{\omega}^{\mathrm{T}}\boldsymbol{E}\boldsymbol{\omega}-G}\boldsymbol{E}$$

式（5.55）为椭球方程的矩阵表达形式。对比式（5.55）和式（5.53）可得，$\boldsymbol{b}=\boldsymbol{\omega}$，$\boldsymbol{M}=\boldsymbol{K}H^2$。对 $\boldsymbol{M}$ 进行奇异值分解可得

$$\boldsymbol{M}=\boldsymbol{U}\boldsymbol{\Sigma}\boldsymbol{U}^{\mathrm{T}} \tag{5.56}$$

式中，$\boldsymbol{U}$ 为对称矩阵 $\boldsymbol{M}\boldsymbol{M}^{\mathrm{T}}$ 的特征矢量矩阵。

假设

$$\sqrt{\boldsymbol{\Sigma}}=\begin{bmatrix}\sqrt{\lambda_1} & & \\ & \sqrt{\lambda_2} & \\ & & \sqrt{\lambda_3}\end{bmatrix},\quad \boldsymbol{N}=\boldsymbol{U}\sqrt{\boldsymbol{\Sigma}}\boldsymbol{U}^{\mathrm{T}}$$

那么

$$\boldsymbol{M}=\boldsymbol{U}\boldsymbol{\Sigma}\boldsymbol{U}^{\mathrm{T}}=\boldsymbol{U}\sqrt{\boldsymbol{\Sigma}}\boldsymbol{U}^{\mathrm{T}}\boldsymbol{U}\sqrt{\boldsymbol{\Sigma}}\boldsymbol{U}^{\mathrm{T}}=\boldsymbol{N}^{\mathrm{T}}\boldsymbol{N} \tag{5.57}$$

由于 $\boldsymbol{M}=(\boldsymbol{S}^{-1})^{\mathrm{T}}\boldsymbol{S}^{-1}$，可以利用式（5.57）求取 $\boldsymbol{S}^{-1}$。

误差校正方程（5.57）可以改写成

$$\boldsymbol{H}_i=\boldsymbol{U}\sqrt{\boldsymbol{\Sigma}}\boldsymbol{U}^{\mathrm{T}}(\boldsymbol{H}_m-\boldsymbol{\omega}) \tag{5.58}$$

5.6.3 地磁检测组件测量误差在线组合校正流程

地磁检测组件测量误差的在线组合校正流程如图 5.40 所示。首先利用基于最大似然估计的静态校正方法得到误差补偿系数；然后将补偿系数转换成椭球系数后作为在线更新算法的初值 $\boldsymbol{X}_0$，从每次获得的地磁测量值 $\boldsymbol{Z}$ 中提取出估计量信息，用于修正椭球系数；最后将椭球系数转换成误差补偿系数，实现误差补偿系数的在线更新。

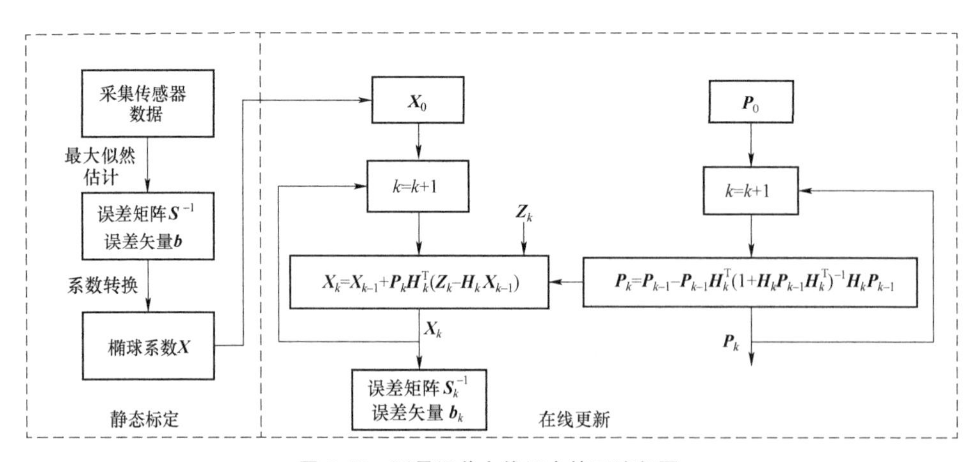

图 5.40　测量误差在线组合校正流程图

参 考 文 献

[1] 王钊. 基于磁梯度张量的平面式十字阵列系统研究［D］. 哈尔滨：哈尔滨工程大学，2019.

[2] 胡彬. 地磁屏蔽室内磁场模拟与控制技术研究［D］. 南京：南京理工大学，2014.

[3] 龙礼，张合. 三轴地磁传感器参数的在线校正算法［J］. 测试技术学报，2013，27（3）：223–226.

[4] 龙礼，张合，刘建敬. 姿态检测地磁传感器误差分析与补偿方法［J］. 中国惯性技术学报，2013，21（1）：80–83.

[5] 何振才. 引信空炸炸点精确控制技术研究［D］. 南京：南京理工大学，2006.

第6章 地磁探测在弹体姿态测量中的应用

基于地磁传感器的弹丸姿态角检测技术，以地磁场矢量作为参考基准，根据与弹体固连的地磁传感器的输出信号随弹体运动而发生的变化，结合基准地磁场矢量，通过相关算法计算弹丸的姿态角。与常用姿态角检测技术相比，基于地磁传感器的弹丸姿态角检测技术能够很好地满足简易制导弹药的要求，因此逐渐受到国内外的重视和研究。

本章基于前述地磁探测相关技术分析，总结阐述地磁探测的各类姿态角辨识理论与技术。

6.1 姿态角解算模型

在姿态角的计算过程中，涉及地磁场矢量在多个坐标系之间的变换，所以对这些坐标系进行定义，对其相互之间的变换关系进行分析，并推导姿态角解算模型。

6.1.1 坐标系与坐标变换

6.1.1.1 地磁坐标系

如图 6.1 所示，$OX_mY_mZ_m$ 为地磁坐标系，原点 O 为炮口中心，OX_m 轴沿水平线指向地理北，OY_m 轴沿水平线指向地理东，OZ_m 轴垂直向下。假设地磁场矢量为 $\boldsymbol{H}$，其强度为 H，磁偏角 ζ 为 OX_m 与地磁场矢量在 OX_mY_m 面内的投影的夹角（以正北方向为零度基准，北偏东为正），磁倾角 ε 为地磁场矢量与其在 OX_mY_m 面内的投影的夹角（以水平为零度基准，低头为正）。

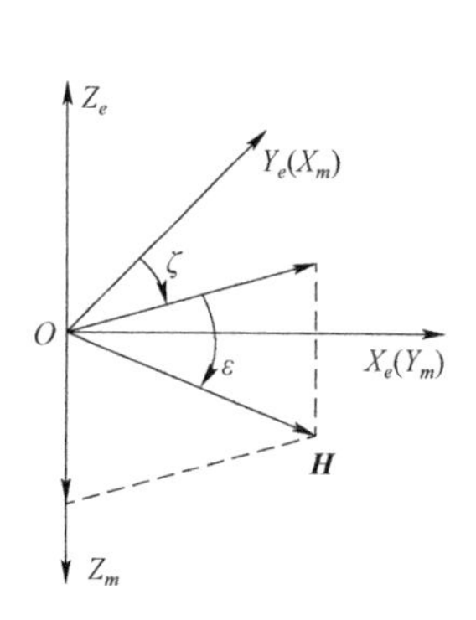

图 6.1 地磁坐标系与地理坐标系

地磁场矢量 $\boldsymbol{H}$ 在地磁坐标系下表示为

$$\boldsymbol{H}_m=\begin{bmatrix}X_m\\Y_m\\Z_m\end{bmatrix}=\begin{bmatrix}H\cos\varepsilon\cos\zeta\\H\cos\varepsilon\sin\zeta\\H\sin\varepsilon\end{bmatrix}\tag{6.1}$$

6.1.1.2　地理坐标系

如图 6.1 所示，$OX_eY_eZ_e$ 为地理坐标系，OX_e 轴沿水平线指向地理东，OY_e 轴沿水平线指向地理北，OZ_e 轴垂直向上。

地磁场矢量在地理坐标系下表示为

$$\boldsymbol{H}_e=\begin{bmatrix}X_e\\Y_e\\Z_e\end{bmatrix}=\begin{bmatrix}H\cos\varepsilon\sin\zeta\\H\cos\varepsilon\cos\zeta\\-H\sin\varepsilon\end{bmatrix}\tag{6.2}$$

6.1.1.3　发射坐标系

如图 6.2 所示，$OX_lY_lZ_l$ 为发射坐标系，OX_l 轴沿水平线指向射击方向，OY_l 轴垂直向上，OX_lY_l 面为射击面，OZ_l 轴由右手定则确定为垂直于射击面指向右方。射向 ψ 为从 OY_e 到 OX_l 转过的角度，北偏东为正。

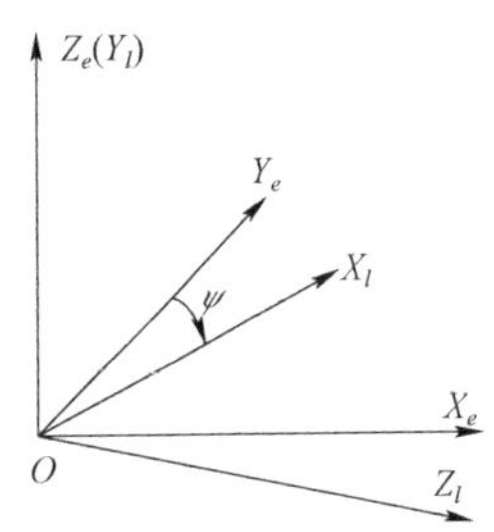

图 6.2　发射坐标系与地理坐标系

地磁场矢量在发射坐标系下表示为

$$\begin{aligned}\boldsymbol{H}_l=\begin{bmatrix}X_l\\Y_l\\Z_l\end{bmatrix}&=\begin{bmatrix}\cos(90^\circ-\psi)&0&-\sin(90^\circ-\psi)\\0&1&0\\\sin(90^\circ-\psi)&0&\cos(90^\circ-\psi)\end{bmatrix}\begin{bmatrix}1&0&0\\0&\cos90^\circ&\sin90^\circ\\0&-\sin90^\circ&\cos90^\circ\end{bmatrix}\boldsymbol{H}_e\\&=H\begin{bmatrix}\cos\varepsilon\sin\zeta\sin\psi+\cos\varepsilon\cos\zeta\cos\psi\\-\sin\varepsilon\\\cos\varepsilon\sin\zeta\cos\psi-\cos\varepsilon\cos\zeta\sin\psi\end{bmatrix}\end{aligned}\tag{6.3}$$

6.1.1.4　弹轴坐标系

为了便于表达发射坐标系与弹轴坐标系及弹体坐标系的关系，将发射坐标系的原点平移到弹体质心 O' 处，如图 6.3 所示，$O'X_lY_lZ_l$ 为发射坐标系，$O'X_aY_aZ_a$ 为弹轴坐标系，$O'X_a$ 轴沿弹轴指向头部方向，$O'Y_a$ 轴垂直于 $O'X_a$ 指向上方，$O'Z_a$ 轴由右手定则确定为垂直于 $O'X_aY_a$ 指向右方，OX'_a 轴沿水平线指向弹轴的实际方向。偏航角 φ 为 $O'X_aY_aZ_a$ 绕 $O'Y_l$ 轴转动的角度，沿 OY_l 反方向看，逆时针方向为正。俯仰角 θ 为 $O'X_a$ 与其在 $O'X_lZ_l$ 面内的投影的夹角，抬头为正。

地磁场矢量在弹轴坐标系下表示为

$$
\boldsymbol{H}_a=\begin{bmatrix}X_a\\Y_a\\Z_a\end{bmatrix}=\begin{bmatrix}\cos\theta & \sin\theta & 0\\-\sin\theta & \cos\theta & 0\\0 & 0 & 1\end{bmatrix}\begin{bmatrix}\cos\varphi & 0 & -\sin\varphi\\0 & 1 & 0\\\sin\varphi & 0 & \cos\varphi\end{bmatrix}\boldsymbol{H}_l \tag{6.4}
$$

6.1.1.5 弹体坐标系

如图 6.3 所示，$O'X_bY_bZ_b$ 为弹体坐标系，$O'X_b$ 轴沿弹轴指向头部方向，面 $O'Y_bZ_b$ 为弹体截面，且 $O'Y_b$ 轴和 $O'Z_b$ 轴固连于弹体，并与弹体一起绕 $O'X_b$ 转动。滚转角 γ 为绕 $O'X_b$ 转动的角度，沿 $O'X_b$ 反方向看，逆时针方向为正。

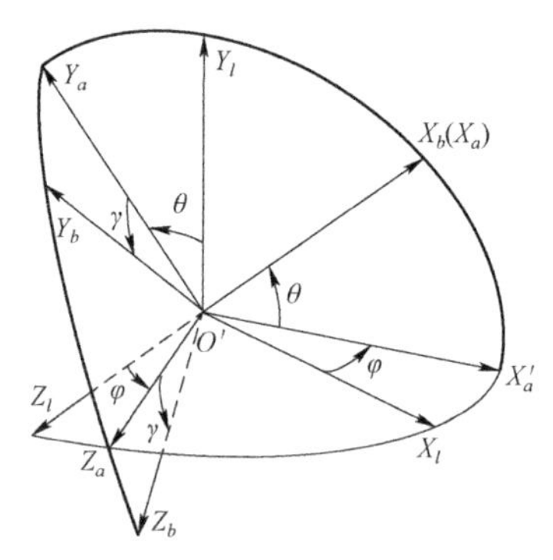

图 6.3 发射坐标系、弹轴坐标系与弹体坐标系

地磁场矢量在弹体坐标系下表示为

$$
\begin{aligned}
\boldsymbol{H}_b=\begin{bmatrix}X_b\\Y_b\\Z_b\end{bmatrix}&=\begin{bmatrix}1 & 0 & 0\\0 & \cos\gamma & \sin\gamma\\0 & -\sin\gamma & \cos\gamma\end{bmatrix}\boldsymbol{H}_a\\
&=\begin{bmatrix}1 & 0 & 0\\0 & \cos\gamma & \sin\gamma\\0 & -\sin\gamma & \cos\gamma\end{bmatrix}\begin{bmatrix}\cos\theta & \sin\theta & 0\\-\sin\theta & \cos\theta & 0\\0 & 0 & 1\end{bmatrix}\begin{bmatrix}\cos\varphi & 0 & -\sin\varphi\\0 & 1 & 0\\\sin\varphi & 0 & \cos\varphi\end{bmatrix}\boldsymbol{H}_l
\end{aligned} \tag{6.5}
$$

式中，γ、θ、φ 为弹丸的三个姿态角。

式（6.5）为姿态角变换方程。

6.1.2 姿态角解算模型

由式（6.5）可知，变换矩阵中的三个姿态角并不是独立的，不能独立求解。在已知发射坐标系下的地磁场矢量 $\boldsymbol{H}_l=[X_l\quad Y_l\quad Z_l]^{\mathrm{T}}$ 和弹体坐标下的地磁场矢量 $\boldsymbol{H}_b=[X_b\quad Y_b\quad Z_b]^{\mathrm{T}}$ 的情况下，必须至少已知三个姿态角中的一个，才能够计算其余的姿态角。

如果已知滚转角 γ，那么俯仰角和偏航角为

$$
\begin{cases}
\theta=\pm\arccos\left[\dfrac{Y_l}{\sqrt{X_b^2+(Y_b\cos\gamma-Z_b\sin\gamma)^2}}\right]+\operatorname{atan}\left(\dfrac{X_b}{Y_b\cos\gamma-Z_b\sin\gamma}\right)\\
\varphi=\pm\arccos\left(\dfrac{Y_b\sin\gamma+Z_b\cos\gamma}{\sqrt{X_l^2+Z_l^2}}\right)+\operatorname{atan}\left(\dfrac{X_l}{Z_l}\right)
\end{cases} \tag{6.6}
$$

如果已知俯仰角 θ，那么滚转角和偏航角为

$$\begin{cases}\gamma=\pm\arccos\left(\dfrac{Y_l-X_b\sin\theta}{\sqrt{Y_b^2+Z_l^2}\cos\theta}\right)-\operatorname{atan}\left(\dfrac{Z_b}{Y_b}\right)\\ \varphi=\pm\arccos\left(\dfrac{X_b-Y_l\sin\theta}{\sqrt{X_l^2+Z_l^2}\cos\theta}\right)-\operatorname{atan}\left(\dfrac{Z_l}{X_l}\right)\end{cases} \tag{6.7}$$

如果已知偏航角 φ，那么俯仰角和滚转角为

$$\begin{cases}\theta=\pm\arccos\left[\dfrac{X_b}{\sqrt{Y_l^2+\left(X_l\cos\varphi-Z_l\sin\varphi\right)^2}}\right]+\operatorname{atan}\left(\dfrac{Y_l}{X_l\cos\varphi-Z_l\sin\varphi}\right)\\ \gamma=\pm\arccos\left(\dfrac{X_l\sin\varphi+Z_l\cos\varphi}{\sqrt{Y_b^2+Z_b^2}}\right)+\operatorname{atan}\left(\dfrac{Y_b}{Z_b}\right)\end{cases} \tag{6.8}$$

需要注意的是，在式（6.6）、式（6.7）和式（6.8）中，三个姿态角变化范围依次为 $0\leqslant\gamma<360°$、$-90°<\theta<90°$ 和 $-180°<\varphi\leqslant180°$，反余弦函数 arccos 的变化范围为 $[0,180°]$，反正切函数采用 atan 是为了与 arctan 进行区分，atan 的变化范围为 $[0,360°)$，而 arctan 的取值范围为 $(-90°,90°)$。如果在计算过程中三个角度出现超出变化范围的值，可以通过加上或者减去 360° 进行调整。

为了进行弹道修正，简易制导弹药本身具备实时测量弹道信息（弹道点位置和速度）的能力，可以根据弹道信息得到弹丸的弹道偏角。假设简易制导弹药测量到的弹丸飞行速度矢量在发射坐标系下表示为 $\boldsymbol{V}=[V_x \quad V_y \quad V_z]^{\mathrm{T}}$，那么弹道偏角

$$\phi=-\arctan(V_z/V_x) \tag{6.9}$$

对于稳定飞行的弹丸，其侧向扰动一般较小。在已知弹道偏角的情况下，忽略弹丸侧向扰动的影响，假设偏航角等于弹道偏角（即 $\varphi=\phi$），或者当偏航角变化较小时，假设偏航角恒定为零，从而在偏航角已知的条件下，根据式（6.8）计算俯仰角 θ 和滚转角 γ。

由图 6.3 看到，发射坐标系 $O'X_lY_lZ_l$ 绕 $O'Y_l$ 转动 φ 变为 $O'X_a'Y_lZ_a$，由此可得

$$X_a'=X_l\cos\varphi-Z_l\sin\varphi \tag{6.10}$$

$$Z_a=X_l\sin\varphi+Z_l\cos\varphi \tag{6.11}$$

将式（6.10）和式（6.11）代入式（6.8），得到俯仰角和滚转角

$$\theta=\pm\arccos\left(\dfrac{X_b}{\sqrt{Y_l^2+X_a'^2}}\right)+\operatorname{atan}\left(\dfrac{Y_l}{X_a'}\right) \tag{6.12}$$

$$\gamma = \pm \arccos\left(\frac{Z_a}{\sqrt{Y_b^2 + Z_b^2}}\right) + \text{atan}\left(\frac{Y_b}{Z_b}\right) \tag{6.13}$$

因此，式（6.12）和式（6.13）分别为俯仰角和滚转角的解算模型。

已知弹丸的俯仰角和滚转角，还可以得到俯仰角和滚转角的角速率

$$\begin{cases} \dot{\gamma} = \dfrac{\gamma_{n+i} - \gamma_i}{n} f \\ \dot{\theta} = \dfrac{\theta_{n+i} - \theta_i}{n} f \end{cases} \tag{6.14}$$

式中，θ_i 和 γ_i 分别表示第 i 时刻的俯仰角和滚转角；f 表示角度的输出频率；n 表示两个角度值之间间隔的数据点数。

反余弦函数 arccos 的取值范围为 $[0,180°]$，而非 $[0,360°)$，为了满足计算空间任意姿态下的俯仰角和滚转角的要求，在其前面添加了正负号，这样在计算俯仰角或者滚转角时会得到两个解，而其中只有一个是正确的，因此必须对姿态角的两个解进行分析。

6.2 姿态角二值解分析

为了研究姿态角的两个不同解分别对应的空间区域和其产生的影响，对姿态角二值解问题进行分析。

由式（6.12）可知，俯仰角解算模型中的反余弦函数与地磁场矢量在 $O'X_bY_bZ_b$ 和 $O'X_a'Y_lZ_a$ 下的分量有关；由式（6.13）可知，滚转角解算模型中的反余弦函数与地磁场矢量在 $O'X_bY_bZ_b$ 和 $O'X_aY_aZ_a$ 下的分量有关。

将地磁场矢量 $\boldsymbol{H}$ 在面 $O'X_a'Y_l$ 的投影分量与 $O'X_a'$ 的夹角称为地磁俯仰角 θ_m，抬头为正，那么

$$\theta_m = \arctan\left(\frac{Y_l}{X_a'}\right) \tag{6.15}$$

为了便于对二值解进行判别，假设偏航角 φ 为零，即弹丸始终在射击面内飞行，那么面 $O'X_lY_l$、面 $O'X_a'Y_l$ 和面 $O'X_aY_a$ 重合，所以

$$\theta_m = \arctan\left(\frac{Y_l}{X_l}\right) \tag{6.16}$$

将式（6.3）代入式（6.16）并整理得

$$\theta_m=\arctan\left(\frac{-\sin\varepsilon}{\cos\varepsilon\sin\zeta\sin\psi+\cos\varepsilon\cos\zeta\cos\psi}\right)=\arctan\left[-\frac{\tan\varepsilon}{\cos(\psi-\zeta)}\right] \quad (6.17)$$

如果将射向 ψ 的基准由地理北（或正北）方向改为磁北方向，那么改后的射向称为名义射向 ψ'，则

$$\psi'=\psi-\zeta \quad (6.18)$$

式中，ψ' 的取值范围为 $(-180°,180°]$。

将式（6.18）代入式（6.17），得

$$\theta_m=\begin{cases}\arctan\left(-\dfrac{\tan\varepsilon}{\cos\psi'}\right), & \psi'\neq\pm 90° \\ -90°, & \psi'=\pm 90°\end{cases} \quad (6.19)$$

在北半球，地磁场矢量方向为斜向下方向，磁倾角 ε 大于零。当 ε 已知且固定不变时，地磁俯仰角 θ_m 和名义射向 ψ' 之间的关系如图 6.4 所示。可以看到，在磁北半边区域内，θ_m 为负值，并且以磁北方向（即 $\psi'=0$）为对称轴，随着 ψ' 向两侧偏离而递减，当 ψ' 为磁北方向时，θ_m 最大，最大值为 $-\varepsilon$，当 ψ' 无限接近磁东（或者磁西）方向时，θ_m 趋近于−90°；与之相反，在磁南半边区域内，θ_m 为正值，并且以磁南方向（即 $\psi'=180°$）为对称轴，随着 ψ' 向两侧偏离而递增，当 ψ' 为磁南方向时，θ_m 最小，最小值为 ε，当 ψ' 无限接近磁东（或者磁西）方向时，θ_m 趋近于 90°。当射向为磁东或者磁西方向（即 $\psi'=\pm 90°$）时，因为地磁场矢量在射击面内的分量竖直向下，所以认为 $\theta_m=-90°$。

当射击方向旋转一周时，由变化的地磁俯仰角形成的空间区域类似于一个倾斜的锥体，地磁场矢量为该锥体的一条母线，并且与地磁场矢量相对应的另一侧的母线垂直于水平面，如图 6.5 所示。

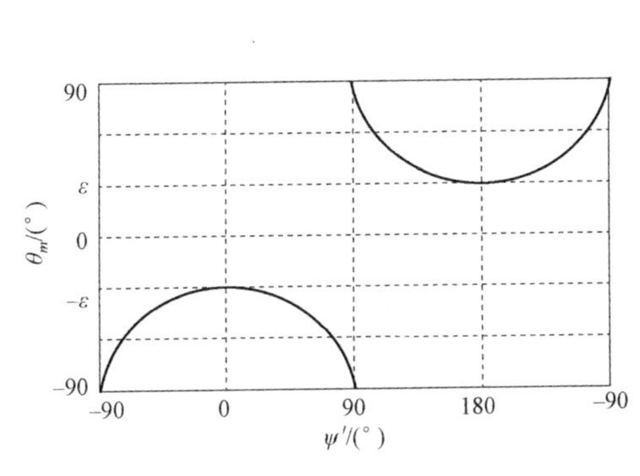

图 6.4　地磁俯仰角与名义射向的关系

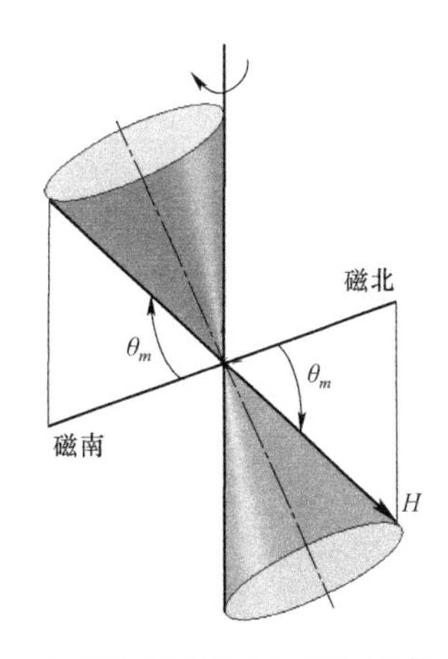

图 6.5　地磁俯仰角形成的空间区域示意图

以磁南北面和磁东西面为边界，将弹药的射击方向分为四个方向，即磁西北方向、磁东北方向、磁东南方向和磁西南方向，分别在这 4 个不同方向对解算模型的二值解进行分析。

6.2.1 俯仰角二值解分析

式（6.12）可变形为

$$\theta = \pm\theta' + \Phi_\theta \tag{6.20}$$

式中，$\theta' = \arccos\left(\dfrac{X_b}{\sqrt{Y_l^2 + X_a'^2}}\right)$，为名义俯仰角；$\Phi_\theta = \mathrm{atan}\left(\dfrac{Y_l}{X_a'}\right)$，为俯仰基准角。

由式（6.20）可知，俯仰角 θ 主要与地磁场矢量在面 $O'X_a'Y_l$（或 $O'X_aY_a$）的投影相关。

当偏航角 φ 为零时，$O'X_a'$ 和 $O'X_l$ 重合，地磁场矢量 $\boldsymbol{H}$ 在面 $O'X_lY_l$ 内的投影分量为 $\boldsymbol{H}'$ 的模 $H' = \sqrt{Y_l^2 + X_l^2} = \sqrt{Y_l^2 + X_a'^2}$，那么名义俯仰角

$$\theta' = \arccos\left(\frac{X_b}{H'}\right) \tag{6.21}$$

俯仰基准角

$$\Phi_\theta = \mathrm{atan}\left(\frac{Y_l}{X_a'}\right) = \mathrm{atan}\left(\frac{Y_l}{X_l}\right) \tag{6.22}$$

6.2.1.1 磁西北方向

当射击方向偏向磁西北方向且俯仰角大于地磁俯仰角（即 $\theta > \theta_m$）时，地磁场矢量在弹轴坐标系下的投影如图 6.6（a）所示，其中 $\boldsymbol{H}''$ 为地磁场矢量 $\boldsymbol{H}$ 在面 $O'Y_aZ_a$ 内的投影分量。地磁场矢量在面 $O'X_lY_l$ 内的投影如图 6.6（b）所示，从 $O'Z_a$ 反方向看。

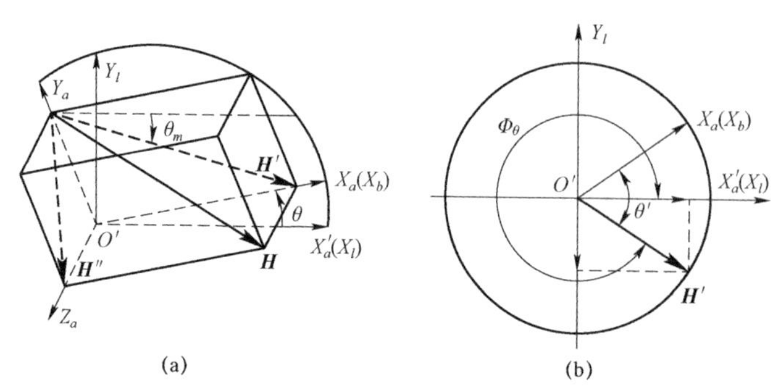

图 6.6　磁西北方向 $\theta > \theta_m$ 时的地磁场矢量

（a）弹轴坐标系下；（b）面 $O'Y_lZ_l$ 内

由图 6.6（b）可以看到俯仰角

$$\theta=\theta'+\Phi_{\theta}=\arccos\left(\frac{X_b}{\sqrt{Y_l^2+X_a'^2}}\right)+\operatorname{atan}\left(\frac{Y_l}{X_a'}\right) \tag{6.23}$$

此时俯仰角等于反余弦函数符号取“+”的解。

当射击面偏向磁西北方向且俯仰角小于地磁俯仰角（即 $\theta<\theta_m$）时，地磁场矢量在弹轴坐标系下的投影如图 6.7（a）所示，地磁场矢量在面 $O'X_lY_l$ 内的投影如图 6.7（b）所示，从 $O'Z_a$ 反方向看。

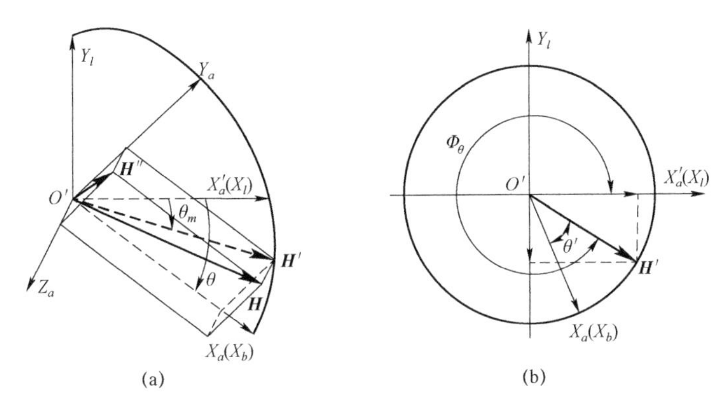

图 6.7　磁西北方向 $\theta<\theta_m$ 时的地磁场矢量

（a）弹轴坐标系下；（b）面 $O'Y_lZ_l$ 内

由图 6.7（b）可以看到俯仰角

$$\theta=-\theta'+\Phi_{\theta}=-\arccos\left(\frac{X_b}{\sqrt{Y_l^2+X_a'^2}}\right)+\operatorname{atan}\left(\frac{Y_l}{X_a'}\right) \tag{6.24}$$

此时俯仰角等于反余弦函数符号取“−”的解。

当射击方向偏向磁西北区方向且俯仰角等于地磁俯仰角（即 $\theta=\theta_m$）时，弹体纵轴 $O'X_b$（或 $O'X_a$）与 $\boldsymbol{H}'$ 重合，所以名义俯仰角 $\theta'=0°$，那么俯仰角

$$\theta=\theta'+\Phi_{\theta}=\operatorname{atan}\left(\frac{Y_l}{X_a'}\right) \tag{6.25}$$

此时解算模型的两个解相等，反余弦函数的符号取“+”或者“−”均可，但是为了处理方便，规定 $\theta=\theta_m$ 时俯仰角对应反余弦函数符号取“+”的解。

6.2.1.2　磁东北方向

当射击方向偏向磁东北方向且俯仰角大于等于地磁俯仰角（即 $\theta\geqslant\theta_m$）时，

地磁场矢量在弹轴坐标系下的投影如图 6.8（a）所示；当射击方向偏向磁东北方向且俯仰角小于地磁俯仰角（即 $\theta<\theta_m$）时，地磁场矢量在弹轴坐标系下的投影如图 6.8（b）所示。将图 6.8（a）和图 6.8（b）分别与图 6.6（a）和图 6.7（a）进行对比发现，当射击方向偏向磁西北方向和磁东北方向时，地磁场矢量在 $O'X_lY_l$ 面的投影关系相同，所以，当射击方向偏向磁东北方向时，俯仰角与两个解的关系与磁西北方向相同。

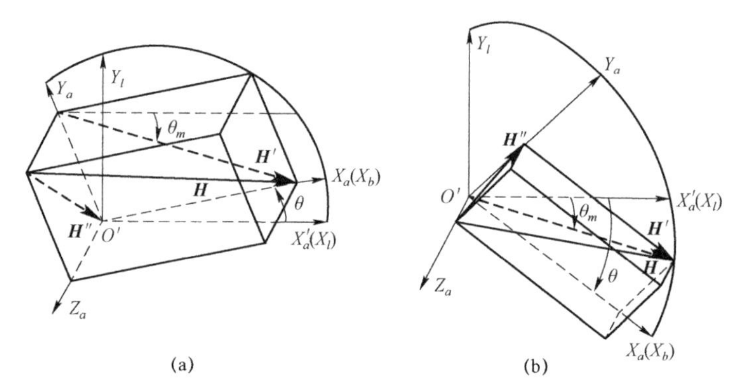

图 6.8 磁东北方向的地磁场矢量

（a）$\theta\geqslant\theta_m$；（b）$\theta<\theta_m$

6.2.1.3 磁东南方向

当射击方向偏向磁东南方向且俯仰角大于等于地磁俯仰角（即 $\theta\geqslant\theta_m$）时，地磁场矢量在弹轴坐标系下的投影如图 6.9（a）所示，地磁场矢量在面 $O'X_lY_l$ 内的投影如图 6.9（b）所示，从 $O'Z_a$ 反方向看。

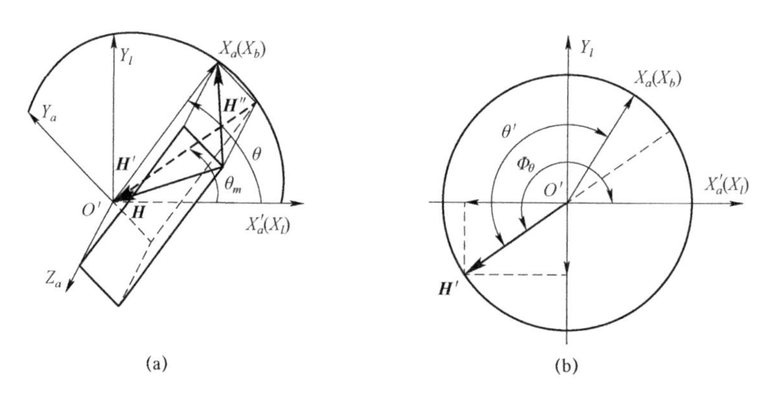

图 6.9 磁东南方向 $\theta\geqslant\theta_m$ 时的地磁场矢量

（a）弹轴坐标系下；（b）面 $O'Y_lZ_l$ 内

由图 6.9（b）可以看到俯仰角

$$\theta=-\theta'+\Phi_\theta=-\arccos\left(\frac{X_b}{\sqrt{Y_l^2+X_a'^2}}\right)+\operatorname{atan}\left(\frac{Y_l}{X_a'}\right) \tag{6.26}$$

此时俯仰角等于反余弦函数符号取“−”的解。

当射击方向偏向磁东南方向且俯仰角小于地磁俯仰角（即 $\theta<\theta_m$）时，地磁场矢量在弹轴坐标系下的投影如图 6.10（a）所示，地磁场矢量在面 $O'X_lY_l$ 内的投影如图 6.10（b）所示，从 $O'Z_a$ 反方向看。

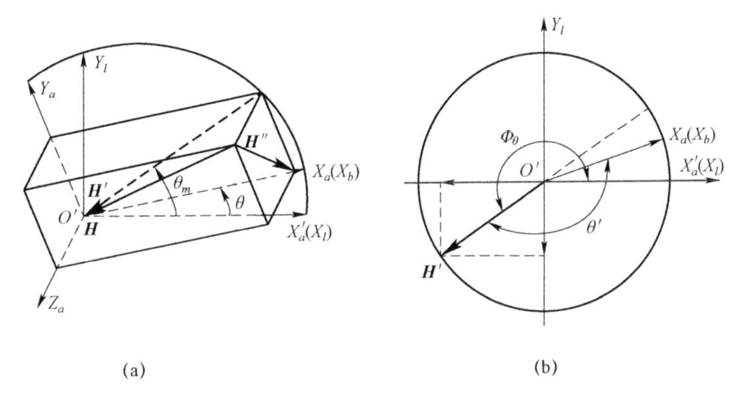

图 6.10　磁东南方向 $\theta<\theta_m$ 时的地磁场矢量

（a）弹轴坐标系下；（b）面 $O'Y_lZ_l$ 内

由图 6.10（b）可以看到俯仰角

$$\theta=\theta'+\Phi_\theta=\arccos\left(\frac{X_b}{\sqrt{Y_l^2+X_a'^2}}\right)+\operatorname{atan}\left(\frac{Y_l}{X_a'}\right) \tag{6.27}$$

此时俯仰角等于反余弦函数符号取“+”的解。

6.2.1.4　磁西南方向

当射击方向偏向磁西南方向且俯仰角大于等于地磁俯仰角（即 $\theta\geqslant\theta_m$）时，地磁场矢量在弹轴坐标系下的投影如图 6.11（a）所示；当射击方向偏向磁西南方向且俯仰角小于地磁俯仰角（即 $\theta<\theta_m$）时，地磁场矢量在弹轴坐标系下的投影如图 6.11（b）所示。将图 6.11（a）和图 6.11（b）分别与图 6.9（a）和图 6.10（a）对比发现，当射击方向偏向磁西南方向和磁东南方向时，地磁场矢量在面 $O'X_a'Y_l$ 的投影关系相同，所以，当射击方向偏向磁西南方向时，俯仰角与两个解的关系与磁东南方向相同。

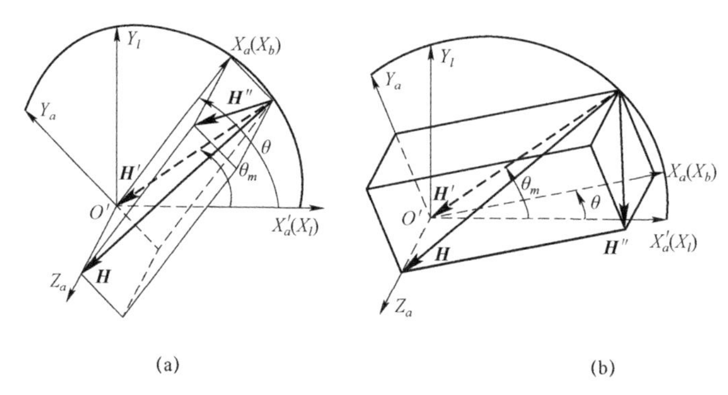

图 6.11　磁西南方向的地磁场矢量

(a) $\theta \geqslant \theta_m$；(b) $\theta < \theta_m$

由此可知俯仰角二值解的判别方法为：

当射击方向偏向磁北且 $\theta \geqslant \theta_m$ 或者射击方向偏向磁南且 $\theta < \theta_m$ 时，有

$$\theta = \theta' + \Phi_\theta = \arccos\left(\frac{X_b}{\sqrt{Y_l^2 + X_a'^2}}\right) + \text{atan}\left(\frac{Y_l}{X_a'}\right) \tag{6.28}$$

此时俯仰角等于反余弦函数符号取“+”的解。

当射击方向偏向磁北且 $\theta < \theta_m$ 或者射击方向偏向磁南且 $\theta \geqslant \theta_m$ 时，有

$$\theta = -\theta' + \Phi_\theta = -\arccos\left(\frac{X_b}{\sqrt{Y_l^2 + X_a'^2}}\right) + \text{atan}\left(\frac{Y_l}{X_a'}\right) \tag{6.29}$$

此时俯仰角等于反余弦函数符号取“–”的解。

6.2.2　滚转角二值解分析

式（6.13）可变形为

$$\gamma = \gamma' \pm \Phi_\gamma \tag{6.30}$$

式中，$\gamma' = \text{atan}\left(\frac{Y_b}{Z_b}\right)$，为名义滚转角；$\Phi_\gamma = \arccos\left(\frac{Z_a}{\sqrt{Y_b^2 + Z_b^2}}\right)$，为滚转基准角。

由式（6.30）可知，滚转角 γ 主要与地磁场矢量在面 $O'Y_aZ_a$（或 $O'Y_bZ_b$）的投影相关。

由于弹轴坐标系的面 $O'Y_aZ_a$ 与弹体坐标系的面 $O'Y_bZ_b$ 重合，因此，地磁场强度在 $O'Y_aZ_a$ 面内的分量 $\boldsymbol{H}''$ 的模 $H'' = \sqrt{Y_a^2 + Z_a^2} = \sqrt{Y_b^2 + Z_b^2}$，那么滚转基准角

$$\Phi_\gamma = \arccos\left(\frac{Z_a}{H''}\right) \tag{6.31}$$

名义滚转角 γ' 为弹体坐标系下 Y_b 与 Z_b 的反正切角度值，三者之间的对应关系如图 6.12（a）所示。如果以地磁场矢量在 $O'Y_aZ_a$ 面内的分量 $\boldsymbol{H}''$ 的模为半径绘制一个圆，则 γ' 与 $O'Y_b$ 和 $O'Z_b$ 的位置关系如图 6.12（b）所示（从弹尾朝头部方向即 $O'X_a$ 正方向看）。当 $O'Z_b$ 与 $\boldsymbol{H}''$ 重合时，$O'Y_b$ 的指向为名义滚转角 $\gamma=0°$ 的方向，其沿旋转方向滞后矢量 $\boldsymbol{H}''$ 的方向 90°；当 $O'Y_b$ 与 $O'Y_a$ 重合时所指方向为滚转角 $\gamma=0°$ 的方向，这两个方向相差的角度为滚转基准角 $\boldsymbol{\Phi}_\gamma$。

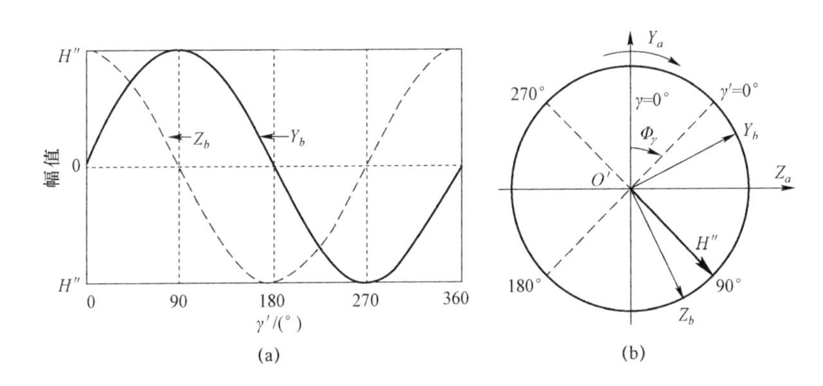

图 6.12　名义滚转角

（a）γ' 与 Y_b 和 Z_b 对应关系；（b）地磁场在面 $O'Y_aZ_a$ 内的投影

6.2.2.1　磁西北方向

由图 6.6（a）可知，当射击方向偏向磁西北方向且俯仰角大于等于地磁俯仰角（即 $\theta \geqslant \theta_m$）时，地磁场矢量在面 $O'Y_aZ_a$ 内的投影如图 6.13（a）所示，滚转角

$$\gamma=\gamma'+\boldsymbol{\Phi}_\gamma=\operatorname{atan}\left(\frac{Y_b}{Z_b}\right)+\arccos\left(\frac{Z_a}{\sqrt{Y_b^2+Z_b^2}}\right) \tag{6.32}$$

此时滚转角等于反余弦函数取“+”的解。

由图 6.7（a）可知，当射击方向偏向磁西北方向且俯仰角小于地磁俯仰角（即 $\theta<\theta_m$）时，地磁场矢量在面 $O'Y_aZ_a$ 内的投影如图 6.13（b）所示，滚转角

$$\gamma=\gamma'-\boldsymbol{\Phi}_\gamma=\operatorname{atan}\left(\frac{Y_b}{Z_b}\right)-\arccos\left(\frac{Z_a}{\sqrt{Y_b^2+Z_b^2}}\right) \tag{6.33}$$

此时滚转角等于反余弦函数取“−”的解。

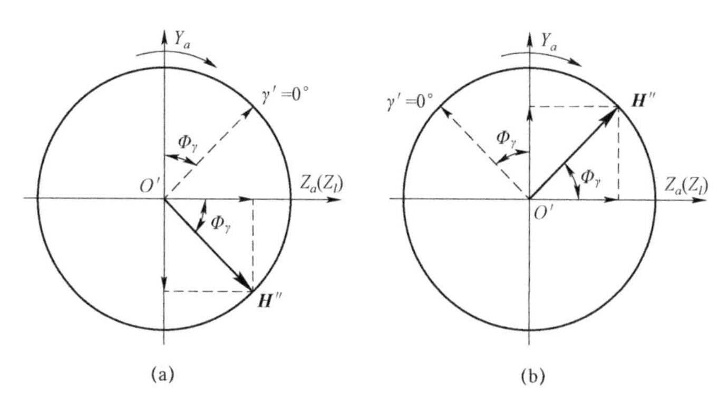

图 6.13　磁西北方向时面 $O'Y_aZ_a$ 内的地磁场矢量

（a）$\theta \geqslant \theta_m$；（b）$\theta < \theta_m$

6.2.2.2　磁东北方向

由图 6.8（a）可知，当射击方向偏向磁东北方向且俯仰角大于等于地磁俯仰角（即 $\theta \geqslant \theta_m$）时，地磁场矢量在面 $O'Y_aZ_a$ 内的投影如图 6.14（a）所示，滚转角

$$\gamma = \gamma' + \Phi_\gamma = \text{atan}\left(\frac{Y_b}{Z_b}\right) + \arccos\left(\frac{Z_a}{\sqrt{Y_b^2 + Z_b^2}}\right) \tag{6.34}$$

此时滚转角等于反余弦函数取“+”的解。

由图 6.8（b）可知，当射击方向偏向磁东北方向且俯仰角小于地磁俯仰角（即 $\theta < \theta_m$）时，地磁场矢量在面 $O'Y_aZ_a$ 内的投影如图 6.14（b）所示，滚转角

$$\gamma = \gamma' - \Phi_\gamma = \text{atan}\left(\frac{Y_b}{Z_b}\right) - \arccos\left(\frac{Z_a}{\sqrt{Y_b^2 + Z_b^2}}\right) \tag{6.35}$$

此时滚转角等于反余弦函数取“−”的解。

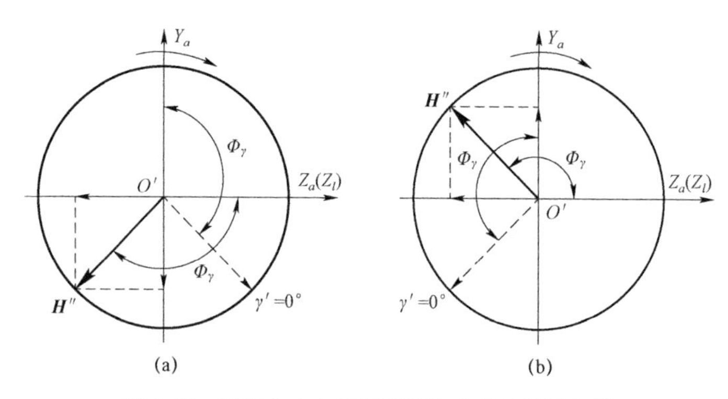

图 6.14　磁东北方向时面 $O'Y_aZ_a$ 内的地磁场矢量

（a）$\theta \geqslant \theta_m$；（b）$\theta < \theta_m$

6.2.2.3　磁东南方向

由图 6.9（a）可知，当射击方向偏向磁东南方向且俯仰角大于等于地磁俯仰角（即 $\theta \geqslant \theta_m$）时，地磁场矢量在面 $O'Y_aZ_a$ 内的投影如图 6.15（a）所示，滚转角

$$\gamma = \gamma' - \Phi_\gamma = \mathrm{atan}\left(\frac{Y_b}{Z_b}\right) - \arccos\left(\frac{Z_a}{\sqrt{Y_b^2 + Z_b^2}}\right) \tag{6.36}$$

此时滚转角等于反余弦函数取“−”的解。

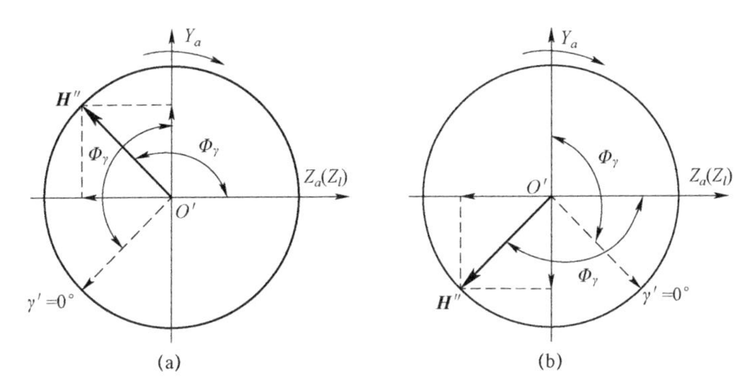

图 6.15　磁东北方向时面 $O'Y_aZ_a$ 内的地磁场分量

（a）$\theta \geqslant \theta_m$；（b）$\theta < \theta_m$

由图 6.10（a）可知，当射击方向偏向磁东南方向且俯仰角小于地磁俯仰角（即 $\theta < \theta_m$）时，地磁场矢量在面 $O'Y_aZ_a$ 内的投影如图 6.15（b）所示，滚转角

$$\gamma = \gamma' + \Phi_\gamma = \mathrm{atan}\left(\frac{Y_b}{Z_b}\right) + \arccos\left(\frac{Z_a}{\sqrt{Y_b^2 + Z_b^2}}\right) \tag{6.37}$$

此时滚转角等于反余弦函数取“+”的解。

6.2.2.4　磁西南方向

由图 6.11（a）可知，当射击方向偏向磁西南方向且俯仰角大于等于地磁俯仰角（即 $\theta \geqslant \theta_m$）时，地磁场矢量在面 $O'Y_aZ_a$ 内的投影如图 6.16（a）所示，滚转角

$$\gamma = \gamma' - \Phi_\gamma = \mathrm{atan}\left(\frac{Y_b}{Z_b}\right) - \arccos\left(\frac{Z_a}{\sqrt{Y_b^2 + Z_b^2}}\right) \tag{6.38}$$

此时滚转角等于反余弦函数取“−”的解。

由图 6.11（b）可知，当射击方向偏向磁西南方向且俯仰角小于地磁俯仰角（即 $\theta < \theta_m$）时，地磁场矢量在面 $O'Y_aZ_a$ 内的投影如图 6.16（b）所示，滚转角

$$\gamma = \gamma' + \Phi_\gamma = \operatorname{atan}\left(\frac{Y_b}{Z_b}\right) + \arccos\left(\frac{Z_a}{\sqrt{Y_b^2 + Z_b^2}}\right) \tag{6.39}$$

此时滚转角等于反余弦函数取“–”的解。

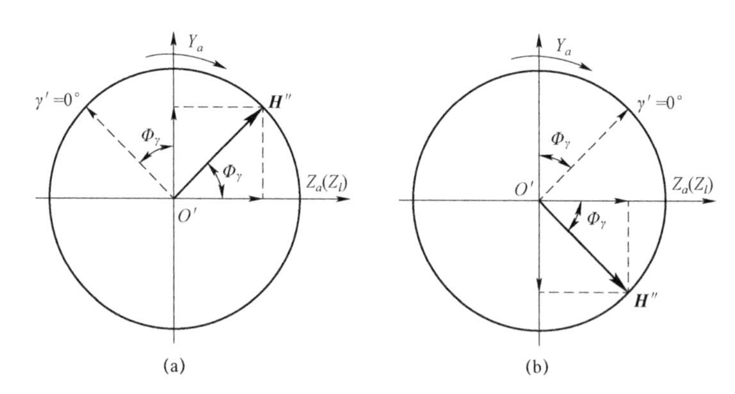

图 6.16　磁西南方向时面 $O'Y_aZ_a$ 内的地磁场分量

（a）$\theta \geqslant \theta_m$；（b）$\theta < \theta_m$

由此可知滚转角二值解的判别方法为：

当射击方向偏向磁北且 $\theta \geqslant \theta_m$ 或者射击方向偏向磁南且 $\theta < \theta_m$ 时，有

$$\gamma = \gamma' + \Phi_\gamma = \operatorname{atan}\left(\frac{Y_b}{Z_b}\right) + \arccos\left(\frac{Z_a}{\sqrt{Y_b^2 + Z_b^2}}\right) \tag{6.40}$$

此时滚转角等于反余弦函数取“+”的解。

当射击方向偏向磁北且 $\theta < \theta_m$ 或者射击方向偏向磁南且 $\theta \geqslant \theta_m$ 时，有

$$\gamma = \gamma' - \Phi_\gamma = \operatorname{atan}\left(\frac{Y_b}{Z_b}\right) - \arccos\left(\frac{Z_a}{\sqrt{Y_b^2 + Z_b^2}}\right) \tag{6.41}$$

此时滚转角等于反余弦函数取“–”的解。

6.2.3　二值解的判别方法

综合对俯仰角和滚转角二值解的分析，可知判别方法为：

当射击方向偏向磁北且 $\theta \geqslant \theta_m$ 或者射击方向偏向磁南且 $\theta < \theta_m$ 时，俯仰角和滚转角均等于反余弦函数的符号取“+”的解；当射击方向偏向磁北且 $\theta < \theta_m$ 或者射击方向偏向磁南且 $\theta \geqslant \theta_m$ 时，俯仰角和滚转角均等于反余弦函数的符号取“–”的解。

结合图 6.5 可以发现，当俯仰角和滚转角等于反余弦函数的符号取“+”的解时，弹轴位于倾斜椎体的外部；当俯仰角和滚转角等于反余弦函数的符号取“−”的解时，弹轴位于倾斜椎体的内部。

在弹药发射之前，可以根据射向初步计算出地磁俯仰角 θ_m，然后比较射角和地磁俯仰角的大小关系，能够知道在初始阶段与俯仰角和滚转角相对应的那个解。如果弹丸俯仰角自始至终都大于或者小于地磁场俯仰角，那么一直取这个解便可以得到正确的姿态角信息。

但是，常规弹药的飞行弹道一般为抛物线弹道，其俯仰角是连续变化的，并且变化范围较大，这样在弹丸飞行过程中，俯仰角很可能出现横跨地磁俯仰角两侧区域的情况，从而导致在姿态角解算过程中原本是正确的解可能变成错误的解，因此必须在俯仰角跨越地磁俯仰角时变换滚转角和俯仰角的解。如图 6.17 所示，当射击方向偏向磁北时，在弹丸下落阶段，当 θ 由大于 θ_m 变为小于 θ_m 时，需要变换俯仰角和滚转角的解，即反余弦函数符号由“+”变为“−”；当射击方向偏向磁南时，在弹丸上升阶段，当 θ 由大于 θ_m 变为小于 θ_m 时，需要变换俯仰角和滚转角的解，即反余弦函数符号由“−”变为“+”。

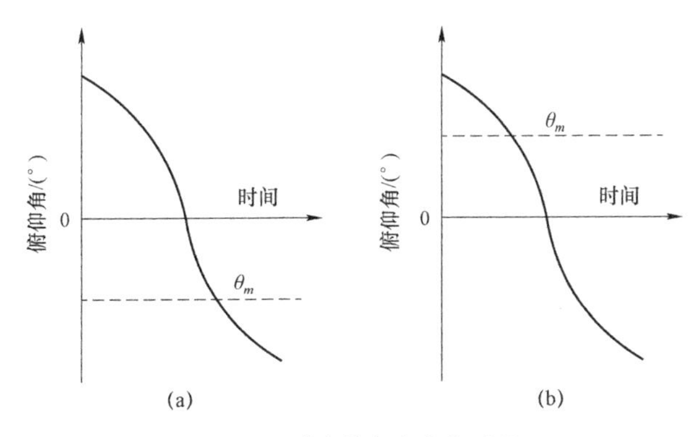

图 6.17　弹丸俯仰角变化过程
（a）偏向磁北方向；（b）偏向磁南方向

6.3　直线弹道滚转测量

6.3.1　直线弹道下的滚转角解算模型

前文所述的弹丸姿态角解算模型是根据地磁场矢量的三维分量和弹丸的

偏航角信息，计算弹丸的俯仰角和滚转角，该模型可对弹药进行全弹道的姿态角检测。对于某些具有直线弹道特性的弹药，如防空弹药，虽然同样可以采用上述方法进行弹丸姿态角的检测，但是还可以采用更为简便的解算模型，在满足要求的前提下，进一步降低弹药的成本。

在直线弹道条件下，弹丸飞行过程中偏航角和俯仰角变化较小，因此假设偏航角 φ 等于零、俯仰角 θ 等于固定值，那么由式（6.5）可得弹丸滚转角

$$\gamma=\gamma'+\Phi \tag{6.42}$$

式中，$\gamma'=\operatorname{atan}\left(\dfrac{Y_b}{Z_b}\right)$，为名义滚转角，其变化如图 6.12（a）所示；$\Phi=\operatorname{atan}\left[\dfrac{(X_l\cos\varphi-Z_l\sin\varphi)\sin\theta-Y_l\cos\theta}{X_l\sin\varphi+Z_l\cos\varphi}\right]$，为滚转基准角。

式（6.42）即为直线弹道下的滚转角解算模型。

由图 6.3 可知，$\begin{cases}X_a'=X_l\cos\varphi-Z_l\sin\varphi\\ Y_a=-X_a'\sin\theta+Y_l\cos\theta\\ Z_a=X_l\sin\varphi+Z_l\cos\varphi\end{cases}$，所以滚转基准角

$$\Phi=\operatorname{atan}\left(\frac{-Y_a}{Z_a}\right) \tag{6.43}$$

以射向偏磁西北方向的情况为例，说明滚转角与名义滚转角及滚转基准角的关系。当射击方向偏磁西北方向且弹丸俯仰角大于等于地磁俯仰角（即 $\theta\geqslant\theta_m$）时，地磁场矢量在弹轴坐标系下的投影如图 6.18（a）所示；当射击方向偏向磁西北方向且弹丸俯仰角小于地磁俯仰角（即 $\theta<\theta_m$）时，地磁场矢量在弹轴坐标系下的投影如图 6.19（a）所示。其中，$\boldsymbol{H}'$ 为地磁场矢量 $\boldsymbol{H}$ 在面 $O'X_aY_a$ 内的分量，$\boldsymbol{H}''$ 为地磁场矢量 $\boldsymbol{H}$ 在面 $O'Y_aZ_a$ 内的分量。两种情况下面 $O'Y_aZ_a$ 内的 $\boldsymbol{H}''$ 与名义滚转角和滚转基准角的关系如图 6.18（b）和图 6.19（b）所示。从弹尾朝头部即 $O'X_a$ 正方向看，$\gamma'=0°$ 对应的方向处于滞后 $\boldsymbol{H}''$ 的方向 90°，当 $O'Y_b$ 与 $O'Y_a$ 重合时，其所指的方向为 $\gamma'=0°$ 对应的方向，两个方向之间相差的角度为滚转基准角 Φ。图 6.18（c）和图 6.19（c）分别为对图 6.18（b）和图 6.19（b）绕 $O'Z_a$ 进行上下翻转后，面 $O'(-Y_a)Z_a$ 内 $\boldsymbol{H}''$ 与名义滚转角和滚转基准角的关系图，滚转基准角 Φ 刚好等于 $O'Z_a$ 与 $\boldsymbol{H}''$ 之间的夹角。

由图 6.18 和图 6.19 可知，当射击方向偏向磁西北方向时，无论俯仰角与地磁俯仰角的关系如何，弹丸滚转角都有唯一的解，这是因为反正切函数 atan 的取值范围为 $[0,360°)$，与空间方位是一一对应的关系。同理，当射击方向偏向其他方向时，滚转角的解也是唯一的。

因此，当已知弹丸偏航角和俯仰角的情况下，利用地磁场矢量在弹体截面内的两个正交分量，根据式（6.45）就可以直接计算弹丸滚转角。

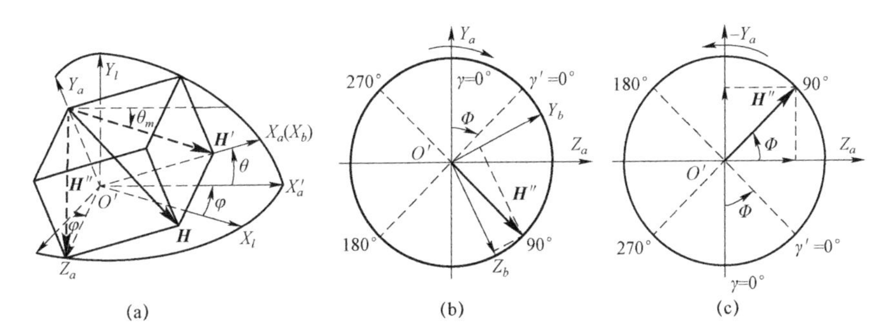

图 6.18 磁西北方向 $\theta \geqslant \theta_m$ 时地磁场矢量与滚转角关系

（a）弹体坐标系下；（b）面 $O'Y_aZ_a$ 内；（c）面 $O'(-Y_a)Z_a$ 内

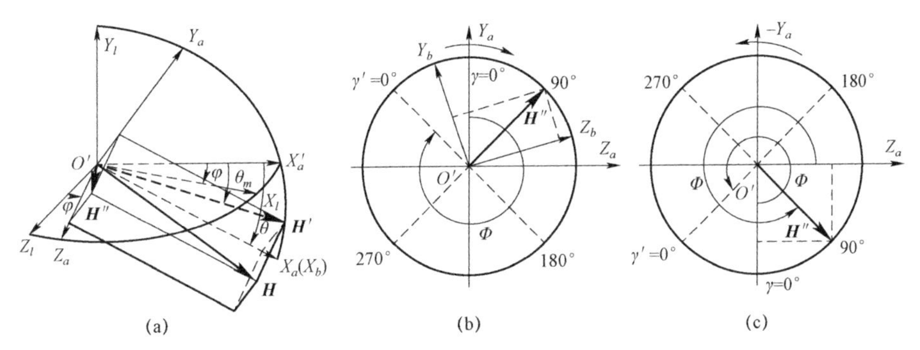

图 6.19 磁西北方向 $\theta < \theta_m$ 时地磁场矢量与滚转角关系

（a）弹体坐标系下；（b）面 $O'Y_aZ_a$ 内；（c）面 $O'(-Y_a)Z_a$ 内

6.3.2 滚转角辨识系统总体设计

基于地磁探测的弹丸滚转角辨识系统可划分为四大功能模块，如图 6.20 所示，包括初始信息装定模块、地磁信号采集与调理模块、滚转角解算与信号处理模块、滚转角外部测量模块。地球磁场参数随经纬度、高度及年份的变化而变化，可由地磁数学模型计算得到弹丸发射地的详细地磁参数，并制成地磁查找表存储于火控系统中，于发射前对弹丸进行初始信息装定。地磁信号采集、放大、滤波、模数转换等均属于前端信号采集与调理，为其他后续模块提供稳定、可靠的地磁探测数据。滚转角解算与信号处理模块一方面接收上游模块的探测数据，进行滚转角解算；另一方面将原始数据送入弹上存储单元实时保存，以供事后分析与处理；此外，还通过特定协议实现与下游模块或者上位机的通信功能。在实验室动态试验环境中，为了验证滚转角解算值的正确性，本章节配合专用试验转台设计了滚转角外部测量系统，如图 6.20 所示。

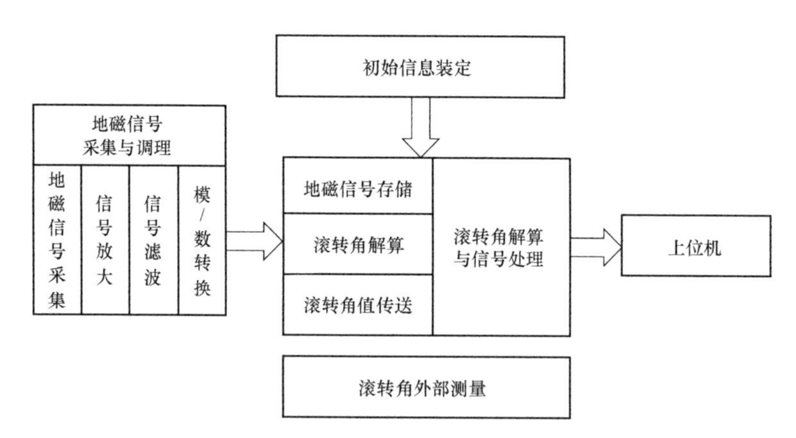

图 6.20　滚转角辨识系统功能模块图

6.3.2.1　初始信息装订系统设计

解算弹丸滚转角时，需要以发射点的地磁场信息及发射时的射向、射角信息作为初始参数，这些参数可于弹丸发射前通过外部装定系统进行装定。由于滚转角解算涉及多个三维空间坐标变换，具有一定的复杂度，因此要求装定系统能在高速工作频率下进行大量信息处理，并可根据使用环境与硬件配置灵活选择装定信息。此外，根据作战需要，具备体积小、成本低、操作简单、灵活性高等优点。

1. 装定系统原理分析

图 6.21 所示为两种不同的装定流程图。如图 6.21（a）所示，在地磁信息与射向、射角信息输入装定系统之后，通过相关算法解算出基准角，最后装定进滚转角解算系统中。该方法将较为复杂的基准角解算过程放在装定系统中进行，大大减少了滚转角解算系统的数据计算量，降低了对弹上信息处理芯片的性能要求，从而降低了引信成本及设计难度。由于只需装定基准角信息，数据传输复杂性也随之降低，并且可以在装定系统中对基准角计算结果进行检验，有效提高系统可靠性，但装定系统需采用高性能微处理器进行数据处理，设计难度有所增大。如图 6.21（b）所示，将地磁信息与射向、射角信息输入装定系统之后，直接装定进滚转角解算系统中，装定系统只负责初始参数的输入、显示与传递，不涉及数据处理工作，复杂的基准角解算过程由滚转角解算系统完成，对装定系统的性能要求相对较低，具有成本低廉、设计简单等优点。

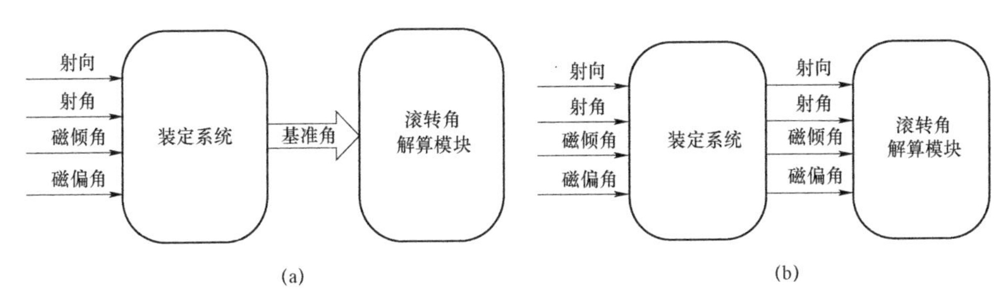

图 6.21　装定信息传递流程图

初始信息装定系统与滚转角解算系统之间的装定方式可分为接触式与非接触式两种。接触式装定技术已经发展得比较成熟，具有结构简单、可靠性高等优点。滚转角解算与信号处理模块安装在引信体中，以专用转台作为试验平台，从目前方便试验验证的角度出发，选择容易实现的接触式装定，并可采用多种信息传递方式，比较常用的包括 UART、SPI 等数据传送协议。UART 可实现设备之间的异步串行数据通信，无须发送同步时钟，引脚连接简单；SPI 可进行同步串行数据通信，引脚连接相对较为复杂，但可实现一主多从的数据传输形式。如果装定系统作为 SPI 主设备，那么可以同时连接多个滚转角解算系统作为从设备进行工作。

2. 装定系统硬件设计

初始信息装定系统采用如图 6.21（a）所示装定流程，具有装定数据量少、系统可靠性高等优点；选用 UART 数据通信协议，引脚连接简单，传输方式与速率可灵活进行设置。装定系统各硬件模块如图 6.22 所示，微处理器选择 CYGNAL 公司的 C8051F320 高速单片机，其时钟频率高达 25 MHz，采用流水线指令结构，70%的指令可在 1～2 个时钟周期内执行完成；能使用 SPI 或 UART 串行接口与外部设备进行数据通信，端口引脚可灵活配置；工作电压范围从 2.6 V 到 3.7 V，在高频运行情况下消耗电流极低，符合高速、低功耗要求；通过 UART 接口的 TXO 与 TRO 引脚与滚转角解算系统进行数据通信。输入单元选用 4×4 式矩阵键盘，通过 8 个引脚与微处理器连接，采用扫描法进行按键识别，可大大减少 I/O 口的占用。显示模块，选用 SMATION 公司的 QY–2004A 字符型 LCD，具有功耗低、体积小、显示数据量大等优点，包括 RS、R/W、E 三根控制线及 D0～D7 八根数据线；微处理器采用+3.3 V 供电，LCD 需要+5 V 供电，由系统外部输入+5 V 直流电源，除了提供给 LCD 之外，通过 TI 公司的 TPS77833 稳压芯片降至+3.3 V 供微处理器使用，TPS77833 压降低、输出纹波小、带载能力强，可满足使用要求。

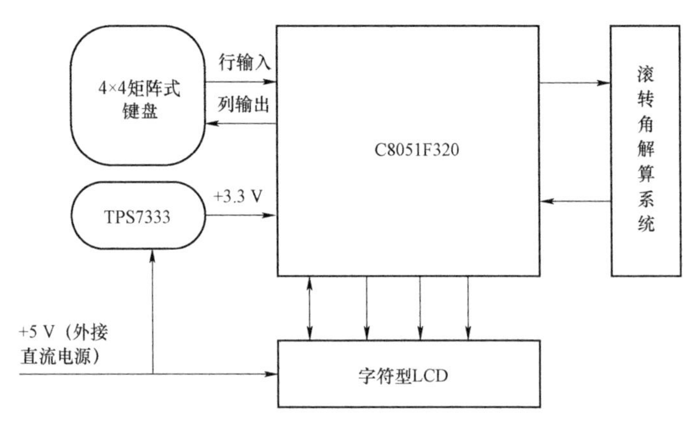

图 6.22　装定系统硬件框图

3. 装定系统软件设计

装定系统软件设计包括键盘输入识别、LCD 显示、基准角解算、UART 串口数据装定四个部分。键盘输入采用扫描识别法，并增加防抖动处理；LCD 根据自带的命令与字符库进行编程，显示输入参数、基准角解算结果及装定成功标志；基准角解算由于涉及较多三角函数，因此制作三角函数查找表存储于微处理器中，并调用高效率的多字节汇编子程序进行乘除及反正切函数运算。UART 串口工作于 8 位方式，目标波特率为 9 600 b/s，串行数据发送成功后，UART 控制寄存器中的发送完成中断标志位自动置 1，采用中断方式显示装定成功标志，以节约 CPU 资源。软件流程如图 6.23 所示。

6.3.2.2　地磁信号采集与调理电路设计

1. 地磁信号采集

采用 Honeywell 公司生产的 HMC 系列磁阻传感器进行弹丸地磁信号采集，该系列传感器利用各向异性磁阻效应，采用玻莫合金制造，磁场分辨率达到 27 μGs，测量范围一般在 ± 6 Gs 以内，带宽达 5 MHz，无迟滞性与重复性，体积小，抗冲击性能好，适合应用于弹上地磁测量。一维磁阻传感器的工作原理如图 6.24 所示，由 4 个磁阻臂组成惠斯通电桥，在外加磁场作用下，磁阻臂的电阻随之产生变化，并引起输出电压的变化。如图 6.25 所示，在 ± 10 Gs 范围内，输出差模电压值与外加磁场基本呈线性变化关系，若超过这个范围，则输出值开始出现异常。二维与三维磁阻传感器的工作原理与一维磁阻传感器的类似，但集成度更高，各轴向之间由于必须保证良好的正交性，因此工艺要求较高，价格也相对更加高昂。

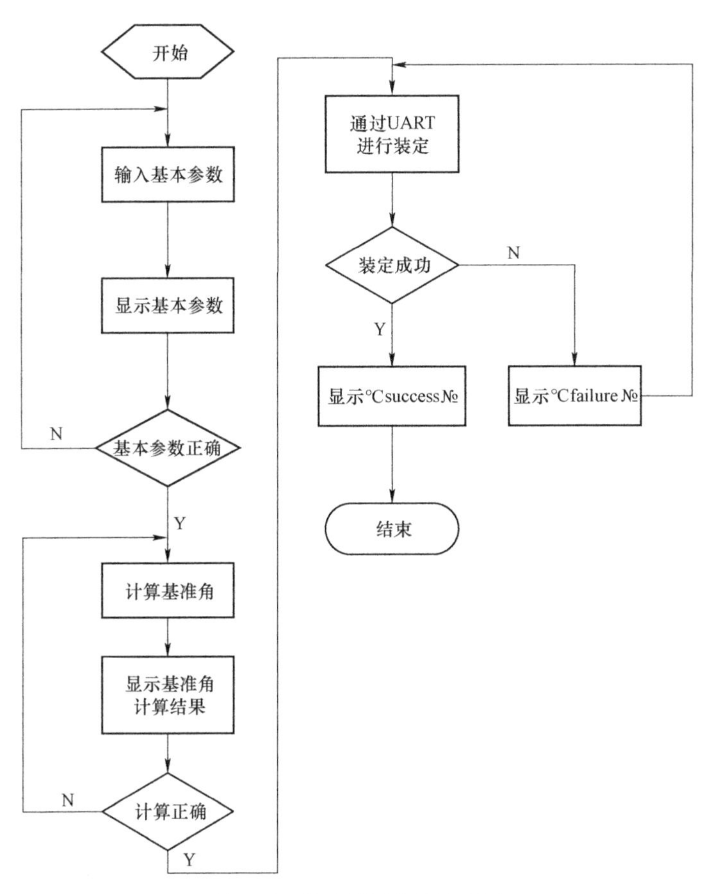

图 6.23 装定系统软件流程图

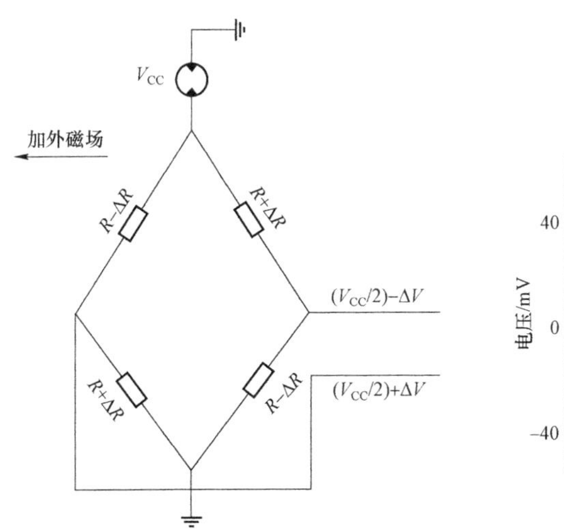

图 6.24 磁阻传感器工作原理示意图

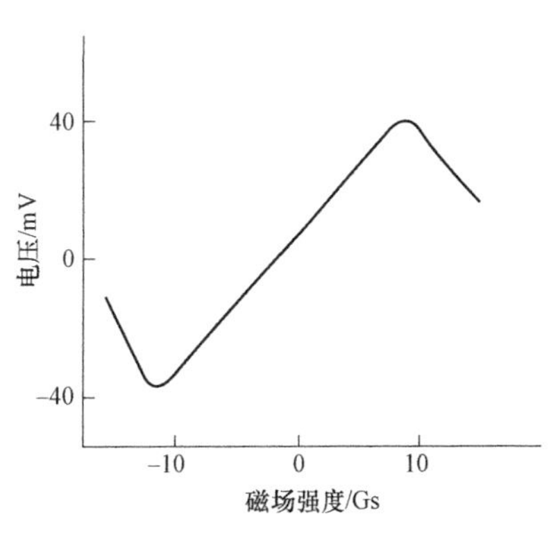

图 6.25 外加磁场与输出电压变化关系示意图

此外，可使用置位/复位电流带调整磁阻传感器电桥偏置及消除外部强磁场干扰的影响，其电路如图 6.26 所示，通过对传感器上的 S/R 引脚周期性施加强电流脉冲，可使磁阻传感器恢复受到电磁干扰前的正常工作状态。

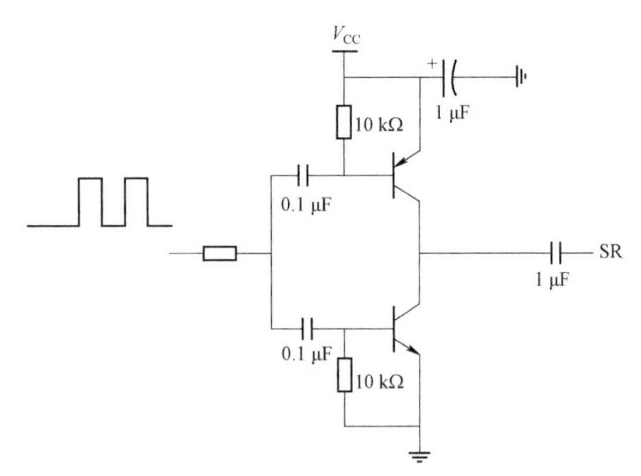

图 6.26　置位/复位电路图

2. 地磁信号放大

如图 6.27 所示，磁阻传感器的输出有效电压值为差模信号，在地球磁场作用下，其范围一般仅在−2～+2 mV 之间，为了便于进行后续处理，需将该微弱信号放大 500 倍以上，此处采用精仪运算放大器与通用运算放大器构建两级放大电路。此外，由于 A/D 转换器的供电电压为正值，因此所处理的模拟信号电压值需在 0 V 以上，可通过稳定的恒压源将信号的直流电位提升到最佳处理范围的中点处，电路设计如图 6.27 所示。前级选用精仪运放 OPA2335 放大 10 倍，其输入偏置电压仅 5 μV，零点漂移最大为 0.05 μV/℃，使用恒压源 REF3020 在运放正极输入端引入 2.05 V 直流电压；后级放大 50 倍，选用通用运放 TLC2252，其具有轨对轨输出、高输入阻抗、低噪声、低功耗等优点。前级属于小信号放大，因此放大倍数设置得较小，从而保证线性度好、失真小。所选放大器均可在单电源 3.3 V 供电下正常工作，满足低功耗要求。

3. 地磁信号滤波

滚转角辨识系统采集到的有用地磁信号为低频信号，设计模拟滤波器进行低通滤波。常用滤波器包括 Butterworth、Bessel、Chebyshev 三种类型。Butterworth 滤波器在通频带内的幅频特性曲线最为平坦，随着滤波器阶数增加，阻频带内的幅频特性曲线也随之迅速下降；Bessel 滤波器群延时特性最好，在通频带内的幅度响应也较为平坦，但频带转换处的衰减率较低；Chebyshev 滤

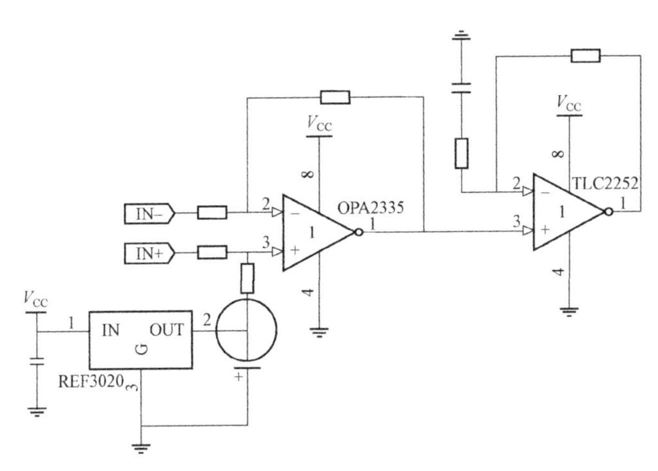

图 6.27　地磁信号放大电路图

波器在频带转换处曲线最陡，但存在较大过冲与振荡，信号曲线不太平稳。采用 Microchip 公司的 Filterlab 软件进行低通滤波器设计，并分别对三种滤波器的幅频特性及相频特性进行仿真，设截止频率为 300 Hz。群延时表示固定带宽条件下各频率成分的相位失真情况，在无相位延迟的理想条件下，群延时应保持为常数。由图比较可见，Bessel 滤波器的群延时特性最好，200 Hz 以内群延时基本恒定，200～300 Hz 的群延时变化幅度也不大，而且幅频特性曲线也较为平坦，而 Butterworth 滤波器与 Chebychev 滤波器的群延时曲线都具有一定的起伏，会产生较大相位失真。

4. 地磁信号模/数转换

信号模/数转换技术已经发展得比较成熟，可使用滚转角解算系统微处理器的内置逐次逼近型 ADC 模块进行模/数转换，其转换位数为 10 位，最高转换速度为 200 ks/s，可选择电源电压作为基准电压，并可配置为单端输入或差分输入方式；ADC 的转换时钟由系统时钟分频得到，分频数由 ADCOCF 寄存器的 ADOSC 位决定；ADC 模块内还包括模拟多路选择器，可灵活地在输入引脚间进行切换；此外，每一次模/数转换之前，需要一段最小的跟踪时间。

6.3.2.3　滚转角解算系统设计

滚转角解算与信号处理模块主要完成滚转角解算、数据存储、数据通信三部分功能，在此简称为滚转角解算系统。由于装定系统可直接装定基准角信息，因此极大简化了滚转角解算系统的数据处理量。利用片外大容量存储器存储原始数据值，便于对系统进行分析与调试。采用 UART 协议与上位机或者下游模块进行数据通信，引脚连接简单，并且无须发送同步时钟。

1. 滚转角解算系统硬件设计

滚转角解算系统处理芯片选用 CYGNAL 公司的 C8051F310 高速单片机，具有 29 个 I/O 端口，可通过可编程数字和交叉开关灵活配置 I/O 端口，具备 4 个通用 16 位定时器/计数器、高精度可编程 25 MHz 内部振荡器、转换速率达 200 ks/s 的 10 位 25 通道 ADC、可编程回差电压和响应时间的模拟比较器，V_{REF} 可在外部引脚或 V_{DD} 中选择，具备流水线指令结构，70%的指令执行时间为一个或两个系统时钟周期，速度可达 25 MIPS。存储器选用 ST 公司生产的 FLASH，型号为 M25P80，具有体积小、引脚连接数少、操作方便等特点。由数据手册可知，其容量为 8 MB，工作电压为 2.7～3.6 V，使用 40 MHz SPI 总线接口进行数据传输，通过 HOLD 引脚实现暂停写入功能，通过 W 引脚实现写保护功能。由于本系统中仅使用单存储器，并且无其他 SPI 设备与 M25P80 共用 SPI 端口，因此片选信号 CS 接地，始终将 FLASH 设置为使能状态。C8051F310 的 UART 引脚可直接与弹上其他工作模块相连，传送解算出的滚转角度值，也可与 MAX232CSE 相连，将 TTL 电平转换成 232 电平，使用异步串口与上位机进行通信。图 6.28 所示为各工作模块连接示意图。电源部分采用弹上专用电池统一供电，具有纹波小、压降小、结构简单等优点。

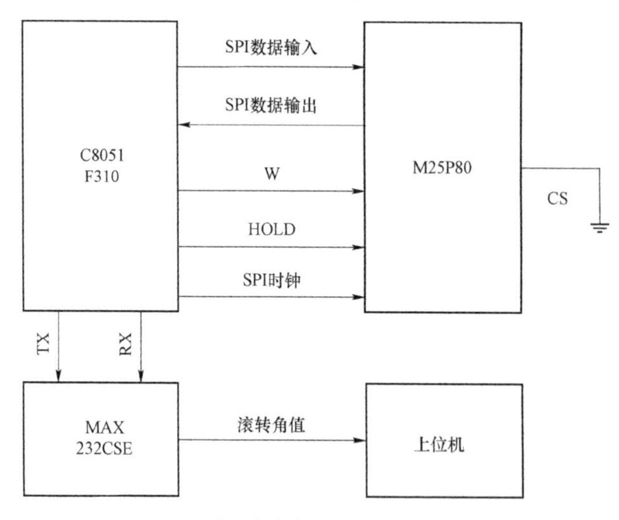

图 6.28 滚转角解算系统硬件连接示意图

2. 滚转角解算系统软件设计

滚转角解算系统软件设计包括装定数据接收、滚转角解算、数据存储、数据通信四个部分。装定数据接收部分位于主程序的起始段，上电后通过某装定标志位判断目前进程是装定阶段还是滚转角解算阶段。装定完初始信息后，必

须释放所占用资源。由于采用了片外存储器，处理芯片的存储空间充裕，因此滚转角解算采用查表法，首先记录特定发射条件下的信号最大幅值，随后对测量信号进行实时归一化处理，判断此时的信号曲线斜率，通过查表法确定相位角，最后解算出弹丸实时滚转角。数据存储部分通过 SPI 接口对 M25P80 进行操作，数据通信采用 UART 传送方式。软件流程如图 6.29 所示。

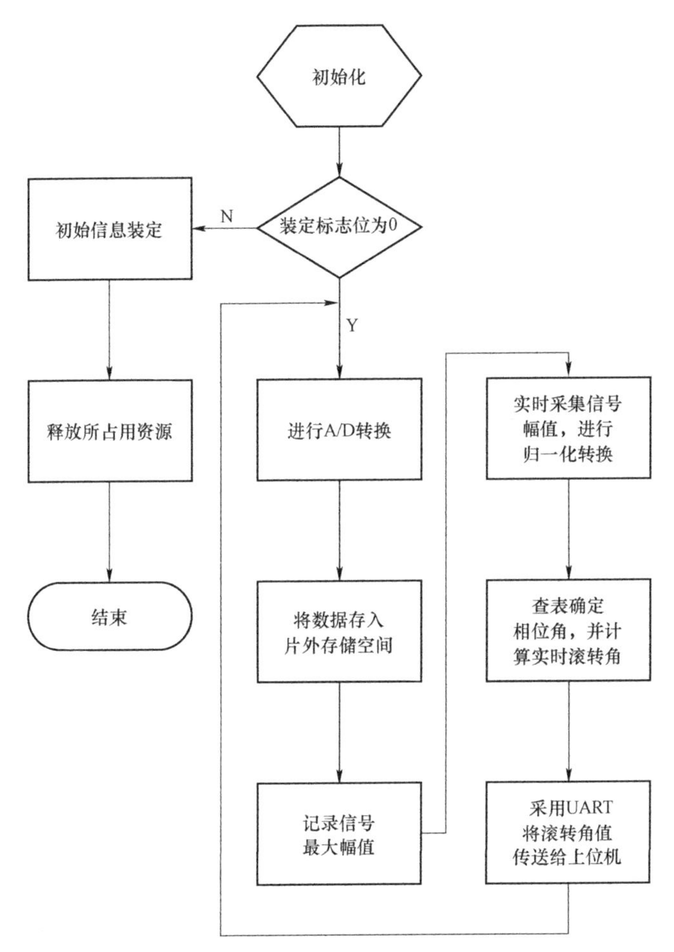

图 6.29　滚转角解算系统软件流程图

6.4　卫星定位辅助姿态测量

由基于地磁传感器的弹丸姿态角解算模型可知，要实现弹丸姿态角的检测，弹载姿态角检测系统必须首先加载弹丸所在地的基准地磁场信息，即发射坐标系下的地磁场矢量。可以建立时变的地磁图来获取地磁场信息。不过，由于弹药发射的地点不固定，并且发射区域覆盖范围很广，因此需要建立一个很大区域的地磁图。如果地磁图中的数据点划分过密，则需要非常大的数据存储空间；如果划分太疏，则地磁场分辨率比较低。为了能够兼顾存储空间和分辨率的要求，在利用地磁图获取地磁场矢量时，采用插值算法计算间隔区域内的地磁场矢量。

基于地磁传感器的弹丸姿态角检测系统利用地磁图加载基准地磁场矢量的方法有两种：一是在发射之前，将包含射程在内的小区域地磁图加载到弹载姿态角检测系统，在发射后根据测量到的弹丸实际弹道点位置，采用插值算法计算基准地磁场矢量；二是在发射之前，根据卫星导航系统测量发射地点的地理位置，采用插值算法计算该点的地磁场矢量，将发射地点的地磁场矢量作为整个飞行弹道的基准地磁场矢量，并加载到弹丸姿态角检测系统。相比第一种方法，第二种方法比较简便，可靠性高。

6.4.1 地磁信息感应装定系统

在对地磁场的线性周期样条组合插值进行研究的基础上，为了将基准地磁场信息加载到弹载姿态角检测系统中，设计了与插值算法相匹配的地磁信息感应装定系统。

6.4.2 地磁信息感应装定系统结构

地磁信息感应装定系统利用预先建立的区域地磁图，根据弹药发射地点的地理位置和时间信息，获取该点所在区域的地磁场相关数据，采用线性周期样条组合插值算法计算地磁场稳定量,利用双线性插值计算地磁场的长期变化量,然后计算该点的地磁场矢量，根据射向计算基准地磁场信息，并通过非接触电磁感应装定的方式，将基准地磁场矢量和相关的发射参数加载到弹载姿态角检测系统。

地磁信息感应装定系统主要由六部分组成，包括卫星导航系统、键盘、显示器、存储器、ARM 微处理器和发送器，如图 6.30 所示。卫星导航系统的功能主要是实时测量弹药发射地点的地理位置和时间，并实时发送到 ARM 微处理器；键盘的功能主要是输入弹药发射参数和发送命令；显示器的功能主要是实时显示系统的工作状态和一些参数信息；存储器的功能主要是存储预先建立的地磁场线性周期样条组合插值系数表；ARM 微处理器是地磁信息感应装定系统的控制中枢，它首先接收来自卫星导航系统的发射点

位置信息，之后调取存储器中与发射地点相关的地磁场数据，并计算发射地点的地磁场矢量，然后根据输入的发射参数计算发射坐标系下的地磁场矢量，最后将所有的装定信息按照一定的格式发送给驱动器，并等待驱动器的反馈信息。驱动器的主要功能是将来自 ARM 微处理器的装定信息通过非接触电磁感应方式传输到弹载姿态角检测系统，并接收反馈信息，同时将反馈信息转发给 ARM 微处理器。

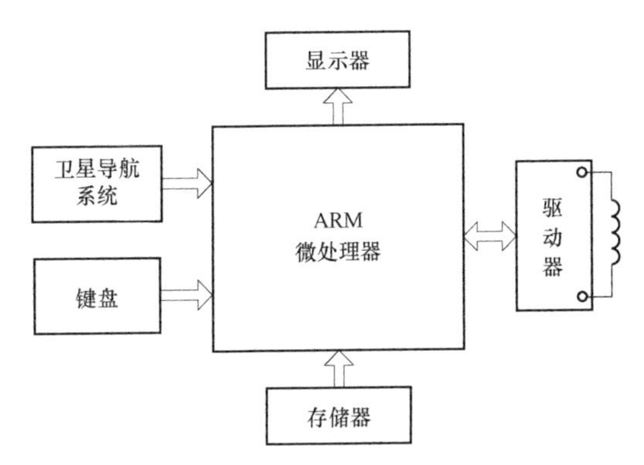

图 6.30　地磁信息感应装定系统结构框图

6.4.3　地磁信息感应装定系统工作流程

地磁信息感应装定系统主要有三个任务：卫星导航系统数据接收和地磁坐标系下地磁场矢量计算、发射参数输入和发射坐标系下地磁场计算、装定信息。地磁信息感应装定系统流程图如图 6.31 所示。

当系统上电和初始化之后，等待卫星导航系统捕获信号，当卫星导航系统成功定位后，开始接收卫星导航系统发送的数据，并计算发射地点的经纬度和时间信息，之后调取存储器中的地磁场数据，采用线性样条组合插值算法计算地磁场稳定量，采用双线性插值算法计算地磁场变化量，然后计算发射地点的地磁场 X、Y 和 Z 分量，并提示已接收到卫星导航系统数据。

当看到卫星导航系统数据已定位的提示之后，开始输入弹药的发射参数，并实时显示在显示器上，输入完成之后，计算发射坐标系下的地磁场 X、Y 和 Z 分量，并显示计算结果。

当所有的装定信息准备完成后，输入发送命令，地磁信息感应装定系统向弹载姿态角检测系统发送装定信息，并等待反馈信息，然后根据反馈信息，判断装定信息是否正确，并将装定结果在显示器上输入。

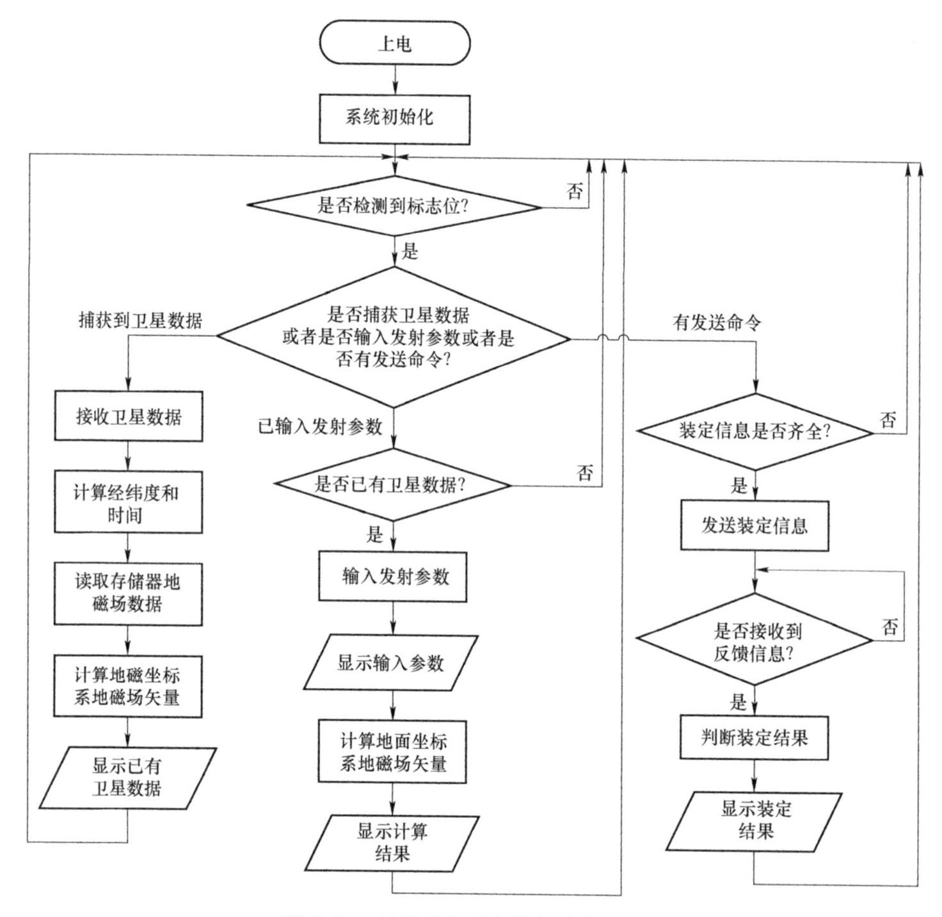

图 6.31　地磁信息感应装定系统流程图

6.4.4　弹丸姿态角检测系统结构

弹丸姿态角检测系统主要分为 7 个部分：置位/复位电路、磁阻传感器、放大电路、滤波电路、ARM 微处理器、感应接收电路和电源。图 6.32 所示为基于三维磁阻传感器和 ARM 的弹丸姿态角检测系统的结构框图，其中粗线表示多通道信号线，细线表示单通道信号线，虚线方框表示该部分不属于弹丸姿态角检测系统。

当弹丸姿态角检测系统开始工作时，置位/复位电路对磁阻传感器进行置位和复位操作，以提高磁阻传感器的工作性能，之后磁阻传感器输出三路地磁场信号到放大电路，信号经过放大后输出到滤波电路，经过滤波处理的三路地磁场模拟信号输出到 ARM 微处理器自带的模拟数字转换器（ADC），之后 ARM 微处理器利用由采样得到的地磁场信号和由地磁信息感应装定系统经过感应接

收电路发送的地磁场矢量实时计算弹丸的滚转角和俯仰角，并通过接口电路将姿态角信息发送给上位机。由于与简易制导弹药的中央控制器连接麻烦，并且调试不便，因此暂且假设偏航角恒定为零，计算滚转角和俯仰角，单独对弹丸姿态角检测系统进行调试和试验。

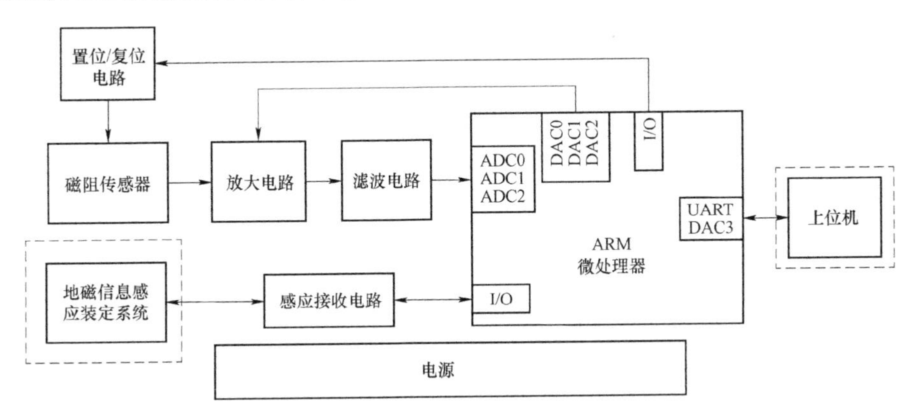

图 6.32　弹丸姿态角检测系统结构框图

6.4.4.1　磁阻传感器和置位/复位电路

磁阻传感器选用霍尼韦尔公司的 3 轴磁阻传感器 HMC1043，HMC1043 是一种小型 3 轴表面安装的固态磁传感器，内部有 3 个由阻值约为 1 000 Ω 的镍铁合金（也称为坡莫合金）电阻器组成的惠斯通电桥，可以测量地磁场矢量的三维正交分量。

HMC1043 采用小体积的 16 脚 LPCC 封装，尺寸为 3 mm×3 mm×1.5 mm，带宽达到 5 MHz，磁场分辨率为 12 nT，最大测量范围为−600 000～600 000 nT，在 ± 100 000 nT 范围内，其线性误差仅为 0.1% FS，灵敏度为 1.0 mV/(V ·100 000 nT)，工作电压范围为 1.8～20 V。当地磁场强度为 50 000 nT，采用 3.3 V 电压供电时，传感器的输出电压为 1.65 mV。HMC1043 的电路图如图 6.33 所示，因为磁

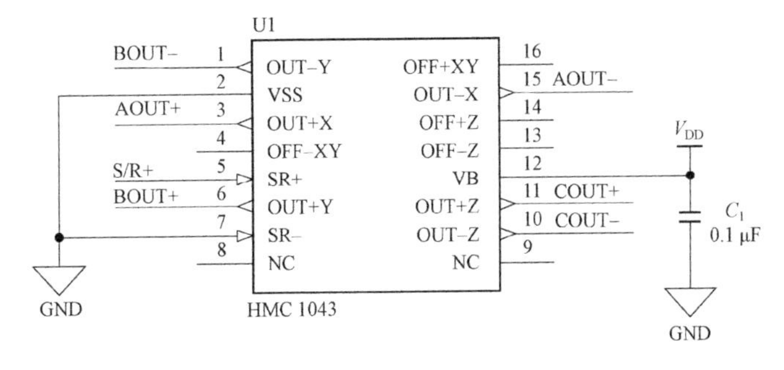

图 6.33　HMC1043 电路图

阻传感器自身定义的 X、Y 和 Z 三个轴与弹体坐标系下三个轴的方向不一致，容易混淆，所以用 A、B 和 C 代替表示磁阻传感器的 X、Y 和 Z，A、B 和 C 依次对应 Z_b、Y_b 和 X_b。

1. 置位/复位电流带

当磁阻传感器受到较强干扰磁场（400 000～2 000 000 nT）的影响时，其输出信号可能出现衰变，为了减小这种影响和使信号输出最大化，在磁阻电桥上应用磁开关切换技术。置位/复位电流带的作用就是消除干扰磁场对磁阻传感器的影响，将磁阻传感器恢复到测量磁场的高灵敏度状态。磁开关切换技术通过在置位/复位电流带上施加大电流脉冲来实现，而置位/复位电流带看起来就像磁阻传感器内部的一个电阻。

置位/复位电流带的工作原理：当磁阻传感器暴露于干扰磁场中时，传感器元件分成若干个方向随机的磁区域，导致其灵敏度降低；如果峰值高于最低要求阈值的正向脉冲电流（置位电流）通过置位/复位电流带，将产生一个强磁场，该磁场可以重新将磁区域统一对准到一个方向上，从而确保磁阻传感器的高灵敏度和可重复性；类似地，反向脉冲电流（复位电流）可以使磁区域统一对准到相反的方向。

另外，通过测量磁阻传感器在置位状态和复位状态的输出电压，可以计算磁阻传感器的输出电压，其计算公式为

$$V_{\text{out}} = \frac{V_{\text{set}} - V_{\text{reset}}}{2} \tag{6.44}$$

式中，V_{out} 为输出电压；V_{set} 和 V_{reset} 分别为传感器在置位状态和复位状态的输出电压。

该方法可以消除磁阻传感器偏移误差和温度漂移的影响。

2. 置位/复位电路

置位/复位电路如图 6.34 所示，输入端口 Set/Reset 由 ARM 微处理器控制，输出端口 S/R+接磁阻传感器的置位/复位电流带。当 Set/Reset 端由高电平变为低电平时，由于电容的隔直通交的特性，PNP 型三极管 Q_1 导通，NPN 型三极管 Q_2 截止，电源 V_{CC} 给电容器 C_{20} 充电，在 S/R+端形成正脉冲电流，即置位电流；当 Set/Reset 端由低电平变为高电平时，Q_1 截止，Q_2 导通，C_{20} 放电，在 S/R+端形成负脉冲电流，即复位电流。这样，ARM 微处理器在 Set/Reset 端输入矩形方波信号来控制 Q_1 和 Q_2 轮流导通和截止，便可以实现对磁阻传感器进行置位/复位操作。

HMC1043 磁阻传感器的置位/复位电流带的阻值约为 2.5 Ω，其置位/复位电流的强度要求在 2～8 A，脉冲电流持续时间不小于 2 μs。由置位/复位电路输出的脉冲波形如图 6.35 所示。

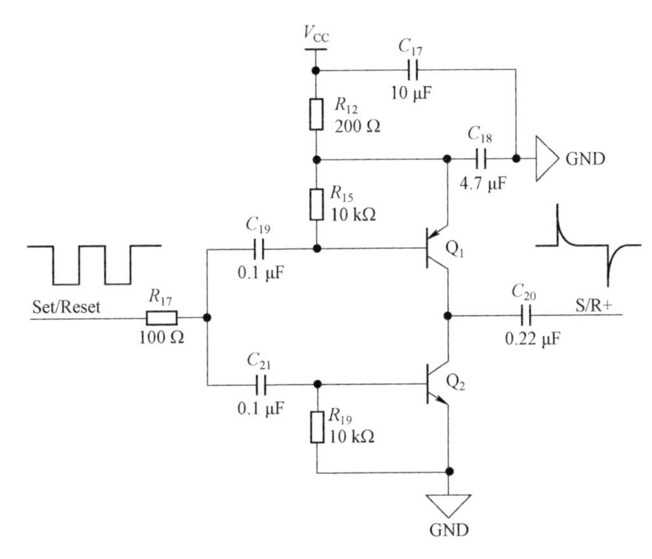

图 6.34　置位/复位电路

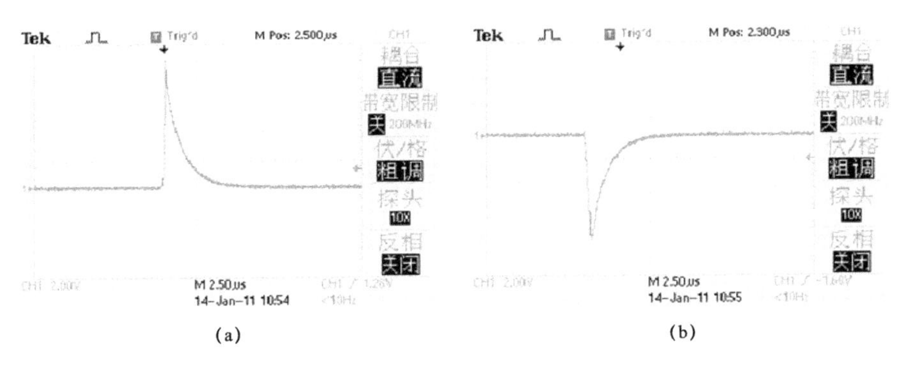

(a)　　(b)

图 6.35　置位/复位脉冲波形

（a）置位脉冲；（b）复位脉冲

6.4.4.2　放大电路

为了减小磁阻传感器输出信号的噪声和误差，采用高精度的仪表放大器电路。仪表放大器选用美国德州仪器（TI）公司生产的具有低功耗、高精度特性的 INA128，其采用激光调节技术，具有非常低的偏置电压（50 mV）、温度漂移（0.5 μV/℃）和高共模抑制比（在增益为 100 时达到 120 dB）。INA128 内部采用三运放结构，带宽较宽，在增益为 100 时，带宽为 200 kHz，工作电压范围也较宽，为 ±2.25～±18 V。INA128 依靠单个外部电阻器调节其增益，增益范围非常大，可选择 1～10 000 之间的任一增益。

仪表放大器 INA128 的放大电路如图 6.36 所示。其输入端 In−和 In+连接磁阻传感器电桥的输出信号，输出端 Out 将放大后的信号传输到滤波电路，输入端 VrefX 由 ARM 控制器的数字模拟转换器 DAC 控制，为放大电路提供参考电压。放大电路的增益由 INA128 的 RG1 和 RG2 两端的电阻值 R 进行调节，增益为

$$G=1+\frac{50\ \text{k}\Omega}{R}=600 \tag{6.45}$$

式中，$R=\frac{R_1+R_2}{R_1R_2}=83.46\ \Omega$。

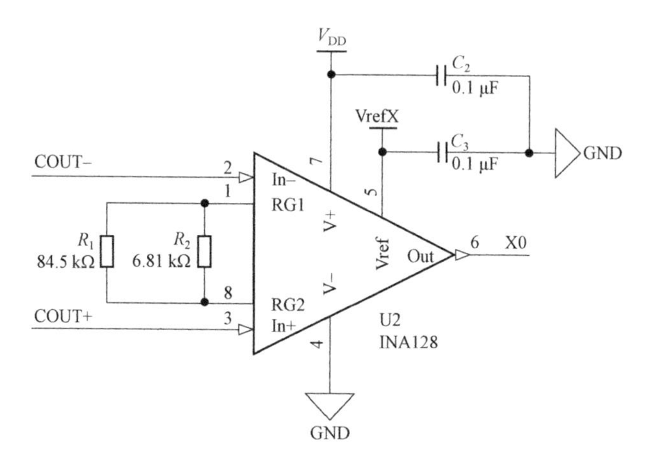

图 6.36　放大电路

因为磁阻传感器输出三路地磁场信号，所以放大电路也需要三路。

6.4.4.3　滤波电路

滤波器的作用主要是降低地磁场信号中的噪声和防止信号混叠。因为巴特沃斯低通滤波器具有通带内最大平坦幅度的特性，所以滤波电路采用二阶巴特沃斯低通滤波器。

二阶巴特沃斯低通滤波电路如图 6.37 所示。其截止频率为 400 Hz，输入端 X0 连接经过放大的地磁场信号，输出端 X1 将经过滤波后的地磁信号传输到 ARM 微处理器的数字模拟转换器 ADC，滤波器电路同样需要三路。

6.4.4.4　感应接收电路

感应接收电路有两个功能：一是在装定过程中为弹丸姿态角检测系统提供

能量；二是接收地磁信息感应装定系统的信息，并反馈装定结果。

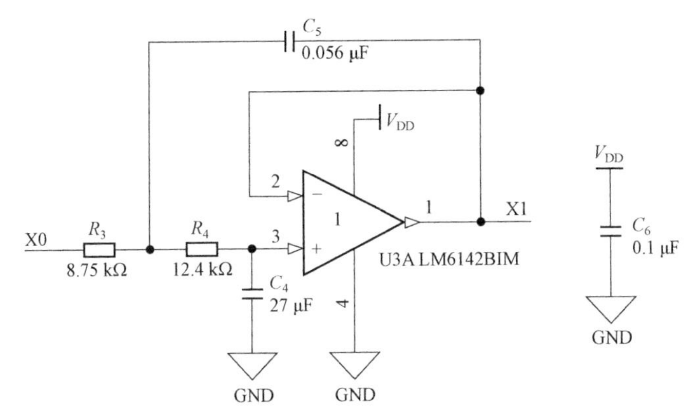

图 6.37　滤波电路

感应接收电路的工作原理如图 6.38 所示。输出端 POWER 与电源电路连接，为系统供能，输出端 Setting 和输入端 Feeding 与 ARM 微处理器连接，前者输出经过调制后的装定信号，后者接收来自 ARM 微处理器的反馈信息。在信息装定过程中，首先利用整流桥将线圈中根据电磁感应定律产生的交流电压转换成直流电压，为弹丸姿态角检测系统提供能量；当供能稳定后，开始传输有用的装定信号，线圈产生的感应信号经过解调后发送给 ARM 微处理器进行解码，ARM 微处理器在对装定信息处理之后发送反馈信息，反馈信息经过调制，由线圈传回地磁信息感应装定系统。

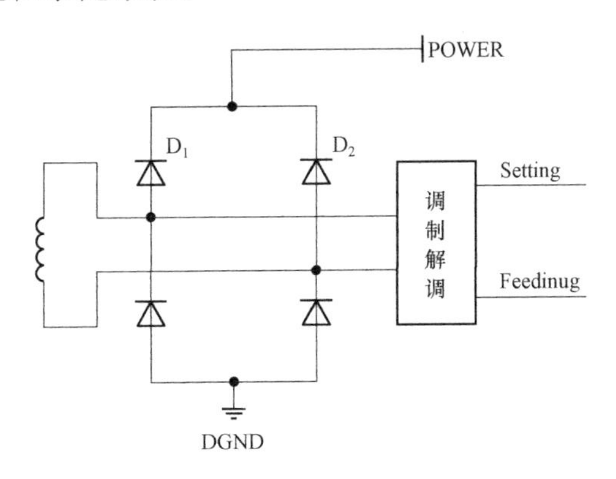

图 6.38　感应接收电路工作原理

6.4.4.5　ARM 微处理器

ARM 微处理是弹丸姿态角检测系统的控制枢纽，负责整个系统任务的实现和控制其他模块有条不紊地进行工作。考虑到基于地磁传感器的弹丸姿态角检测系统的实际需求和弹体有限空间的限制，选用美国 ADI 公司生产的 ARM7 系列微处理器 ADUC7020。

ADUC7020 是一款内核采用 ARM7TDMI 体系结构的 32 位 ARM 微处理器，ARM7TDMI 处理器的存储器使用冯·诺依曼结构，指令和数据共用一条 32 位总线，统一编址，指令使用 3 级流水线方式，有两个指令集，即 32 位 ARM 指令集和 16 位 Thumb 指令集，其中包括得到 64 位结果的 32 位与 32 位相乘指令和得到 64 位结果的 32 位与 32 位乘加指令，可以加快计算的速度。支持 5 种类型的异常中断，包括正常中断（IRQ）、快速中断（FIQ）、存储器中止、未定义指令执行和软件中断指令。其中，利用正常中断和快速中断可以实现对关键任务的实时处理。

ADUC7020 微处理器不仅体积小，而且片上集成的外部设备非常丰富，可以有效地减少其他器件的使用，从而减小系统的体积。

ADUC7020 片上有 62 KB 的 Flash 存储器与 8 KB 的 SRAM，采用片内时钟时，系统工作频率最高为 41 MHz，功耗约为 1 mA/MHz，工作电压为 2.7～3.6 V。ADUC7020 及其外围电路如图 6.39 所示。

ADC 的 3 个通道（ADC0、ADC2 和 ADC3）用于对三路模拟地磁场信号进行采样，ADC 位数为 12 位，采用伪差分工作模式，采样周期为 1 kHz，采样速率约为 1 MHz，采用连续转换模式进行采样。

定时器 0 用于控制 ADC 的采样周期。定时器 0 是一个通用多功能 16 位定时器，时钟采用内核时钟的 16 分频，定时时间设为 1 ms，工作在周期模式，从装载寄存器 TxLD 的值开始递减计数。当定时器 0 计时到零时，自动装载 TxLD 的值，重新开始计数。

4 个 DAC 中的 3 个（DAC0～DAC2）分别用于调节 3 路放大电路的参考电压。DAC 位数为 12 位，电压范围为 0～2.5 V，采用内核时钟频率进行更新，并且经过内部缓冲器输出。

UART 接口用于与上位机进行通信，字长为 8 位，采用偶校验方式，串口波特率为 230 400 b/s，采用小数分频器来产生。如果需要模拟输出方式，可以通过 DAC3 输出角度模拟信号。

外部中断 IRQ1（即 Setting 端口）用于接收装定信号，高电平有效。进入中断后，通过定时器 1 测量高电平的保持时间，根据保持时间来识别编码信息。

定时器 1 是一个 32 位通用定时器，采用递增计数方式，采用内核时钟作为时钟源，工作在自由模式。

Feeding 端用于发送反馈信息，利用定时器 0 进行定时，采用内核时钟，工作在周期模式，采用递减计数方式，当计数到零时，改变反馈信号的输出电平。

PwrCtrl 端口（即 P1.3）用于对电源电路进行控制。

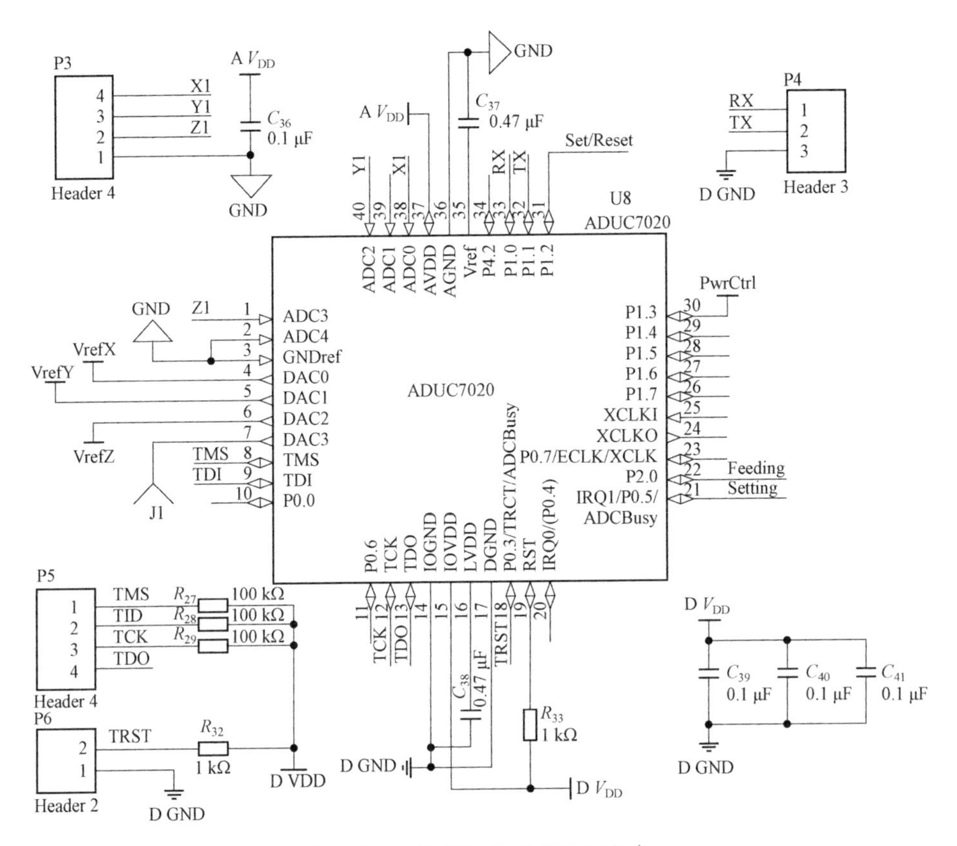

图 6.39　ADUC7020 及其外围电路

6.4.4.6　电源

电源的功能是为弹丸姿态角检测系统提供能量。弹丸姿态角检测系统的供能方式有两种，即感应供能和直流电源（电池）供能。由于感应供能提供的能量相对较小，为了保证感应供能时系统能够正常接收装定信息，需要对与接收信息无关的电路进行断电，以降低功耗。

电源电路如图 6.40 所示。端口 P1 连接弹载直流电源，输入端 POWER 连接感应接收电路，输入端 PwrCtrl 由 ARM 微处理器控制。电源芯片选用安森半导体公司的线性稳压电源 LPC2950，其输入电压最高为 30 V，输出电压为 3.3 V ×（1 ± 0.5%），最大输出电流为 100 mA。Q_3 为低阈值的 P 沟道增强型场效应管，当输入端 PwrCtrl 为低电平时，Q_3 导通，磁阻传感器、放大电路和滤波电路上电，开始工作；当输入端 PwrCtrl 为高电平或者高阻态时，Q_3 截止，磁阻传感器、放大电路和滤波电路断电，停止工作。

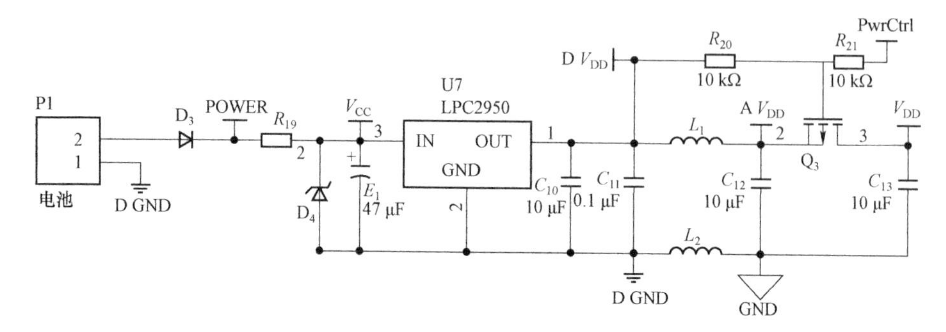

图 6.40　电源电路

6.4.5　弹丸姿态角检测系统软件流程

6.4.5.1　姿态角检测模式工作流程

姿态角检测模式下，弹丸姿态角检测系统的任务可分为两部分：偏航角计算及滚转角和俯仰角计算。

姿态角检测模式流程图如图 6.41 所示。在姿态角检测模式下，首先进行相关的初始化（例如将系统时钟切换到较高的工作频率，ADC、DAC、定时器、UART 等初始化和装定地磁场矢量归一化等），给磁阻传感器、放大电路和滤波电路上电，之后对磁阻传感器进行置位/复位操作，接着启动定时器 0，然后根据标志位分别进行偏航角计算和滚转俯仰角计算。

6.4.5.2　偏航角计算

在系统上电后，偏航角的初始值为零，如果没有弹道数据，系统默认偏航角始终为零。如果有来自上位机的弹道数据，根据弹道速度信息计算偏航角角度。为了能够及时处理上位机发送的弹道信息，通过串行接口 IRQ 中断方式接收弹道信息。

图 6.42 所示为串行接口 IRQ 中断流程图。进入中断后，先判断是发送中断还是接收中断，如果是接收中断，表示上位机发送弹道信息，存储数据。之后判断一组弹道数据是否完成，如果没有完成，则退出中断，等待下一个数据；如果完成，置有弹道数据标志位，然后退出中断。

当主程序检测到有弹道数据时，根据弹道速度信息计算弹道偏角，并将其作为偏航角。

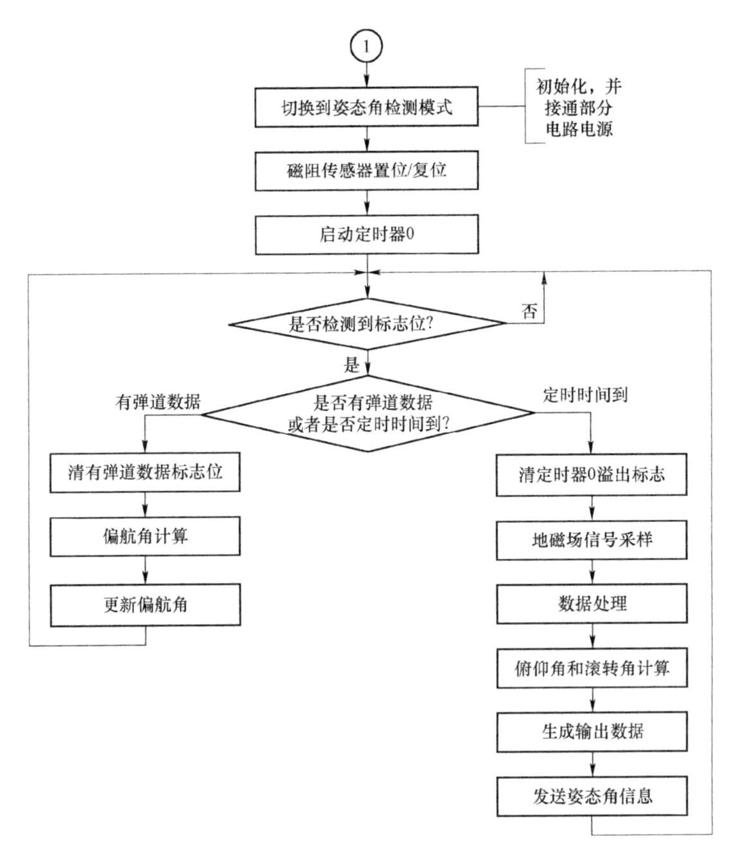

图 6.41　姿态角检测模式流程图

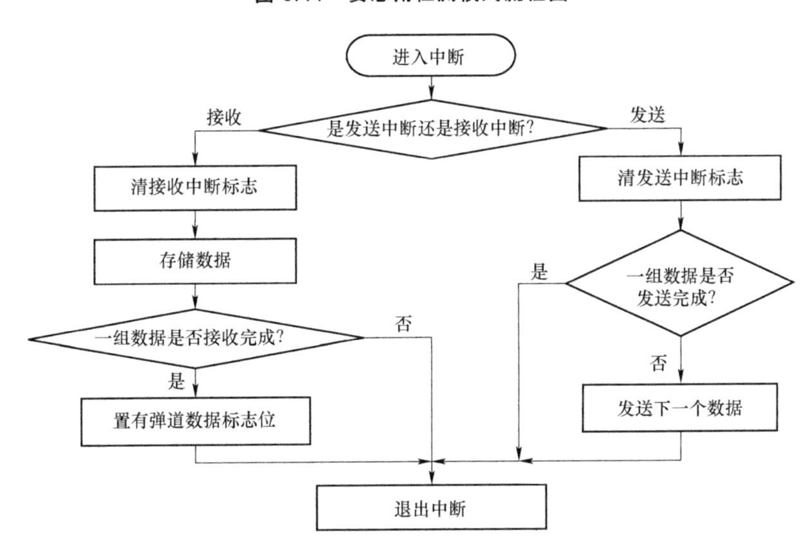

图 6.42　串口接口 IRQ 中断流程图

6.4.5.3 俯仰角和滚转角计算

当定时器 0 计时时间到以后，开始俯仰角和滚转角的计算过程。先清定时器 0 溢出标志，之后对 X、Y 和 Z 三路地磁场信号进行采样，采样完成后进行数据处理，包括滤波、地磁传感器误差校正和地磁场矢量归一化等，然后计算弹丸俯仰角和滚转角，生成相关的输出数据，并将其发送给上位机，在主程序中仅发送姿态角信息的标志字节，通过串行接口的 IRQ 中断发送角度。如图 6.42 所示，进入中断后，如果是发送中断，表示开始发送姿态角角度数据，清发送中断标志，之后判断一组数据是否发送完成。如果没有完成，则发送下一个角度数据，然后退出中断，等待下一次进入发送中断；如果完成，则直接退出中断。

在地磁场信号采样、数据处理及俯仰角和滚转角计算三个过程中，需要进行的工作比较多，下面单独对这三个过程进行说明。

地磁场信号采样流程如图 6.43 所示。开始采样后，先清采样标志，然后在 ADC 一次采样转换完成后，存储采样数据，在一个通道连续采样若干次之后，切换到下一个通道再次进行采样。在 X、Y 和 Z 三个通道均完成采样之后，结束采样。

数据处理流程如图 6.44 所示。先根据 X、Y 和 Z 三路信号的采样数据，采用算术平均滤波方法计算 X、Y 和 Z 分量，之后根据地磁传感器的误差校正方法对三路采样值进行校正；然后对校正后的地磁场矢量进行归一化计算，以保证测量到的地磁场矢量强度与装定的地磁场矢量强度相同；归一化之后，结束数据处理。

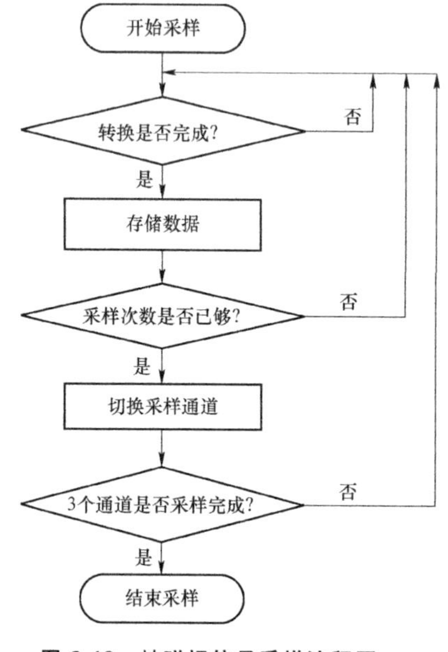

图 6.43 地磁场信号采样流程图

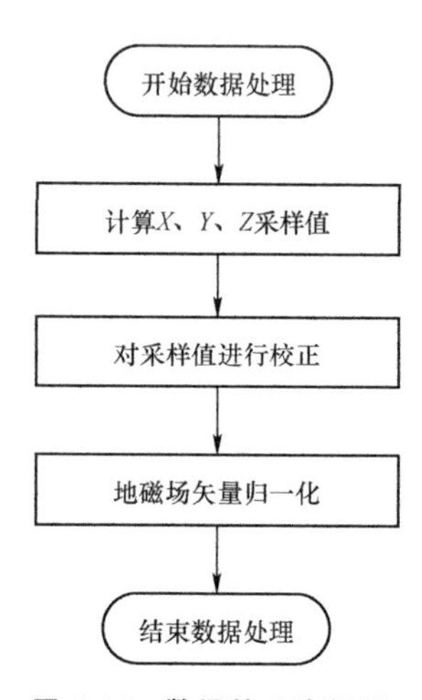

图 6.44 数据处理流程图

俯仰角和滚转角计算过程如图 6.45 所示。先根据装定信息，确定滚转角和

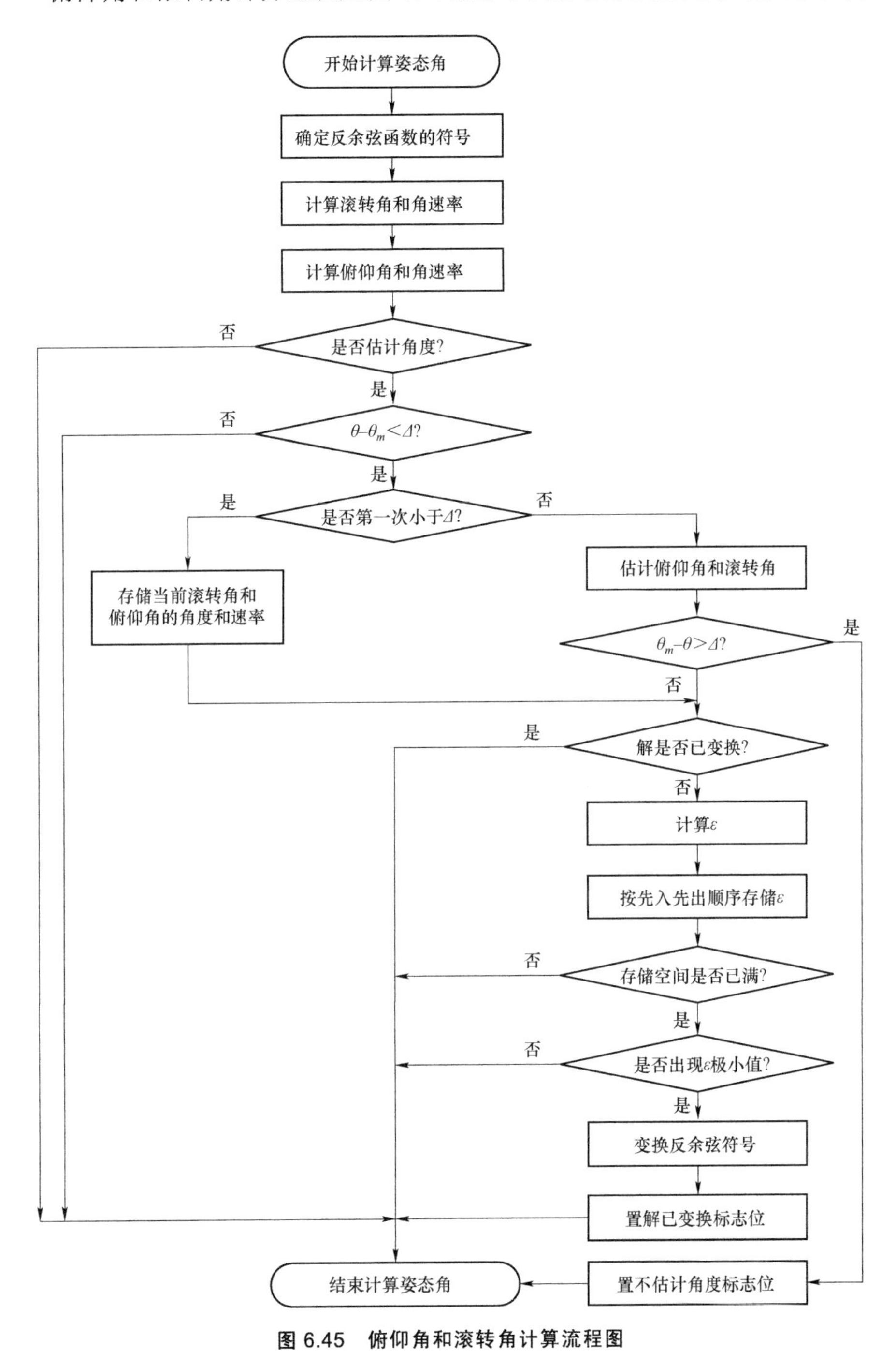

图 6.45　俯仰角和滚转角计算流程图

俯仰角解算模型中的反余弦函数取值符号；之后利用经过归一化计算的测量地磁场矢量和基准地磁场矢量，结合偏航角信息（偏航角默认为零，如果有弹道信息，则采用计算出的偏航角角度值），计算俯仰角和滚转角，并每隔若干点计算一次俯仰角和滚转角的角速率。之后判断在弹丸飞行过程中是否需要变换俯仰角和滚转角的解（该信息从装定信息中获得），如果需要，判断俯仰角是否已进入设定范围（角度估计和解变换是同时出现的，将其设为相同的阈值）。如果是首次进入，则存储当前的俯仰角和滚转角及其角速率，然后判断俯仰角和滚转角的解是否已变换；如果不是首次进入，则根据首次进入时存储的角度和角速率，对滚转角和俯仰角进行估计。估计之后，判断俯仰角是否超出设定范围的下限，如果超出，则置不估计角度的标志位，从而结束角度估计；如果不超出，则判断俯仰角和滚转角的解是否已变换。如果解已变换，则结束角度计算；如果未变换，则计算 μ'，在连续计算若干个 μ' 值之后，开始判断其是否出现极小值点。如果出现极小值点，则变换反余弦函数的符号，并置解已变换标志位，然后结束角度计算。

6.5 陀螺辅助姿态测量

6.5.1 陀螺姿态检测模型

从前述介绍可知，地磁姿态检测模型不能独立求解全部三个姿态角，而利用 GPS 提供的偏航角实际上是速度方向的偏航角，存在一定误差，导致姿态角解算不可避免地也存在误差。尤其是发射初始扰动和舵机打舵造成扰动时，所得的姿态角误差太大，不能达到简易制导弹药的精度要求。利用陀螺姿态检测模块，可以给地磁姿态检测模块提供额外的姿态角，完成全部三个姿态角的求解。在陀螺姿态检测技术中，姿态角的求解通常采用四元素法，利用弹丸三轴角速度建立四元素微分方程求解姿态矩阵式，计算量较小，可以全姿态飞行，也可以写出适合微处理器运算的递推方式。但是目前 MEMS 陀螺的量程一般为 300°/s，不能测量简易制导弹药滚转轴的角速度，所以无法利用四元素法对姿态角矩阵进行求解。欧拉角法同样是姿态矩阵求解的常用方法，欧拉角法是欧拉在 1776 年提出的，应用欧拉角法得到的姿态矩阵永远是正交阵，并且可以利用偏航轴和俯仰轴的角速度对偏航角和俯仰角进行求解。

通过惯性测量元件陀螺仪自主地测量相对于惯性空间的角速度参数，并在给定载体运动初始条件的情况下，利用积分运算得到载体的姿态信息。陀螺姿态检测模型通过角速度矢量在发射坐标系与弹体坐标系的转换关系求得，可知：

对于垂直发射的情况，有

$$\begin{bmatrix}\dot{\varphi}\\ \dot{\theta}\\ \dot{\gamma}\end{bmatrix}=\begin{bmatrix}0 & \tan\varphi\sin\gamma & \tan\varphi\cos\gamma\\ 0 & \cos\gamma & -\sin\gamma\\ 1 & \sin\gamma/\cos\varphi & \cos\gamma/\cos\varphi\end{bmatrix}\begin{bmatrix}\omega_{xb}\\ \omega_{yb}\\ \omega_{zb}\end{bmatrix} \tag{6.46}$$

对于非垂直发射的情况，有

$$\begin{bmatrix}\dot{\varphi}\\ \dot{\theta}\\ \dot{\gamma}\end{bmatrix}=\begin{bmatrix}0 & \cos\gamma/\cos\theta & -\sin\gamma/\cos\theta\\ 0 & \sin\gamma & \cos\gamma\\ 1 & \cos\gamma\tan\theta & \sin\gamma\tan\theta\end{bmatrix}\begin{bmatrix}\omega_{xb}\\ \omega_{yb}\\ \omega_{zb}\end{bmatrix} \tag{6.47}$$

简易制导弹药通常为非垂直发射，所以从式（6.47）可得到偏航角 φ 和俯仰角 θ 的积分式

$$\dot{\varphi}=\frac{\cos\gamma}{\cos\theta}\omega_{yb}-\frac{\sin\gamma}{\cos\theta}\omega_{zb} \tag{6.48}$$

$$\dot{\theta}=\omega_{yb}\sin\gamma+\omega_{zb}\cos\gamma \tag{6.49}$$

由于简易制导弹药偏航角的变化较小，利用欧拉角法计算时，精度比俯仰角的高，所以采用两轴陀螺姿态检测系统为地磁姿态检测模块提供偏航角信息。偏航角的积分表达式为

$$\varphi(nT)=\varphi[(n-1)T]+\int_{(n-1)T}^{nT}\left[\frac{\sin\gamma(t)}{\cos\theta(t)}\omega_{yb}(t)-\frac{\cos\gamma(t)}{\cos\theta(t)}\omega_{zb}(t)\right]\mathrm{d}t \tag{6.50}$$

利用两轴 MEMS 陀螺每个周期采集两次角速度信息，然后结合地磁姿态检测系统提供的另外两个姿态角，基于龙格－库塔法对式（6.50）进行求解，其具体步骤为：

① $P_1=C(t)\omega_{yb}(t)-S(t)\omega_{zb}(t)$；

② $P_2=C(t)\omega_{yb}(t+T/2)-S(t)\omega_{zb}(t+T/2)+P_1/2$；

③ $P_3=C(t)\omega_{yb}(t+T/2)-S(t)\omega_{zb}(t+T/2)+P_2/2$；

④ $P_4=C(t)\omega_{yb}(t+T)-S(t)\omega_{zb}(t+T)+P_3$；

⑤ $P=(P_1+2P_2+2P_3+P_4)/2$；

⑥ $\varphi(t+T)=\varphi(t)+(T/6)P$。

其中，$S(t)=\dfrac{\sin\gamma(t)}{\cos\theta(t)}$，$C(t)=\dfrac{\cos\gamma(t)}{\cos\theta(t)}$。

地磁陀螺姿态检测技术利用弹体横向两轴 MEMS 陀螺输出的角速度对偏

航角进行计算，不但可以解决 MEMS 陀螺在滚转轴上量程不足的问题，还可以给地磁姿态检测模型提供一个必需的外部姿态角，减小由 GPS 求解偏航角带来的误差。而由地磁姿态检测求解剩余的两个姿态角，仅需利用地磁矢量在发射坐标系和弹体坐标系下的变换关系，不需要进行积分运算，可最大限度地减小整个姿态检测模型的累积误差。根据式（6.49）可以组成完整姿态检测模型，其具体流程图如图 6.46 所示。

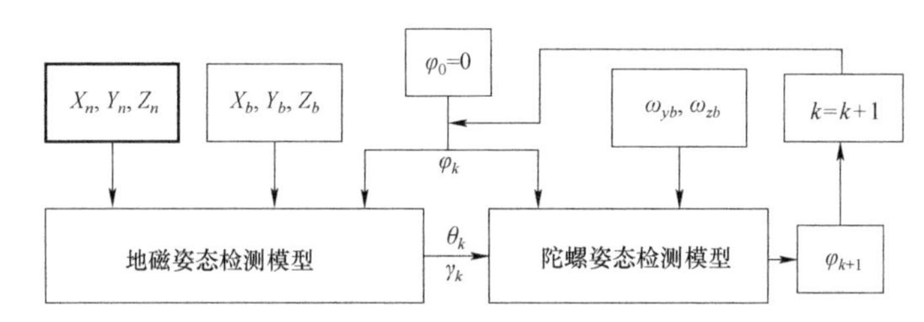

图 6.46　地磁陀螺姿态检测流程图

图 6.46 中，需要提供五组数据，以完成整个姿态检测流程的循环，X_b，Y_b，Z_b 表示弹体坐标系下的地磁场分量，由固连在弹体上的三维磁传感器采样得到；ω_{yb}，ω_{zb} 表示弹体 Y 轴和 Z 轴的角速度，由固连在弹体上的两维 MEMS 陀螺输出；而图中加粗框显示的 X_n，Y_n，Z_n 为发射坐标系下的磁场分量，称为基准磁场，在姿态检测模型循环求解前，必须对基准磁场进行加载。

6.5.2　地磁组件测量误差静态校正试验

为了静态校正算法的有效性，把弹丸姿态角检测系统固定在铝制弹体内，之后把铝制弹体与部分钢制弹体连接在一起，然后把连接好的弹体一起安装在三轴转台加长杆的前端，如图 6.47 所示。钢制弹体在地磁场的作用下产生磁化，引起地磁场的畸变，从而对地磁传感器产生干扰，用来模拟地磁检测组件的测量误差。

图 6.47　安装加长杆和弹体的三轴转台

安装完成之后，把转台的俯仰角（水平向上为正）调整到−33.3°的位置，接近于地磁盲区的方向（测得磁倾角为 46.7°，水平向下为正），测量地磁检测系统在射向分别为北、东、

南、西四个方向进行滚转运动时的三路地磁传感器输出信号。然后对这四组数据（每组取 1 000 个采样点）进行汇总，通过本章介绍的拟合方法计算椭球方程系数。画出测量数据与其对应的椭球形状，如图 6.48 所示。从图中可以看出，由于模拟的各种干扰误差的影响，导致地磁传感器的三路输出信号形成比较明显的椭球，这验证了本章关于测量误差模型为椭球的设定。通过对磁场信号进行校正，画出校正后的磁场信号及其对应的拟合模型，如图 6.49 所示。从图中可以看出，经过校正拟合模型回归到正球体，校正效果比较理想。

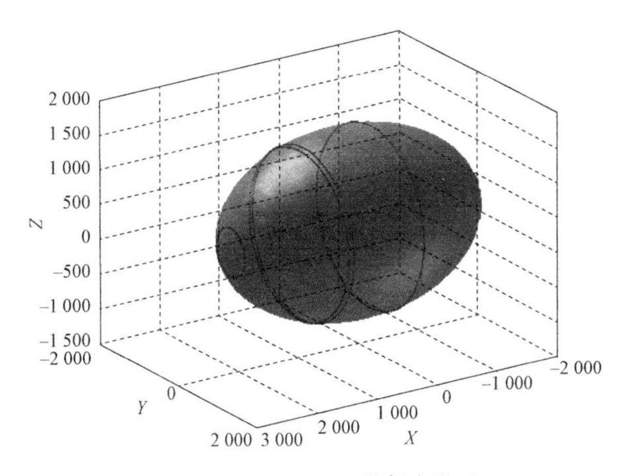

图 6.48　地磁测量误差拟合模型

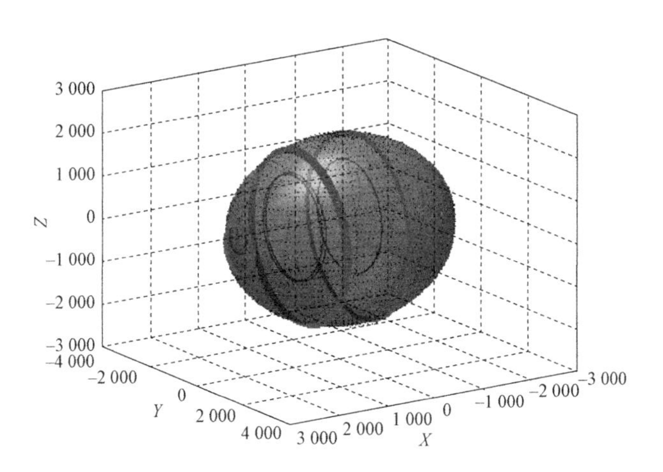

图 6.49　地磁测量误差校正模型

误差校正前后的地磁场强度变化如图 6.50 所示。从图中可以看到，在经过误差校正后，地磁场强度的波动基本消除，变成一条平坦的直线，磁场强度接近地磁场真实值。

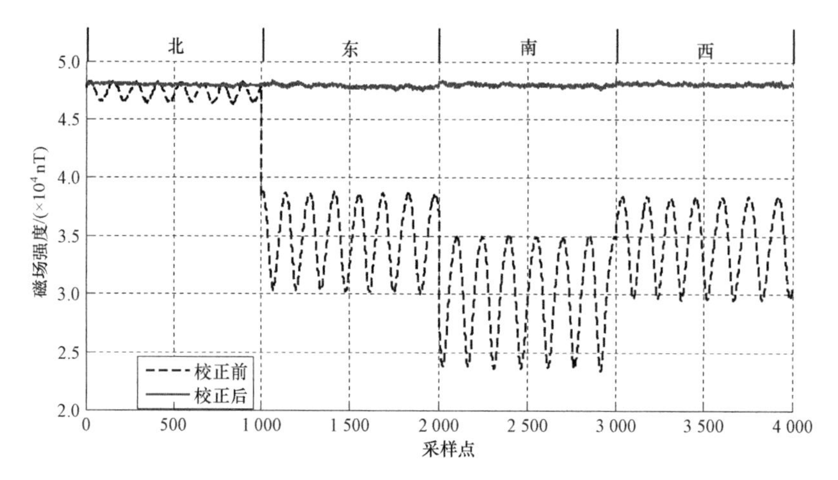

图 6.50　误差校正前后的地磁场强度变化

通过最大似然法拟合得到的校正矩阵 $\boldsymbol{S}^{-1}$ 和误差矢量 $\boldsymbol{b}$ 的值分别为

$$\boldsymbol{S}^{-1}=\begin{bmatrix} 1.073\,6 & -0.002\,0 & 0.016\,5 \\ -0.001\,7 & 1.589\,3 & -0.026\,8 \\ 0.019\,2 & -0.030\,2 & 1.629\,1 \end{bmatrix},\quad \boldsymbol{b}=\begin{bmatrix} 150.863\,7 \\ -21.213\,2 \\ 251.250\,6 \end{bmatrix}$$

将校正前后的地磁信号代入姿态角计算式，利用校正前后的姿态角误差曲线可进一步得到静态校正方法的效果。图 6.51 所示为地磁传感器误差校正前后的滚转角误差变化图。其中，虚线为校正前的滚转角误差曲线，实线为校正后的滚转角误差曲线。两条曲线依次由北、东、南、西四个方向的误差曲线组合而成。从图中可以看出，经过校正，滚转角误差明显减小。在射向为东、南、西三个方向时，校正后滚转角误差峰值由 27° 减小到 2°；在射向为正北时，滚转角误差要比其他方向大，校正后的误差峰值由 40° 减小到 6°。这是因为射向为正北时，弹体横截面与磁力线接近垂直，用于滚转角解算的两个传感器输出信号幅值太小，易受噪声等环境因素的影响，从而降低滚转角的测量精度。

图 6.52 所示为地磁传感器误差校正前后的俯仰角误差变化图。其中虚线曲线为校正前的俯仰角误差曲线，实线为校正后的俯仰角误差曲线。两条曲线依次由北、东、南和西四个方向的误差曲线组合而成。从图中可以看出，经过校正，俯仰角误差明显减小，在射向为东、西两个方向时，俯仰角误差值偏大，校正后的误差峰值由 45° 减小到 5°，其余方向的俯仰角误差峰值经过校正减小到 3.5°。由于俯仰角的解算精度取决于弹体纵轴的传感器输出信号，弹体纵轴在射向为东、西两个方向时，与磁力线方向夹角较大，地磁传感器输出幅值较小，易受噪声等环境因素的影响，从而降低俯仰角的测量精度。

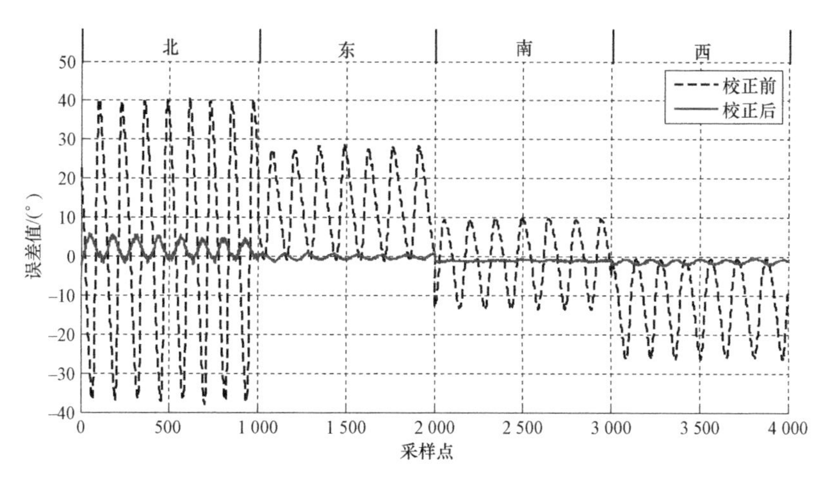

图 6.51　误差校正前后的滚转角误差变化

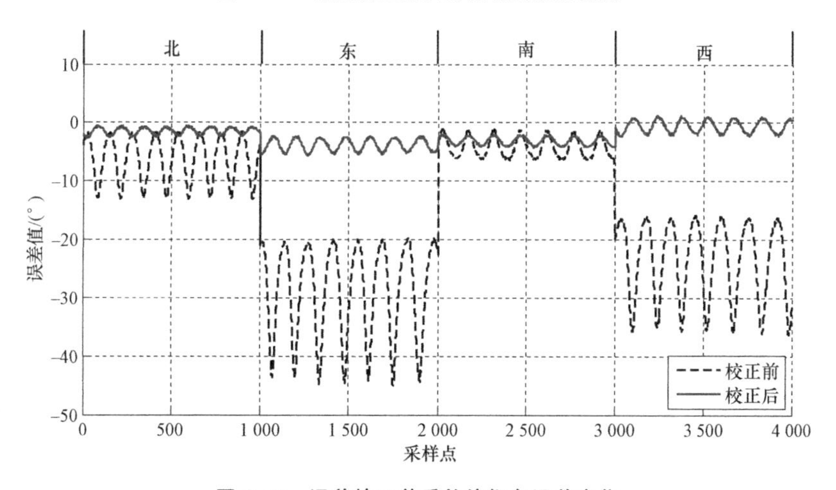

图 6.52　误差校正前后的俯仰角误差变化

6.5.3　地磁组件测量误差在线组合校正试验

将前述在线组合校正方法写入姿态检测系统的软件程序中，以静态校正试验得到的误差矩阵 $\boldsymbol{S}^{-1}$ 和误差矢量 $\boldsymbol{b}$ 为初值，重新进行转台试验。把转台的俯仰角调整到−33.3° 的位置，接近于地磁盲区的方向（水平向上为正，测得磁倾角为 46.7° ），测量地磁检测系统在射向分别为北、东、南、西、东北、东南、西南、西北八个方向进行滚转运动时的滚转角和俯仰角。将得到的姿态角误差与单纯用静态校正补偿的姿态角误差做比较。

两种校正方法下的滚转角误差和俯仰角误差曲线如图 6.53 和图 6.54 所示。从图中可以看出，射向为北、东、南、西四个方向时，两种校正方法下的滚转角和俯仰角误差比较接近；而射向为东北、东南、西南和西北四个方向时，在线组合校正方法的效果则明显优于静态校正方法。这是由于静态校正方法的误差矩阵 $\boldsymbol{S}^{-1}$ 和误差矢量 $\boldsymbol{b}$ 是由射向为北、东、南、西四个方向的地磁场分量拟合得到的，在这四个方向的误差补偿系数最接近真实值。在其他方向，利用静态校正方法得到的误差系数与真实值存在一定的偏差，所得到的姿态角精度也必然降低。而利用在线组合校正方法对误差系数进行在线更新，可以从地磁测量值中提取出估计量信息，用于修正误差补偿系数，从而保证姿态检测系统在不同射向条件下的精度。

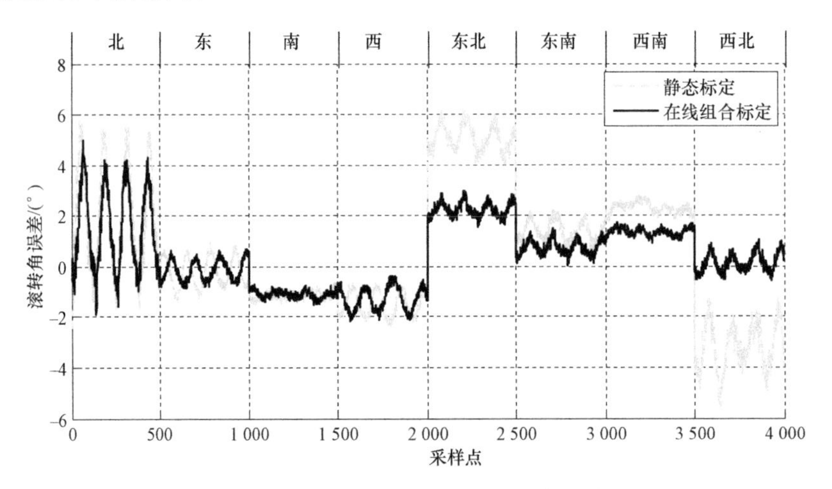

图 6.53　两种校正方法下的滚转角误差

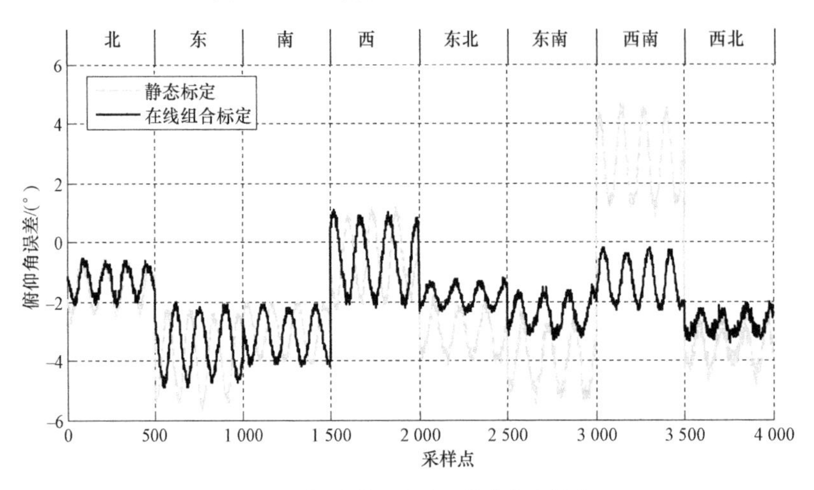

图 6.54　两种校正方法下的俯仰角误差

6.5.4　地磁陀螺姿态检测系统设计及试验

地磁陀螺姿态组合姿态检测系统关键技术的研究可概括为四个方面：一是结合地磁和陀螺姿态检测的优缺点，通过加入 MEMS 陀螺单元构建基于地磁陀螺的三姿态角检测模型，减小弹体摆动对姿态检测造成的误差；二是针对地磁检测组件测量误差进行分析，建立测量误差模型，提出基于最大似然法和递推最小二乘法的在线组合校正算法；三是针对地磁测量系统的噪声误差，深入研究各种噪声误差源，设计了针对舵机工作噪声的磁屏蔽技术，提出了基于被动段弹道方程的自适应扩展卡尔曼滤波降噪算法；四是针对 MEMS 陀螺的两种输出误差的特点，提出确定性误差的多位置标定及温度补偿方法，研究了随机误差的辨识与降噪方法。

为了验证以上关键技术在实际系统中的性能，本章搭建了基于单片机 MCU 和 ARM7 处理器的地磁陀螺姿态检测系统原理样机，进行了系统的硬件设计和软件实现。同时，对原理样机进行了相关的静态试验与模拟试验，并对姿态检测系统的性能指标进行了标定。由于条件限制，试验验证主要包括以下几个方面：

① 利用三轴无磁转台对原理样机的测量误差进行标定和补偿，结合电磁伸缩舵机验证自适应降噪方法的有效性，对比分析误差校正和自适应降噪方法的性能。

② 进行了定姿态试验、静态稳定性试验、动态稳定性试验，主要用于检测原理样机在动静态运动环境中的稳定性。

6.5.4.1　地磁陀螺姿态检测系统组成及布局

地磁/MEMS 陀螺姿态检测系统主要包括信号采集子系统、信号处理子系统、电源子系统及初始地磁装定子系统四个组成部分，具体组成框图如图 6.55 所示。为了能够采集到姿态求解所需的环境信息，磁阻传感器和 MEMS 陀螺必须合理布局。如图 6.56 所示，三维磁阻传感器安装在弹体横截面内并且敏感弹体坐标系的三个坐标轴，用于对弹体坐标系的三轴磁场分量进行检测。两个 MEMS 陀螺分别安装在弹体横截面内并且敏感弹体坐标系的两个横向坐标轴，用于对弹体坐标系横向两轴的角速度信息进行检测。

1. 姿态检测系统的总体结构设计

地磁/MEMS 陀螺姿态检测系统硬件总体结构如图 6.57 所示，主要由三个部分组成：传感器部分、数据处理部分和信息交联部分。

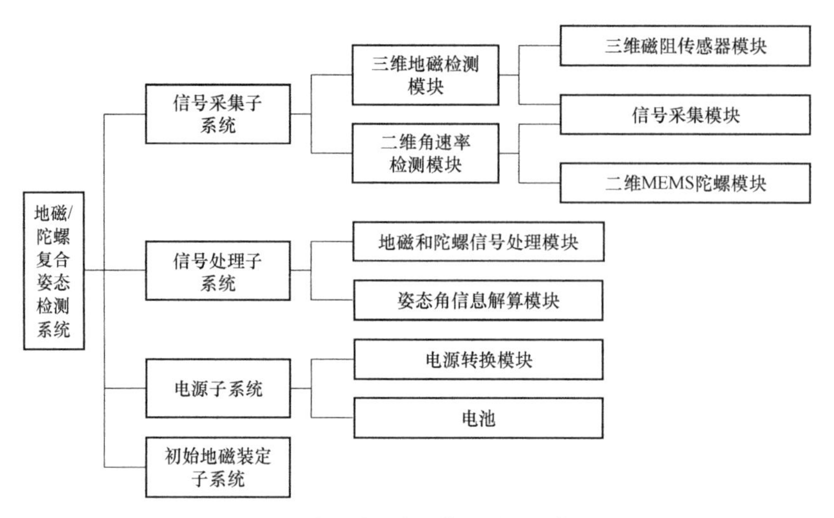

图 6.55　地磁陀螺姿态检测系统组成框图

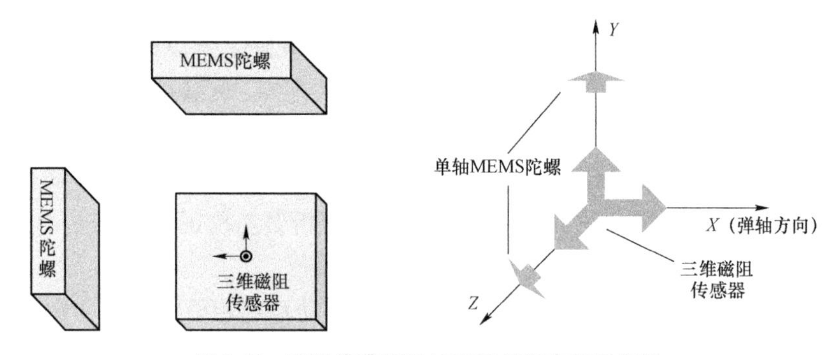

图 6.56　磁阻传感器和 MEMS 陀螺布局示意图

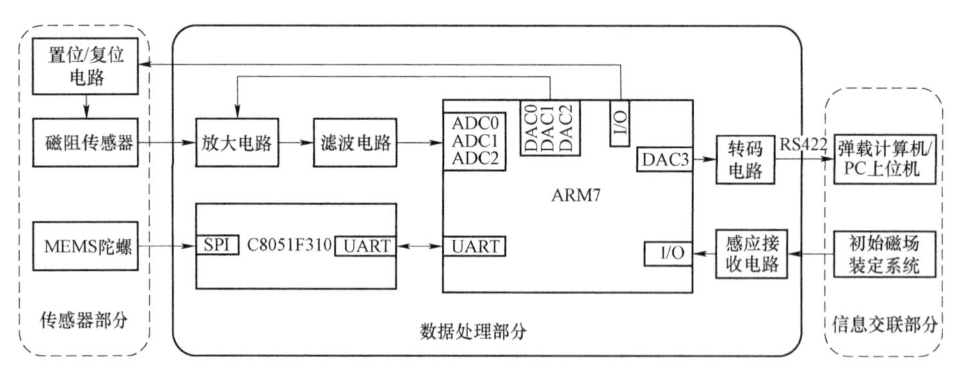

图 6.57　姿态检测系统硬件总体结构

系统中配置 MEMS 陀螺传感器用于弹体横截面两轴的角速度信号；配置磁阻传感器用于获得弹体坐标系下的三轴磁场分量；处理器部分首先对传感器信

息进行处理，然后计算姿态信息并编码输出；信息交联部分用于提供发射点坐标的初始磁场信息，以及接收并显示姿态角信息。在弹丸发射前，初始磁场装定系统利用感应装定的方式将初始磁场信号传送给 ARM7 微处理器。弹丸发射后，ARM7 微处理器对经过放大滤波处理后的磁场信息进行 A/D 采样，假设初始偏航角为零，计算滚转角和俯仰角，通过 RS422 串口输出给弹载计算机，同时，通过 UART 串口输出给 51 单片机。51 单片机在接收到滚转角和俯仰角信息之后，开始通过 SPI 串口信号采集 MEMS 陀螺输出的角速度信号，计算得到偏航角信息并通过 UART 串口输出给 ARM7 处理器。由此更新磁姿态解算循环中的偏航角信息。

2. 姿态检测系统的硬件设计

（1）数据处理模块的一体化设计

数据处理模块是姿态检测系统的核心，负责传感器数据的处理和姿态角信息的解算，完成的主要任务有初始磁场的接收、磁传感器信号的放大滤波及采样、MEMS 陀螺信号的采集、与弹载计算机的通信、传感器信号的误差校正及降噪、姿态解算和数据编码等。数据处理模块的工作量很大，通常由微处理器和相应的功能电路组成。微处理器在完成误差补偿、降噪和姿态求解等算法的同时，控制相应的功能电路完成初始磁场接收、数据采集和数据输出等工作。

微处理器要完成的误差补偿、降噪和姿态解算任务中涉及大量的坐标转换、三角函数计算、矩阵计算和积分计算；完成数据采集任务要求实时性强，并且包括三个磁阻传感器和两个 MEMS 陀螺共计五路信号需要并行处理。同时，为了保证姿态信息的精度和有效性，必须使用较高输出频率，这就要求微处理器能在较短的时间内完成大量的复杂运算，这对微处理器的运行速度和并行处理能力提出了很高的要求。高性能的微处理器会带来高昂的成本，这不符合简易制导修正引信的设计要求，相对而言，使用两个较低性能微处理器的组合在成本和并行处理能力方面更有优势。

MEMS 陀螺的输出为数字信号，可利用 SPI 串口直接采集。利用龙格–库塔法积分求解偏航角对实时性要求强，但算法相对简单，没有坐标运算和矩阵运算，采用 MCU 单片机能够很好地完成 MEMS 陀螺数据的处理和偏航角的求解。磁阻传感器的输出为模拟信号，需要经过放大滤波后由 A/D 采样得到，同时，利用磁场分量计算滚转角和偏航角的算法更为复杂，对处理器的运算性能要求较高，因此需选用运算能力更强的 ARM 微处理器来完成。

数据处理模块的一体化设计采用 ARM7 微处理器和 51 单片机的组合结构。ARM7 微处理器除了要完成初始磁场加载、磁场分量的采集、与弹载计算机通信等功能外，还要完成磁姿态计算，并控制相关功能电路工作。51 单片机用于采集角速度分量并计算实时偏航角。数据处理模块的一体化结构框图如图 6.58 所示。

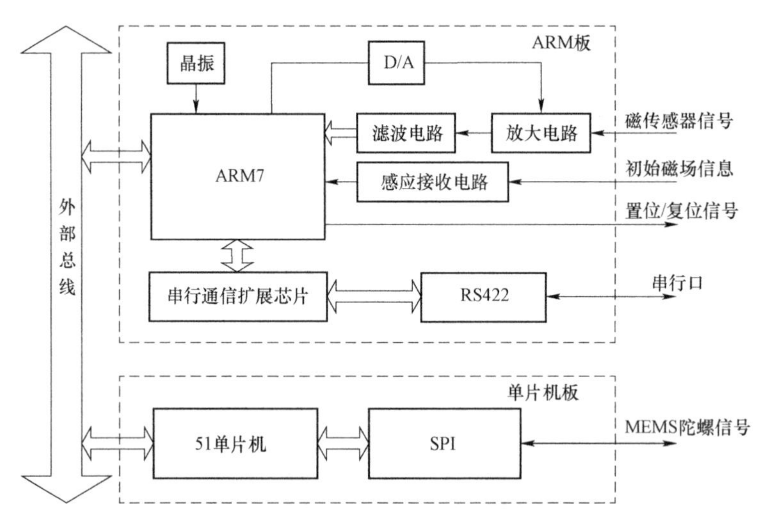

图 6.58　数据处理模块的一体化结构框图

采用一体化设计的数据处理模块分为 ARM 板和单片机板两部分。ARM 板以美国 ADI 公司生产的 ARM7 系列微处理器 ADUC7020 为核心，ADUC7020 微处理器不但体积小，而且片上集成的外部设备非常丰富，不仅可以减小模块体积，还能降低成本。同时，ARM 板上还集成了放大电路、滤波电路、感应接收电路和串行通信扩展芯片等部件。放大电路采用美国德州仪器（TI）公司生产的具有低功耗、高精度特性的 INA331，其工作范围为 ±2.25～±18 V，以 ARM 微处理器提供的模拟信号为参考电压，可依靠单个外部电阻器调节其增益，增益范围可选 1～10 000 之间的任意值。滤波电路采用二阶巴特沃斯低通滤波器，主要用于降低地磁场信号中的噪声并有效避免信号混叠。感应接收电路用于接收初始磁场信息，并反馈装定结果。串行通信扩展芯片可以将 ADUC7020 的 SPI 串口扩展成多个串行接口，满足与多个模块及 PC 上位机的通信需求。为保证采集数据输出率的稳定，采用精密的外部晶体振荡器为 ARM 微处理器提供时间基准。

单片机板采用 Silicon Labs 开发的 C8051F310 单片机。C8051F310 是完全集成在低功耗混合信号片上的系统型 MCU，采用高速、流水线结构的 8051 兼容的微控制器核。单片机板利用 SPI 串口与 MEMS 陀螺进行通信，发送角速度读指令，并接收角速度信号。

根据前述介绍的数据处理模块的一体化设计方法，设计并加工了地磁/MEMS 陀螺姿态检测电路，集成了传感器部分和数据处理部分，加工完成的 PCB 板如图 6.59 所示。组合安装的姿态检测系统如图 6.60 所示。

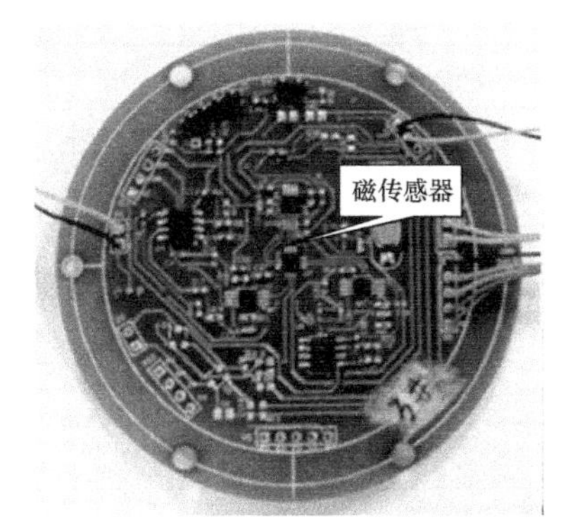

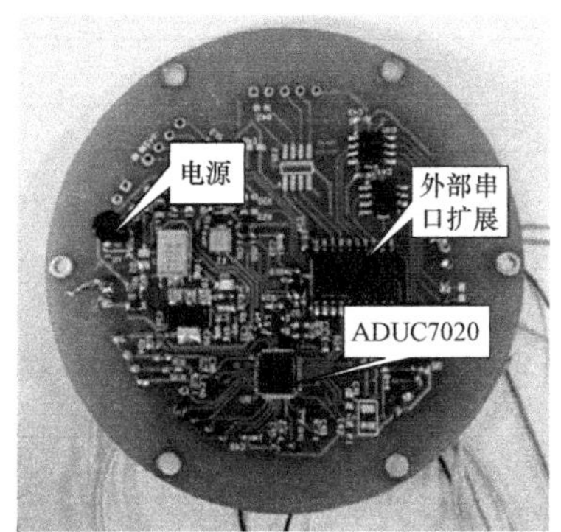

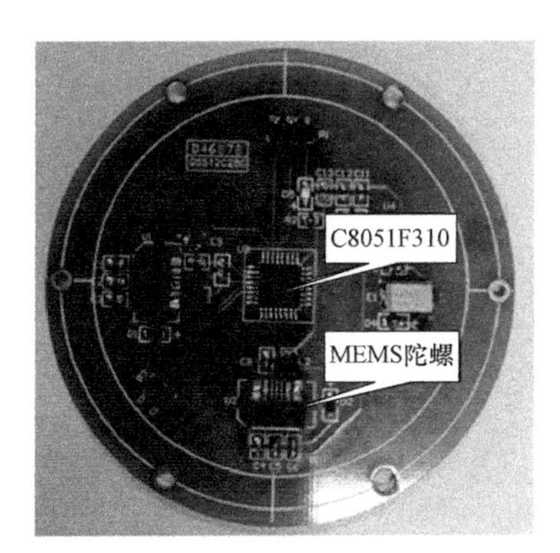

图 6.59　姿态检测系统电路板

（2）传感器组件的最优选择

简易制导弹道修正引信要求采用的传感器组件在满足精度要求的前提下，还必须满足低成本、小体积、抗冲击能力强的要求，因此，需要对传感器组件进行选择，以使其在成本、体积、抗冲击能力和精度等方面达到平衡。姿态检测系统中的传感器组件包括地磁传感器和角速度陀螺仪。

磁传感器是根据不同的物理原理测量磁场并且能够转化为电信号输出的传感器装置，具有非接触探测和可靠性高等优点。

图 6.60　姿态检测系统组装图

应用于地磁探测的磁传感器为弱磁传感器，其主要类别及特点见表 6.1。

表 6.1　磁传感器分类

名称		工作原理	工作范围/T
中低分辨率	霍尔传感器	霍尔效应	10^{-7}～10
	磁感应传感器	法拉第电磁感应效应	10^{-3}～100
	磁阻传感器	磁性薄膜各向异性磁阻效应	10^{-6}～10^{-3}
	巨磁阻抗传感器	巨磁阻抗或巨磁感应效应	10^{-10}～10^{-4}
高分辨率	磁通门磁强计	材料的 *B–H* 饱和特性	10^{-11}～10^{-2}
	核磁共振磁强计	核磁共振	10^{-12}～10^{-2}
	磁光传感器	法拉第效应或磁致伸缩	10^{-10}～10^{2}
	超导量子干涉器件	约瑟夫逊效应	10^{-14}～10^{-8}

表 6.1 中，高分辨率的磁传感器虽然分辨率很高，但体积大、结构复杂、成本极高，主要应用于磁场精密测量或航空反潜等领域，以现今的工艺水平很难应用于简易制导弹道修正引信中。在中低分辨率地磁传感器中，霍尔传感器和磁感应传感器分辨率偏低，不能保证对地磁场的探测精度，巨磁阻抗传感器技术尚未成熟，只有磁阻传感器技术成熟，应用种类多，并且满足简易制导对传感器小体积、低成本和抗冲击能力强的要求。

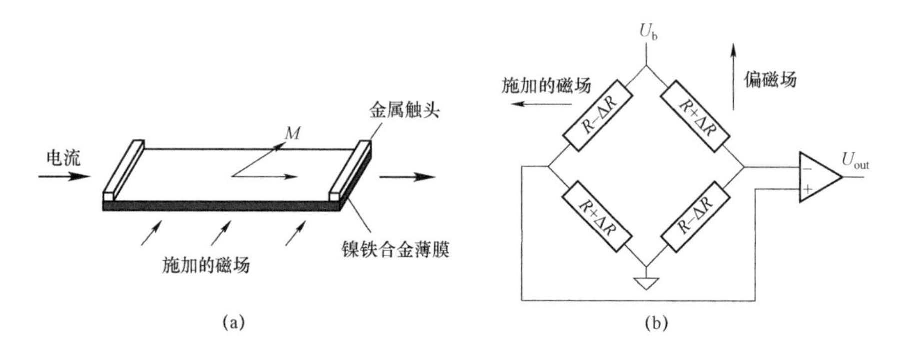

图 6.61　磁阻传感器的构造和惠斯通电桥图

（a）磁阻传感器的构造示意图；（b）惠斯通电桥

磁阻传感器是由长而薄的坡莫合金（铁镍合金）制成的一维磁阻微电路集成芯片（二维/三维磁阻传感器可以测量二维/三维磁场）。它利用通常的半导体工艺，将铁镍合金薄膜附着在硅片上，如图 6.61（a）所示。当沿着铁镍合金带的长度方向通以一定的直流电流，而垂直于电流方向施加一个外界磁场时，合

金带自身的阻值会产生较大的变化，利用合金带阻值的变化，可以测量磁场大小和方向。磁阻传感器是一种单边封装的磁场传感器，它能测量与管脚平行方向的磁场。传感器由四条铁镍合金磁电阻组成一个非平衡电桥，而非平衡电桥输出后，接到一个集成运算放大器上，将信号放大输出。传感器内部结构如图6.61（b）所示。图中由于适当配置的四个磁电阻电流方向不相同，当存在外界磁场时，引起电阻值变化有增有减，因而输出电压 U_{out} 可以用下式表示

$$U_{\text{out}}=\left(\frac{\Delta R}{R}\right)\times U_b \tag{6.51}$$

对于一定的工作电压，磁阻传感器输出电压与外界磁场的磁感应强度成正比关系，通过标定，可以计算得到外界磁场强度。

经过横向及纵向的性能对比，磁阻传感器选用霍尼韦尔的三轴磁阻传感器HMC1043。HMC1043 型传感器采用各向异性磁阻（AMR）技术，是一款极灵敏的低磁场、固态磁传感器，可用来测量地球磁场的方向和从−600 000 nT 到600 000 nT 的强度等级，带宽达到 5 MHz，磁场分辨率为 12 nT，在 ± 100 000 nT范围内，其线性误差仅为 0.1% FS，灵敏度为 1.0 mV/（V · 100 000 nT），是最灵敏和最可靠的地磁场传感器之一。

陀螺仪是另一种重要的传感器组件。在惯性导航系统中，通常采用激光陀螺和光纤陀螺两种光学陀螺作为传感器组件，如美国 Honeywell 公司生产的捷联惯导 H–764 采用了 GG1320 激光陀螺，美国的联合直接攻击弹药（JDAM）采用的是 Honeywell 公司生产的激光陀螺 GG1308。然而，简易制导弹药对姿态检测系统的要求很高，动态工作范围要大，要耐冲击、振动，并且性能和参数要有很高的稳定性。按此要求的光学陀螺仪造价极高，并且以目前的技术水平很难获得可承受炮弹发射的高 g 值冲击的产品。MEMS 陀螺将微电子技术、光学刻蚀技术、真空包装技术结合在一起，通过在硅片上采用光刻和各向异性刻蚀工艺制造而成。MEMS 陀螺的测量原理就是克里奥里定理，也即利用对科氏加速度的测量来获取旋转角速度。MEMS 陀螺虽然精度较光学陀螺低，但其应用在组合导航系统中具有体积小、质量小、抗冲击能力强、成本低等优点，这使得 MEMS 陀螺在简易制导姿态检测系统中获得了越来越广泛的应用。

地磁/MEMS 陀螺姿态检测系统选用的陀螺为 ADI 公司的单轴角速度陀螺仪 ADXRS450，它采用先进的差分四路传感器设计，可抑制线性加速度的影响，能够在极其恶劣的冲击和振动环境中工作。ADXRS450 能够检测高达 ± 300°/s的角速度，标称灵敏度为 80 LSB/ [（°）· s^{-1}]，零点精度为 ± 3°/s。角速度数据以 16 位字的形式提供，作为 32 位 SPI 消息的一部分。ADXRS450 提供 16 引脚空腔塑封 SOIC（SOIC_CAV）和 SMT 兼容垂直贴装（LCC_V）两种封装，

能够在 3.3～5 V 的宽电压范围内和−40～+105 ℃的温度范围内工作。

（3）信息交联部件的构成

地磁姿态检测系统的信息交联部件主要由初始磁场装定器和转台姿态显示仪两部分组成。初始磁场装定器如图 6.62（a）所示，在弹药发射或试验前，利用卫星导航系统测量发射点的经纬高信息，然后将经纬高等参数通过装定器的键盘输入，装定器利用径向基插值法将经纬高信息转换成地磁信息，并利用感应装定的方式将初始磁场信息发送给弹头内的感应接收电路。转台姿态显示仪如图 6.62（b）所示，用于显示转台的三个姿态角，并可将姿态检测系统的输出信息与转台的姿态角信息组合输出到 PC 上位机，以便保存试验数据和进行结果分析。

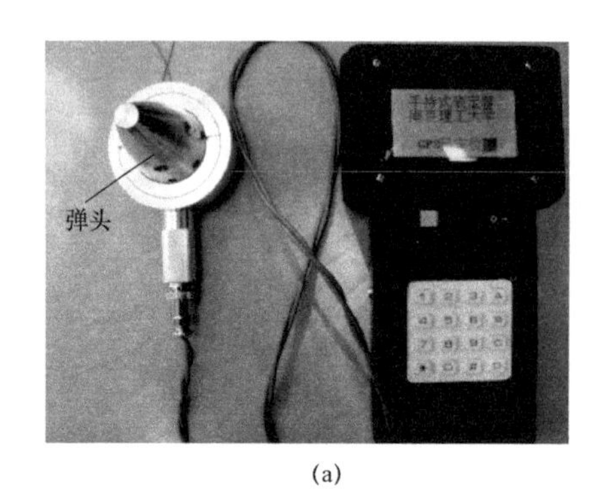

(a)

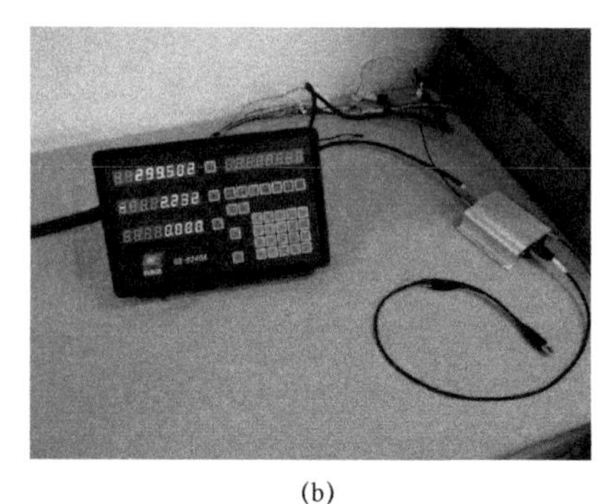

(b)

图 6.62　信息交联部件实物图

（a）初始磁场装定器；（b）转台姿态显示仪

3. 姿态检测系统的软件流程

地磁/MEMS 陀螺姿态检测系统的软件部分主要包括两个方面：一是数据处理模块的功能实现；二是姿态检测算法的软件编写。

（1）数据处理模块的功能实现

数据处理的功能模块主要包括初始磁场的接收、传感器信号的采集与处理、姿态角的解算和姿态角信息的输出四个部分。数据处理模块的工作流程如图 6.63 所示。初始磁场接收模块主要用于初始磁场的感应装定。传感器信号的采集与处理模块对地磁信号和 MEMS 陀螺信号分别进行静态补偿、温度补偿和降噪等处理。在降噪处理单元中用到了两种卡尔曼滤波器，针对地磁信号的自适应扩展卡尔曼滤波器以磁场分量为量测向量，以弹道参数为状态向量，在对地磁信号降噪的同时，结合姿态计算模块直接得到滚转角和俯仰角信息；针对 MEMS 陀螺的一般卡尔曼滤波器直接对角速度信号进行建模并作为状态向量，

以角速度信号为量测向量，对角速度信号进行滤波处理，然后再利用姿态计算模块计算偏航角。姿态角信息的输出模块用于向弹载计算机和 PC 上位机输出角度信息。

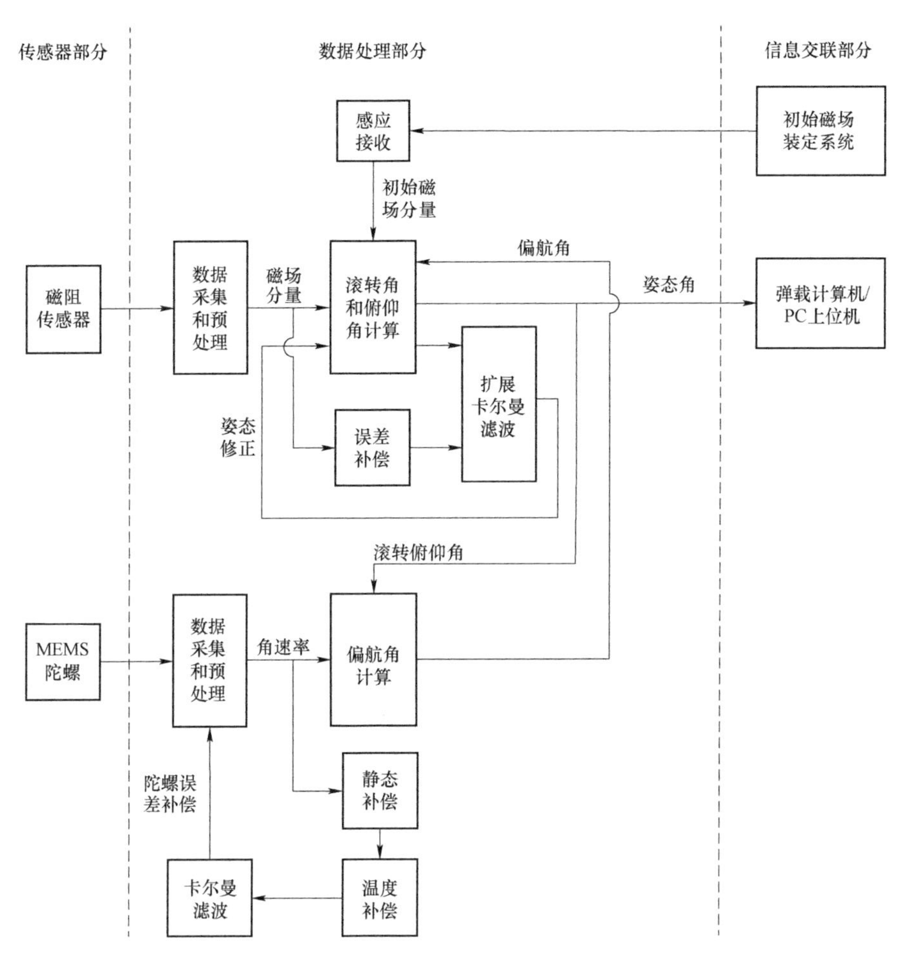

图 6.63　数据处理模块的工作流程图

（2）姿态检测算法的软件编写

地磁/MEMS 陀螺姿态检测系统的姿态检测算法可分为两部分：一是滚转角和俯仰角计算；二是偏航角计算。姿态检测算法的软件流程如图 6.64 所示。

滚转角和俯仰角的计算主要由 ARM 微处理器完成，采用 C 语言编程，姿态角计算任务主要以顺序执行的方式为主，少量使用并行任务，并配合循环和中断在指定频率下完成滚转角和俯仰角的计算。ARM 微处理器在上电初始化后，首先判断系统处于哪种工作模式，在感应装定工作模式下，处理器断开磁阻传感器、放大电路和滤波电路等不相关功能模块的电源，降低功耗，然后接收装定信息，并对新的装定信息进行存储；在姿态解算工作模式下，首先对磁阻传感器进行置位复位操作，以计算中值，之后设置定时器初值，在定时周期内完成地磁信号采样、误差补偿、俯仰角和滚转角计算、自适应扩展卡尔曼滤波及姿态角信号输出等操作。

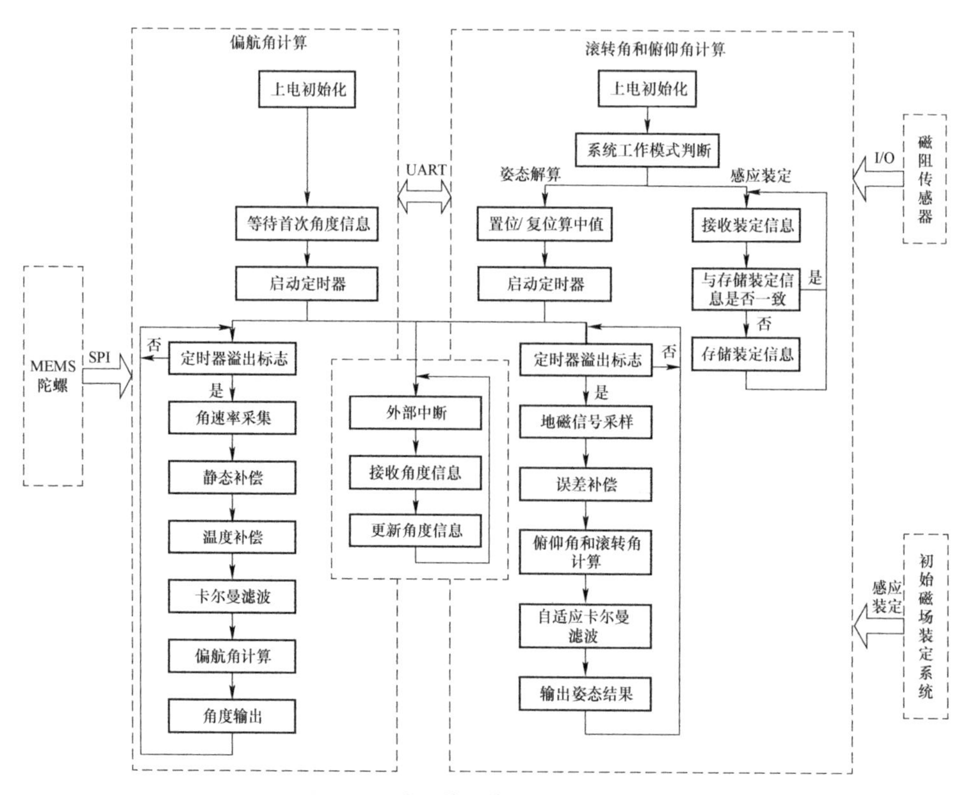

图 6.64　姿态检测算法的软件流程图

偏航角的计算主要由 MCU 单片机完成，同样采用 C 语言编程。MCU 在上电初始化后，等待 ARM 微处理器的第一次姿态输出结果，之后启动定时器，在定时周期内完成角速度采集、静态补偿、温度补偿、卡尔曼滤波、偏航角计算和角度输出等操作。

偏航角计算模块及滚转角和俯仰角计算模块的数据交换由 MCU 单片机和 ARM 处理器的 UART 串口对接完成，MCU 单片机和 ARM 微处理器分别利用 UART 中断接收对方的角度信号，在各自的姿态角计算前完成对基准角度的更新。

6.5.4.2　地磁陀螺姿态检测系统试验及性能分析

姿态检测系统设计完成后，根据地磁测量误差校正方法对系统的地磁测量误差进行标定和补偿，利用磁屏蔽技术和自适应滤波方法对地磁检测系统的噪声进行降噪，通过误差标定及补偿方法对 MEMS 陀螺的确定性误差和随机误差进行补偿。利用三轴无磁转台进行地磁陀螺姿态检测系统误差校正和自适应降噪试验，并通过处理前后的信号及解算得到的姿态角的对比分析验证了本章节介绍的误差校正和降噪方法的有效性。

在完成地磁陀螺姿态检测系统的误差校正和降噪处理后，利用三轴无磁转台、磁屏蔽实验室等试验设备及场景进行了一系列动、静态试验，以验证姿态检测系统各方面的性能，最后对系统的主要性能指标进行标定。

1. 系统试验设备及场景

地磁陀螺姿态检测系统的室内试验主要在三轴无磁转台上进行，如图 6.65 所示。为了模拟弹体结构对姿态检测模块磁场的影响，把弹丸姿态角检测系统固定在铝制弹体内，之后把铝制弹体与部分钢制弹体连接在一起，然后把连接好的弹体一起安装在三轴转台加长杆的前端，如图 6.66 所示。这样，钢制弹体在地磁场的作用下产生磁化，引起地磁场的畸变，从而对地磁传感器产生干扰，用来模拟地磁检测组件的测量误差。

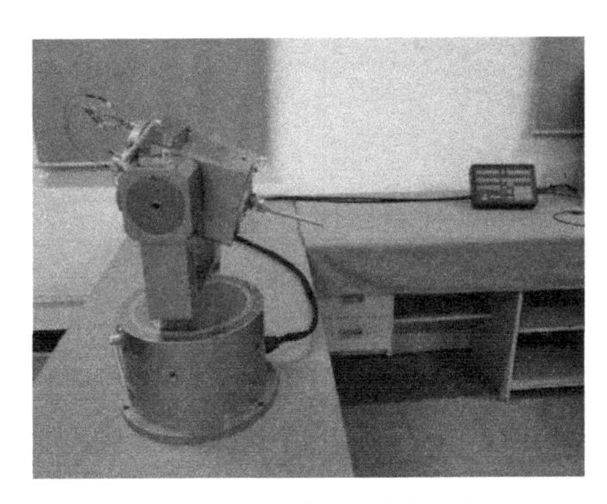

图 6.65　系统室内试验场景

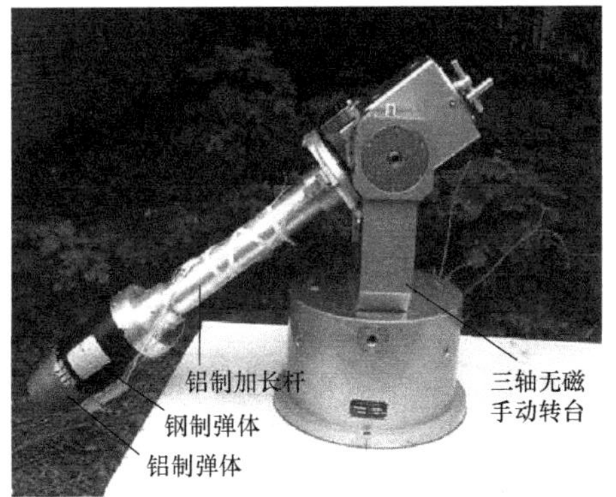

图 6.66　带加长杆的三轴无磁转台

2. 系统定姿态试验

将原理样机安装在三轴无磁转台上，将转台的三个姿态角调零。为了验证原理样机的姿态定位性能，针对三个姿态角方向分别进行了三组姿态定位试验。

第一组为偏航角定位测试。测试过程中，转台在滚转和俯仰方向上锁死，将偏航角调整到-30°，每隔 1 s，控制转台的偏航角正向转动 5°。测量-30°～30°之间的偏航角定位测试曲线，如图 6.67 所示。

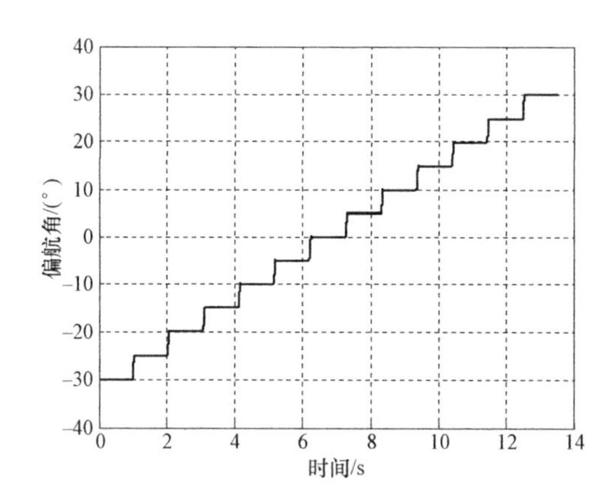

图 6.67　偏航角定位测试

第二组为俯仰角定位测试。测试过程中，转台在滚转和偏航方向上锁死，将俯仰角调整到-40°，每隔 1 s，控制转台的俯仰角正向转动 10°。测量-40°～40°之间的俯仰角定位测试曲线，如图 6.68 所示。

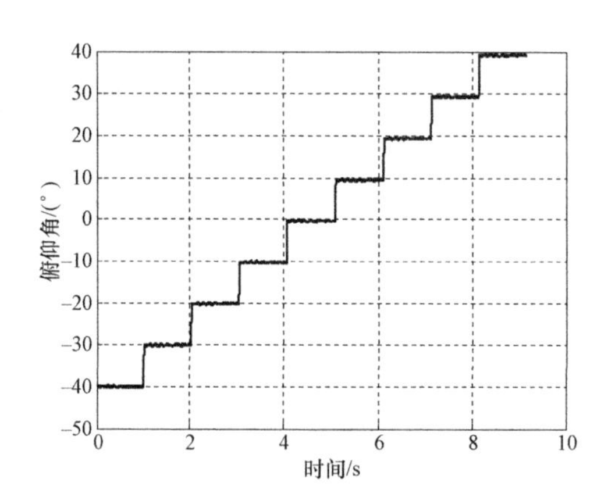

图 6.68　俯仰角定位测试

第三组为滚转角定位测试。测试过程中，转台在偏航和俯仰方向上锁死，将滚转角调整到 0°，每隔 1 s，控制转台的偏航角正向转动 30°。测量 0°～360°之间的滚转角定位测试曲线，如图 6.69 所示。

从三组测试结果可以看出，原理样机在三个姿态角方向进行定位测试时，输出信号稳定，震荡幅度小，姿态定位精度高，能够满足简易制导引信的需要。

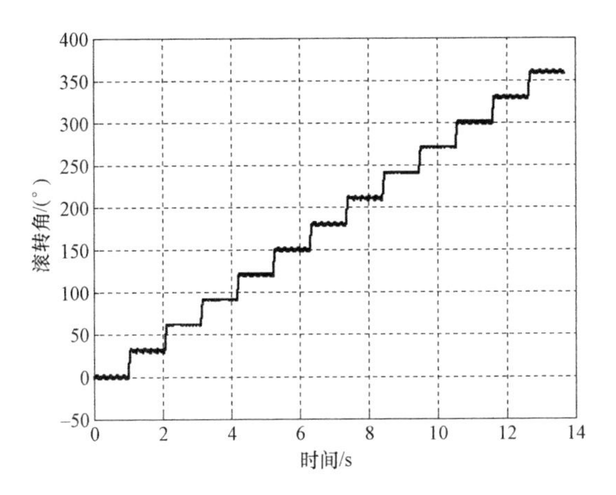

图 6.69　滚转角定位测试

3. 系统动态稳定性试验

（1）陀螺模块对姿态检测系统性能的影响

地磁陀螺姿态检测系统是在地磁姿态检测系统的基础上发展而来的，利用陀螺模块提供偏航角作为外部基准角，进而计算另外两个姿态角。为了验证陀螺模块对整个姿态检测系统性能的改善，将姿态检测系统安装在三轴无磁转台上，将转台的三个姿态角调零，进行了两组试验。

第一组试验将转台的偏航角调到 0°（磁北方向），控制转台滚转的同时，在偏航方向上进行周期为 5 s、振幅为 5° 左右的来回摆动，偏航角运动曲线如图 6.70 所示。利用姿态检测模块对采集的数据进行解算，截取其中一个摆动周期的解算结果，得到地磁姿态检测系统的滚转角和俯仰角误差曲线，如图 6.71 所示，以及地磁陀螺姿态检测系统的滚转角和俯仰角误差曲线，如图 6.72 所示。

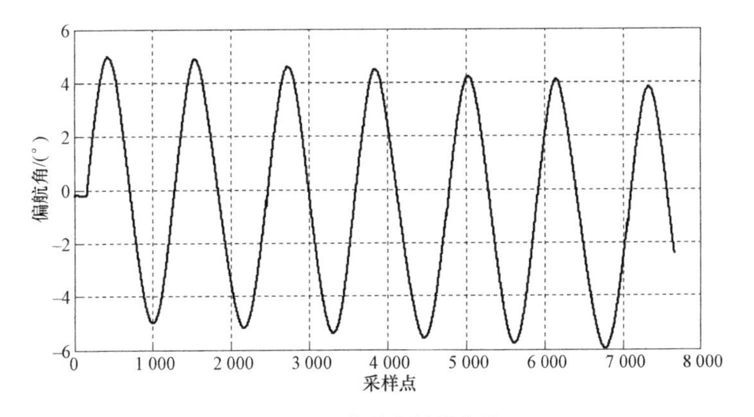

图 6.70　偏航角摇摆曲线

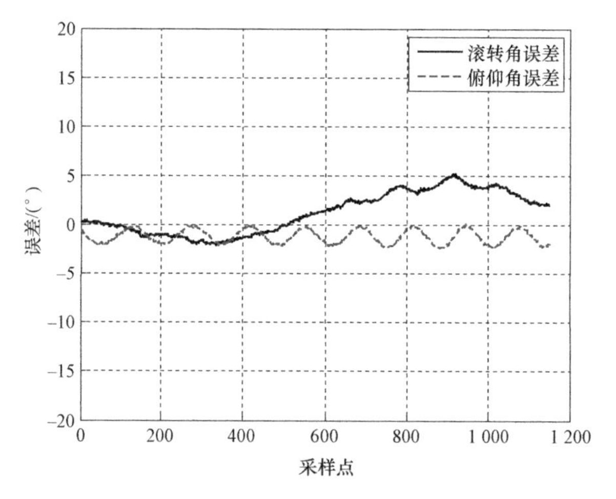

图 6.71 偏航角为 0° 时，地磁姿态检测系统的姿态误差

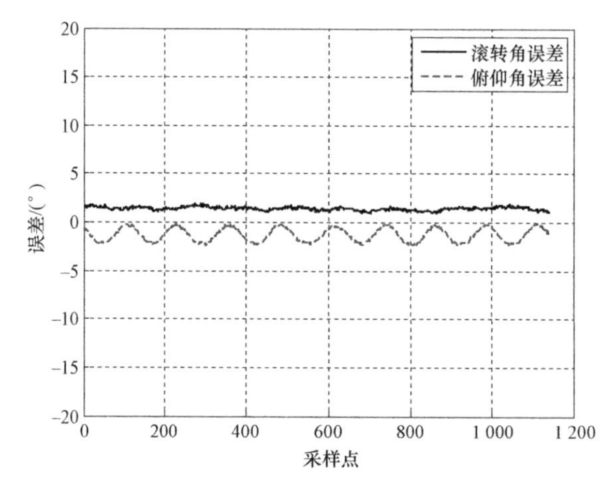

图 6.72 偏航角为 0° 时，地磁陀螺姿态检测系统的姿态误差

对比两个图可以发现，在没有陀螺模块提供偏航角的情况下，俯仰误差并没有增大，而滚转角误差随系统摆动而呈现正弦波动，波动幅值为 3°。这是因为转台偏航角在 0° 附近时，用于滚转角解算的 Y 轴和 Z 轴磁场分量幅值较小，容易受到摆动的影响。增加陀螺模块后，滚转角误差波动基本消除。

第二组试验将转台的偏航角调到 90°（正东方向），控制转台转动的同时，在偏航方向上进行周期为 5 s、振幅为 5° 左右的来回摆动。利用姿态检测模块对采集的数据进行解算，截取其中一个摆动周期的解算结果，得到地磁姿态检测系统的滚转角和俯仰角误差曲线，如图 6.73 所示，以及地磁陀螺姿态检测系统的滚转角和俯仰角误差曲线，如图 6.74 所示。对比两组图可以发现，结果与第一组试验的结果正好相反，俯仰角误差存在幅值为 5° 的波动，这是因为转台

偏航角在 90° 附近时，用于俯仰角解算的 *X* 轴磁场分量幅值较小，容易受到摆动的影响。增加陀螺模块后，俯仰角误差的波动基本消除。

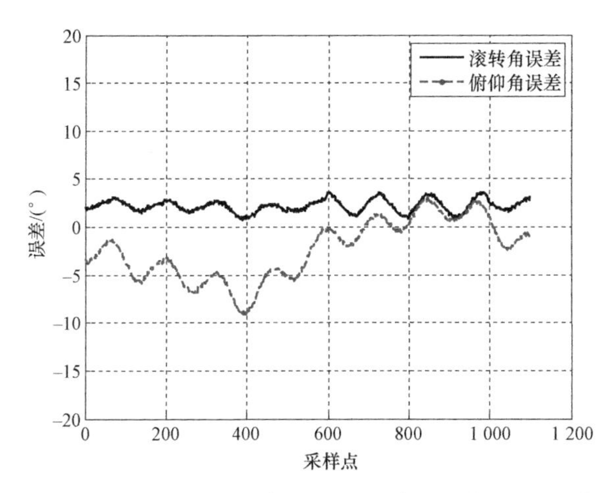

图 6.73　偏航角为 90° 时，地磁姿态检测系统的姿态误差

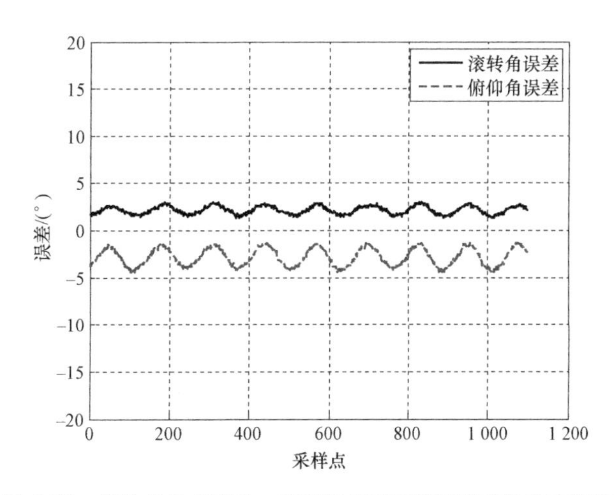

图 6.74　偏航角为 90° 时，地磁陀螺姿态检测系统的姿态误差

通过上面两组试验可以发现，地磁姿态检测模块在受到摆动影响时，会明显降低解算精度，而利用陀螺模块提供偏航角的地磁陀螺姿态检测系统在受到摆动影响的情况下，仍能正常工作。

（2）地磁模块的动态稳定性测试

为了验证地磁模块的动态稳定性，将原理样机安装在三轴无磁转台上，将转台调零，控制转台滚转角进行一系列复杂的动态变化，其具体变化情况见表 6.2。

表 6.2　地磁模块动态稳定性测试试验滚转角变化情况

阶段	区间/s	滚转角变化情况
1	0～8	无规则转动
2	8～28	长间隔定量变化
3	28～38	短间隔定量变化

试验得到的滚转角输出曲线如图 6.75 所示。为了更直观地分析，将 Y 轴和 Z 轴磁场分量也按比例缩小整合到图中。从图中可以看出，地磁模块在多种动态运动情况下，磁场分量及角度均能稳定输出，精度不受模块动态运动的影响。

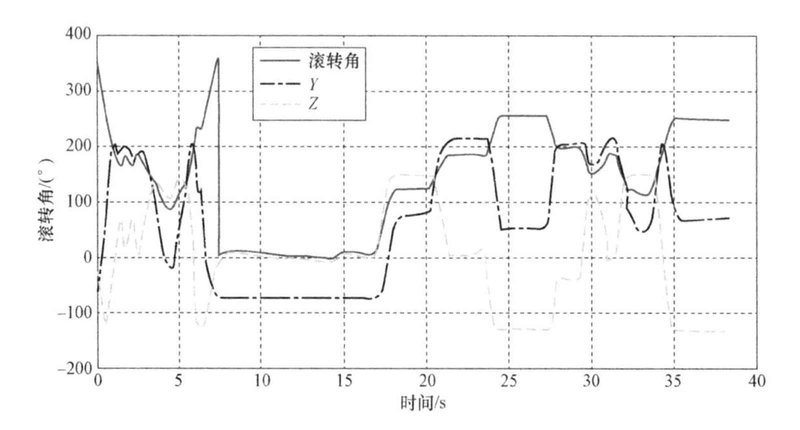

图 6.75　动态运动情况下的滚转角输出曲线

(3) MEMS 陀螺模块的动态稳定性测试

为了验证陀螺模块的动态稳定性，将原理样机安装在三轴无磁转台上，将转台调零，控制转台偏航角进行一系列复杂的动态变化，其具体变化情况见表 6.3。

表 6.3　陀螺模块动态稳定性测试试验偏航角变化情况

阶段	区间/s	偏航角变化情况
1	0～8	无规则转动
2	8～14	长间隔定量变化
3	14～35	短间隔定量变化

试验得到的偏航角输出曲线如图 6.76 所示。为了更直观地分析，将 Y 轴和 Z 轴陀螺分量和偏航角曲线整合到一个图中。由于滚转角和俯仰角均为 0°，所以偏航角运动时仅 Y 轴有输出，Z 轴的输出始终为零。从图中可以看出，地磁模块在多种动态运动情况下，角速度分量及角度均能稳定输出，精度不受模块动态运动的影响。

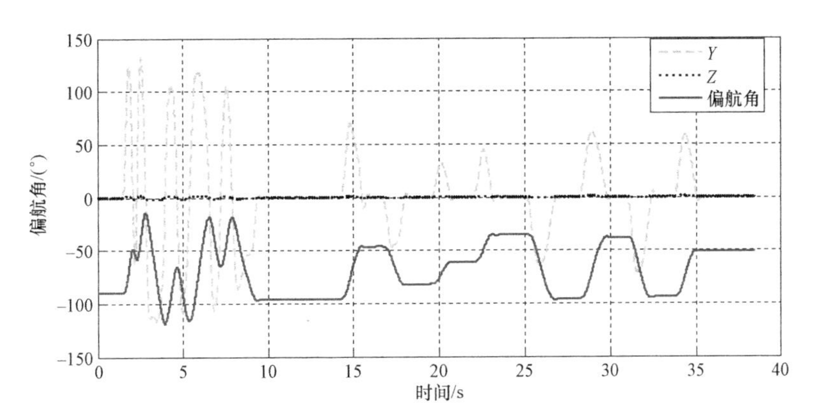

图 6.76　动态运动情况下的偏航角输出曲线

4. 系统性能标定

将前述误差标定及自适应降噪方法写入原理样机的软件程序中，实现对姿态检测系统的误差校正，将原理样机安装在三轴无磁转台上，通过大量动态试验对原理样机进行性能标定。

由于地磁模块的精度受射向和射角的影响比较大，首先根据不同射向和射角分别对俯仰角和滚转角进行标定。将转台的偏航角调整到 0°，分别测量射角为−40°、−25°、0°、25°、40° 时的俯仰角和滚转角精度。之后每次将转台偏航角增加 10°，完成射向从 0° 到 360° 范围内的俯仰角和滚转角标定。实验室内地磁场的磁倾角为 46.7°，磁偏角为 6.1°。图 6.77 和图 6.78 所示为不同射向、

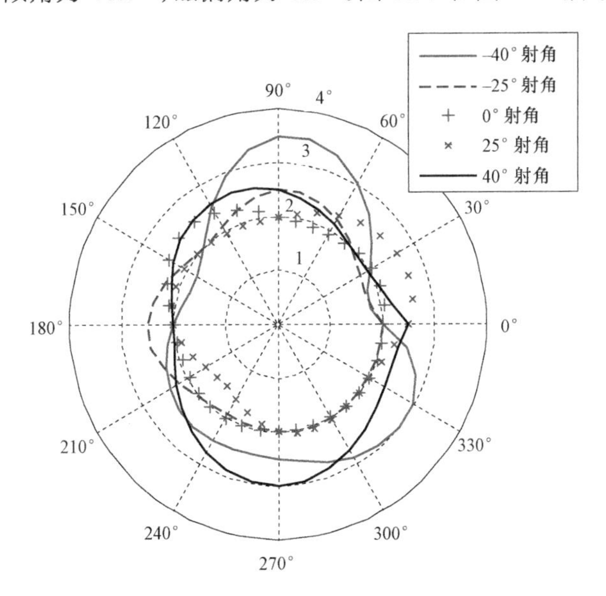

图 6.77　俯仰角误差标定曲线

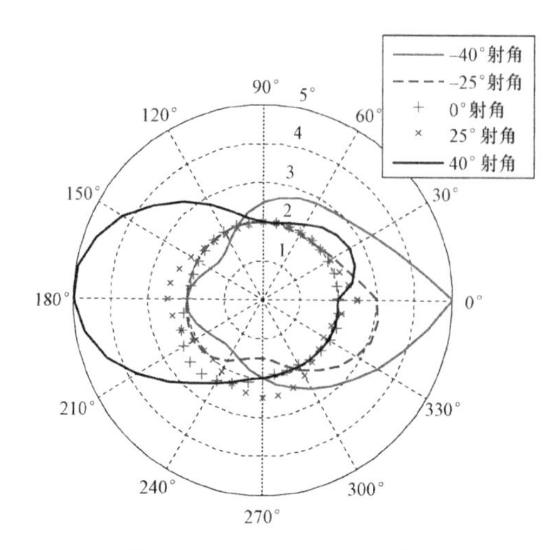

图 6.78 滚转角误差标定曲线

射角条件下的俯仰角和滚转角误差值。因为滚转角和俯仰角的误差是波动变化的，所以角度误差值取各自波动的峰值。

从图 6.77 和图 6.78 中可以看出，当弹轴方向靠近地磁矢量方向时（即射向为 0°，射角为-40° 或者射向为 180°，射角为 40°），滚转角误差明显增大；而射向为东西方向时，俯仰角误差明显增大。这两个方向分别为滚转角和俯仰角对应的盲区方向，偏离这两个方向时，滚转角误差和俯仰角误差均较小，俯仰角误差在 2.5° 以内，滚转角误差在 3° 以内。

完成滚转角和俯仰角的精度标定后，对偏航角的精度进行标定。首先固定转台的俯仰角，让姿态检测系统在滚转运动的同时进行偏航角方向的来回摆动。系统输出的偏航角变化曲线和滚转角变化曲线分别如图 6.79（a）和图 6.79（b）所示。将转台输出的偏航角和系统输出的偏航角作差，得到偏航角的误差曲线，如图 6.79（c）所示。从图 6.79 中可以看出，系统在滚转运动状态下的偏航角误差较小，在 1° 以内。

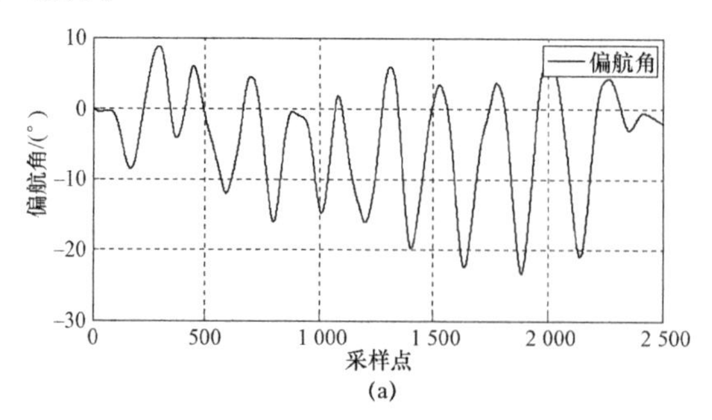

图 6.79 偏航角误差标定曲线

（a）偏航角输出曲线

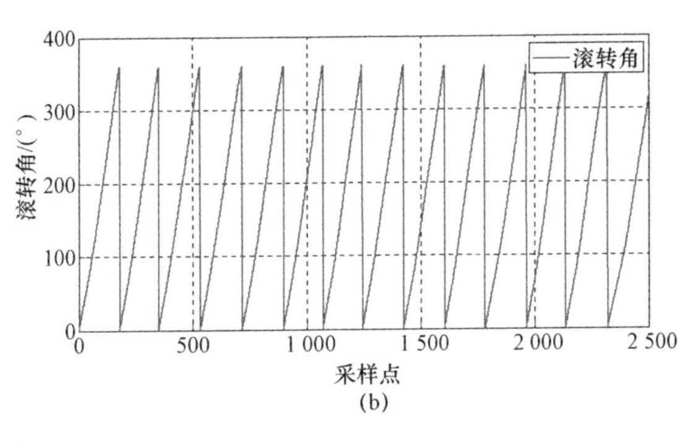

(b)

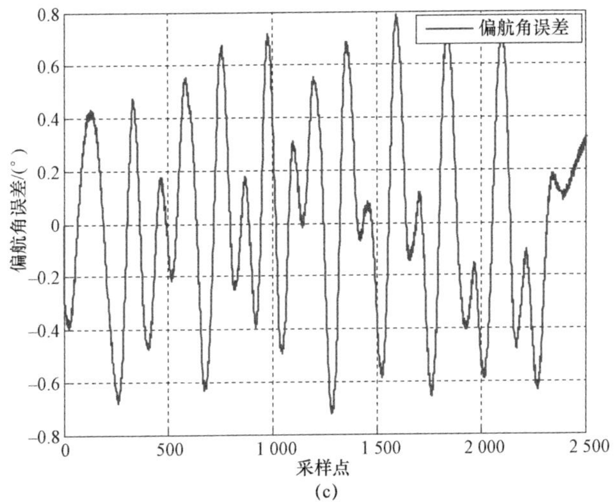

(c)

图 6.79　偏航角误差标定曲线（续）

（b）滚转角输出曲线；（c）偏航角误差曲线

在完成姿态检测精度标定的基础上，对整个原理样机的各项性能指标进行标定，结果见表 6.4。

表 6.4　地磁陀螺姿态检测系统性能指标

特征	条件	最小值	标准值	最大值
航向				
精度/（°）	俯仰		2	3.5
	滚转		2.5	5.0
	偏航		0.8	1
分辨率/（°）			0.1	
滚转范围/（°）	抬头为正		0～360	

续表

特征	条件	最小值	标准值	最大值
俯仰范围/（°）	右旋为正		−90～90	
偏航范围/（°）	顺时针为正		−180～180	
磁场				
范围/nT			−600 000～600 000	
分辨率/nT			12	
灵敏度/［mV·(V·100 000 nT)$^{-1}$］			1.0	
角速度				
范围/［(°)·s^{-1}］			−300～300	
分辨率/［(°)·s^{-1}］			0.012 5	
零点失调稳定性/［(°)·h^{-1}］			25	
电气				
输入电压/V	标准产品	1.25	5.0	29

参 考 文 献

［1］陈勇巍. 基于地磁探测的弹丸滚转角辨识系统关键技术研究［D］. 南京：南京理工大学，2007.

［2］龙礼，张合. 三轴地磁传感器参数的在线校正算法［J］. 测试技术学报，2013，27（3）：223-226.

［3］龙礼，张合，刘建敬. 姿态检测地磁传感器误差分析与补偿方法［J］. 中国惯性技术学报，2013，21（1）：80-83.

第7章
地磁探测在引信炸点控制中的应用

传统定距引信通常采用单一计时体制，这一体制下的定距精度受炮口初速散布影响较大，针对这一问题，结合引信地磁场标量测量技术，实现弹丸旋转信息的测量。根据获取的弹丸旋转信息，可实现两种高精度的定距体制，即计转数定距体制和计测速时间修正定距体制。

本章阐明了地磁计转数定距和地磁计转数测速的原理，并针对其中涉及的地磁盲区和环境干扰问题提出了周期补偿算法、炮口抗干扰技术；提出了电路总体方案，并进行了各子模块的软硬件设计；提供了引信静态测试、动态试验流程与方法。

7.1 地磁计转数的原理及其实现方法

根据外弹道理论，对于线膛炮发射的旋转弹丸，若不考虑阻尼，弹丸在发射出炮口后每自转一周，就沿速度方向前进一个缠距。弹丸转过 n 转，则沿速度方向飞行的距离为 n 倍缠距，而与弹丸的实际初速几乎无关。因此，可以将弹丸的飞行距离与旋转圈数的关系编制成射表，在射击前或射击时根据目标的距离按射表对引信进行转数装定，引信在弹丸转到装定的圈数时起爆弹丸，就可以实现定距控制，而不需要再对每发弹丸的初速进行测量。

地磁计转数方法利用地磁传感器感知弹丸的自转运动，常用的传感器有磁阻传感器和线圈传感器两种。

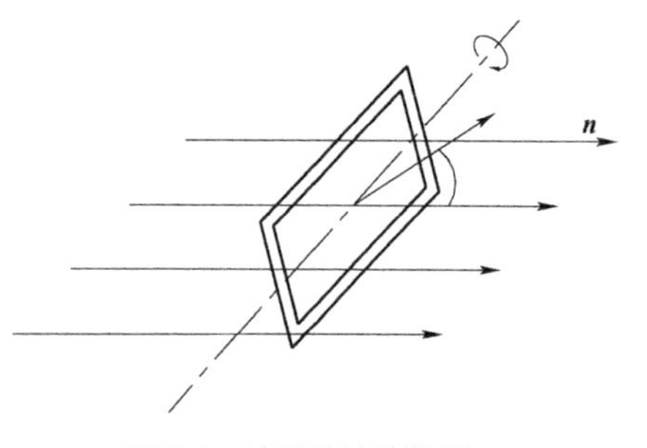

图 7.1　地磁法计转数原理

如图 7.1 所示，地磁法采用线圈等作为地磁传感器，利用地磁场感应线圈感应地磁场方向变化，即设地磁场强度为 $\boldsymbol{B}$，线圈匝数为 N，线圈平面的面积为 S，法向单位矢量是 $\boldsymbol{n}$。当闭合线圈平面法线与地磁线成一角度 θ，并以 ω 绕平面轴线旋转时，在线圈内将产生感应电动势 ε，并且满足关系式

$$\varepsilon = -N\frac{\mathrm{d}\boldsymbol{B}\cdot\boldsymbol{S}n}{\mathrm{d}t} \tag{7.1}$$

$$\varepsilon = -N\frac{\mathrm{d}\boldsymbol{B}\cdot\boldsymbol{S}n}{\mathrm{d}t} = -NBS\frac{\mathrm{d}\cos\theta}{\mathrm{d}t} = NBS\sin\theta\frac{\mathrm{d}\theta}{\mathrm{d}t} = NBS\omega\sin\theta \tag{7.2}$$

由此可见，当弹丸旋转一周时，对应着地磁传感器输出信号正弦波的一个周期。因此，可以根据此正弦信号的周期数获得弹丸转过的圈数。

由于小口径引信的空间非常有限，传感器线圈的面积和匝数都不可能做得很大，而且地磁场本身是弱磁场，对感应电动势有贡献的分量还受射击角度的影响，因此计转数传感器的输出信号非常微弱，一般只有数百微伏。为了从此信号中提取弹丸的旋转信息，必须首先对其进行放大。

由于地磁计转数测量的有效信息是感应信号的频率或周期，而非幅值，所以，在实际应用中，可以通过信号调理电路尽可能大地放大信号。这样，在信号强的情况下，由于采用的是无源测量，信号受探测电路抑制自动限幅，不会影响引信的安全性和可靠性，在信号弱的情况下，只要信噪比达到足以识别的程度，同样不会影响计转数技术的实现。

计转数的实现过程如图 7.2 所示。传感器的输出信号经高增益放大电路放大后，得到与弹丸旋转频率相同的正弦信号，该信号经过比较电路整形后作为计数器的驱动信号，驱动计数器工作。当计数值与预先装定的转数相同时，计数器给出起爆信号，从而实现计转数起爆控制。

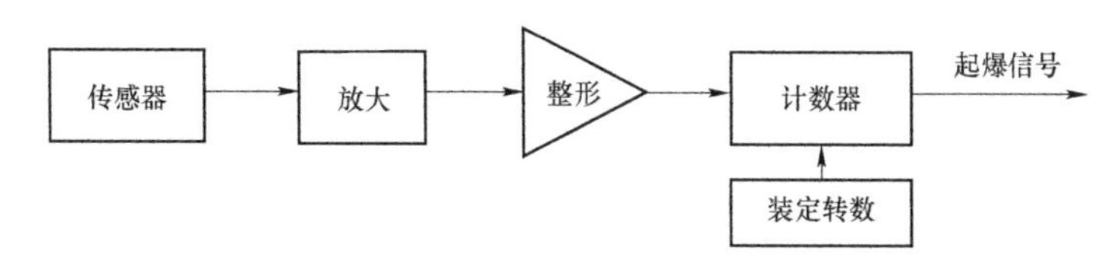

图 7.2　地磁计转数实现方法框图

整形用比较电路的参考电压将会影响整形后方波信号的占空比，如图 7.3 所示。在图 7.3（a）中，当参考电压为零时，占空比恰好为 1:1，此时方波电平的一次跳变正好对应弹丸旋转半圈，因此，如果对方波的跳变次数进行计数，则可以得到 1/2 圈的计数分辨率。

若要得到更高的计数分辨率，可以采用“软硬结合”的方法来实现。比如要计数 10.25 转，可以先按上述方法计方波的跳变次数，同时不断测量并更新方波的周期 T_n，计完 10 圈后，启动计时电路，延时 $T_n/4$ 后，给出的起爆信号即可实现 10.25 圈的计数。由于相邻两圈的旋转周期相差很小，因此用这种方法进行小于一圈的计数有足够高的精度。

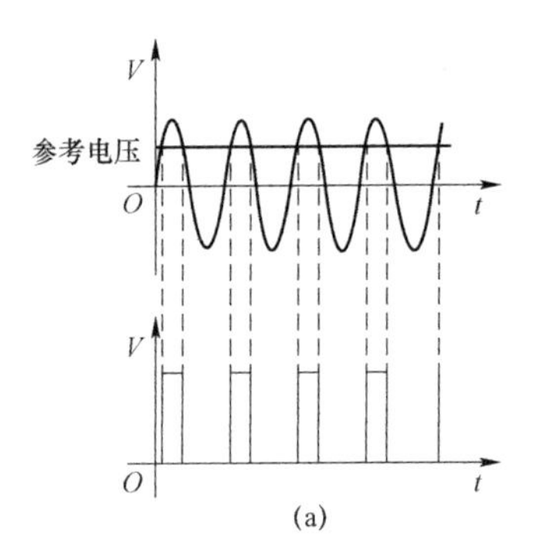

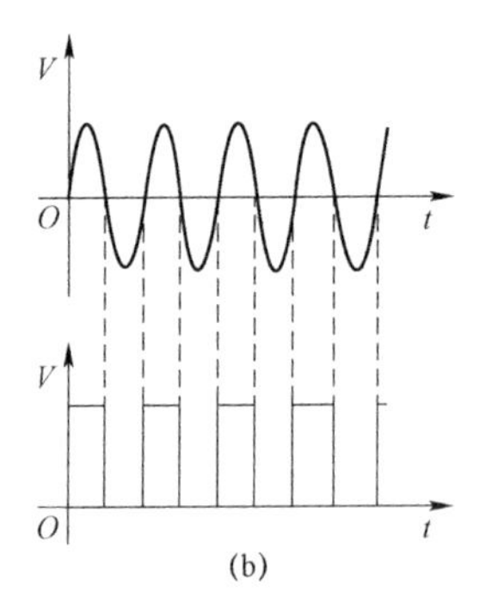

图 7.3　整形电路参考电压与占空比的关系

虽然“软硬结合”的计转数方法可以得到很高的计数分辨率，但由于其他误差因素的存在，一味提高计转数的精度并不能使系统的定距精度得到提高，一般来说，1/2 圈的定距分辨率已经足够了。

7.2　地磁计转数盲区分析

当采用感应线圈作为地磁计转数传感器来计测弹丸转数时，由式（7.1）可以得出以下结论：当感应线圈端面法矢量 $\boldsymbol{n}$ 与弹丸旋转轴 $\boldsymbol{\omega}$ 垂直时，传感器输出信号幅值 E 最大，同时，地磁计转数传感器输出信号的幅值随着感应线圈端面法矢量 $\boldsymbol{n}$ 与地磁场磁感应强度矢量 $\boldsymbol{B}$ 的夹角的增加而减小，如果传感器线圈的截面矢量 $\boldsymbol{n}$、弹丸旋转轴 $\boldsymbol{\omega}$ 和地磁场磁感应强度矢量 $\boldsymbol{B}$ 中，有两个处于同一平面，就不会有输出信号。事实上，在实际应用中，为了使信号输出幅值尽量大，都设计成感应线圈端面法矢量 $\boldsymbol{S}$ 与弹丸旋转轴 $\boldsymbol{\omega}$ 垂直，因此只需要考虑弹丸旋转轴 $\boldsymbol{\omega}$ 即弹丸发射方向与地磁场磁感应强度矢量 $\boldsymbol{B}$ 的夹角。当弹丸旋转轴 $\boldsymbol{\omega}$ 与地磁场磁感应强度矢量 $\boldsymbol{B}$ 的夹角为 0° 时，理论上输出信号为 0，信号调理电路不能够正确提取弹丸的旋转信息，导致计转数电路失效。实际上，当弹丸旋转轴 $\boldsymbol{\omega}$ 与地磁场磁感应强度矢量 $\boldsymbol{B}$ 的夹角接近 0° 时，传感器输出的信号就已经非常微弱了，由于信号调理电路的放大倍数是有限的，加上噪声的影响，这种微弱信号很难被有效利用，计转数电路同样会失效。因此，这种由于信号过于微弱引起计转数电路失效的区域就是地磁计转数的“盲区”。

上述结论是在假设弹丸做理想地绕轴自转时得出的，但是由外弹道理论可知，弹丸在飞行过程中除了自转外，还存在着章动和进动运动，因此，必须首

先研究弹丸的实际飞行姿态对传感器感应信号的影响，才能够清楚盲区存在的形式，并进一步找出克服盲区影响的有效措施。

为分析弹丸的章动和进动对传感器信号的影响，可以利用弹丸的自转、章动和进动的周期性从弹道上截取包含若干章动和进动周期的一小段进行分析。由于小口径空炸弹药的有效作用距离都在弹道的直线段内，弹丸飞行过程中速度矢量的方向变化很小，因此可以认为在任意小段内弹丸速度的矢量是不变的，于是可以建立如图7.4所示的坐标系，以弹丸质心为原点，地磁场磁感应强度方向与弹道切线方向所确定的平面为 XOZ 平面，并且以弹道切线方向为 X 轴正向。坐标系中，OA 为弹轴方向，OA_{xoy} 为 OA 在平面 XOY 上的投影，OA_{xoz} 为 OA 在平面内 XOZ 上的投影；$\angle\delta$ 为章动角，$\angle\sigma$ 为阻力面与 XOY 平面间的夹角，与进动角相差一个常数。

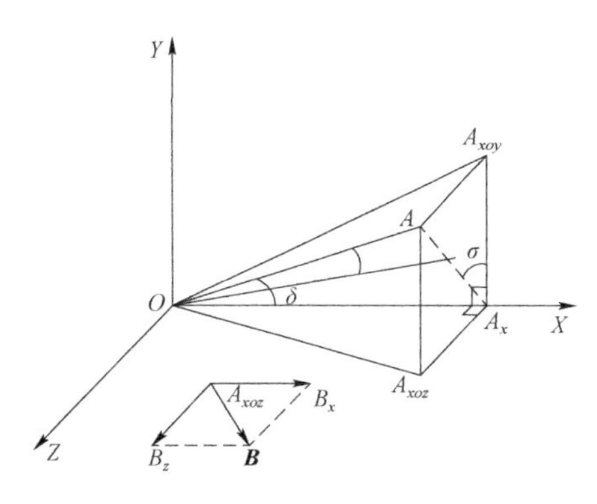

图7.4　弹丸在电磁场中的磁感应强度分析

为了便于分析，将地磁场磁感应强度 $\boldsymbol{B}$ 沿 X 轴和 Z 轴分解，B_x 为地磁感应强度在 X 向的分量，B_z 为地磁感应强度在 Z 向的分量。假设弹丸的旋转角速度为 ω_a，进动角速度为 ω_x，章动角频率为 ω_δ，θ_x 为线圈法向与 X 轴的夹角，θ_y 为线圈法向与 Y 轴的夹角，根据式（7.1），有

$$\varepsilon_x = -N\frac{\mathrm{d}B_x \cdot S_{yoz}}{\mathrm{d}t} = -NB_x S\sin\delta\frac{\mathrm{d}\cos\theta_x}{\mathrm{d}t} = NB_x S\sin\delta\cos\theta_x\frac{\mathrm{d}\theta_x}{\mathrm{d}t} = NB_x S\sin\delta\omega_a\cos\theta_x \tag{7.3}$$

$$\begin{aligned}\varepsilon_z &= -N\frac{\mathrm{d}B_y \cdot S_{xoy}}{\mathrm{d}t} = -NB_y S\sqrt{(\cos\delta)^2+(\sin\delta\sin\sigma)^2}\frac{\mathrm{d}\cos\theta_y}{\mathrm{d}t} \\ &= NB_y S\sqrt{(\cos\delta)^2+(\sin\delta\sin\sigma)^2}\sin\delta\cos\theta_y\frac{\mathrm{d}\theta_y}{\mathrm{d}t} \\ &= NB_y S\sqrt{(\cos\delta)^2+(\sin\delta\sin\sigma)^2}\omega_a\cos\theta_y \\ &= NB_y S\sqrt{1-\sin^2\delta\cos^2\sigma}\, w_a\cos\theta_y\end{aligned} \tag{7.4}$$

式中，

$$\delta = \delta_{\max}\sin\omega_\delta t \tag{7.5}$$

$$\sigma = \omega_x t \tag{7.6}$$

由于地磁场磁感应强度分量在线圈内产生的感生电动势总是反向的，因此

它们在线圈内产生的总的电动势为：

$$\boldsymbol{\varepsilon}=\boldsymbol{\varepsilon}_x+\boldsymbol{\varepsilon}_y=\varepsilon_x-\varepsilon_y \tag{7.7}$$

当只考虑进动运动时，章动角 δ 不变，因此感生电动势的 X 分量幅值 $NB_xS\sin\delta$ 保持不变，仍为恒包络的正弦曲线。而 Z 分量则是一条以 $NB_zS\sqrt{1-\sin^2\delta\cos^2\omega_x t}$ 为包络的正弦信号，包络的周期为进动周期，如图 7.5(b)所示。同样，在只考虑章动运动时，进动角 σ 不变，感生电动势的 X 分量是以 $NB_xS\sin(\delta_{\max}-\xi\sin\omega_\delta t)$ 为包络的正弦信号，而 Z 分量则也是一条具有周期性包络的正弦信号，包络的周期为章动周期。如图 7.5（a）所示。

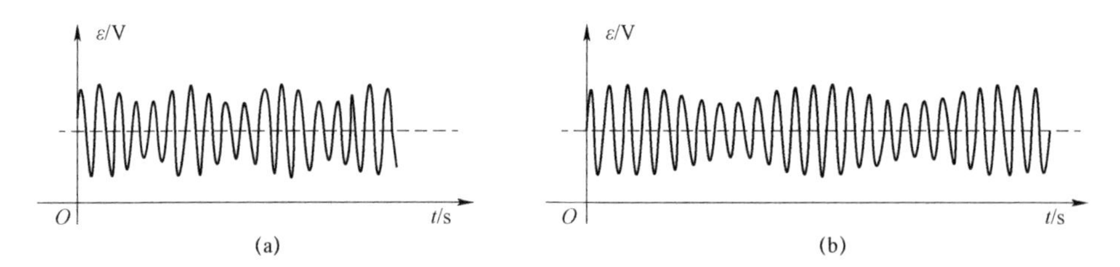

图 7.5　弹丸进动、章动对感生电动势的影响示意图

由以上分析可以得出，综合考虑弹丸的进动和章动时，线圈内的感生电动势为两个分运动产生的感生电动势的和，也是一条具有周期性包络的正弦信号。而且，当 $\boldsymbol{B}$ 与 X 轴的夹角越小时，信号的幅度越小，包络越明显；当 $\boldsymbol{B}$ 与 X 轴的夹角接近章动角 δ 时，信号包络的最小值降至电路的阈值电压以下，开始出现盲区。此时，如果信号包络的最大值仍在参考电压之上，则盲区的出现是断续的，每个进动周期中仅会在部分时间内位于盲区以内；只有当信号包络的最大值也低于参考电压时，才会导致盲区连续出现。

根据前面的分析可以看出，计转数盲区是地磁计转数原理固有的一个缺陷，无论采用什么传感器，采用何种安装形式，都不可避免，而只能通过计转数控制电路的软硬件设计来进行弥补。

在硬件方面，通过改进电路设计，尤其是信号调理电路的性能，提高放大倍数，在信噪比允许的范围内尽量降低整形电路的阈值电压，有利于减小盲区的范围；在软件方面，可以通过周期补偿算法自动对引信盲区进行补偿计数。

周期补偿算法可以消除盲区引起的引信瞎火问题，大大提高了引信的可靠性。从补偿计数的精度方面来讲，对于断续出现的盲区，周期补偿算法可以精确地进行补偿，不影响计数和定距的精度；而对于连续出现的盲区，由于弹丸旋转速度的衰减，会引起补偿计数的误差，对定距精度有一定的影响。因此，在硬件电路的设计过程中，应尽量保证盲区的出现是断续的。

7.3　炮口区域抗干扰技术

对计转数定距来讲，理想的计数起点应该是弹丸飞出炮口的瞬间。但是实际上计转数传感器在弹丸飞出炮口的过程中及出膛后的一段距离内，要受到炮口内外地磁场的突变、炮口火焰高温高速气流冲刷等复杂因素的干扰，导致传感器输出的有效信息被干扰引起的杂波所淹没，无法用于计数。如图 7.6 的 *BC* 段所示，该波形是用弹内存储器实测的计转数传感器出炮口过程的信号。

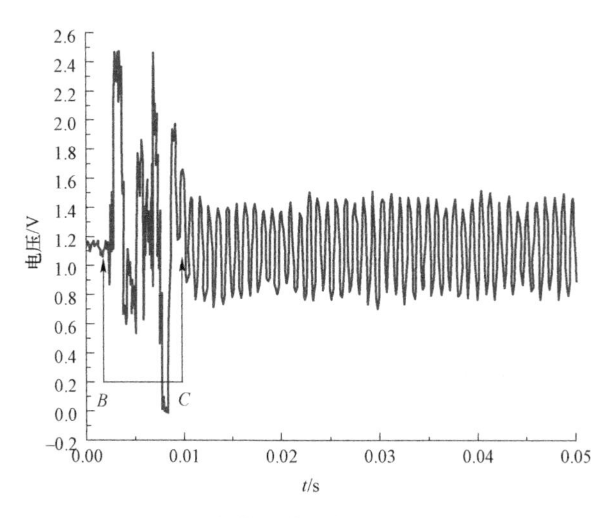

图 7.6　计转数传感器出炮口过程的信号

炮口附近的干扰虽然会影响计转数传感器的输出，导致计转数失效，但并不会影响计时的精度，因此，可以采用“定时补偿”方法避开炮口干扰的影响。所谓定时补偿，是指弹丸出炮口后，首先采用计时模式工作一定时间，当弹丸飞出干扰区后，再采用计转数模式继续工作。“定时补偿”的时间与炮口干扰区的范围及弹丸初速有关，应确保计转数传感器的输出在定时结束前已经恢复正常。考虑到每门火炮、每批弹药的状态各不相同，射击条件也存在差异，因此干扰区域的大小也会有一定差异，所以定时的长短与图 7.6 中 *BC* 段的时间相比，应有较大的裕量。

“定时补偿”方法可以弥补炮口干扰区不能正常计数带来的影响，但由于采用的是计时模式，自然会引入由于弹丸初速散布引起的定距误差。虽然计时模式的工作时间不长，但这一误差也能达到几倍导程，因此有必要对其进行修正。

由计转数定距的原理可知，弹丸的飞行距离与转过的圈数具有一定的对应关系，并且几乎不受弹丸速度的影响。在一定时间内，当弹丸速度偏高时，飞行的距离偏远，转过的圈数偏多，转速偏高；反之，则飞行距离偏近，转过的圈数偏少，转速偏低。也就是说，弹丸实际速度的变化会引起弹丸转速的变化，而由此引起的定距误差会在计时期间弹丸转过的圈数上反映出来。因此，只要测出每发弹丸的实际转速，并推算出计时期间弹丸实际转过的圈数，就可以对“定时补偿”进行速度修正，从而实现对定时期间弹丸飞行距离比较精确的补偿。为了表述方便，将定时期间弹丸转过的圈数称为补偿圈数。

在不考虑弹丸转速衰减的情况下，补偿的圈数可以由下式得出：

$$N_t = \frac{T_d}{T_n} \tag{7.8}$$

式中，T_d 为计时时间，是一个固定值；T_n 为弹丸的旋转周期，也就是计转数传感器输出的正弦信号的周期。由于引信电路延时值 T_d 和测量值 T_n 都是以引信内部振荡为时基基准的，因此补偿圈数可以表示为 T_d 和 T_n 内引信振荡器的周期数之比，而与引信振荡频率的精度无关。所以，采用有速度修正功能的定时补偿，不但可以修正弹丸初速散布引起的误差，而且可以使补偿圈数的计算不受引信内部时基精度的影响。

因此，具有速度修正功能的“定时补偿”实现方法如下：

① 从弹丸出炮口时刻开始计时，时间为 T_d。

② 定时结束后，测出传感器信号连续 n 个周期的时间，取其平均值 T_n。

③ 根据式（7.8）算出补偿圈数 N_t。

④ 将引信的装定圈数减去修正量（N_t+n）。

⑤ 进入计转数控制模式。

式（7.8）是在忽略弹丸转速衰减的前提下得出的。而实际上每发弹丸的旋转速度都是有衰减的，也就是说，测得的旋转周期大于这段时间内的平均旋转周期，因此按式（7.8）计算的补偿圈数会略小于弹丸实际转过的圈数。为了便于考察弹丸转速衰减情况下的补偿圈数，我们假定弹丸的转速衰减是均匀的，并且衰减率为 δ，测得的旋转周期为 T_n，N_t' 是考虑转速衰减时的补偿圈数，Δ_n 为补偿圈数误差，则有

$$\Delta_n = N_t' - N_t = \frac{T_d}{[(1-\delta)T_n + T_n]/2} - \frac{T_d}{T_n} = \frac{2}{2-\delta} \cdot \frac{T_d}{T_n} - \frac{T_d}{T_n} = \frac{\delta}{2-\delta} \cdot \frac{T_d}{T_n} = k\frac{T_d}{T_n} \tag{7.9}$$

式中
$$k=\frac{\delta}{2-\delta} \quad (7.10)$$

引起定距误差的大小与计时时间长短及速度衰减率有关。

式（7.8）与式（7.9）相比，多了一个转速衰减系数 k，并且该系数只与弹丸的转速衰减率 δ 有关。对某弹丸的外弹道计算和动态试验测试结果表明，其转速在 50 ms 内有接近 1%的衰减，代入上式，可以算出 k=100.5%，即忽略转速衰减引起的误差仅为 0.5%，因此完全可以忽略不计。

另外，时间 T_d 和周期 T_n 也会引起补偿圈数的误差，但是由于 T_d 和 T_n 都在 ms 级，用现有技术将它们的测量误差控制在 0.5%以内是很容易实现的，因此可以忽略不计。

下面以某火炮为例，分析其修正效果：初速：900 m/s，初速偏差：±2.5%，导程：0.7 m，计时时间：50 ms。

① 当弹丸实际速度为下偏差速度时，弹丸的飞行距离为
$$s=900\times(1-0.025)\times0.050=43.875\text{（m）} \quad (7.11)$$
进行测速修正后的补偿圈数为
$$N_t=\frac{v_n\times T_d}{D}=\frac{900\times(1-0.025)\times0.050}{0.7}=62.68\approx62.5\text{（圈）} \quad (7.12)$$
补偿距离与实际距离的差值为
$$\Delta s=N_t\times D-s=62.5\times0.7-43.875=-0.125\text{（m）} \quad (7.13)$$

② 当弹丸实际速度为上偏差速度时，弹丸的飞行距离为
$$s=900\times(1+0.025)\times0.050=46.125\text{（m）} \quad (7.14)$$
进行测速修正后的修正圈数为
$$N_t=\frac{v_n\times T_d}{D}=\frac{900\times(1+0.025)\times0.050}{0.7}=65.89\approx66\text{（圈）} \quad (7.15)$$
补偿距离与实际距离的差值为
$$\Delta s=N_t\times D-s=66\times0.7-46.125=0.075\text{（m）} \quad (7.16)$$

③ 若不进行测速修正，则补偿圈数为
$$N_t=\frac{v_n\times T_d}{D}=\frac{900\times0.050}{0.7}=64.29\approx64.5\text{（圈）} \quad (7.17)$$
补偿圈数对应的距离为
$$s'=64.5\times0.7=45.15\text{（m）} \quad (7.18)$$
补偿距离与实际距离的偏差为：

实际速度为下偏差速度时：

$$\Delta s = s' - s = 45.15 - 43.875 = 1.275\ (\text{m}) \tag{7.19}$$

实际速度为上偏差速度时：

$$\Delta s = s' - s = 45.15 - 46.125 = -0.975\ (\text{m}) \tag{7.20}$$

由上述计算实例可以看出，测速修正可以明显提高补偿圈数的计算精度。

7.4 地磁计转数模块设计

7.4.1 计转数传感器设计

针对计数传感器的选择，首先必须满足测量精度和量程的要求。目前市场上常用的传感器主要包括霍尔效应传感器、各向异性磁电阻传感器、巨磁阻传感器、可变磁阻传感器、磁通门传感器等。它们各有优缺点，适用于不同的场合，如霍尔效应传感器，它的体积小，成本低，对于所检测物体的转速没有要求，但其致命缺点是灵敏度较低，无法满足高精度测量的场合。磁通门传感器具有极高的灵敏度，但是其体积较大，功耗较高，难以在引信电路中应用。其次，还必须考虑所采集信号的强度。对于高转速弹丸来说，信号的频率高，产生的感应电压幅值大，能够在实际中应用。而对于低速旋转的弹丸来说，信号的频率低，若用常规的传感器来说，无法输出要求的信号幅值。

对于计转数传感器的设计，可采用地磁感应转数传感器的结构形式。这种地磁感应传感器是利用某些高导磁率的磁性材料做磁芯，以其在交直流磁场作用下的磁饱和特性及法拉第电磁感应原理而研制。该地磁感应转数传感器由铁芯、线圈、放大整形电路和计数电路等部分组成，感应线圈是在一定形状的铁芯上绕固定匝数的线圈，采用漆包线绕制。形状、尺寸根据被测磁场的形态和分布选定。线圈匝数 N 由试验确定，或根据地磁感应电动势 E 的最大幅值求出。在该设计中，为了提高测量精度及频率响应速度，应选择软磁性材料（如坡莫合金）制作铁芯。

7.4.2 信号调理电路设计

1. 放大电路

信号调理电路是由运算放大器构成的一个高增益带通放大电路。根据计转

数传感器的设计计算，传感器输出的信号是幅值为 0～4 mV 的双极性交流信号。由于信号是交流的而系统采用单一正电压供电，所以放大电路中要采取措施将信号的中点抬高至电源电压的中值处，否则将不能放大出完整的计转数信号。

图 7.7 所示是计转数传感器的信号放大电路。信号在输入端通过电容 C_1 耦合进入，该电容隔断了直流信号的放大，保持了输出信号的直流偏置在电源电压的中值。反相输入端与地之间的电容使得电路对直流信号没有放大作用，因此信号支流分量的偏移很小。

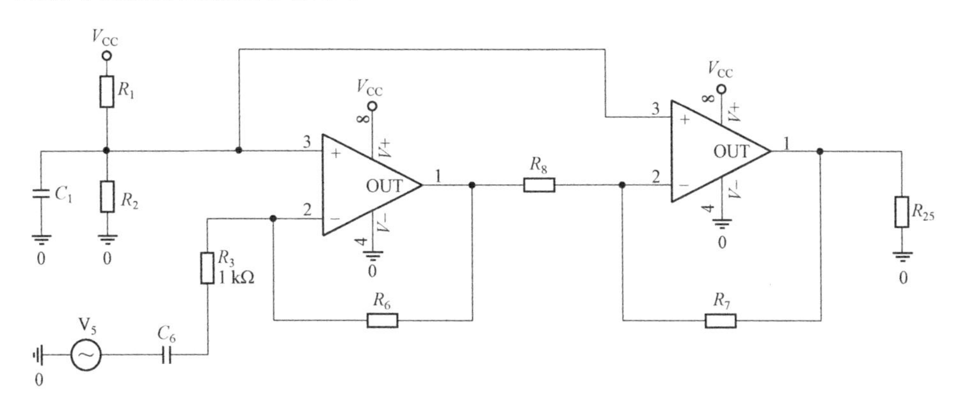

图 7.7　放大电路

由于后续的计转数电路只利用传感器信号的频率信息，对于幅值超过一定阈值的信号均可以计数，信号的削峰失真不影响后续电路的工作，因此调理电路的放大倍数可以尽量大，以缩小计转数盲区的范围。另外，通过合理选择 C_1 和 R_3 的值，可以控制放大电路通带的下限频率，从而得到合适的通频带。电路幅频特性的 PSPICE 仿真曲线如图 7.8 所示。

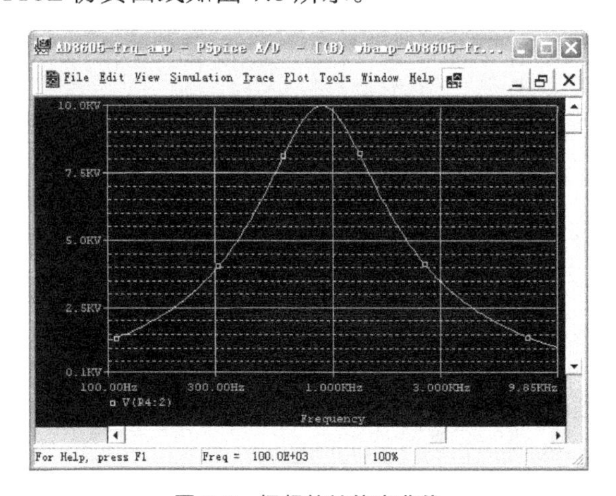

图 7.8　幅频特性仿真曲线

2. 整形电路

为了减小系统体积，整形电路应尽可能利用单片机的内部资源进行设计。单片机上可用于信号整形的资源有施密特触发器和模拟电压比较器。施密特触发器位于每个 I/O 口内部，可以通过初始化程序开启此功能。用施密特触发器整形的优点是使用简便，响应速度快，不耗费软件资源；缺点是触发器的回差电压较大（>1.2 V），会降低电路计转数的灵敏度，导致盲区范围变大。例如，当整形电路的阈值为 1.2 V 时，根据传感器的灵敏度可以估算出盲区的角度为 4.3°，大于弹丸的章动角（一般为 2°～3°），因此，当弹丸的速度方向与地磁场的方向接近时，引信可能会连续位于盲区以内，从而导致定距误差。

而用模拟电压比较器整形，不但要占用一定的软件资源，而且为避免信号中的噪声引起比较器振荡，还需要外加正反馈元件构成滞回比较器，电路较施密特触发器复杂。但是，比较器的使用非常灵活，其参考电压和回差电压都是可调的，因此可以根据信号噪声的大小设置合适的回差电压，在保证噪声电压不会引起振荡的前提下，尽可能提高计转数的灵敏度。由于放大电路输出信号的噪声幅度约为 ±20 mV，因此可以设置回差电压为 50 mV，此时盲区的角度为 0.358°，远小于弹丸的章动角，因此，即使弹丸的速度方向与地磁场的方向完全一致，此传感器的盲区也只是在每个章动周期短暂出现一次，采用周期补偿算法可以精确地进行补偿，不会影响定距精度。

具有正反馈回路的比较器电路如图 7.9 所示。

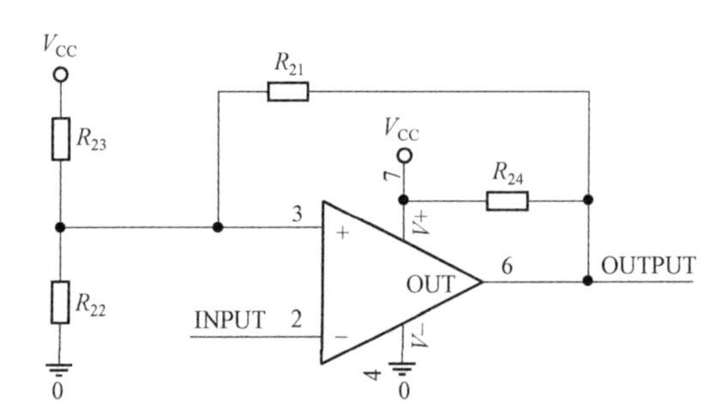

图 7.9 比较器电路

调理后的转数信号由比较器负端输入，正输入端由两电阻分压产生参考电平，参考电平取为信号的直流分量。比较器输出与正输入端之间接反馈电阻，形成正反馈，回差电压的大小可以通过分压电阻和反馈电阻进行调整。

7.4.3 传感器信号调理电路测试

对信号调理电路的测试主要是对放大倍数和电路噪声电平的测量。图 7.10

所示为对放大倍数的测量，曲线 2 是用信号发生器产生的幅值为 1 mV、频率为 1 kHz 的正弦信号，曲线 1 是运算放大器的输出信号，可以看出，在输入信号为 1 mV 时，放大器的输出已经出现了削峰失真，由于用信号发生器很难产生与弹丸切割磁力线的感生电压相仿的微弱信号，因此不能准确测出运放的实际放大倍数。从我们采用弹内存储测试系统进行的回收试验中得到的数据来看，实际弹丸飞行过程中运算放大器的输出也是削峰的，说明运放的放大倍数有较大的裕量。需要说明的是，计数电路需要的是运放输出的转数信号中的频率信息，因此波形的削峰失真并不影响后续计数电路的工作。

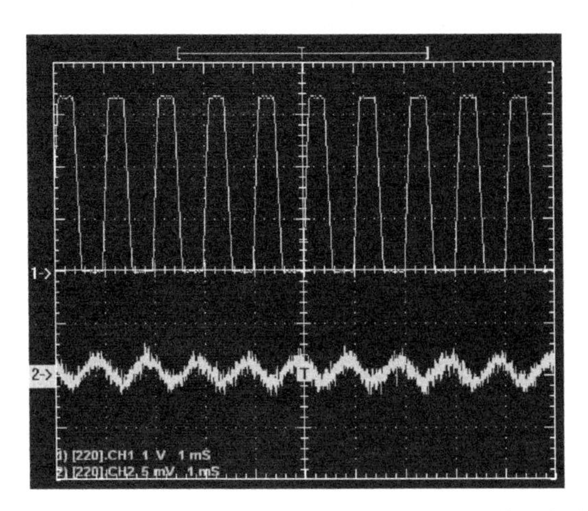

图 7.10　输入幅度为 1 mV 的正弦信号，放大器信号削峰

图 7.11 所示是电路噪声电平测试结果。图示波形是传感器静止不动时运放的输出信号，从图中可以看出，信号的噪声电平小于 ± 10 mV。

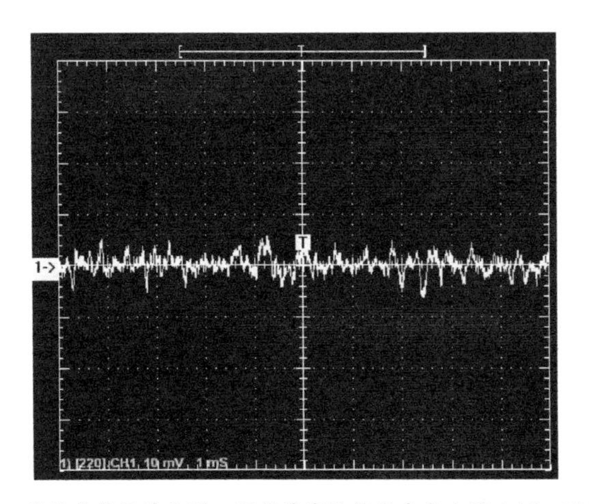

图 7.11　当没有信号输入时，运放输出的信号中有小于 ±10 mV 的噪声

图 7.12 所示为滞回比较器整形电路的实测效果。曲线 1 为输入信号，曲线 2 为整形输出信号，曲线 3 为比较器参考端信号。可以看出，参考电压随输出电平的变化而变化，回差电压约为 ± 50 mV。

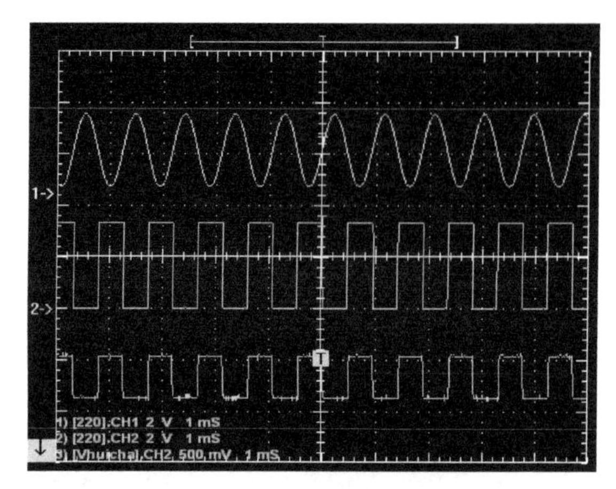

图 7.12 滞回比较器整形电路的实测效果

7.5 计转数引信软件设计

软件部分主要实现感应装定和计转数定距控制两大功能。感应装定的程序是在上弹过程中装定线圈接收到感应信号后执行的，此时引信的主电源还未激活，电路工作的能量来自感应信号；而计转数定距控制程序则要在引信主电源激活之后执行，此时感应装定信号已经消失。由于两段程序在逻辑和资源使用上都相互独立，而且执行的时机也不相同，因此，系统复位后，首先需要判断引信当前的状态，然后执行相应的初始化程序进行资源配置并完成相应功能。

引信控制程序的工作流程如图 7.13 所示。系统复位后，首先通过检测引信主电源是否激活来判断当前状态。若主电源未激活，则进行装定初始化，配置装定程序需要的片上资源并启动装定程序进行解码和信息存储，装定程序完成后，使系统进入掉电状态，等待主电源激活；若复位后主电源已经激活，则进行计转数初始化，配置计转数程序需要的片上资源并启动计转数程序，在计数值达到装定圈数时，给出发火指令。另外，程序还要进行碰炸优先发火和定时自毁的控制，这两个功能均由中断程序完成，其中碰炸优先发火在外部中断服

务程序中完成，该中断由碰炸开关的闭合触发；定时自毁在定时中断服务程序中完成，该中断由定时器溢出触发。下面就控制程序中几项关键技术分别叙述。

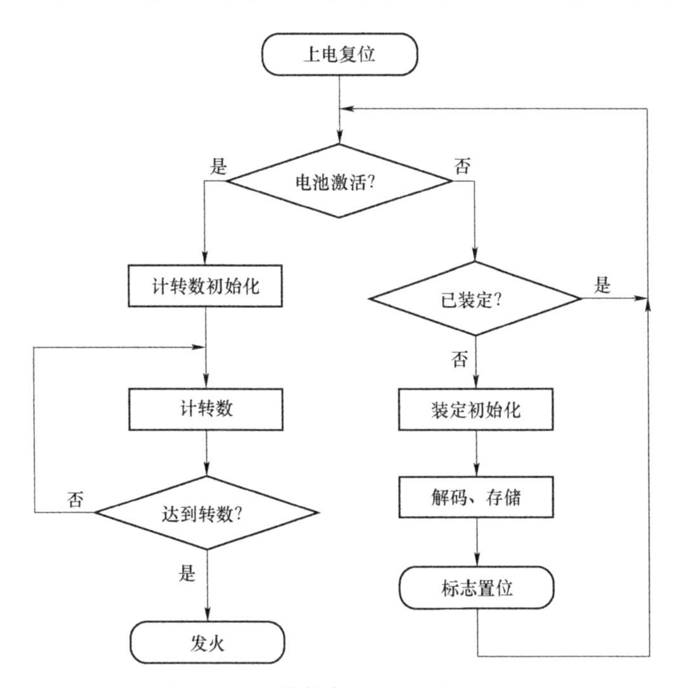

图 7.13　计转数定距控制程序流程图

7.5.1　起始段计数方法

由于运算放大器的启动需要 50～80 ms，因此，系统上电复位后的 50～80 ms 内信号调理电路没有信号输出，导致这段时间内不能进行正常的计数。因此我们采取了延时启动计转数程序的措施，即系统复位（且主电源激活）后，在启动正常计转数程序前先延时一段时间 T_d，待运放工作稳定后，再启动正常的计转数程序。由于 T_d 的存在将使实际发火距离偏远，为弥补这一偏差，应在延时结束后将预先装定的圈数减去弹丸在 T_d 内转过的圈数 N_d。该段程序流程如图 7.14 所示。

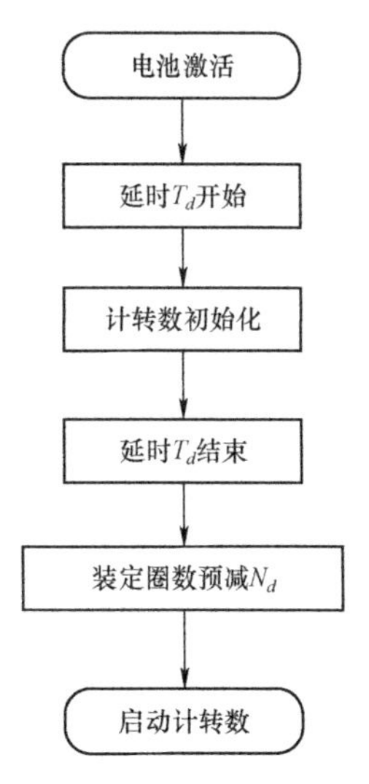

图 7.14　起始段计数程序流程

若不考虑 T_d 内弹丸速度的衰减，延时时间 T_d 和预减圈数 N_d、初速 v_0、导程 D 的关系如下：

$$T_d=N_d/(v_0/D) \tag{7.21}$$

将 V_o=890 m/s，D=30×23.83=714.9（mm）代入上式，得

$$T_d=N_d/1\ 245$$

为确保启动计转数程序时运放已稳定工作，要求 T_d 必须大于 80 ms，若取 N_d=100 圈，有 T_d=100/1 245=80.32（ms）>80 ms。实际程序中取 N_d=120 圈，对应的延时 T_d=96.38 ms。

因此，延时 T_d=96.38 ms，预减圈数 N_d=120 圈。

7.5.2 周期补偿算法

图 7.15 所示是小口径定距空炸引信计转数的周期补偿算法流程图。该算法的基本思想是用定时器对方波信号的周期进行监测，从而感知进入盲区引起的方波丢失并自动进行补偿。

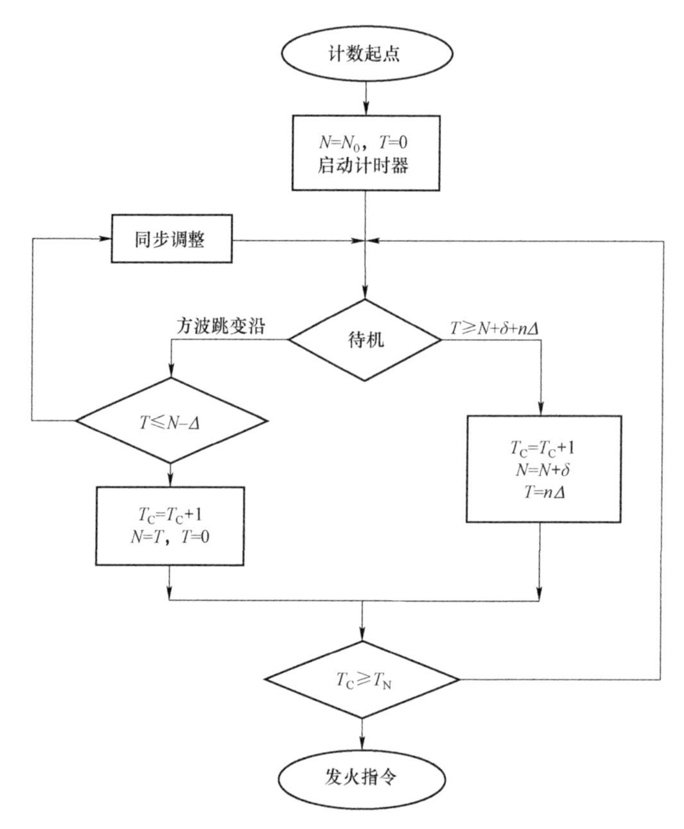

图 7.15 周期补偿算法流程图

具体实现过程如下：

该算法以弹丸出炮口为计数起点，在起点处将旋转周期寄存器（N）预置为弹丸出炮口后第一圈的周期（N_0），清零计时值（T）并启动计时器，然后进入低功耗待机状态。当有方波的跳变沿出现时，读取计时值（T）并与旋转周期寄存器（N）进行比较，若 T 与 N 相当（差值小于 Δ），则认为是有效转数信号，于是转数寄存器（T_C）加 1，并用 T 作为最新的旋转周期存入旋转周期寄存器（N），同时清零计时值（T）重新开始计时；若 T 远小于 N（差值大于 Δ），则进行同步调整后返回待机状态等待。若待机时间超过预计的下一圈的周期（$N+\delta+n\Delta$），则进入补偿模式，将转数寄存器（T_C）加 1，并用（$N+\delta$）作为新的旋转周期存入旋转周期寄存器（N），同时将计时值（T）置为 $n\Delta$ 重新开始计时。每次转数寄存器（T_C）加 1 后都与装定值（T_N）比较，若 $T_C \geqslant T_N$，则认为达到预定转数，给出发火指令。

从算法中可以看出，除了盲区内自动计数补偿外，该算法还有过滤窄脉冲干扰的功能。即当外界突发的强干扰导致传感器信号杂乱，整形后出现高频脉冲群时，该算法也自动进入补偿工作状态，干扰消失后再恢复方波计数，从而使技术不受干扰的影响。因此该算法具有很高的可靠性。

7.5.3　异常处理

程序中除了完成引信发火控制的功能模块外，还设置了异常处理程序，用于在程序受干扰跑飞的情况下自动恢复程序运行。为了使程序跑飞后能够进入异常处理程序，在未使用的程序存储器的区域内填充空操作指令和以异常处理程序入口为目的地址的跳转指令，一旦程序进入没有计转数程序代码的区域，便会跳至异常处理程序执行相应操作，恢复程序的运行。在设置空操作指令和跳转指令时，通过选择合适的跳转指令的类型并合理搭配两者的比例，保证了异常处理的有效性。

7.6　计转数定距引信试验研究

为了考察计转数定距引信的各项性能指标，以某 30 mm 预制破片弹精确定距空炸引信为试验平台，对引信电路的计转数性能、单片机的工作可靠性、定距精度、弹丸破片威力等项目进行了一系列实弹射击试验，获得了大量试验数据，对小口径引信的研制具有较高的参考价值。本小节首先对试验所用的引信、弹药和火炮进行了简单介绍，然后具体对每个项目的试验目的、试验方法进行了详细的叙述，并对试验结果进行了分析和评价。

7.6.1 试验系统简介

试验系统采用计转数体制，结构为弹头探测弹底起爆的分体式结构，引信主电源为小型化的快速激活化学电池，感应装定在弹链上进行。发火控制以MCU为控制核心，采用窄带滤波技术滤除脉冲干扰，用周期补偿算法进行计数，计转数传感线圈嵌入电路板侧面，碰炸开关采用双层结构，位于引信弹头装置的顶端。

引信的控制电路、电池、碰炸开关装配成一体，形成电子头组件，如图7.16（a）所示。风帽和上引信体由压螺连接构成引信弹头装置的壳体，内部容纳电子头组件，空隙用灌封材料充实；引信弹底装置由电雷管、安保机构、传爆管及下引信体构成。引信弹头、弹底装置如图7.16（b）和图7.16（c）所示。

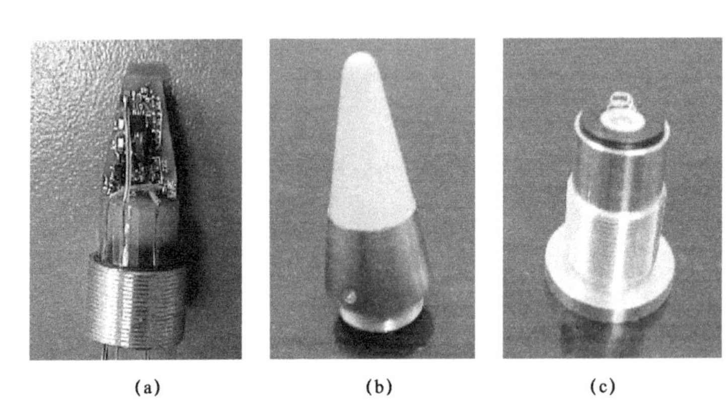

(a)　　(b)　　(c)

图 7.16　计转数定距引信组成部分

试验所用的弹丸为30 mm预制破片弹，发射平台为30 mm单管弹道炮，如图7.17和图7.18所示。

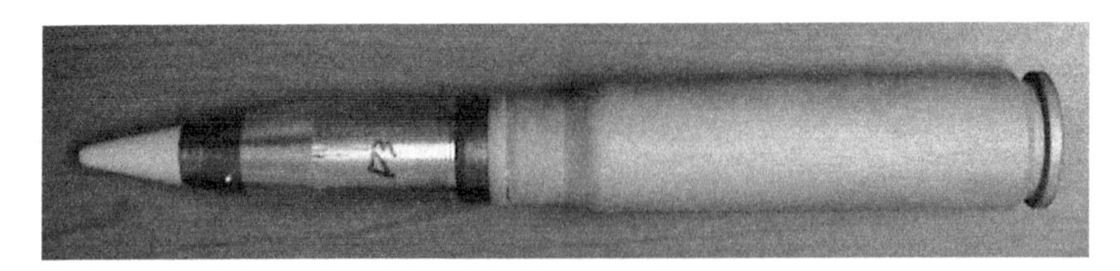

图 7.17　试验用弹丸及药筒

图 7.18　单管 30 mm 弹道炮

7.6.2　电子头计转数功能试验

本试验的主要目的是检测电子头的计转数功能是否满足引信的设计要求，具体的检测项目有以下三个：化学电池的激活时间；计转数传感器及信号调理电路的工作情况；单片机对转数信号的计数是否正确。为了获取上述试验数据，可以利用弹内存储测试系统在弹丸飞行过程中对待测信号进行采集，等弹丸回收后，再回放存储测试系统采集到的数据。

如图 7.19 所示，试验弹由引信弹头部分、信号线、弹内存储测试系统、试验弹体和底螺构成。其中，引信弹头部分装配在试验弹体上，其内部电子头的电池电压信号、运算放大器信号、单片机的计转数信号分别通过信号传输线引出；弹内存储测试系统由系统自带的锂电池供电，负责对电子头的三路信号波形进行记录，数据存储在系统内部的非易失存储器中，防止着靶时系统掉电而导致数据丢失。弹内存储测试系统装入弹体后，用灌封料将弹体内的空隙充满，底部旋紧底螺即可。

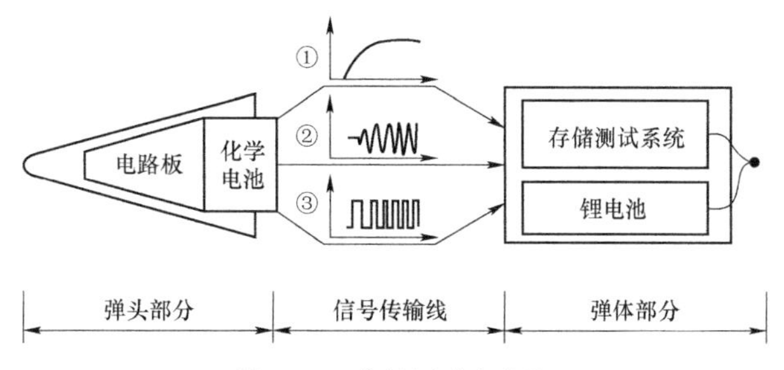

图 7.19　存储测试方案图

发射前，从弹体底部接通锂电池，弹内存储测试系统启动，处于待触发状态。弹丸发射后，化学电池激活，电子头控制电路有信号输出，当三路信号中任何一路信号的电压高于预设阈值，就会触发存储测试系统开始存储数据。触发后，测试系统记录数据的时间为 2 s。弹丸回收后回读数据，可以重现三路信号在弹道中的状态，其中，信号①显示化学电池在弹道中的放电电压，可以分析激活时间；信号②显示传感线圈信号经运放调理后的状态，可以分析出飞行过程中信号的强度及转速衰减情况；信号③显示计转数程序的计数情况。程序首先延时 100 ms，然后开始计转数，每计一圈，输出信号的极性就变换一次。因此，对比第二、三路信号可以看出，如果计数正确，程序输出方波信号的频率应是运放信号频率的 1/2。

7.6.3 炸点散布试验

计转数定距引信的最终目标是精确控制弹丸的飞行距离，以达到最佳的毁伤效果。炸点精度可以用炸点距离和炸点散布两个指标进行衡量，其中炸点距离可以通过装定圈数的增减进行调整，而在装定相同圈数时的炸点散布则是由计转数电路性能决定的，是决定炸点精度的关键因素。只要在装定相同圈数时弹丸炸点的散布范围在精度指标规定的最大散布范围之内，引信的炸点精度指标就可以满足要求。因此，在没有弹丸的转数–距离关系（*N*–*s* 关系）的情况下，可以将弹丸的炸点散布试验作为检验引信电路性能的手段。

测量弹丸炸点距离的试验手段主要有雷达测距和标杆测距两种。雷达测距使用方便，测量范围较大，而且不受射角的影响，天气适应性好。标杆测距只能用于低伸弹道的测量，试验前需要根据炸点大致范围立标杆，因此测量范围较小，而且对天气情况的要求较高。但是，标杆测距非常直观，而且成本很低，对于炸点散布范围不是很大的低伸弹道射击试验来说，是一种有效的测试手段，因此我们选择标杆测距法进行炸点散布试验。

试验在 1 500 m 靶道上进行，设定炸点距离为 1 000 m。引信装定值根据外弹道数学模型计算得到，由于该模型的旋转规律缺乏实测数据的验证，因此实际的炸点距离会有一定的误差，所以我们扩大了测距的范围，在 1 000 m 两侧各 50 m 范围内每 10 m 立一根长标杆，相邻两根长标杆中间立一根短标杆，如图 7.20 所示。

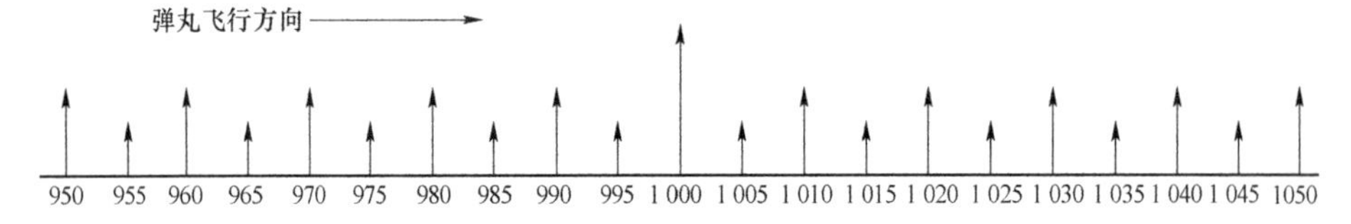

图 7.20 炸点散布试验标杆位置图

试验用弹丸为经过配重和质心调整的试验弹，弹体内装有发烟剂，以便于炸点的观察。

7.7　计转数自测速炸点修正技术

7.7.1　自测速炸点修正原理

由于引信的作用时间对弹丸纵向偏差的影响远远大于对弹丸横向偏差的影响，故可忽略引信时间误差对弹丸横向运动的影响，不考虑弹丸的横向偏差，即假定弹丸的运动轨迹在射击平面内。t_0 为火控系统根据标准炮口速度解算出的弹丸理想作用时间，其对应的弹丸理想空炸炸点位置为 S_0，对应的弹道称为名义弹道。由于炮口初速不同，使得弹丸的实际弹道不同于理想弹道，若引信仍按时间 t_0 来作用，那么对应的炸点将不同于 S_0。当实际初速 $v_1>v_0$ 时，弹丸的炸点位置将大于 S_0；当实际初速 $v_2<v_0$ 时，弹丸的炸点位置将小于 S_0，如图 7.21 所示。其中，名义弹道是指火控系统根据来袭目标特性和实际气象条件等，按弹丸标定初速计算出的弹丸的理想运动轨迹。而实际弹道 1 和 2 是火控系统根据来袭目标特性和实际气象条件等参数，按弹丸标定初速进行射击时，弹丸以实际初速运动的轨迹。

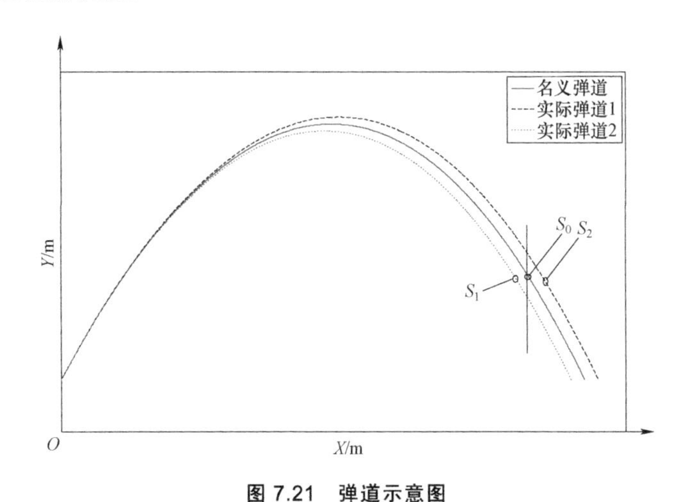

图 7.21　弹道示意图

弹丸发射后，不同的初始条件对应的弹道轨迹是不同的，不可能把炸点 S_1、

S_2修正到S_0点，故对炸点进行修正时，常用的有三种不同的修正原则，即等斜射距、等炸高和等水平射距修正原则。对不同的射击目标采用不同的修正原则，从而达到最佳效果。

对于固定不变或低速运动的地面目标，常采用等水平射距的原则，即把炸点修正到预定的水平弹目距离上，以达到理想的毁伤效果。

依据引信计转速自测速方法，获得弹丸实际炮口初速，从而获得弹丸初速的偏差，然后根据此速度偏差，采用等水平射距的原则，对弹丸的炸点进行修正。其基本修正原理框图如图 7.22 所示。

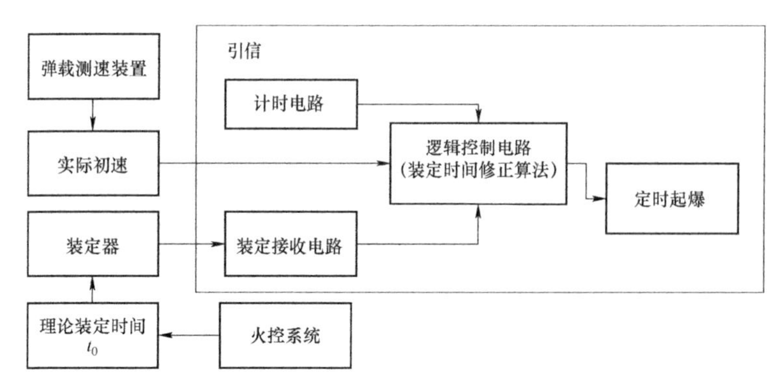

图 7.22　修正原理框图

7.7.2　引信作用时间修正方法

由于引信作用时间是通过引信上的单片机进行修正的，所以必须考虑在满足精度的条件下单片机的计算量及存储容量的问题，使得修正算法简单，所需数据存储量小。本小节的研究只针对炮口初速的变化，不考虑其他条件的影响，即假定其他条件均为理想值。下面进行详细的分析。

1. 利用速度与时间的反比关系

根据等水平射距的原则，弹丸射击一定距离的目标时，其初速与飞行时间成反比，即认为飞行时间和速度的倒数成线性关系，如

$$t=\frac{v_0}{v}t_0 \tag{7.22}$$

式中，v_0为弹丸标定的炮口初速；v为实际发射时的炮口初速；t_0为依据标准炮口初速解算出的时间；t为修正后的时间。

这是最早提出的对引信作用时间修正的方法。随着对炸点精度的要求越来越高，发现利用上式进行引信作用时间修正后，时间误差仍然较大，远不能满

足精度要求。所以，在上述修正公式的基础上，又有一些学者提出了对上述公式进行修正，最常用的就是在上述修正公式的基础上加上修正项Δt。

$$t = \frac{v_0 t_0}{v} - \Delta t \tag{7.23}$$

式中，Δt为速度改变量的函数。

2. 利用时间改变量与速度改变量的关系

仍以 105 mm 坦克炮榴弹为例。通过对其外弹道运动规律的分析，提出了时间修正方法，该方法是直接在弹丸的装定时间 t_0 上加入时间修正项 Δt 。在离线情况下，通过弹道解算，得到引信装定时间变化量与初速改变量的函数关系，从而得到时间修正项的表达式，进而制作成表格。在实际发射时，根据速度改变量的大小，只需要通过查表，便可以对由于初速变化而引起的引信作用时间进行修正。

时间修正公式为：

$$t' = t_0 + \Delta t\ ,\quad \Delta t = f(\Delta v) \tag{7.24}$$

（1）装定时间变化量与初速改变量的关系

利用所构建的弹丸六自由度弹道模型，以 105 mm 坦克炮榴弹为例，解算在弹丸炮口初速改变 Δv 的条件下，到达指定射程时弹丸所需的理论飞行时间与装定引信作用时间之间的偏差量 Δt ，从而分析两者之间的关系。其中，理论飞行时间是指根据六自由度弹道方程解算得到的引信实际作用时间，这里假定弹道模型的计算误差不予考虑。

表 7.1～表 7.3 分别举例列出了装定不同时间时，初速变化 Δv ，根据弹道方程解算出达到相同射程时的理论计算时间与装定时间的差值。v_0 为标定初速。从表中可以看出，在不进行修正的情况下，引信作用时间误差将很大，而且随着射程的增加而增加。

表 7.1　射角 θ=80 mil，装定时间 t_0=1 s，射程为 732.7 m 时，Δv 与 Δt 的关系

装定时间	标准射程	初速改变量 Δv/（m·s^{-1}），$\Delta v=v_0\times(-5\%\sim5\%)$										
1 s	732.7 m	−5%	−4%	−3%	−2%	−1%	0	1%	2%	3%	4%	5%
Δt/ms		54	43	32	21	10	0	−10	−20	−30	−39	−49

表 7.2　射角 θ=80 mil，装定时间 t_0=2 s，射程为 1 418.7 m 时，Δv 与 Δt 的关系

装定时间	标准射程	初速改变量 Δv/（m·s^{-1}），$\Delta v=v_0\times(-5\%\sim5\%)$										
2 s	1 418.7 m	−5%	−4%	−3%	−2%	−1%	0	1%	2%	3%	4%	5%
Δt/ms		110	87	64	43	21	0	−21	−41	−61	−80	−99

表 7.3 射角 θ=80 mil，装定时间 t_0=3 s，射程为 2 062.3 m 时，Δv 与 Δt 的关系

装定时间	标准射程	初速改变量 Δv/（m·s^{-1}），$\Delta v=(-5\%\sim5\%)v_0$										
3 s	2 026.3 m	−5%	−4%	−3%	−2%	−1%	0	1%	2%	3%	4%	5%
Δt/ms		167	132	98	65	32	0	−31	−62	−93	−122	−151

对于低伸弹道的弹丸来说，射角本身很小，不同射角对时间的影响可忽略。将上述数值点的分布在坐标系中表示出来，如图 7.23 所示。

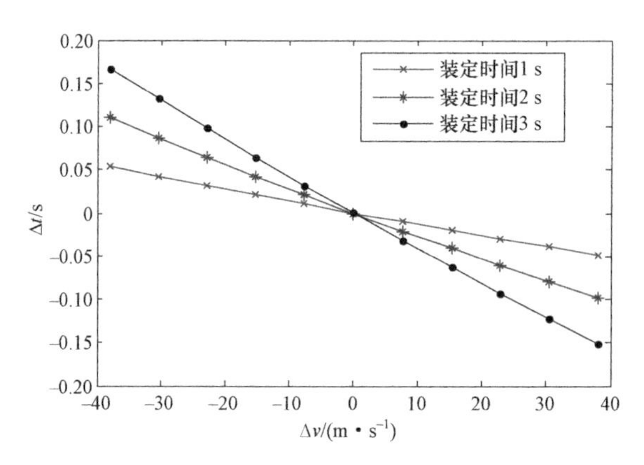

图 7.23 Δt 随 Δv 的分布趋势

从图 7.23 中可以看出，在装定时间一定的情况下，Δt 随 Δv 的变化呈一定的规律性。为此，我们采用曲线拟合的方法，分别得到装定时间为 1 s、2 s、3 s 时的 Δt 和 Δv 之间的函数关系，并且拟合多项式的恰当选取对提高引信作用时间修正精度有益处。本小节同时采用一次、二次和三次多项式进行拟合，分析对比。一次多项式拟合的函数关系如下：

$$t=1\text{ s},\ \Delta t=-0.001\,3\Delta v+0.001\,0 \tag{7.25}$$

$$t=2\text{ s},\ \Delta t=-0.002\,7\Delta v+0.002\,1 \tag{7.26}$$

$$t=3\text{ s},\ \Delta t=-0.004\,2\Delta v+0.003\,2 \tag{7.27}$$

从上式可以看出，当 Δv 变化为零时，Δt 并不为零，可以看出，利用一次多项式拟合时，存在拟合的系统偏差。

（2）修正算法的精度验证

以几个初速变化值为例，利用上述时间修正方法对引信的装定时间进行修正，分析修正前与修正后的引信作用炸点精度，见表 7.4。其中 t_0 是到达指定射程时，根据标定炮口初速计算出来的时间；t_1 为与 t_0 射程相同时，根据实际初速计算出来的时间；t_1' 是与 t_0 有相同射程时，按上述拟合方法修正后的时间

值；Δt_1 是理论弹道计算值与利用修正公式修正后的时间差值。因为多项式拟合的精度会影响修正精度，所以，对于 t_1' 的获得，此处采取了一次、二次、三次多项式拟合。Δt_2 是未进行修正的理论弹道计算时间与装定时间的差值。

表 7.4　仿真试验数据

炮口初速/(m·s^{-1})		t_0=1 s				t_0=2 s			
		740	750	770	780	740	750	770	780
t_1/s		1.027 6	1.013 6	0.986 7	0.973 8	2.056 2	2.027 7	1.973 0	1.946 7
t_1'/s	一次	1.027 9	1.014 4	0.987 6	0.974 1	2.056 9	2.029 5	1.974 7	1.947 2
	二次	1.027 6	1.013 6	0.986 7	0.973 8	2.056 3	2.027 8	1.972 9	1.946 6
	三次	1.027 6	1.013 6	0.986 7	0.973 8	2.056 2	2.027 7	1.973 0	1.946 7
Δt_1/ms	一次	−0.000 3	−0.000 9	−0.000 8	−0.000 3	−0.000 7	−0.001 8	−0.001 7	−0.000 6
	二次 $\times10^{-4}$	−0.296 7	−0.211 8	0.220 9	0.289 1	−0.614 4	−0.439 5	0.453 9	0.592 8
	三次	0.000 0	0.000 0	0.000 0	0.000 0	0.000 0	0.000 0	0.000 0	0.000 0
Δt_2/ms		27.59	13.61	−13.26	−26.17	56.22	27.73	−27.01	−53.33
ΔX/m		−19.03	−9.52	9.52	19.04	−36.34	−18.17	18.18	36.36
$\Delta X'$/m		0.24	0.61	0.59	0.21	0.45	1.16	1.13	0.40

从表 7.4 中可以看出，在只有炮口初速改变的情况下，利用式（7.25）对引信装定时间修正和不修正时的精度相差很大，修正后引信的炸点精度比不进行修正的引信炸点精度提高了一个数量级以上。不修正时，初速变化 ± 20 m/s 的范围内，装定时间为 1 s 时，炸点误差最大达到 28 m，而修正后炸点误差只有 0.61 m。随着修正拟合的精度提高，其炸点误差将更小。

观察可以看出，三次多项式拟合的时间修正精度最高，但是计算量也会相应变大，一次多项式拟合的精度最差，而二次多项式拟合时，精度较一次多项式拟合高，并且计算量也较三次多项式小。根据要求的精度指标，应选用合适的拟合多项式。

3. 利用引信实际作用时间与速度改变量的关系

为了进一步简化单片机的计算量，利用弹道解算，获得弹丸在不同炮口初速下运动到一定距离时对应的实际运动时间，分析实际运动时间、装定引信的时间以及炮口初速改变量三者的关系，给出时间修正系数 k。在实际应用中，利用弹道解算，预先计算出射程不同时对应的时间修正系数 k，然后存储于单片机中，弹丸发射后，就可通过自测速求出的速度偏差量、射程，直接查表获得时间修正系数 k，对引信作用时间进行修正。

修正公式为：

$$t' = t_0 + \Delta t = t_0 + k \times \Delta v \tag{7.28}$$

（1）引信实际作用时间与初速改变量的关系

仍以 105 mm 坦克炮榴弹引信为例，研究打击 1 000 m 目标时的弹丸运动规律。仿真得出在不同初速改变量下，打击定距目标时的引信实际作用时间，分析其与装定时间之间的偏差，见表 7.5。同样可以看出，若不对其引信作用时间进行修正，炸点误差将远远不能满足要求。

表 7.5　仿真试验数据

初速变化百分比/%	−5	−4	−3	−2	−1	0
初速变化量/（m·s⁻¹）	−38	−30.4	−22.8	−15.2	−7.6	0
装定时间/s	1.382 0	1.382 0	1.382 0	1.382 0	1.382 0	1.382 0
理论时间/s	1.456 8	1.441 2	1.426 0	1.411 0	1.396 4	1.382 0
时间差/ms	74.79	59.21	43.95	29.00	14.35	0
落点误差/m	−49.08	−39.27	−29.45	−19.64	−9.82	0

初速变化百分比/%	1	2	3	4	5
初速变化量/（m·s⁻¹）	7.6	15.2	22.8	30.4	38
装定时间/s	1.382 0	1.382 0	1.382 0	1.382 0	1.382 0
理论时间/s	1.367 9	1.354 1	1.340 6	1.327 3	1.314 3
时间差/ms	−14.07	−27.86	−41.39	−54.65	−67.67
落点误差/m	9.82	19.64	29.47	39.29	49.12

表 7.6 列出了在不同初速下引信的实际作用时间，但是并不能直观地看出引信作用时间与炮口初速改变量之间的关系，故作出引信实际作用时间随初速改变量的变化关系图，如图 7.24 所示。

表 7.6　引信实际作用时间与初速改变量的对应关系

序号	引信实际作用时间/s	初速改变量/（m·s⁻¹）
1	1.456 8	−38.0
2	1.441 2	−30.4

续表

序号	引信实际作用时间/s	初速改变量/（m·s⁻¹）
3	1.426 0	−22.8
4	1.411 0	−15.2
5	1.396 4	−7.6
6	1.382 0	0
7	1.367 9	7.6
8	1.354 1	15.2
9	1.340 6	22.8
10	1.327 3	30.4
11	1.314 3	38.0

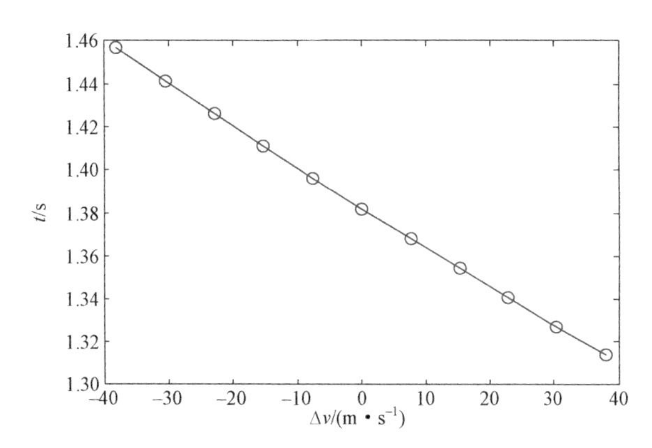

图 7.24　引信实际作用时间与初速改变量的变化关系

通过图 7.24 可以直观地看出，引信的实际作用时间与炮口初速的改变量呈线性变化的关系。故用线性方程拟合，得到拟合方程为

$$t' = -0.001\ 87\Delta v + 1.383\ 4 \tag{7.29}$$

式（7.29）中的常数项并不等于装定时间，但与装定时间相差很小。为了更符合在实际情况下的应用，用装定时间代替式（7.29）中的常数项，即修正公式为

$$t' = -0.001\ 87\Delta v + 1.382\ 0 \tag{7.30}$$

（2）修正算法的精度验证

利用式（7.29）和式（7.30）对引信作用时间进行修正，验证修正效果的同时，对用式（7.30）代替式（7.29）的可靠性进行说明。

仿真初始条件不变，取不同的炮口初速对时间修正方法进行验证，结果见

表 7.7。

表 7.7　验证时间修正方法试验数据

初速变化量/(m·s^{-1})		−25	−20	−15	−10	−5	0
装定时间/s		1.382 0	1.382 0	1.382 0	1.382 0	1.382 0	1.382 0
实际时间/s		1.430 3	1.420 4	1.410 6	1.400 9	1.391 4	1.382 0
修正时间/s	1	1.430 3	1.420 9	1.411 5	1.402 2	1.392 8	1.383 4
	2	1.428 9	1.419 5	1.410 1	1.400 7	1.391 4	1.382 0
未修正时间差/s		43.33	38.41	28.61	18.95	9.41	0
修正后时间差 /ms	1	−0.068 7	0.489 5	0.914 4	1.208 6	1.375 1	1.416 0
	2	−1.484 7	−0.926 5	−0.501 6	−0.207 4	−0.040 9	0
未修落点误差/m		−32.293 3	−25.835 8	−19.377 9	−12.919 2	−6.459 9	0
修后落点误差 /m	1	−0.045 9	0.328 9	0.618 8	0.823 6	0.943 7	0.978 5
	2	−0.990 6	−0.622 5	−0.339 4	−0.141 3	−0.028 0	0

初速变化量/(m·s^{-1})		5	10	15	20	25
装定时间/s		1.382 0	1.382 0	1.382 0	1.382 0	1.382 0
实际时间 s		1.372 7	1.363 5	1.354 5	1.345 6	1.336 7
修正时间/s	1	1.374 0	1.364 7	1.355 3	1.345 9	1.336 6
	2	1.372 6	1.363 3	1.353 9	1.344 5	1.335 2
未修正时间差/ms		−9.29	−18.45	−27.50	−36.44	−45.25
修正后时间差 /ms	1	1.333 8	1.131 2	0.810 1	0.373 1	−0.177 6
	2	−0.082 2	−0.284 8	−0.605 92	−1.042 9	−1.593 6
未修落点误差/m		6.460 8	12.922 3	19.384 8	25.848 3	32.312 3
修后落点误差 /m	1	0.928 0	0.792 4	0.571 4	0.265 0	−0.127 0
	2	−0.057 2	−0.199 5	−0.427 4	−0.740 6	−1.139 6

表 7.7 中，1 代表用式（7.29）来修正时间，2 代表用式（7.30）来修正时间。从表 7.7 可以看出，不管是用式（7.29）还是式（7.30）对引信作用时间进行修正，其炸点误差都大大减小。对比用式（7.29）和式（7.30）修正的效果，发现两者修正误差的能力相差不大，只是使用范围略有差异，当初速改变量较小时，用式（7.30）进行修正的精度高；当初速改变量较大时，用式（7.29）修正的精度更高。但从应用的角度看，用式（7.29）进行修正较难实现，并且运算量较大，实现起来较困难。故通过对比，选择式（7.30）对引信的作用时间进行修正，不仅可以满足精度要求，而且计算简单，易于实现。

7.7.3　炮口初速计算方法

初速在外弹道学中并不是指弹丸出炮口时的质心速度 v_g，而是指我们常用的 v_0。由于弹丸出炮口后，会经历一段时间很短的后效期。在后效期内，火药气体以高速冲出，比弹丸的速度还快，它继续推动弹丸加速，直到火药气体与弹丸脱离，弹丸获得最大速度 v_m。由于这段时间弹丸和燃气的相互作用非常复杂，所以，为了简化问题，人为假设弹丸出炮口时有一虚拟速度 v_0，此后弹丸仅在重力和空气动力作用下运动,并且在后效期结束的距离上与进入自由飞行时的弹丸具有相同的速度 v_m，这个虚拟速度就是我们常说的初速，显然 $v_0>v_m>v_g$，如图 7.25 所示。

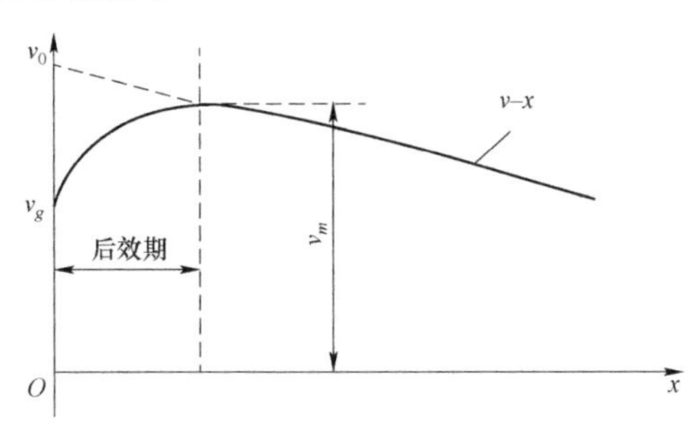

图 7.25　炮口初速的示意图

由于人们无法严格控制装填条件和弹丸的发射过程，导致弹丸的炮口初速变化很大。例如，弹带加工误差、火药生产时引入的胶化、钝化等误差，以及使用和管理过程中存在的种种误差，最终都会导致弹丸炮口初速与标定初速之间存在差异。这就是要进行计转数自测速的根本原因。

经过上述对计转数测速方法原理及可行性的分析，我们知道，计转速测得的速度并不是弹丸的炮口初速，要想获取弹丸的炮口初速，必须把计转数所测点的速度换算到炮口位置。

西亚切解法是早期外弹道学中用于近似求解空气弹道的一种解法，主要用于射角≤5° 的低伸弹道，后来经过改进，引进了补偿系数 β 后，也可用于其他射角。随着低伸弹道表的编制及电子计算机的广泛应用，西亚切解法基本失去了意义，但在弹道上各点速度换算（包括初速换算）及其标准化的计算方面仍有一定的意义。

1. 西亚切速度换算

利用计转速测速方法，可获得弹丸在距炮口为 X 处的速度 v，如式（7.31）

$$D(v_0)=D(v)-cX \tag{7.31}$$

式中，c 为弹形系数；X 为距炮口距离；D 为西亚切主函数。再由 $D(v_0)$ 反求出速度 v_0，即为炮口初速。

当射角大于 5° 时，重力对其弹道的影响不可忽略，并且气象条件将不同于地面条件，在这种情况下，根据射角和弹形系数，查表获得补偿系数β，对弹形系数 c 进行修正，可得

$$D(v_0)=D(v)-c'X \tag{7.32}$$

式中，$c'=c\beta$ 。

由上述分析可知，采用西亚切函数解算炮口初速的方法过于繁杂，不管是数据量还是程序量都较大，不适合应用于引信中，这就需要寻求一种简便的获取炮口初速的方法。为此，首先分析弹丸出炮口的速度衰减规律，从而找到解算炮口处的快捷方法。

2. 初速解算方法

仍以 105 mm 坦克炮弹药为例，分析弹丸在出炮口后一段距离内的初速变化规律。基本初始条件见表 7.8。分析标准初速为 760 m/s，初速变化分别为 ± 1%、± 2%时的弹丸速度变化规律。

表 7.8　某 105 mm 坦克炮弹六自由度仿真的初始条件

弹径/m	缠度	弹丸质量/kg	射角/mil	横向转动惯量/（kg · m²）	极转动惯量/（kg · m²）
0.105	18	15.4	10	0.023 26	0.231 18

图 7.26 和图 7.27 给出了弹丸的速度在没有误差的情况下，随时间和射程的变化规律。观察可知，弹丸出炮口后，其速度随射程的衰减呈线性变化，由此想到利用线性拟合的方法将测速点的速度反推到炮口。由于测速点的位置离炮口很近，故着重分析近炮口段的速度变化。

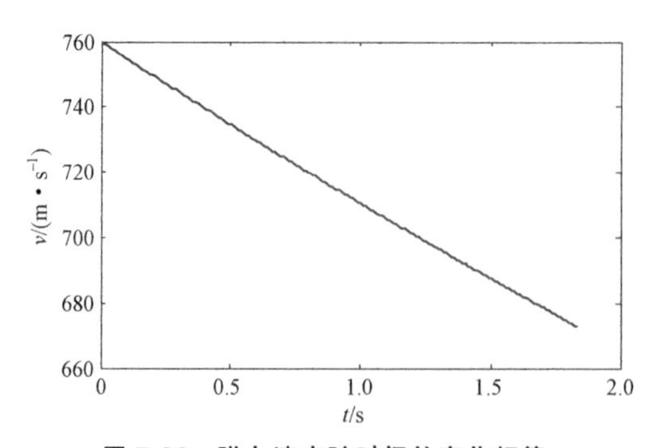

图 7.26　弹丸速度随时间的变化规律

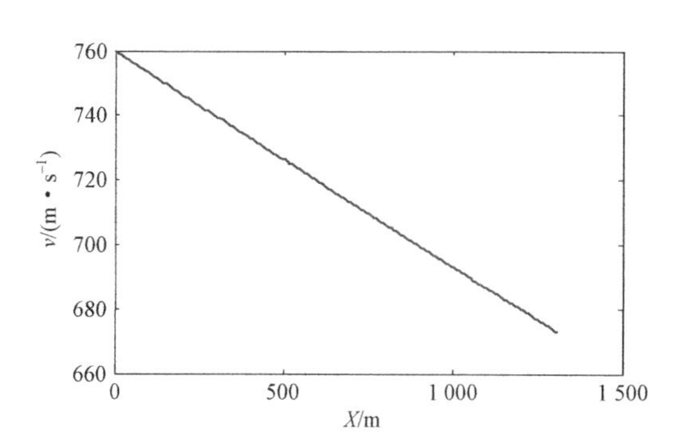

图 7.27　弹丸速度随射程的变化规律

图 7.28 所示为炮口初速分别变化 ± 1%和 ± 2%时，射程范围为 0～80 m 的炮口初速随射程的变化规律。

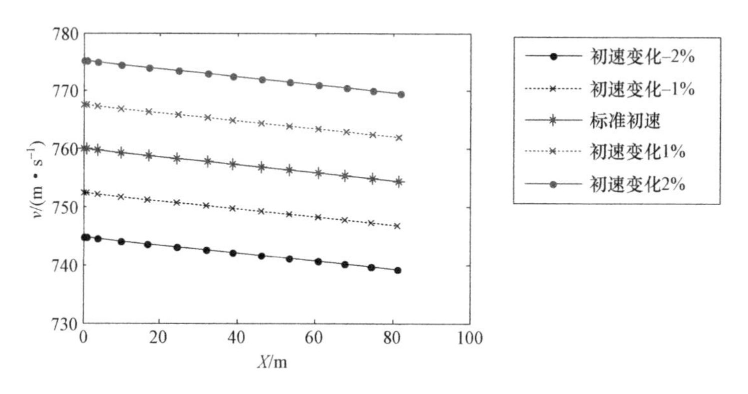

图 7.28　弹丸初速不同时随射程的变化

从图 7.28 可以看出，在其他条件不变的情况下，初速变化分别 ± 1%、± 2%和初速无偏差时的射程–速度曲线在弹道初始段近似为一组平行线。利用 Matlab 进行一次线性拟合，可以得到其斜率，见表 7.9。

表 7.9　射程–速度曲线的斜率

初速/（m • s^{-1}）	744.8	752	760	767.6	775.2	平均斜率
斜率 k	−0.067 5	−0.067 8	−0.068 0	−0.068 3	−0.068 5	−0.068 0

从表 7.9 可以看出，初速变化时，射程–速度曲线的斜率近似相等，其斜率偏差很小，故只要获得在该射角下的直线斜率，就可以采用线性拟合的方法将测速点的速度外推到炮口，从而求得炮口初速。

下面详细分析射角不同时，初速无偏差及变化 ± 1%时的平均斜率大小。

见表 7.10，可以看到，对于低伸弹道来说，不同射角的条件下，其射程–速度曲线的斜率为定值。

表 7.10 不同射角时，射程–速度曲线的斜率

射角/mil	20	30	40	50	60
斜率 k	−0.068 01	−0.068 01	−0.068 01	−0.068 01	−0.068 01

经过上述分析，可把计转数测得的在 x 点处的速度 v_x 经过线性计算转化为炮口处的速度 v_0，当射角变化不大时，射程–速度曲线的斜率确定，所以，可以在作战前进行计算，并将其存储于引信中或在发射时装定给引信，这样，在计转速自测速的基础上，就可以快速、准确地获得炮口的速度。可得炮口速度计算公式为

$$v_0 = v_x - kx_c \tag{7.33}$$

式中，v_x 为弹丸测得的在 x_c 点处的速度。

仍以上述基本初始条件为例。取任意炮口速度 v_0=767.6 m/s，利用上述方法反推炮口初速，假设其他条件均为理想状态，不引入误差，则仿真求得 x_c=35 m，v_x=765.2 m/s，代入式（7.33），得到

$$v_0 = 765.2 - (-0.068\ 0 \times 35) = 767.55\ (\text{m/s}) \tag{7.34}$$

与真实炮口速度 v_0=767.6 m/s 相比，相对误差为 0.014 2‰。

经过上述分析验证，利用直线外推法求弹丸的炮口速度，精度高，并且可在线下对某一型号弹药进行弹道求解，获得炮口附近的射程–速度曲线斜率，并制作成斜率表存储于单片机中。作战时，通过弹载测速系统获得弹丸在某点距炮口的距离及对应的速度后，只需经过查表，再进行简单的计算，就可以较准确地获得弹丸的炮口初速。虽然斜率表占用了一定的存储空间及解算炮口速度需要一定的计算量，但仍能满足引信的要求。

7.7.4 计转数自测速误差分析

计转数自测速的测速区间的合理选择，不仅是实现其功能的前提条件，也是测速精度的重要保证，下面通过对不同测速区间的测速误差大小进行分析，然后选择合理的测速区间。

7.7.4.1 测速起点选择

前面已经讲到，弹丸在后效期的运动复杂，无法定量分析其参数，并且在

炮口复杂的等离子气体的影响下，计转数自测速电路测量信号不稳定，无法工作。同时，后效期有影响时间短的特点。为了避免后效期的影响，计转数自测速的起始距离应大于后效期的长度。按照经验，后效期的长度一般为 20～40 倍口径。本章以 105 mm 坦克炮榴弹为例，根据经验，其后效期长度约为 38 倍口径，即 $L_{hx}=38D=38\times0.105=3.99$（m）。而炮口导程 $L_d=18D=18\times0.105=1.89$（m），故测速起始圈数至少应为 $N_{sar}=3$ 时，才能满足上述要求。

7.7.4.2　测速原理误差

基于计时和计转数测距均没有误差的假设条件下，利用测速区间的平均速度代替测速区间中点的弹丸速度，误差是否足够小？不同的测速区间，是否会对误差产生不同的影响？只有测速误差比原火炮初速误差小一个数量级以上，测速精度才能满足要求。以下进行具体分析。

以某 105 mm 坦克炮弹药为例，初始条件见表 7.11，利用 Matlab/Simulink 软件，基于四阶五级龙格库塔法构建弹丸的六自由度弹道模型，进行弹道分析。

表 7.11　某 105 mm 坦克炮弹六自由度仿真的初始条件

弹径/m	缠度	弹丸质量/kg	标定初速/（m·s⁻¹）	横向转动惯量/（kg·m²）	极转动惯量/（kg·m²）
0.105	18	15.4	760	0.023 26	0.231 18

选测速起始圈数为 3，为了使计算方便，并且使所测初速为整转数对应的速度，取测速结束圈数 i 为 5，7，9，…，这样用所测区间的平均速度代替弹丸测速段的中点速度时，对应的中点速度即为弹丸转过第 I 圈时的速度。即

$$I=(i-3)/2+3 \tag{7.35}$$

$$v(I)=\frac{s(i)-s(3)}{t(i)-t(3)} \tag{7.36}$$

式中，v 为没有测试误差时测出的弹丸平均速度；s 为弹丸运动距离；t 为弹丸出炮口后飞行时间。

$$\mathrm{err}v=\frac{|v(I)-v_b|}{v_b}\times 1\,000‰ \tag{7.37}$$

式中，err$v$ 代表用测速段平均速度代替其中点速度的相对误差；v_b 为弹道解算出的测速段中点的理论速度。

利用建立的六自由度弹道模型解算出弹丸出炮口后，用测速段平均速度代替其中点速度的相对误差随转数 I 的变化规律如图 7.29 所示。

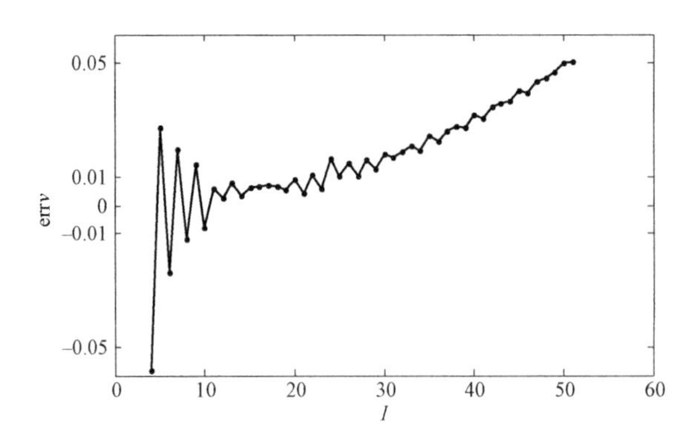

图 7.29　平均速度代替弹丸测速段的中点速度的相对误差

从图 7.29 中可以看出，用测速段平均速度代替其中点速度的相对误差 err$v$ 整体均很小。在初始段即弹丸终止转数较小的情况下，误差幅值相对较大，随着测速终止圈数的增加，速度相对误差 err$v$ 趋于平稳，之后又随着测速终止圈数的增加而呈现相对误差增大的趋势。观察可以看出，起始圈数为 3，在 I 为 10～22 时，即终止圈数 N 为 17～41 时，用平均速度代替测速段中点速度的相对误差均在 ±0.01‰的范围内，测速精度很高。

图 7.30 所示为测速起始圈数不同时，用测速段平均速度代替其中点速度的相对误差 err$v$。观察可以看出，在测速起始圈数分别为 7、13 和 17 圈时，其变化趋势与起始圈数为 3 时相同。从图 7.29 和图 7.30 可以看出，在相对误差曲线起始段，测速终止圈数取得小，即测速区间内所计弹丸旋转圈数少，引入的误差很大。随着测速终止圈数的增加，相对误差减小，故测速区间内的所计转数不能太少。综上，只要测速区间内所计转数合适，例如，当测速起始圈数为 3 时，不少于 14 圈，就能保证速度替代误差在 ±0.01‰。并且，此值随着测速

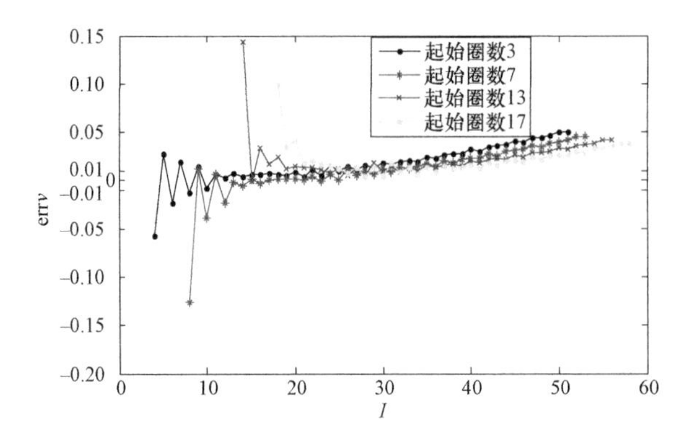

图 7.30　不同测速起始圈数的相对误差

起始圈数的增加而减小，这是因为测速时，随着起始圈数的增加，弹丸运动趋于稳定，故所计转数相对较少的情况下，也能保证较高的测速精度。在实际应用中，应根据实际情况具体选择。

7.7.4.3　测速起点和终点位置的散布误差

由于发射时，不同弹丸引信的位置相对炮管来说是随机的，并且测速线圈安装位置相对引信来说也是随机的，这就使得引信中线圈传感器切割磁力线的起始位置和终止位置不确定，由此带来的最大单边误差应为 1/4 圈。弹丸旋转一圈，计转数线圈传感器输出两个过零点或两次峰值信号。所以，对计转数传感器所计弹丸旋转圈数不会产生影响，但计算出来的平均速度并不是所计圈数 I 对应的速度，而是 $I_{sj}=I+1/4$ 对应的速度，即计转数所计算的平均速度与理论的平均速度相差 1/4 圈，这就会与理论的测速点的速度产生偏差。即

$$\mathrm{err}S=\frac{\left|v(I+1/4)-v_b\right|}{v_b}\times 1\,000‰ \tag{7.38}$$

在上述分析的基础上，在其他条件均为理想的条件下，对由起始位置和终止位置散布导致的测速误差进行仿真，如图 7.31 所示。从图中可以看出，在终止圈数较小时，由测速点的散布引起的测速误差较大，随着测速终止圈数的增加，测速相对误差趋于平缓，并随着测速终止圈数的继续增加而逐步上升。在 $6<I<35$ 时，即 $9<N<67$ 时，由测速点散布引起的测速相对误差均小于 0.05‰。

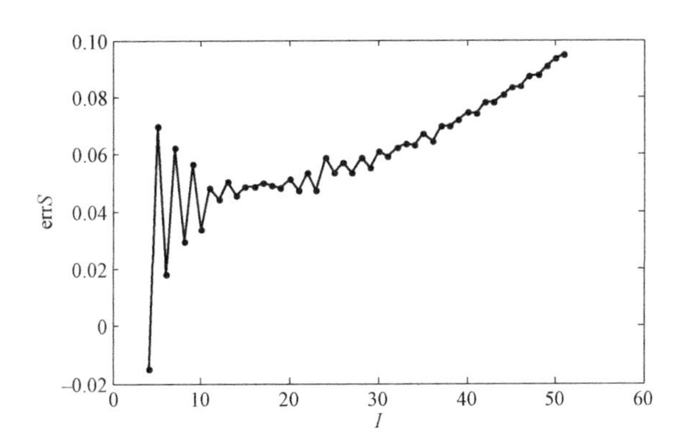

图 7.31　测速点散布引起的相对误差

7.7.4.4　计时误差

尽管振荡器的时基经过校频后，频率误差大大减小，但是不可避免地还是会引入一定的计时误差。

电子时间引信的计时误差主要包括三方面：一是中心频率不准确；二是频率散布；三是短时频率不稳定。由此三方面构成的计时误差记为 ΔT。

在实际应用中，采用 LC 振荡器，其频率本身可以保证≤2%的相对误差，经装定校频后，能够输出较精确的频率，其误差≤1×10^{-6}。考虑由短时频率不稳定度造成的误差，设频率稳定度为 2.5×10^{-6}，若测速在 0.02 s 内完成，则计时误差为 $0.02\times2.5\times10^{6}=0.05\times10^{-6}$（s），所以，总的计时误差为 $1\times10^{-6}+0.05\times10^{-6}=1.05\times10^{-6}$（s）。预留一定的裕度，取计时误差为 2×10^{-6} s。

不考虑其他误差，单独考虑计时误差对测速误差的影响，所测速度的相对偏差如下式：

$$\mathrm{err}T=\frac{|v(I)-v_b|}{v_b}\times 1\ 000‰ \tag{7.39}$$

式中，$v(I)=\dfrac{s(i)-s(3)}{[t(i)-t(3)]+\Delta t}$。

如图 7.32 所示，当测速终止圈数 $I>9$，即 $N>15$ 圈时，计时误差引起的测速相对误差均小于 0.1‰，并且随着转数变化略有增加，但变化不大。故只要频率的相对稳定度可以保证，那么计时误差引入的测速误差大小就能够满足要求。

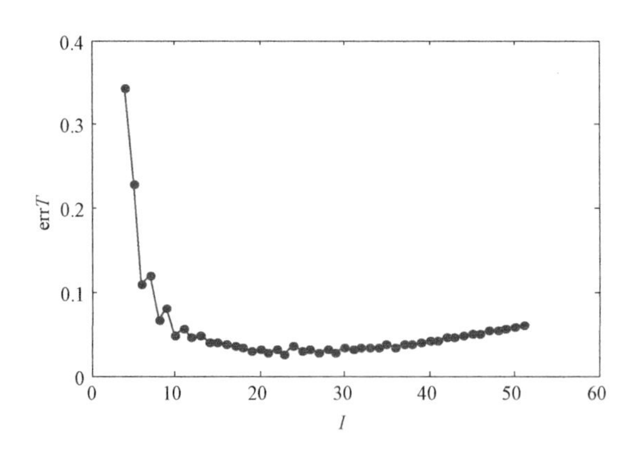

图 7.32　计时误差引起的测速相对误差

7.7.4.5　计转数自测速区间选择原则

除上面分析的几种引入误差的来源外，原理上还应该考虑计转数误差及导程误差。由于高灵敏度计转数传感器的设计，使得在实际应用中能够高度敏感弹丸旋转信号，故由计转数引入的误差很小，可以忽略。而弹丸在后效期时间

内，导程的衰减很小，如图 7.33 所示。并且导程随转数呈线性变化，故当测速区间一定时，用平均导程 $\bar{L}_d=(L_{d3}+L_{di})/2$ 计算弹丸的速度时，引入的误差很小，可以忽略。

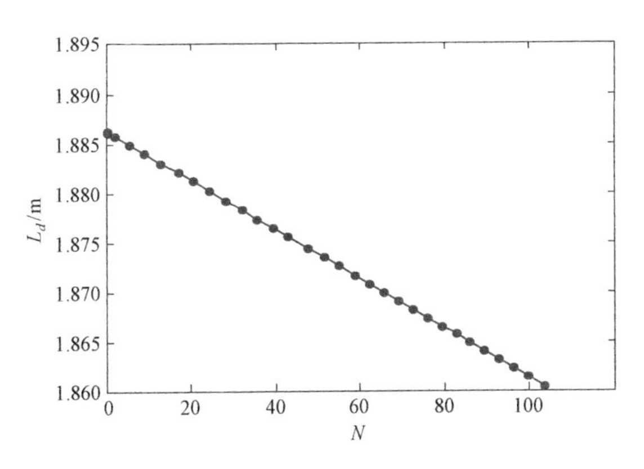

图 7.33　弹丸导程随转数的变化

综合上述各种误差对测速精度的影响，如图 7.34 所示。当计转数终止圈数在 10<I<35，即 17<N<67 时，测速相对误差较小。而从图 7.33 中可以看出，测速起始圈数只要大于 3，并且能保证足够的计转数周期，就能够使计转数自测速的精度满足 0.1%～0.2%的要求。

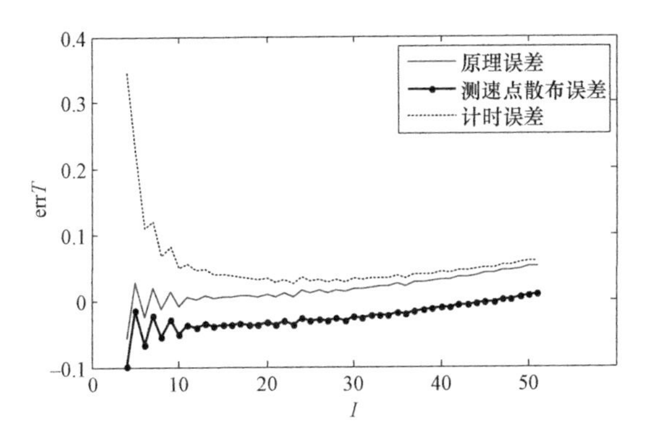

图 7.34　综合测速相对误差

综上所述，以 105 mm 坦克炮弹为例，最佳的计转数自测速的计转数可选范围为 3～67。在实际应用中，应根据具体弹型进行选择。选择原则应满足如下三条：

① 起始圈数的选择要避开后效期的影响。

② 要保证测速区间内弹丸旋转圈数，不能太少。

③ 测速终止圈数不能太大，否则，引入的误差将增加。

7.7.5 计转数自测速性能测试

7.7.5.1 实验室静态试验

为了验证地磁计转数自测速电路性能，在实验室进行了静态试验，试验装置如图 7.35 所示。

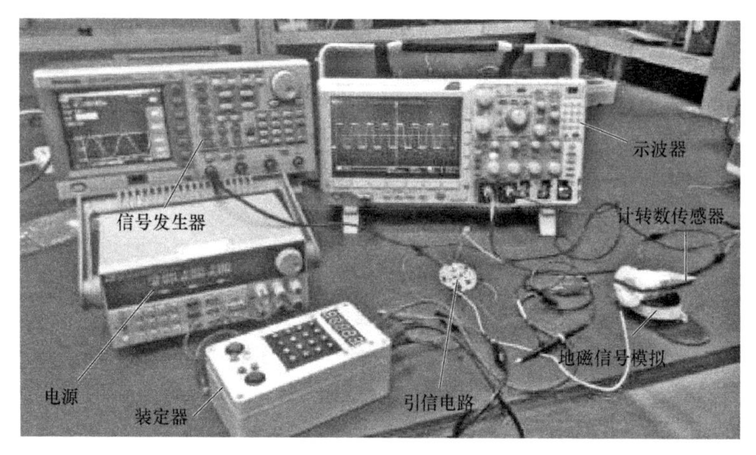

图 7.35 试验装置

在试验过程中，弹丸的计转数传感器不动，信号发生器给地磁信号模拟线圈一个周期的正弦信号，从而模拟弹丸在地磁场中切割磁力线的运动过程。电源为引信电路及装定器供电。示波器显示单片机采集到的弹丸自转信息。通过合理地设置地磁信号模拟线圈的匝数和横截面积，当信号发生器输出周期为 2 ms、幅值为 200 mV 的信号时，在距地磁信号模拟线圈中心轴向距离 1 cm 处将产生周期为 2 ms、峰–峰值约为 0.5 Gs 的交变感应磁场，弹丸计转数传感器采集地磁信号模拟线圈产生的磁信号输出周期为 2 ms、幅值为 0.5 mV 的计转数信号。采集到的信号经过引信电路放大、抬高等处理，显示在示波器的通道 1 中，如图 7.36 所示。可知测速电路工作正常，输出周期为 2 ms、幅值经放大抬高处理后为 3 V、基准电压为 1.5 V 的弹丸旋转信号，并且由于电路放大倍数设计余量较大，使得采集到的波形近似为梯形。

利用示波器通道 2 同时输出单片机对信号的处理波形，如图 7.37 所示。从图中可以看出，在电压幅值分别为 1.6 V 和 1.4 V 时，分别触发计数器上升沿和下降沿计数，通过记录两个上升沿或者两个下降沿信号来记录弹丸的旋转圈数。

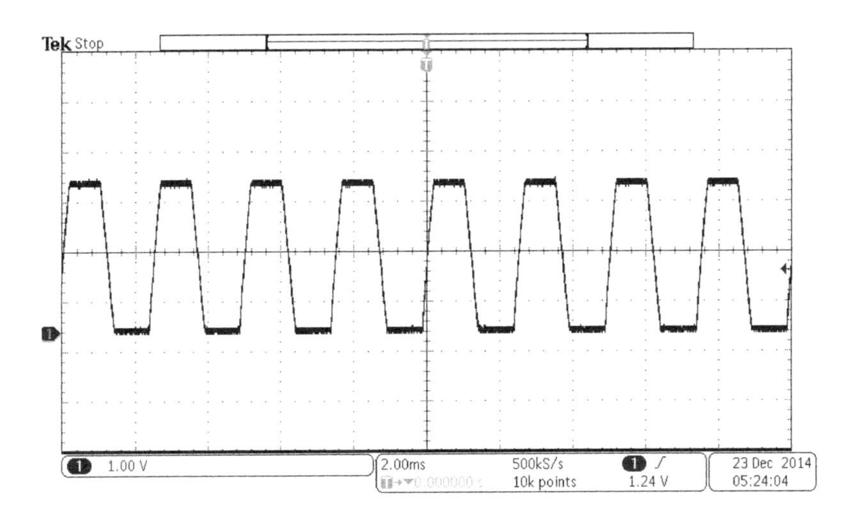

图 7.36　计转数传感器采集的信号

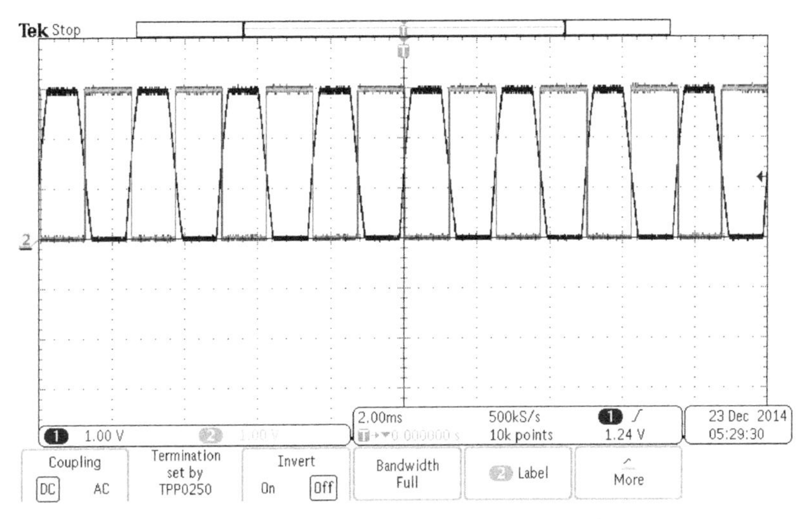

图 7.37　计转数传感器的采集信号及处理信号

7.7.5.2　动态回收试验

试验前，将调试好的引信电路板进行灌封，将灌封好的引信装配到 105 mm 坦克炮榴弹上。发射时，通过装定器对电子时间引信进行装定。装定后进行发射，并利用雷达对其进行测速。等待弹丸落地后，解剖出引信电路板，并从单片机存储器中读出所计弹丸旋转的信号。

本次试验共发射了三发弹药，利用 MATLAB 对回收的弹丸旋转信号进行数据处理，得到处理后的波形如图 7.38 所示。

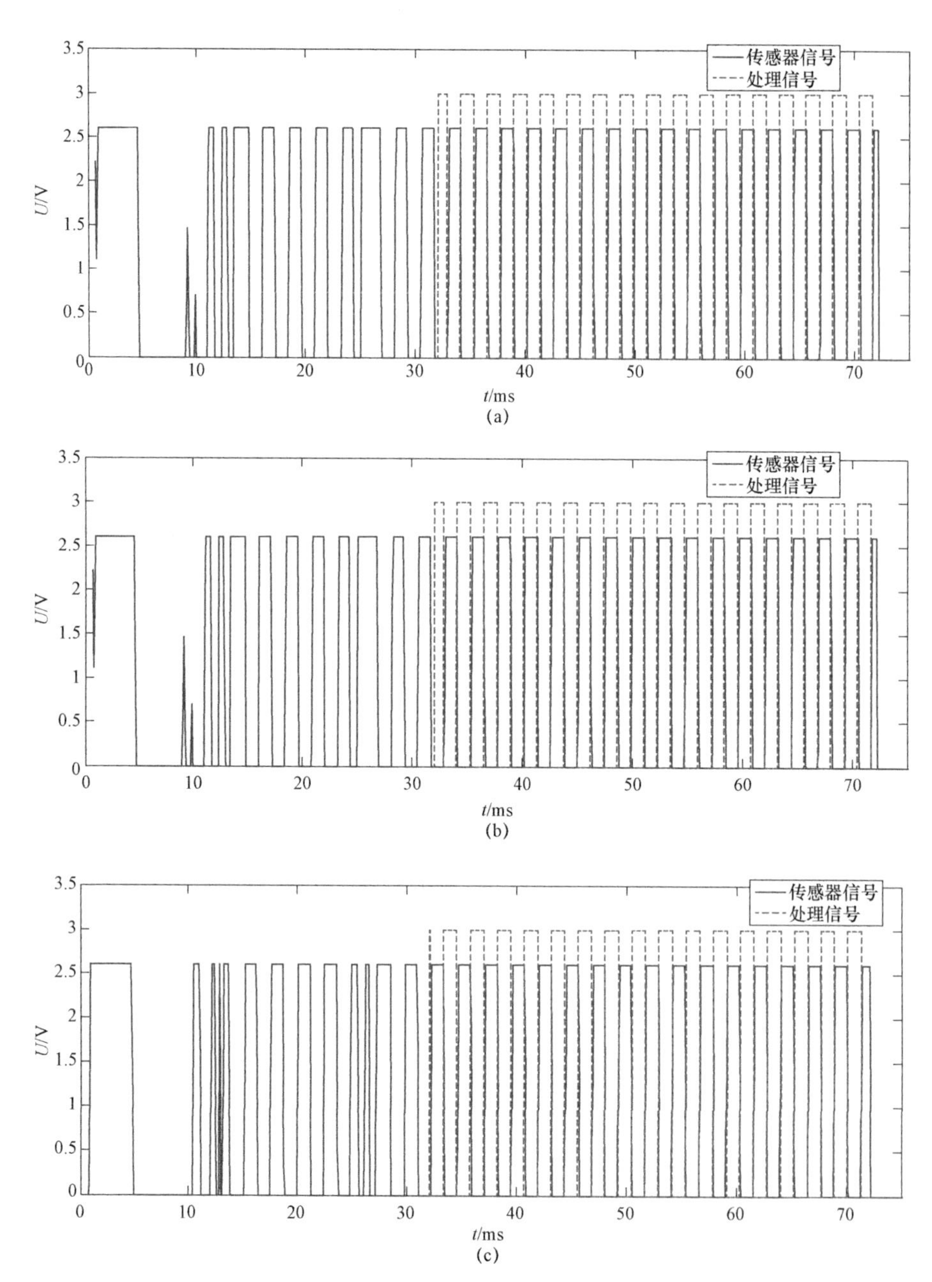

图 7.38　回收试验的弹丸旋转信号

（a）第 1 发回收波形；（b）第 2 发回收波形；（c）第 3 发回收波形

如图 7.38 所示，这三发弹丸的计转数测速电路板均采集到了弹丸完整的信号波形，可作为分析弹丸旋转信号的依据。从图中可以看出，弹丸在刚出炮口

后信号不稳定，采集信号波动很大，没有完整的周期信号。弹丸穿过后效期后，信号逐渐稳定，从约 32 ms 开始，信号波形规则且周期稳定，可作为测试起点位置。考虑单片机存储容量的问题，试验时只记 40 ms 时间内的弹丸旋转信号。利用上节所述解算炮口速度的方法，将所测点的速度反推到炮口，并与雷达所测炮口速度进行对比，见表 7.12。从表中可以看出，三发弹丸的测速相对误差均小于 0.1%，测速精度和反推炮口速度的精度满足要求。

表 7.12　试验数据分析

弹丸序号	测速点速度	反推炮口速度	雷达测速	相对误差/%
1	756.647 8	759.361 1	759.600 0	0.03
2	746.020 7	749.774 2	749.100 0	0.09
3	770.463 0	774.204 6	773.700 0	0.07

7.7.6　自测速炸点修正效果验证

7.7.6.1　实验室静态试验

利用制作的原理样机在实验室条件下进行通过引信作用时间测试分析自测速炸点的修正效果。首先验证引信装定和定时精度。利用装定器对引信装定作用时间为 1 s，然后观察发火电路的输出信号，如图 7.39 所示。通过波形测量，

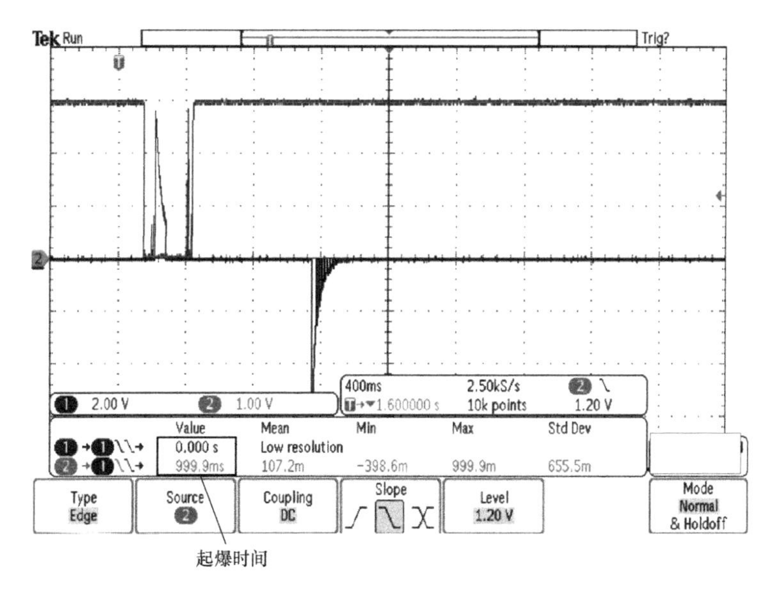

图 7.39　未修正引信电路工作信号

从启动计时信号输出到发火信号输出之间的时间间隔为 999.9 ms，证明样机的装定、计时和发火都是可靠工作的。

以 105 mm 坦克炮榴弹打击 1 000 m 距离目标为例，弹丸的标准初速为 760 m/s，理论装定时间为 1.382 0 s，假设弹丸初速改变 7.6 m/s，即实际初速为 767.6 m/s，对应的实际飞行时间为 1.367 9 s。首先，把标准初速下的弹丸理论飞行时间和上述计算出的时间修正系数装定给引信，然后观察计时启动信号与发火信号之间的时间间隔，如图 7.40 所示。通过示波器测量得到，从计时启动信号到发火信号之间的引信实际作用时间为 1.368 s，即通过对引信的装定时间进行修正后，引信的实际作用时间从装定的 1.382 0 s 变为 1.368 0 s，与弹丸在实际初速下到达指定射程的飞行时间相差 0.1 ms，由此可见，单片机的时间修正模块能够按照设计方法进行作用时间的修正，时间修正精度满足要求。

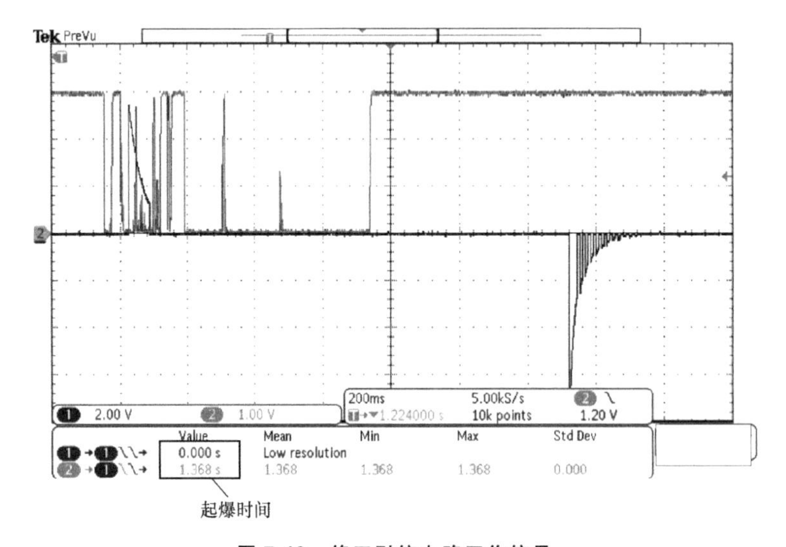

图 7.40　修正引信电路工作信号

7.7.6.2　动态试验验证

为了考察计转数自测速炸点修正电子时间引信控制炸点的能力，验证计转数自测速及时间修正方法的效果，进行了原理样机的靶场动态试验。

试验共发射 10 发弹药，其中，2 发标准弹、4 发无修正弹药、4 发有修正弹药。使用 A、B、C 代表不同的发射药量。靶场动态试验数据见表 7.13。从表中可以看出，当对引信装定相同时间时，在初速不同的情况下，不修正时弹丸的炸点误差最大的为 21 m，远远不能满足要求，在相同条件下，修正后弹丸的炸点误差在 4 m 左右，使用测速修正引信后，系统炸点精度显著提升。

表 7.13 试验结果

序号	弹丸发射药量	弹丸类别	装定时间/s	初速/(m·s⁻¹)	空炸时间/s	千米炸点位置误差/m	作用结果
1	A	标准弹	1.327 0	760.1	1.326 8	1.5	视场内空炸
2	A		1.327 0	759.0	—	—	触发
3	B	无修正	1.327 0	749.1	1.326 4	−17.5	视场内空炸
4	B		1.327 0	747.2	—	—	进视场前空炸
5	C		1.327 0	775.6	1.326 5	19.5	视场内空炸
6	C		1.327 0	773.7	1.327 6	21.0	视场内空炸
7	B	有修正	1.327 0	755.7	1.336 6	3.5	视场内空炸
8	B		1.327 0	743.7	1.358 4	4.0	视场内空炸
9	C		1.327 0	772.6	1.308 4	4～5	视场内空炸
10	C		1.327 0	775.1	1.300 0	4	视场内空炸

索 引

0～9、A～Z、Δ

A～B

C

D

E～F

J

K～N

P

Q～R

S

T

W

X

Y

（王彦祥、张若舒 编制）